石油和化工行业“十四五”规划教材

普通高等教育一流本科专业建设成果教材

制造工程与技术Ⅰ

材料成形工艺基础

王宏宇　张保全　主编

化学工业出版社

·北京·

内容简介

本书以《普通高等学校工程材料及机械制造基础系列课程教学基本要求》为编写依据，以其要求的核心知识点和能力要求点为主要对象，介绍了机械制造过程中除机械加工以外的材料成形工艺技术。全书分为7章，包括材料成形工艺概述，金属材料的液态成形、塑性成形、连接成形，非金属材料和复合材料成形，增材制造工艺和材料成形工艺选择，具有课程思政主题鲜明、产教融合实例突出、数字教学资源丰富等特点。

本书可作为高等学校本科机械类、近机械类专业教材，也可作为高等职业技术学院、高等专科学校相关专业的教材和有关专业技术人员的参考用书。

图书在版编目（CIP）数据

材料成形工艺基础/王宏宇，张保全主编．—北京：化学工业出版社，2023.9（2024.7重印）
ISBN 978-7-122-43567-5

Ⅰ.①材… Ⅱ.①王… ②张… Ⅲ.①工程材料-成型-高等学校-教材 Ⅳ.①TB3

中国国家版本馆CIP数据核字（2023）第096167号

责任编辑：丁文璇　　文字编辑：孙月蓉
责任校对：李雨函　　装帧设计：张　辉

出版发行：化学工业出版社（北京市东城区青年湖南街13号　邮政编码100011）
印　　装：北京七彩京通数码快印有限公司
787mm×1092mm　1/16　印张13¾　字数340千字　　2024年7月北京第1版第2次印刷

购书咨询：010-64518888　　售后服务：010-64518899
网　　址：http://www.cip.com.cn
凡购买本书，如有缺损质量问题，本社销售中心负责调换。

定　　价：49.00元

本书根据国家级一流本科专业和江苏省产教融合型一流课程建设要求，以新版《普通高等学校工程材料及机械制造基础系列课程教学基本要求》的核心知识点和能力要求点为主要对象，以精简理论、强化基础、注重应用为基本原则进行编写，旨在满足高等学校机械类及近机械类专业学生在机械制造核心能力培养，尤其是其中材料成形工艺方面的核心能力培养的需要。

本书为江苏大学机械设计制造及其自动化国家级一流本科专业建设、制造工程与技术江苏省产教融合型一流课程建设成果教材。在编写过程中，遵循知识、能力、情感三位一体进行教材内容设计，确立“传承与创新”的编写主题，汲取其中的家国情怀、文化素养和道德修养等元素，激发民族自豪感和自信心，坚定科技报国和中国梦的理想信念，深化对精益求精的大国工匠精神的理解。在教材内容的选择上，贯彻党的二十大精神，面向制造业产业链发展的现实需要，在重点介绍工程上广泛使用的金属材料成形工艺的同时，适当介绍了非金属材料和复合材料的成形以及增材制造等新技术、新工艺，实现教材内容的创新性重塑；同时，注重理论联系实际，融入大量产业元素和工程案例，重视材料坯件成形的工艺设计和结构设计，增加了生产中广泛应用的相关图表、资料、经验公式和工艺设计实例，明晰解决复杂工程问题的思维和路径，从而实现教材内容的产教深融真合重塑。同时，顺应“互联网＋”下新形态教育教学的发展，制作了与本书配套的教学视频，以在线开放课程形式在中国大学 MOOC 和智慧树网等平台运行，并且以二维码的形式嵌入在本书中，为混合式教学、翻转课堂等新形态教学和学生突破传统时空限制下自主学习提供了丰富的数字教学资源。此外，为提升学生自主学习效果，同步编写了《材料成形工艺基础学习指导》。

本书由江苏大学王宏宇和北京精雕科技集团有限公司张保全（江苏省产业教授）任主编，由江南大学钱陈豪、南通大学张福豹、江苏科技大学赵礼刚任副主编，由教育部机械基础课程教学指导分委员会委员、教育部高等学校工程材料与机械制造基础（金工）课程群虚拟教研室常务副主任、江苏大学博士生导师刘会霞教授任主审。具体分工如下：王宏宇负责编写第 1 章、第 5 章，张福豹负责编写第 2 章，钱陈豪和王宏宇负责编写第 3 章，赵礼刚负责编写第 4 章，江苏大学袁晓明负责编写第 6 章，张保全负责编写第 7 章。江苏大学吴勃、顾衡、朱英霞、许江平，南通大学钱爱平等参与了本书的文字校对和资料收集等工作。泰州康乾机械制造有限公司郭玉峰、江苏云峰科技有限公司吴建春等企业专家，在本书工程案例方面给予了指导和帮助。

本书编写过程中，得到了江南大学刘新佳和江苏大学姜银方两位资深教授的大力支持，同时参考了国内外大量相关资料，此外部分兄弟院校的金工课程组也为本书提出了诸多宝贵意见，在此一并致谢！

由于编者水平有限，书中不足之处在所难免，敬请读者批评指正。

编　者

2022 年 8 月

目
录

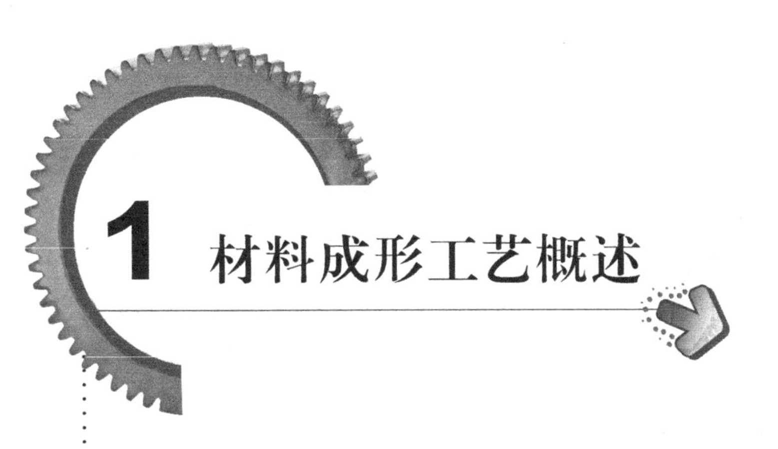

1 材料成形工艺概述

材料，是人类用于制造器件、构件、机器或其他产品的物质，是人类赖以生存和发展的物质基础。成形，是指通过加工使材料具有某种“状态”，这里的“状态”，不仅包括几何尺寸和形状，还包括性能以及其他的一些非技术因素，如经济、环境、文化等等。工艺，是指利用各类生产工具对各种原材料、半成品进行加工或处理，最终使之成为成品的方法与过程。综上，材料成形工艺可以理解为，利用各类生产工具对材料进行加工或处理，使之成为具有一定几何尺寸、形状和性能等的产品的方法与过程。

1.1 材料成形工艺的内涵、种类和特点

1.1.1 材料成形工艺的内涵

由于在传统的材料成形技术——铸造、锻造和焊接技术中，都有一个对坯料进行加热的过程，故材料成形工艺曾被称为热加工工艺，这是一门研究如何用热加工方法将材料加工成机械零件和结构，并研究如何保证、评估、提高这些零件和结构的安全可靠度和寿命的科学。然而，现代科学技术的飞速发展、大量新材料新技术的应用以及材料与成形技术的一体化，使得材料成形工艺的内容已远远超出了传统的热加工范围，例如常温下的冷冲压、超声波焊接以及增材制造等。因此，现代材料成形工艺可定义为：一切用物理、化学原理制造机械零部件和结构，或改进机械零部件化学成分、微观组织及性能的方法与过程。其任务不仅是要研究如何使机械零部件获得必要的几何尺寸和形状，同时还要研究如何通过过程控制获得一定的化学成分、组织结构和性能，从而保证机械零部件的安全可靠度和寿命。此外，还需关注其相关的经济、环境、文化等非技术因素。

现代材料成形工艺按照成形前后质量变化情况可分为质量不变成形、质量减少成形和质量增加成形。其中，质量不变成形，是指进入工艺过程物料初始质量近似等于加工后最终质量，如铸造、压力加工、粉末冶金、注塑成形等，这些方法多用于毛坯制造，但也可直接成形零件。质量减少成形，是指零件的最终几何形状局限在毛坯的初始几何形状范围内，零件形状的改变是通过去除一部分材料、减少一部分质量来实现的，如切削与磨削、电火花加工、电解加工等机械加工等。质量增加成形，是指如焊接、黏接或铆接，通过不可拆卸连接使物料结合成一个整体零件，近年来增材制造是质量增加成形的新发展。鉴于现代材料成形工艺中的质量不变成形和质量增加成形在机械制造领域中多用于机械零件毛坯成形，故行业领域多将质量不变成形和质量增加成形统称为材料成形工艺。换言之，在

机械工程领域，材料成形工艺多指除机械加工之外的其他现代材料成形工艺。

1.1.2 材料成形工艺的种类

材料成形工艺种类繁多，涉及的物理、化学和力学现象十分复杂，是一个多学科交叉融合的领域。按照所成形材料的不同，材料成形工艺一般可以分为金属材料成形工艺、非金属材料成形工艺、复合材料成形工艺和增材制造。其中，金属材料成形工艺又可以细分为金属液态成形工艺（铸造）、金属塑性成形工艺（锻压）和金属连接成形工艺（焊接、黏接或铆接），非金属材料成形工艺则可细分为高分子材料成形工艺（如注塑等）和陶瓷材料成形工艺（如粉末冶金等），复合材料成形工艺亦可细分为树脂基复合材料成形工艺、金属基复合材料成形工艺和陶瓷基复合材料成形工艺。考虑到增材制造所能成形材料几乎覆盖了全部种类的工程材料，故习惯上将其单列为一类材料成形工艺。图 1-1 所示为材料成形工艺的种类。

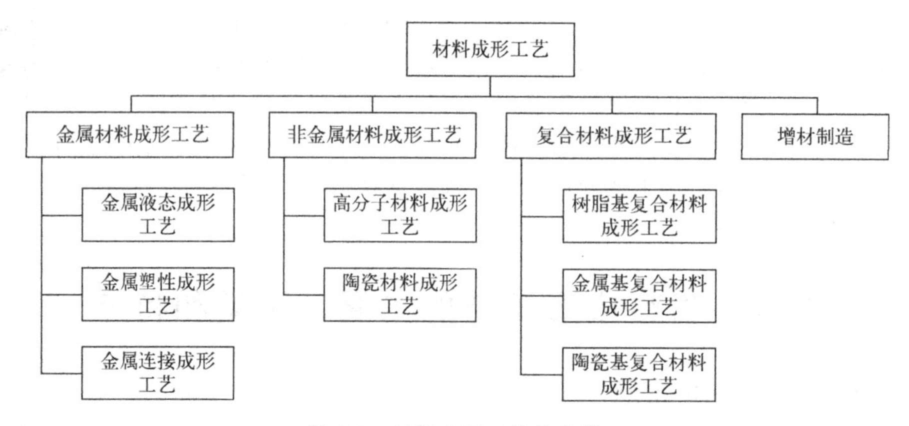

图 1-1 材料成形工艺的种类

1.1.3 材料成形工艺的特点

与机械加工中的切削加工工艺相比较，可将材料成形工艺的主要特点归纳如下。

① 材料一般在热态下模压成形　在热态下液态或固态材料通过模具或模型，在机器外力或材料自重作用下成形为所需制件，制件形状与最终零件产品相似或完全相同，留有一定的机械切削加工余量或机械加工余量为零。

② 材料利用率高　对于相同的零件产品，当采用棒料或块状金属为毛坯时，要通过车、钻、刨、铣、磨等方法将多余金属切除，从而得到所需零件产品；当采用铸、锻件为毛坯进行切削加工时，则仅需将其机加工余量切除即可。

③ 产品性能好　这主要是因为成形工艺生产时，材料尤其是金属材料沿零件的轮廓形状分布，金属纤维连续，而切削加工时则将金属纤维割断；其次，材料在外力或自重作用下成形，处于三向压应力或以压应力为主的应力状态下，有利于提高材料的成形性能和材料的结实程度，其综合效果有利于提高零件产品的内在质量，主要是力学性能如强度、疲劳寿命等。以锥齿轮为例，采用成形工艺生产同采用切削加工生产相比，其强度、抗弯疲劳寿命提高，而热处理变形性降低。

④ 一般制件尺寸精度比切削加工的低而表面粗糙度值比切削加工的高　若在室温下成形，因存在模具或模型的磨损、弹性变形等因素，必将影响制件尺寸精度和表面粗糙度；在热态下成形时，因存在金属毛坯的氧化和热胀冷缩等因素，其制件尺寸精度和表面

粗糙度更受影响。

因此，对于金属零件的生产，一般采用材料成形工艺获得具有一定机械加工余量和尺寸公差的毛坯，然后通过机械切削加工获得最终产品。

1.2 材料成形工艺在机械制造中的作用和地位

要想获得一个合格的机械零件和产品，必然要经历一系列从原材料到成品的制造过程，这种制造过程称为机械制造过程。如图 1-2 所示，材料成形工艺是制造各种机械零件或零件毛坯的主要方法。大多数机械零件是用材料成形工艺方法将原材料制成毛坯，然后经机械加工（车、铣、刨、磨、特种加工等），使之具有符合要求的尺寸、形状、相对位置和表面质量。为了便于机械加工或提高使用性能，有的零件还需要在毛坯制造和机械加工过程中穿插不同的热处理工序。

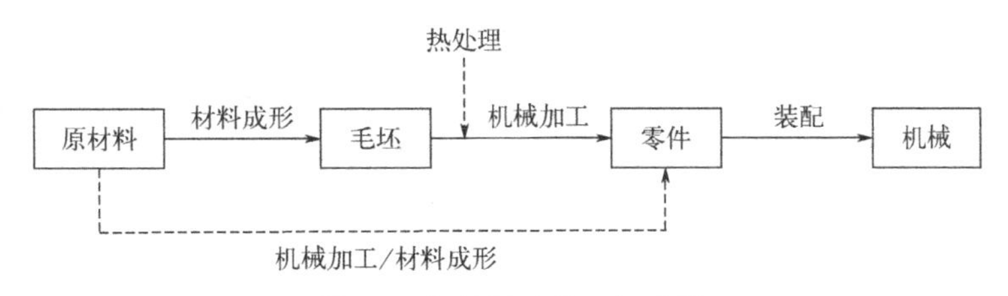

图 1-2 机械制造的一般过程

材料成形工艺过程和其他机械制造工艺过程一样，都是由一个或多个工序组成的，而一个工序中又包括一个或多个工步。工序，是指由一个或一组工人在同一台设备或同一个工作地，对一个或同时对几个加工对象所连续完成的那一部分工艺过程。工步，则是指在加工表面不变、加工工具不变、加工参数不变的情况下所完成的那一部分工艺过程。比如，弯曲连杆模锻工艺过程由模锻工序和切边工序 2 个工序组成，而模锻工序又包括拔长、滚压、弯曲、预锻和终锻 5 个工步。与此同时，材料成形工艺过程的组织与其生产类型（表 1-1）直接相关，而生产类型的划分主要依据生产纲领（考虑废品率和备品率后的零件年产量）。如单件、小批生产一般采用通用设备和工装，而大批、大量生产则采用专用设备和工装，从而保证其技术经济性。

表 1-1 生产类型与生产纲领的关系

生产类型	零件生产纲领/(件/年)		
	重型零件	中型零件	小型零件
单件生产	≤5	≤20	≤100
小批生产	>5~100	>20~200	>100~500
中批生产	>100~300	>200~500	>500~5000
大批生产	>300~1000	>500~5000	>5000~50000
大量生产	>1000	>5000	>50000

材料成形工艺在制造业中起着极为重要的作用，是实现铸件、锻件、钣金件、焊接件、橡塑件、陶瓷件、复合材料件等制造的主要方式和方法。

材料成形工艺是整个制造工程与技术的一个重要领域，金属材料约有 70%以上需经过铸、锻、焊成形加工才能获得所需制件，非金属材料也主要依靠成形方法才能加工成半成品或最终产品。以载货汽车为例，一辆汽车由数十个部件、上万个零件装配而成。其中，发动机上的气缸体、气缸套、气缸盖、离合器壳体、手动变速箱壳体、自动变速箱壳体、后桥壳体、活塞、活塞环、化油器壳体、油泵壳体等，系采用铸铁、铸铝和铝合金压铸工艺生产；连杆、曲轴、气门、齿轮、同步器、万向节、十字轴、半轴、前桥及板簧等零件，系采用模锻工艺生产；驾驶室顶棚、车门、前盖板、挡泥板、侧围板、后围板、车厢、油箱等，系采用冲压工艺和焊接工艺联合生产；仪表板（部分汽车）、转向盘、灯罩（部分）等系采用注塑工艺生产；而轮胎为橡胶压制件。据不完全统计，一辆汽车有80%～90%的零件系采用成形工艺生产。

1.3 我国材料成形工艺的发展概况

人类社会的发展史其实也是材料的发展史。材料的发展与其成形技术的发展紧密联系，故又可以说人类社会的发展史也是材料成形工艺的发展史。材料成形工艺，不仅仅涉及尺寸、形状，还关系性能以及经济、环境、文化等其他因素，可以说其既是科学技术的具体体现，也是社会文明的集中反映。传统金属技术发展简史如图1-3所示。

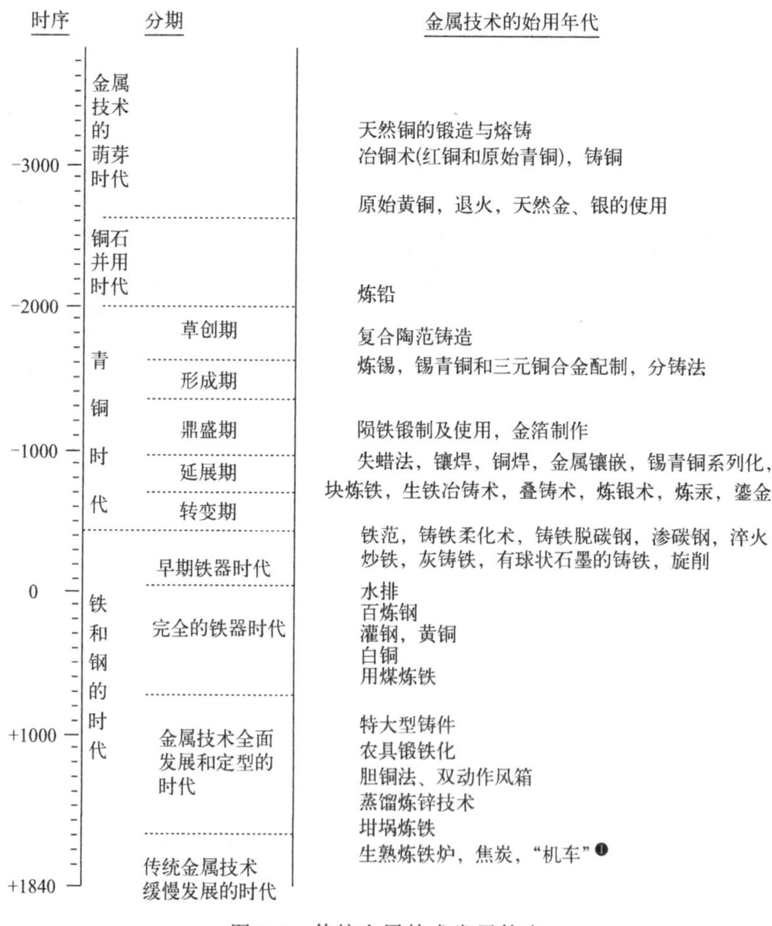

图1-3 传统金属技术发展简史

❶ 在生产过程中的装煤车、推焦车、拦焦车和熄焦车等外围辅助设备。

我国不仅是世界上应用材料成形工艺最早的国家之一，而且是技术水平长期领先的国家之一。比如，目前发现最早的青铜器是一把铸造铜刀，距今已有5000多年，1975年出土于我国甘肃省东乡族自治县林家村古遗址中；春秋时期，我国就发明了冶铸生铁的技术；1972年，河北省藁城区台西商代遗址出土的兵器经考证距今已有3300余年，经现代技术检验，其刃口采用合金嵌锻而成，这是我国至今发现最早生产的锻件。此外，早在远古的青铜时代、铁器时代，当人类刚开始掌握金属冶炼并用来制作简单的生产和生活器具时，火烙铁钎焊、锻焊方法就已为古人发现并得到应用。

失蜡法铸造是中国古代材料成形工艺的典范。1978年出土于河南淅川县下寺春秋楚墓的云纹铜禁，整体用失蜡法，即熔模铸造工艺铸就，铜禁四周以透雕的多层云纹做装饰，禁身的上部攀附着十二条龙形异兽，另外有十二只异兽蹲于禁下为足，其器身由粗细不同的铜梗支承，共分五层，最内较粗的一层是梁架，多层重叠，纵横交错，铜梗相互卷曲盘绕，而又互不连接，工艺十分复杂且精良。云纹铜禁的四周盘龙踞虎，大概是取神兽警示禁诫饮酒之意❶。两千五百年前，失蜡法制成华美的云纹铜禁，也许是为了让后人谨记凡事有度有节，最终成就了一代楚国霸业；两千五百年以后，古老的失蜡法作为航空发动机涡轮叶片的成形工艺，在创新中传承，而强国之梦从未改变。

新中国成立之后，我国的铸、锻、焊工业随着机械制造业的发展同步壮大起来。改革开放以来，随着我国国民经济的持续快速发展，铸、锻、焊生产也突飞猛进。尤其是进入21世纪，随着我国航空航天、轨道交通、基础设施等的快速发展，我国材料成形工艺在“天宫”“蛟龙”“天眼”“悟空”“墨子”、大飞机等重大工程中大放异彩，同时也铸就了中国高铁、中国桥梁等一系列中国品牌。比如，2013年，全球最大的8万吨模锻压力机横空出世，该压力机完全由我国自主研制。这台巨无霸地上高27m、地下15m，总重2.2万吨。四根粗大的立柱撑起其巨大身躯，由粗大的液压缸驱动的活动横梁上下运动，可施加达8万吨的压力；模具分为上下两部分，分别安装在活动横梁和下横梁的工作台上，金属就在其中像压月饼一般被锻压成形。8万吨模锻压机的成功研制，解决了我国大型模锻件受制于人的问题。国产大飞机C919一飞冲天的背后，就离不开这台设备锻造的包括起落架在内的上百件锻件，占整架飞机锻件总数的70%。

我国已是制造大国，制造业位居世界第一。但是，作为制造业的主体，作为机械、汽车、电力、石化、造船等支柱产业的基础技术，材料成形工艺的质量和效率仍有待提高。我国材料成形工业存在的主要问题是：企业数量多但大规模企业数量相对较少，尤其是专业化生产的企业相对较少；一般设备数量多，高精高效专用设备数量有待增加；一般铸、锻焊生产能力充足，而高精和特种铸、锻、焊生产能力不足；CAD/CAM/CAE（计算机辅助设计/制造/工程）技术应用范围还需进一步增加等。

1.4 材料成形工艺的发展趋势

材料成形工艺是制造业的重要组成部分，也是国民经济可持续发展的主体技术。新一代材料成形工艺，更是先进制造技术的重要内容。进入21世纪以来，材料成形工艺呈现出如下发展趋势。

---

❶ 由于西周人目睹了商王朝的灭亡，他们认为夏、商两代灭亡的原因之一在于嗜酒无度，因而将盛放酒杯的案台称为“禁”。

（1）成形精度向精密净成形的方向发展

从尺度上看，精密制造技术已经跨越了微米级技术，进入了亚微米和纳米技术领域。材料成形工艺也在朝着精密化的方向发展，表现为零件成形的尺寸精度正在从近净成形（即近无余量成形）向净成形方向发展。毛坯与零件的界限越来越小。当前精密成形技术已在较大程度上实现了近净成形，即制造接近零件形状的工件毛坯，较传统成形技术减少了后工序的切削量，减少了材料、能源的消耗。发展趋势是实现净成形，即直接制成符合形状和尺寸要求的工件，主要方法有多种形式的精铸、精锻、精冲、冷挤压、精密焊接与切割等。

（2）成形质量向近无缺陷方向发展

净成形加工技术主要反映的是成形工艺的尺寸与形状精密的特征，反映了成形加工保证尺寸与形状的精密程度，而反映成形加工优质特征的则是近无缺陷、零缺陷成形。热加工过程十分复杂、因素多变，很难避免产生缺陷。近年来，热加工界提出了“向近无缺陷方向发展”的目标。这里“缺陷”是指不致引起早期失效的临界缺陷。采取的主要措施有：采用先进工艺净化熔融金属，增大合金组织的致密度，为得到健全的铸件、锻件奠定基础；采用模拟技术，优化工序设计，实现一次成形及试模成功，保证质量；加强工艺过程监控及无损检测，及时发现超标零件；通过零件安全可靠性能研究及评估，确定临界缺陷量值等。

（3）成形方法向复合方向发展

随着各种高新技术材料的不断出现，传统的加工方式或多或少地遇到了困难。为了与新的材料制备及合成技术相适应，新的成形方法成为材料成形工艺研发的一个重要领域。材料制备和材料加工一体化是一个发展趋势。一些特殊材料（如超硬材料、复合材料、陶瓷等）的应用，造就了一批新型复合工艺如超塑成形、扩散连接技术的诞生。激光、电子束、离子束及等离子体等多种新能源及能源载体的引入，形成了多种新型加工与改性技术，其中尤以各种形式的激光加工技术发展最为迅速。激光加工技术多种多样，包括电子元件的精密微焊接，汽车和船舶制造中的焊接、切割与成形等。近年来，激光加工自由成形技术，即激光增材制造，成为重要的研究方向。此外，复合的特征还表现在冷热加工之间，加工、检测、物流及装配过程之间的界限趋向淡化，而复合、集成于统一的制造系统之中。

（4）成形加工过程向建模与仿真的方向发展

目前，材料成形工艺模拟仿真是材料科学与工程学科的前沿领域及研究热点。而高性能、高保真及高效率则是模拟仿真的努力目标。据有关部门测算，模拟仿真可以提高产品质量5～15倍，增加材料出品率25%，降低工程技术成本13%～30%，降低人工成本5%～20%，提高设备利用率30%～60%，缩短产品设计和试制周期30%～60%，增加分析问题广度和深度的能力3～3.5倍。工艺模拟仿真技术是一项多种新技术特别是信息技术综合应用、发展的结果。应用数值模拟于铸造、锻压、焊接等工艺设计中，并与物理模拟及专家系统结合，来确定工艺参数，优化工艺方案，预测加工过程中可能产生的缺陷，控制和保证加工工件的质量。比如，铸造凝固过程的三维数值模拟，锻压过程微观组织的演化及热塑性本构关系模拟，焊接凝固裂纹的模拟仿真，以及焊接氢致裂纹的模拟等。

（5）成形加工生产向清洁生产方向发展

清洁绿色生产技术是协调工业发展与环境保护的矛盾，以及日益增长的需求与有限资源的矛盾的一种新的生产技术，是 21 世纪制造业发展的重要特征。清洁生产技术的主要意义在于高效利用原材料，不造成环境污染，以最小的环境代价和最小的能源消耗，获取最大的经济效益和社会效益，符合持续发展与生态平衡。实现清洁生产的主要途径有：①采用清洁能源，如用电加热代替燃煤加热锻坯，由电熔化代替焦炭冲天炉熔化。②采用清洁的环境（工艺）材料。环境材料是指资源和能源消耗小，生态环境影响小，以及再生循环利用率高或可降解使用的具有优异应用性能的新型材料。③研发新的工艺方法，如采用绿色集约化铸造。绿色集约化铸造是指铸造生产全过程满足对环境无害，合理使用和节约自然资源，以及依靠科技同时得到最大的产值和效益等要求。

1.5 课程的性质、内容、目标和学习要求

"材料成形工艺基础"是机械类专业必修的一门综合性的技术基础课，本课程主要涉及机械制造过程中工程材料的基本成形工艺，其基本内容包括除机械加工等质量减少成形以外的其他材料成形工艺，包括金属材料的液态成形、塑性成形、连接成形和塑料、橡胶、陶瓷、复合材料的成形以及增材制造等有关材料成形的工艺技术及其发展趋势等。通过本课程的学习，期望学生初步掌握各种材料成形工艺的基本原理和工艺方法，并具有一定的综合分析和处理材料成形实际问题的能力，具有根据毛坯或制品能正确选择成形方法和制定工艺及参数的初步能力；具有综合运用工艺知识分析零件结构工艺性的初步能力；了解有关新材料、新工艺、新技术及其发展趋势。从而，为学习后续其他有关课程及今后从事机械设计与制造等方面的工作，奠定必要的技术基础。

鉴于本课程在内容上具有广泛性、综合性和极强的实践性，学习中要注意调整和改进学习方法，注重主动学习和自主学习，自觉培养独立分析问题与解决问题的能力，在掌握基本理论的前提下加强实践训练，进而加深对所学知识的理解和掌握，提高对所学知识的运用能力，使所学知识得到巩固与提高。

本章习题与思考题

1-1　传统材料成形工艺、现代材料成形工艺和行业领域理解的材料成形工艺，这三者在内涵上有何不同？

1-2　简述材料成形工艺的种类。

1-3　与机械加工中的切削加工工艺相比较，材料成形工艺的主要特点有哪些？

1-4　简述机械制造的一般过程，并说明材料成形工艺在其中所起的作用。

1-5　比较工序和工步的异同。

1-6　生产类型一般包括哪几种？其划分的依据是什么？

1-7　查阅资料，了解如下国家宝藏所采用的主要成形工艺方法以及经济、环境、文化等其他非技术因素。

(1) 商鞅方升；(2) 越王勾践剑；(3) 红山彩绘陶盆；(4) 后母戊鼎；(5) 曾侯乙尊盘；(6) 长信宫灯；(7) 铜奔马；(8) 青铜太阳轮；(9) 牛虎铜案；(10) 金瓯永固杯。

1-8　简述材料成形工艺的发展趋势。

2 金属液态成形工艺

金属液态成形，又称铸造，是指将熔融金属或合金在重力场或其他外力场（压力、离心力、电磁力、振动惯性力等）作用下浇入铸型，冷却并凝固后获得具有一定形状、尺寸和性能铸件的工艺方法。

铸造是人类掌握比较早的一种金属材料成形工艺，距今已有约 6000 年的历史。从考古发现的器物来推断，铸造是人类发明了陶器之后掌握的。中国约在公元前 1700～前 1000 年已进入青铜铸件的全盛期，工艺上已达到相当高的水平。商朝的后母戊鼎（司母戊鼎）、四羊方尊、卧虎立耳扁足鼎，战国时期的曾侯乙尊盘和编钟，西周的何尊和史墙盘等，都是古代铸造的代表产品。在公元前 513 年，中国铸出了世界上最早见于文字记载的铸铁件——晋国铸刑鼎，铸铁件的出现扩大了铸件的应用范围。18 世纪的工业革命以后，蒸汽机、纺织机和铁路等工业兴起，铸件进入为大工业服务的新时期。进入 20 世纪，铸造成为现代机械制造工业的基础工艺之一。其主要原因，一是产品技术的进步要求铸件各种力学性能更好，同时具有良好的机械加工性能；二是机械工业本身和其他工业如化工、仪表等的发展，给铸造业创造了有利的物质条件。如检测手段的发展，保证了铸件质量的提高和稳定，并给铸造理论的发展提供了条件；又如电子显微镜等的发明，帮助人们深入金属的微观世界，探查金属结晶的奥秘，研究金属凝固的理论，指导铸造生产。

铸造与其他成形方法相比，具有下列特点。

（1）成形方便，适应性广

铸件的轮廓尺寸可由几毫米到数十米，壁厚由几毫米到几百毫米，质量由几克到几百吨。铸造可以制造外形复杂，尤其是具有复杂内腔的铸件。例如，机床床身、内燃机的缸体和缸盖、箱体等的毛坯均为铸件。从黑色金属、非铁金属到难熔合金均可采用铸造方法成形，特别是某些塑性差的材料如铸铁，某些难以切削的零件如燃气轮机的镍基合金等零件，不用铸造方法更是无法成形。铸造生产的工艺灵活性大，既可用于单件、小批量生产，也可用于成批及大批量生产。

（2）生产成本低，经济性好

铸造是比较经济的毛坯成形方法，对于形状复杂的零件更能显示出它的经济性，比如汽车发动机的缸体和缸盖、船舶螺旋桨等。铸件在一般机器中约占总质量的 40％～80％，而成本只占机器总成本的 25％～30％。成本低廉的原因是：与锻件相比，其动力消耗小，铸件形状、尺寸与零件比较接近，节约机加工工时和金属材料，铸件所用材料来源广且可以利用金属废料和废机件。

（3）铸件质量不够稳定，力学性能较差

铸造生产工序较多，影响铸件质量的因素复杂，有些工艺过程难以控制，因而铸件质量不够稳定，废品率较高；铸件显微组织粗大，内部易产生缩孔、缩松、气孔、砂眼等缺陷，其力学性能特别是冲击韧度不如同种类材料的锻件高；铸件表面较粗糙，尺寸精度不高。故绝大多数铸件主要用作毛坯。

（4）生产条件较差，劳动强度高

目前广泛使用的砂型铸造，大多依靠手工操作，工人的劳动强度大，生产条件差。

随着新工艺、新技术、新材料、新设备的应用，铸造生产环境大大改善，工人劳动强度大幅度降低，铸件质量和经济效益亦在不断提高，它改变了人们对铸造生产的传统观念和认识，也使得铸造的应用范围越来越广。

2.1 金属液态成形理论基础

2.1.1 合金的铸造性能

铸造合金在铸造过程中呈现出的工艺性能，称为合金的铸造性能。合金的铸造性能主要是指流动性、收缩性、偏析和吸气性等。铸件的质量与合金的铸造性能密切相关，其中流动性和收缩性对铸件的质量影响最大。

2.1.1.1 液态金属的充型能力

液态合金充满铸型型腔获得形状完整、轮廓清晰的铸件的能力，称为液态金属的充型能力。充型能力，首先取决于液态金属本身的流动能力（即内因），同时又受铸型性质、浇注条件、铸件结构等因素（即外因）的影响。因此，充型能力是上述各种因素的综合反映。

（1）合金流动性

液态金属本身的流动能力称为金属的流动性。液态合金的流动性好则充型能力强，有利于壁薄和形状复杂铸件的成形，有利于液态合金中非金属夹杂物和气体的上浮与排除，有利于合金凝固收缩时的补缩。若流动性不好，充型能力就差，铸件就容易产生浇不足、冷隔、夹渣、气孔和缩松等缺陷。

液态合金的流动性，通常用螺旋形试样的长度来衡量，如图 2-1 所示。在相同的铸型及浇注条件下，浇注出的螺旋形试样愈长，金属的流动性愈好。

（2）影响液态合金流动性的因素

主要有合金种类、成分、质量热容、密度和热导率、杂质与含气量等物理性能。

① 合金的种类　不同种类的合金流动性不同。常用铸造合金中，灰铸铁流动性最好，硅黄铜、铝硅合金次之；铸钢的熔点高，在铸型中散热快，凝固快，流动性差；铝合金导热性能好，流动性也较差。

② 合金的成分　同种合金中，成分不同的合金具有不同的结晶特点，流动性也不同。

纯金属及共晶成分合金的结晶是在恒温下进行的，结晶由铸件壁表面开始逐层向中心凝固，凝固层的内表面较为光滑，对尚未凝固的金属流动阻力小，金属流动的距离长。此外，对共晶成分的合金，由于其熔点最低，在相同浇注温度下，过热度（浇注温度与合金熔点的温差）大，液态金属存在的时间较长。因此，纯金属及共晶成分合金的流动性最好。非共晶合金的结晶是在一定温度范围内进行的，铸件断面上有固-液双相并存区域。

在此区域初生的树枝状晶使凝固层内表面参差不齐，阻碍液态合金的流动，因而对未结晶的液态合金的流动产生较大的阻力，流动性较差。合金的结晶温度范围越宽，树枝状晶越发达，对金属流动的阻力越大，金属的流动性就越差。

图 2-2 为铁碳合金的碳质量分数与流动性的关系。可见，纯铁和共晶铸铁的流动性最好，亚共晶铸铁和碳钢随着凝固温度范围变宽，流动性变差。

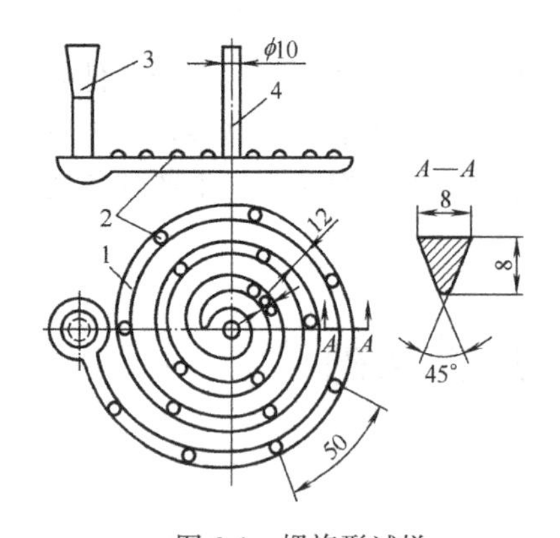

图 2-1　螺旋形试样

1—试样；2—试样凸点；3—浇口；4—出气口

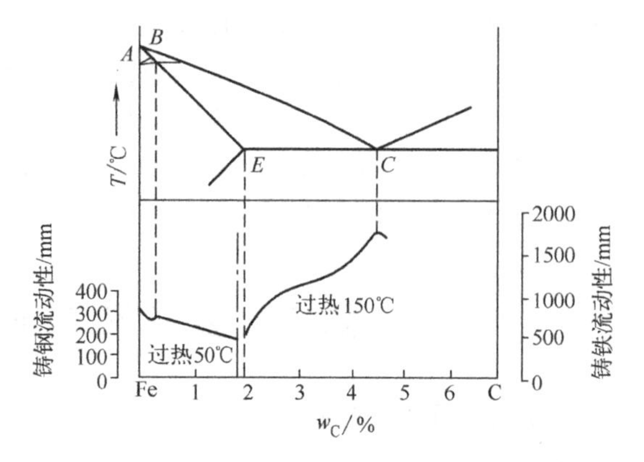

图 2-2　铁碳合金的碳质量分数与流动性的关系

③ 合金的质量热容、密度和热导率　合金的质量热容是单位质量物质升高单位温度的热容。合金的质量热容和密度越大，在相同的过热度下，合金所含的热量越多，保持高温的时间越长，流动性也越好。合金的热导率越小，热量散失越慢，流动性也越好。

④ 杂质与含气量　在液态合金中，凡能形成高熔点夹杂物的元素均会降低合金的流动性。如灰铸铁中锰和硫反应生成的 MnS，钢中 MnO、SiO_2、Al_2O_3、Cr_2O_3、VC、BN、TiC 等，以及铝合金、镁合金中的氧化物夹杂，都会使合金的流动性下降。但是，在熔融合金中呈液态的夹杂物由于熔点较低，在熔融合金的温度下会有较大的过热使合金的黏度减小，反而会提高合金的流动性。如用酸性炉熔炼的钢液，其夹杂物多为熔点较低的硅酸盐，在同样过热条件下，该熔融钢液的流动性比在碱性炉中熔炼的要好。此外，一般情况，熔融金属中含气量越少，合金的流动性越好。

(3) 影响合金充型能力的因素

合金的流动性对充型能力的影响最大，同时浇注条件、铸型条件以及铸件结构也会影响合金的充型能力。

① 浇注条件　主要指浇注温度、充型压力和浇注速度以及浇注系统复杂程度。

a. 浇注温度：浇注温度对合金充型能力有决定性影响。在一定范围内，浇注温度越高，合金充型能力越好。因为浇注温度高，液态金属所含的热量多，在同样冷却条件下，保持液态的时间长；浇注温度越高，合金的黏度越低，液体在铸型中的流动阻力减小，合金能够流动较长的距离；浇注温度高，传给铸型的热量多，使铸型的温度升高，可以减缓铸型对金属的激冷作用，因而有利于液体金属的充型。因此，对薄壁铸件或流动性较差的合金，为防止浇不足和冷隔等缺陷的产生，可适当提高浇注温度。但是，浇注温度过高，液态合金的收缩增大，吸气量增加，氧化严重，铸件易产生缩孔、缩松、气孔、黏砂、粗晶等缺陷。故在保证充型能力足够的前提下，应尽量降低浇注温度，一般在合金熔点以上100～150℃。

b. 充型压力：充型压力越大，液态合金在流动方向上的驱动力就越大，充型能力也越好。砂型铸造时，充型压力是由直浇道的静压力产生的，适当提高直浇道的高度，可提高充型能力。但是，过高的砂型浇注压力，易使铸件产生砂眼、气孔等缺陷。在低压铸造、压力铸造和离心铸造时，因人为加大了充型压力，故充型能力较强，易获得轮廓清晰、组织致密的铸件。

c.浇注速度：浇注速度越快，充型的动压力越大。但是，浇注速度太快，易冲坏砂型，且可能使型腔内的气体来不及逸出，从而形成砂眼、气孔等缺陷及存在呛火等问题。生产中，常用控制浇注时间的方法来控制浇注速度。

此外，浇注系统结构越复杂，流动阻力越大，充型能力就越低。

② 铸型条件　铸型对合金充型能力也有显著影响，主要体现在以下三个方面。

a.铸型的蓄热能力，即铸型从液态合金吸收并储存热量的能力。铸型的蓄热能力越大，铸型对液态合金的冷却能力越强，使合金保持液态的时间就越短，充型能力下降。如金属型铸造比砂型铸造充型能力差，容易产生浇不足等缺陷。

b.铸型温度，铸型的温度越高，铸型和金属液之间的温差越小，金属液冷却速度就越慢，保持液态时间就越长，使合金充型能力提高。如金属型铸造和熔模铸造时，常将铸型预热到数百摄氏度。

c.铸型中的气体，由于液态金属的热作用，型腔中的气体膨胀，型砂中的水分气化、有机物燃烧和分解，使铸型产生大量气体，如果铸型的透气性差，则型腔内的气体压力迅速增大，阻碍熔融金属的充型。为此，应适当降低型砂的含水量和发气物质含量，以及开设必要的排气孔和增设排气冒口。

③ 铸件结构　若铸件壁厚小、有大的水平面，则液态合金散热速度快，其充型能力差；若铸件结构复杂，则液态合金流动时的阻力大，其充型能力差。因此，在进行铸件结构设计时，铸件的形状应力求简单，壁厚应大于规定的最小允许壁厚，而对于形状复杂、薄壁、大平面的铸件，应尽量选择流动性好的合金或采取其他相应措施。

综上所述，为获得健全的铸件，应尽量选用流动性好的合金，同时采取措施提高合金的充型能力，如提高浇注温度和压力、合理设计浇注系统和改进铸件结构等。

2.1.1.2　液态合金的凝固与收缩

铸件的缩孔、缩松、变形、裂纹等缺陷与液态金属的凝固过程有关，因此认识合金的凝固规律具有十分重要的意义。

(1) 凝固方式

在铸件凝固过程中，其断面上一般存在三个区域，即液相区、固相区和液固两相区（又称凝固区），其中液固两相区对铸件质量的影响最显著。通常根据液固两相区的宽窄将铸件的凝固方式分为逐层凝固、糊状凝固和中间凝固方式，如图 2-3 所示。

① 逐层凝固　当合金的结晶温度范围很小（如纯金属或共晶合金），或铸件截面温度梯度很大时，铸件断面上凝固区域宽度几乎等于零，固相区与液相区之间界限清晰。随着温度的下降，固相区不断加厚，逐步达到铸件中心，如图 2-3(a) 所示。

② 糊状凝固　若合金的结晶温度范围很宽，且铸件断面上的温度梯度较平坦，则在凝固的某段时间内铸件表层不能形成明显的固相区，其凝固区域贯穿整个铸件断面，铸件的凝固先呈糊状而后固化，如图 2-3(c) 所示。

③ 中间凝固　金属的结晶温度范围较窄，或结晶温度范围虽宽，但铸件截面温度梯度大，铸件断面上的凝固区域宽度介于逐层凝固与糊状凝固之间，如图 2-3(b) 所示。

铸件质量与其凝固方式密切相关。逐层凝固时，固液界面比较光滑，对未结晶金属液

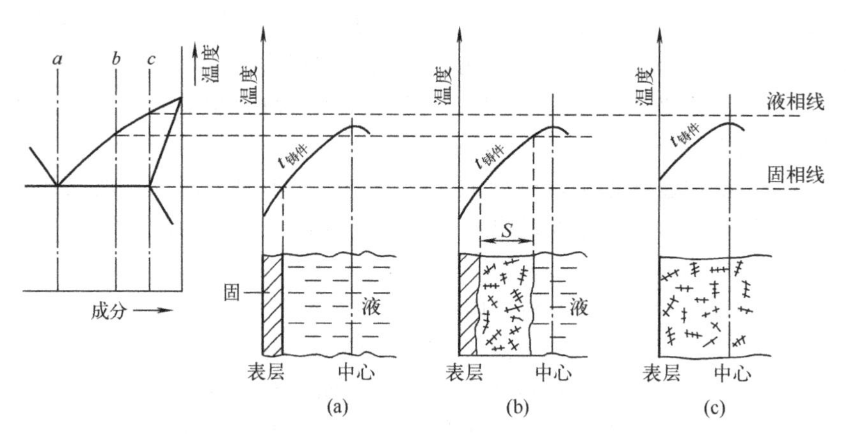

图 2-3　铸件的凝固方式

的流动阻力小，故流动性好、补缩性好，铸件产生冷隔、浇不足、缩松等缺陷的倾向小。糊状凝固时，发达的初生树枝晶布满整个铸件断面，对金属液的阻碍作用大，故流动性很差。铸件易产生冷隔、浇不足、缩松等缺陷。在常用合金中，灰铸铁、铝硅合金等倾向于逐层凝固，易于获得紧实铸件；球墨铸铁、锡青铜、铝铜合金等倾向于糊状凝固，为获得紧实铸件常需采用适当的工艺措施，以便补缩或减小其凝固区域。

（2）合金的收缩及其影响因素

①收缩　液态金属在冷却凝固过程中，体积和尺寸减小的现象称为收缩。收缩是铸造合金本身的物理性质，是形成缩孔、缩松、变形和裂纹等缺陷的根本原因。

铸造合金从浇注到冷至室温要经历下列三个互相联系的收缩阶段。

液态收缩——从浇注温度冷却至凝固开始温度（即液相线温度）间的收缩。

凝固收缩——从凝固开始温度冷却到凝固终止温度（即固相线温度）间的收缩。

固态收缩——从凝固终止温度冷却到室温之间的收缩。

合金的总收缩率为上述三阶段收缩的总和。液态收缩和凝固收缩表现为铸件的体积缩小，常用体积收缩率即单位体积的收缩量表示，它们使型腔内金属液面下降，是铸件产生缩孔和缩松缺陷的根本原因。固态收缩也会引起体积的变化，在铸件各个方向上都表现出线尺寸的减小，可用线收缩率即单位长度的收缩量来表示。它对铸件的形状和尺寸精度影响最大，是铸件产生内应力、变形、裂纹的主要原因。

② 影响收缩的因素　主要有化学成分、浇注温度、铸件结构与铸型条件等。

a. 化学成分：合金种类不同，其收缩率不同。几种常用铸造合金的收缩率见表 2-1。由表可见，铸钢和白口铸铁的收缩大，灰铸铁收缩小。这是由于灰铸铁结晶时所含的碳大多以石墨形式析出，石墨比体积（单位质量物质的体积）大，使铸铁体积膨胀（每析出 1%的石墨，铸件体积约增加 2%），因而抵消了一部分收缩。可见，灰铸铁中碳质量分数愈高，收缩愈小。

b. 浇注温度：合金浇注温度越高，过热度越大，液态收缩越大。

c. 铸件结构与铸型条件：铸件的收缩并非自由收缩，而是受阻收缩。其阻力来源于两个方面：一是由于铸件壁厚不均匀，使各部分冷却速度不同，收缩的先后不一致，相互制约而产生的阻力；二是铸型和砂芯对铸件收缩产生的机械阻力。铸件收缩时受阻越大，实际收缩率就越小。显然，铸件的实际线收缩率比合金的自由线收缩率小。因此，在设计模样时，应根据合金的材质、铸件的形状、尺寸等，选用适当的收缩率。

表 2-1　几种常用铸造合金的收缩率

合金种类	碳的质量分数 w_C/%	浇注温度 T/℃	液态收缩率 /%	凝固收缩率 /%	固态收缩率 /%	总收缩率 /%
碳素铸钢	0.35	1610	1.6	3	7.86	12.46
白口铸铁	3.0	1400	2.4	4.2	5.4～6.3	12～12.9
灰铸铁	3.5	1400	3.5	0.1	3.3～4.2	6.9～7.8

（3）铸件的缩孔和缩松

液态金属在冷却凝固过程中，若液态收缩和凝固收缩所缩减的体积得不到补充，则在铸件最后凝固的部位形成一些孔洞。根据孔洞的大小和分布，可将其分为缩孔和缩松两类。

① 缩孔　是由合金收缩产生的集中在铸件上部或最后凝固部位、容积较大的孔洞。有时经切削加工可暴露出来，其形状极不规则，多呈倒锥形，内表面较粗糙。

缩孔形成的条件是铸件以逐层凝固方式进行凝固，其形成过程如图 2-4 所示。当熔融合金充满铸型型腔后，随温度下降，合金产生液态收缩。当内浇口尚未凝固时，型腔内所减少的合金液可从浇注系统得到补充，型腔内熔融金属液面不下降仍保持充满状态［图 2-4(a)］。随着热量不断散失，靠近型腔表面的金属率先凝固结壳，此时内浇道被冻结，形成的硬壳如同一个里面充满熔融金属的密闭容器［图 2-4(b)］。当硬壳内合金液的液态收缩和凝固收缩大于硬壳的固态收缩时，则随温度下降，固体层加厚，内部剩余液体的体积不断变小，液面下降，在铸件上部出现空隙［图 2-4(c)］。凝固结束时在铸件上部形成如图 2-4(d) 的孔洞。已形成缩孔的铸件继续冷却到室温时，由于固态收缩，铸件的外形轮廓有所减小，缩孔的绝对体积略有减少，但缩孔体积与铸件体积的比值保持不变，缩孔被保留下来［图 2-4(e)］。

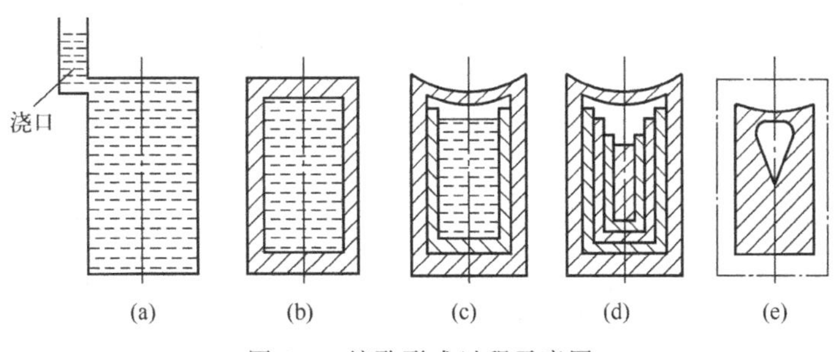

图 2-4　缩孔形成过程示意图

总之，合金的液态收缩和凝固收缩越大，浇注温度越高，铸件的壁厚越厚，缩孔的容积就越大。

② 缩松　是指铸件断面上出现的分散而细小的缩孔。缩松形成的条件是铸件以糊状（体积）凝固方式进行凝固。由于铸件截面上一定的宽度区域为液固两相区，发达的初生树枝晶将液体金属分割成一个个互不相通的小熔池，而熔池内的液体在凝固时产生的收缩得不到金属液的补偿，最终形成大量细小而分散的孔洞，即缩松。

缩松分为宏观缩松和显微缩松。宏观缩松多分布在铸件最后凝固的部位，如铸件的中心轴线处或缩孔的下方，用肉眼或借助于放大镜可以看出（图 2-5）；显微缩松则是存在于晶粒之间的微小孔洞，这种缩松的分布面积更为广泛，有时遍及整个截面，只有借助显微镜才能观察出来。显微缩松在铸件中难以完全避免，它对一般铸件危害性较小，故不把它当作缺陷看待，但对气密性、力学性能、物理性能或化学性能要求很高的铸件，必须设法减少缩松。生产中可采用一些工艺措施（如控制冷却速度）来控制铸件的凝固方式，使铸件中的缩孔和缩松在一定的范围内互相转化。

通过以上对缩孔和缩松形成过程的分析，可得到以下规律。

a. 合金的液态收缩和凝固收缩越大（如铸钢、铝青铜等），铸件越易形成缩孔。

b. 结晶温度范围宽的合金，倾向于糊状凝固，易形成缩松；而结晶温度范围窄的合金如纯金属和共晶成分合金，倾向于逐层凝固，易形成集中缩孔。

③ 缩孔和缩松的防止　缩孔和缩松使铸件的有效承载面积减少，而且在孔洞部位易产生应力集中，使铸件力学性能下降。缩孔和缩松还使铸件的气密性、物理性能和化学性能下降。缩孔和缩松严重时，会导致铸件报废。由此生产中常采取必要的工艺措施予以防止。

防止铸件产生缩孔的有效措施是使铸件实现顺序凝固。所谓顺序凝固就是在铸件上可能出现缩孔的厚大部位安放冒口，使铸件上远离冒口的部位先凝固（图 2-6 中的Ⅰ部分），然后是靠近冒口的部位凝固（图 2-6 中的Ⅱ、Ⅲ部分），最后才是冒口本身的凝固。按照这样的凝固顺序，先凝固部分的收缩由后凝固部分的合金液来补充，后凝固部位的收缩，由冒口中的金属液来补充，从而使铸件各个部位的收缩均能得到补充，将缩孔转移到冒口之中。最后将冒口切除，就可以获得致密的铸件。

为了实现顺序凝固，在设置冒口的同时，还可在铸件上某些厚大部位增设冷铁。如图 2-7 所示的铸件可能产生缩孔的厚大部分不止一个，若仅靠顶部冒口的补缩，难以保证底部厚大部位不出现缩孔。为此工艺上采用冒口与冷铁联合作用，在该凸台的型壁上安放了两块外冷铁，加快了该处的冷却速度，使厚度较大的凸台反而最先凝固，从而实现了自下而上的顺序凝固，防止了凸台处缩孔、缩松的产生。由此可以看出，冷铁的作用只是增大铸件局部的冷却速度，用以控制铸件的凝固顺序，它本身并不起补缩作用。总之，冒口和冷铁的合理使用，可造成铸件的顺序凝固，有效地消除缩孔、缩松（主要是宏观缩松）缺陷。

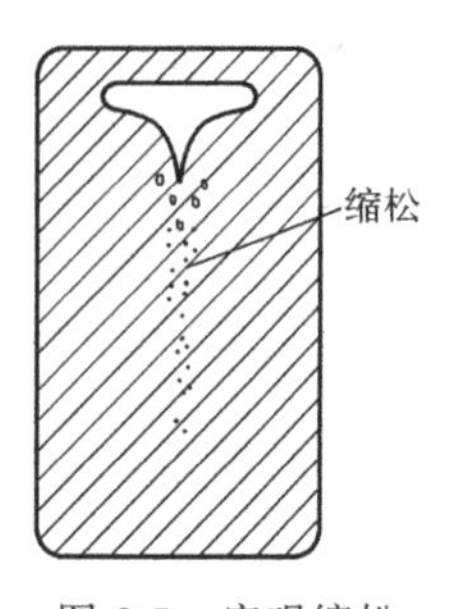

图 2-5　宏观缩松

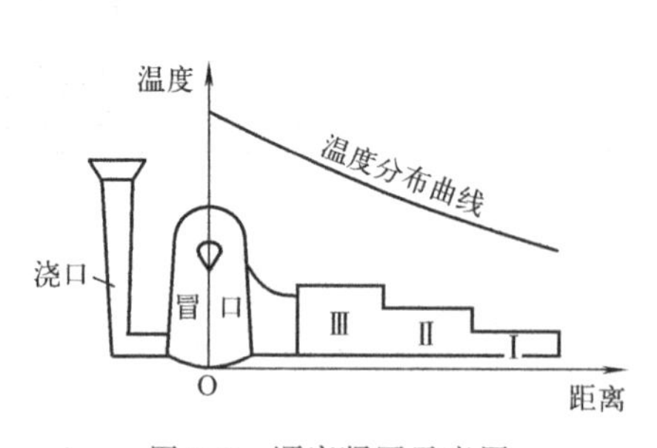

图 2-6　顺序凝固示意图

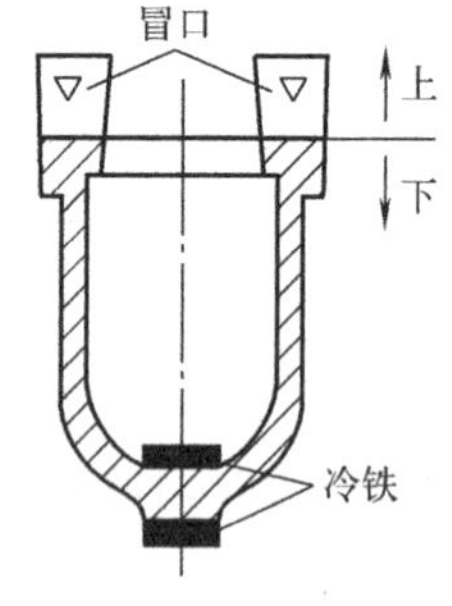

图 2-7　冷铁的应用

准确地估计铸件上缩孔可能产生的位置是合理安置冒口和冷铁的主要依据。生产中确定缩孔位置的常用方法有凝固等温线法、内切圆法和计算机凝固数值模拟法等。

所谓凝固等温线法，就是在铸件截面上从冷却表面开始逐层向内侧绘制凝固等温线，直到与最窄截面上的凝固等温线接触为止。此时，凝固等温线不相接连的地方，就是铸件最后凝固区域，也就是缩孔的位置。图 2-8(a) 所示是用凝固等温线法确定工字形截面铸件的缩孔位置，图 2-8(b) 所示是实际铸件解剖后的缩孔位置。

内切圆法常用来确定铸件中相交壁处的缩孔位置，如图 2-8(c) 所示。铸件相交壁处内切圆直径大于相交壁任一壁厚的地方称为热节。可见，即使铸件两个相交壁的壁厚相同，但在结合处内切圆直径也较大，因而最后凝固，成为容易产生缩孔的位置。除相交壁以外，铸件肥厚处、转弯处和靠近内浇口的部位也容易形成凝固缓慢的热节，这些部位最容易形成缩孔。

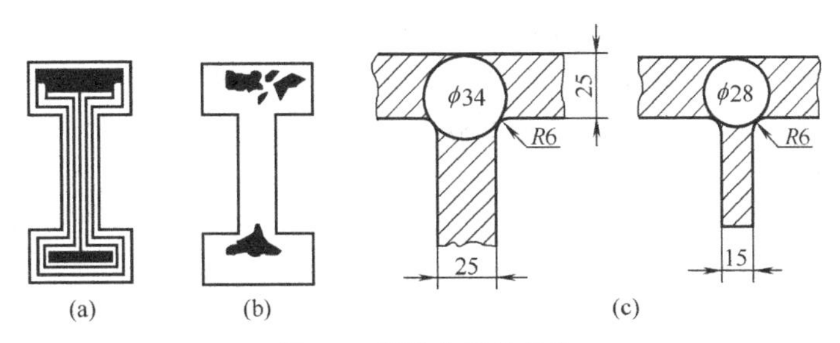

图 2-8 缩孔位置的确定

计算机凝固数值模拟法是在计算机上利用凝固模拟软件和已经相对成熟的实验数据修改铸件的相关工艺参数，对实际铸件的凝固过程进行模拟计算，它可以较为准确地给出铸件最后凝固部位，进而对铸件上可能产生缩孔的位置进行预测。同时，计算机凝固数值模拟法不仅能给出缩孔的位置，更重要的是能优化铸造工艺，提高铸件的工艺出品率。

顺序凝固方法虽然能有效防止缩孔和缩松的产生，但使铸件各部分的温差加大，冷却速度不一致，易产生内应力、变形和裂纹，同时消耗金属也多，工艺出品率较低，后续切削加工量较大。因此，这种方法主要用于收缩较大、凝固温度范围较小的合金，如铸钢、碳和硅质量分数低的灰铸铁、铝青铜等合金以及壁厚差别较大的铸件。

结晶温度范围宽的合金倾向于糊状凝固，发达的树枝晶布满了整个截面，使冒口的补缩通道受阻，即使采用顺序凝固也很难避免显微缩松。一般可采取下列措施。

a. 合理选择铸造合金：应尽量采用接近共晶成分的或结晶温度范围窄的合金。

b. 增大铸件的冷却速度：对于给定成分的铸件，在一定的浇注条件下，缩孔和缩松的总容积是一定的。适当地增大铸件的冷却速度可促进缩松向缩孔转化。例如：在砂型铸造中，湿型比干型对铸件的激冷能力强，使铸件的凝固区域变窄，缩松量减少，而缩孔体积增加；在金属型铸造时，铸型的激冷能力更大，缩松的量显著减小。

c. 加压补缩：将铸型置于压力罐中，浇注后使铸件在压力下凝固，可显著减少显微缩松。此外，采用压力铸造、离心铸造等方法使铸件在压力下凝固，也可有效地防止缩孔和缩松。

(4) 铸造应力

铸件在凝固和随后的冷却过程中，收缩受到阻碍而引起的内应力称为铸造应力。这些铸造应力可能是在冷却过程中暂时存在的，当引起应力的原因消除后，应力随之消失，称临时应力；也可能是长期存在的，在铸件内部一直保留到室温，称残余应力。铸造应力是铸件产生变形和裂纹的根本原因。最常见的铸造应力有热阻碍引起的热应力和机械阻碍引起的机械应力。

① 热应力　铸件在凝固和冷却过程中，不同部位由于不均衡的收缩而引起的应力称热应力。热应力是一种铸造残余应力，落砂后它仍存在于铸件内。为了分析热应力的形成，首先必须了解金属自高温冷却到室温的过程中应力状态的变化。固态金属在弹-塑临界温度以上的较高温度时，处于塑性状态，如果金属收缩受阻产生较小的应力作用，则金

属可以产生塑性变形使应力自行消除。而在弹-塑临界温度以下，金属呈弹性状态，在应力作用下发生弹性变形，变形之后，应力仍然存在。只有当应力大于金属的屈服强度，金属产生一定的塑性变形后，应力才有可能稍微松弛。

下面以框形铸件为例，分析残余热应力的形成过程。如图 2-9（b）所示的框形铸件由中间的粗杆Ⅰ、两侧完全相同的细杆Ⅱ以及联系它们的上、下横梁组成。假设铸件完全凝固后，两杆从同一温度 $T_{固}$ 开始冷却，最后室温下达到同一温度，两杆的固态冷却曲线如图 2-9（a）所示，$T_{再}$ 为塑性-弹性临界转变温度。在冷却过程中，Ⅰ、Ⅱ两杆始终存有温度差，由于在同一时期内，两杆的固态收缩不一致，从而产生了热应力。其形成过程可分三个阶段来说明。

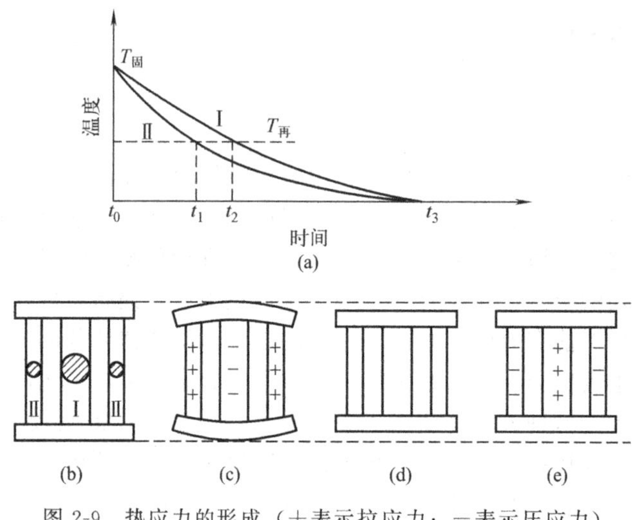

图 2-9　热应力的形成（＋表示拉应力；－表示压应力）

塑性阶段（$t_0 \sim t_1$）：两杆温度均高于 $T_{再}$，粗杆Ⅰ和细杆Ⅱ均处于塑性状态。细杆降温较快，若能自由收缩，其收缩量必定会大于粗杆而变得比粗杆短；由于粗、细杆之间有横梁联系，互相制约，两者只能收缩到同一长度。此时粗杆受压产生压应力，而细杆受拉产生拉应力［图 2-9(c)］。但由于此时粗、细杆均处于塑性状态，所产生的瞬时应力通过其本身的塑性变形而自行消失，故此阶段铸件内无残余应力。

弹性、塑性阶段（$t_1 \sim t_2$）：Ⅱ杆冷却较快，率先进入弹性状态，而Ⅰ杆由于冷却速度较慢仍停留在塑性状态。此阶段粗、细杆的收缩亦不相同，通过横梁的作用，收缩快的杆内产生拉应力，收缩较慢的产生压应力。但由于粗杆Ⅰ处于塑性状态，在应力的作用下其发生微量塑性变形，从而缓解了所产生的应力，故此阶段铸件内亦不产生残余应力［图 2-9(d)］。

弹性阶段（$t_2 \sim t_3$）：当铸件冷却到更低温度时，粗、细杆均处于弹性状态。此时，两杆长度相同，但温度不同。粗杆Ⅰ温度较高，还会产生较大的收缩；细杆Ⅱ温度较低，收缩已趋于停止。因此，粗杆Ⅰ的进一步收缩，必然受到细杆Ⅱ的强烈阻碍。于是，杆Ⅱ受压，杆Ⅰ受拉，直到室温，在两杆内形成了残余应力［图 2-9(e)］。由此可见，热应力的分布规律是铸件的厚壁或心部受拉应力，薄壁或表层受压应力。铸件的壁厚差愈大，合金的线收缩率愈高，弹性模量愈大，热应力也愈大。顺序凝固时，由于铸件各部分冷却速度不一致，产生的热应力较大，铸件易出现变形和裂纹，采用时应对这影响予以考虑。

② 机械应力　铸件在冷却过程中因收缩受到铸型、型芯及浇注系统的机械阻碍而产

生的应力称为机械应力，如图 2-10 所示。机械应力使铸件产生拉应力或剪切应力，这种应力是暂时的，铸件经落砂、清理后，应力便可自行消除。但是，机械应力在铸型中可与热应力共同起作用，增大某些部位的拉应力，增加铸件的裂纹倾向。

铸造应力使铸件的精度和使用寿命大大降低，在存放、加工甚至使用过程中，还会因残余应力的重新分布而导致铸件变形甚至产生裂纹。它还降低铸件的耐腐蚀性，因此必须尽量减小或消除铸造应力。减小和消除铸造应力的措施一般包括：铸件结构设计时应尽量做到壁厚均匀，这样可减小铸件各部分的温差，使其均匀冷却；尽量选用线收缩率小、弹性模量小的合金；提高铸型和型芯的退让性，以及浇注后早开型，可以有效减小机械应力；提高铸型温度，使整个铸件缓冷，以减小铸型各部分温度差；此外，还可以采用同时凝固原则以及去应力退火铸造工艺。

所谓同时凝固，就是采取必要的工艺措施，使铸件各部分冷却速度尽量一致。具体方法就是将浇口开在铸件的薄壁处，以减小该处的冷却速度，而在厚壁处可放置冷铁以加快其冷却速度，如图 2-11 所示。同时凝固原则可降低铸件产生应力、变形和裂纹的倾向，且因无须设置冒口而省工省料。但铸件的心部会产生缩孔或缩松缺陷，影响铸件的致密性。所以同时凝固只适用于收缩较小的合金（如碳、硅质量分数高的灰铸铁）和结晶温度范围宽、倾向于糊状凝固的合金（如锡青铜），同时也适用于气密性要求不高的铸件和壁厚均匀的薄壁铸件。

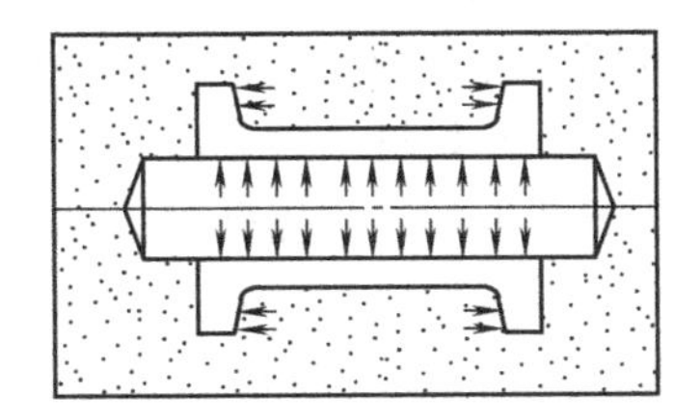

图 2-10　机械应力

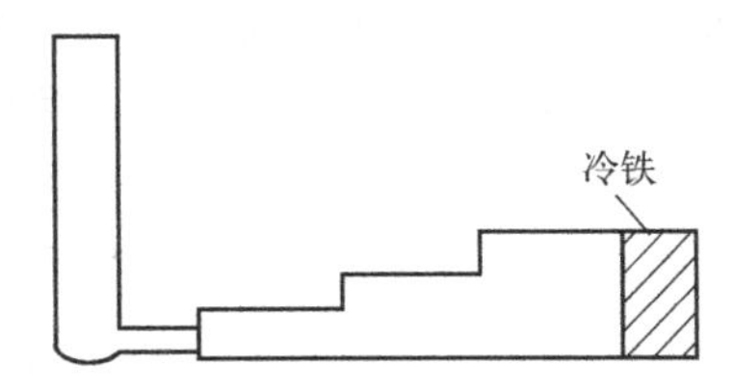

图 2-11　铸件的同时凝固原则

（5）变形和裂纹

① 变形　存在残留内应力的铸件是不稳定的，铸件总是力图通过变形来减少内应力，以趋于达到稳定状态。变形的结果是受拉部位趋于缩短，受压部位趋于伸长。变形使铸造应力重新分布，残余应力会减小一些，但不可能完全消除。一般壁厚不均匀、截面不对称的梁、杆件更易产生变形。

如图 2-12 所示的框架铸件，粗杆Ⅰ受拉，细杆Ⅱ受压。但两杆都有恢复自由状态的趋势，即杆Ⅰ总是力图缩短，杆Ⅱ总是力图伸长。如果连接两杆的横梁刚度不够，便会出现翘曲变形。图 2-13 为平板铸件，尽管其壁厚均匀，但其中心部分比边缘部分散热慢，受拉应力；边缘处受压应力，且平板的上表面较下表面冷却得快，于是发生如图 2-13 所示的变形。图 2-14 所示的车床床身，导轨部分厚，侧壁部分薄，铸造后往往发生导轨面下凹变形。

铸件的变形往往使铸件精度降低，严重时可以使铸件报废，应予以防止。因铸件变形是由铸造应力引起的，因此前面介绍的减小和消除铸造应力的各项措施都有利于防止铸件变形。此外，工艺上还可采取某些措施，如反变形法。例如图 2-14 所示的床身铸件，预先将模样做成与铸件变形方向相反的形状，模样的预变形量（反挠度）与铸件的变形量相等，待铸件冷却后变形正好抵消。有时也可在铸件上附加工艺筋，使之承受部分拉应力（工艺筋在铸件热处理消除应力后去掉）等，均可防止或减少铸件变形。

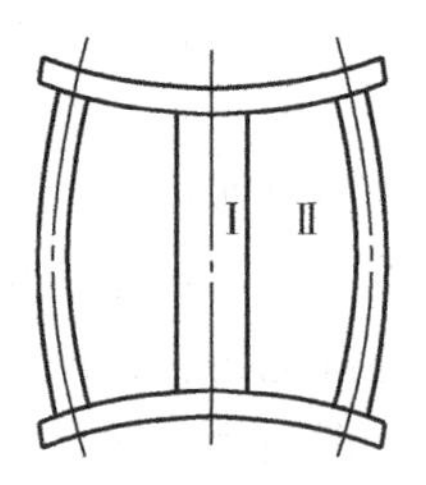

图 2-12　框架铸件变形示意图

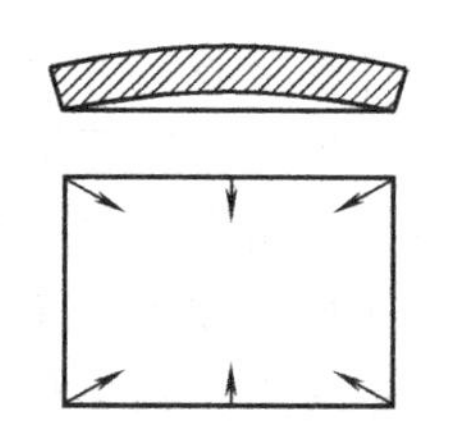

图 2-13　平板铸件的变形

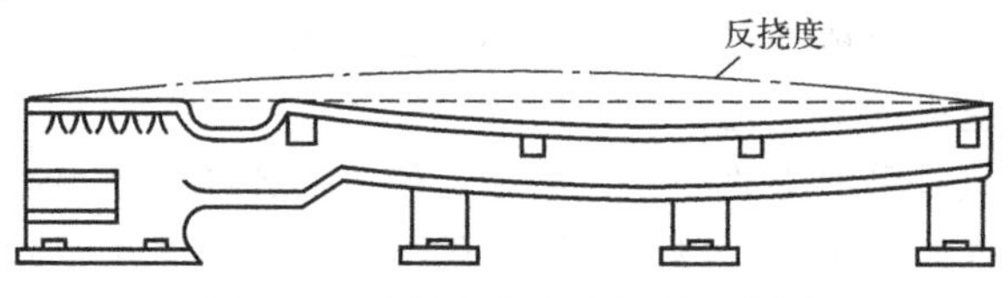

图 2-14　车床床身铸件变形示意图

实践证明，尽管铸件冷却时发生部分变形，但内应力仍未彻底消除。在经过机加工后内应力重新分布，铸件仍会发生变形，影响零件的精度。因此，对某些重要的、精密的铸件，如车床床身等，必须采取去应力退火或自然时效等方法，将残余应力消除。

② 裂纹　铸造过程中，当铸件的内应力超过金属的抗拉强度时，铸件产生裂纹。裂纹是严重的铸件缺陷，需设法防止。根据产生裂纹时的温度可分为热裂和冷裂两种。

热裂　凝固末期，结晶出来的晶体已形成完整的骨架，开始进入固态收缩阶段，但此时由于晶粒间还有少量液体，合金的强度很低，如果金属产生的线收缩受到铸型或型芯的阻碍，铸件的应力超过该温度下金属的抗拉强度时，便产生热裂。热裂一般出现在铸件的应力集中部位如尖角、截面突变处或热节处。它具有裂纹短、形状曲折、缝隙宽、断面有严重氧化、无金属光泽、裂纹沿晶界产生和发展等特征。在铸钢和铝合金铸件中较常见。

影响热裂的主要因素是合金性质和铸型阻力。

a. 合金性质：合金结晶温度范围越宽，凝固收缩量愈大，合金产生热裂纹的可能性越大。铸造合金中，铸钢、铸铝、可锻铸铁产生裂纹的可能性较大，而灰铸铁热裂倾向较小。

b. 铸型阻力：铸型及型芯的退让性越好，机械应力越小，形成热裂纹的可能性也越小。

防止热裂的主要方法是：选择结晶温度范围窄、收缩率小的合金；合理设计铸件结构；改善型砂和芯砂的退让性；由于硫能增加热脆性，须严格限制钢和铸铁中硫的质量分数。

冷裂　是铸件在低温处于弹性状态时产生的裂纹。它往往出现在铸件受拉应力的部位，特别是应力集中的部位。脆性大、塑性差的合金（例如白口铸铁、高碳钢及某些合金钢），以及壁厚差别大、形状复杂或大而薄的铸件易产生冷裂。它具有裂缝细小，表面光滑、尺寸小，呈连续圆滑曲线或直线状，有金属光泽或呈轻微氧化色的特征。

防止冷裂的主要措施是减小铸造应力或降低合金的脆性。磷能显著降低钢和铸铁的冲击韧度，增加脆性，所以应严格控制钢和铸铁中磷的质量分数。若铸钢中磷的质量分数大于 0.1%、铸铁中磷的质量分数大于 0.5%，则冷裂倾向明显增加。

2.1.1.3 铸件中的气孔

气孔是气体在铸件内形成的孔洞，是铸造生产中最常见的缺陷之一。其特征是孔洞内壁光滑、明亮或带有轻微的氧化色，一般呈梨形、椭圆形等。气孔会减小合金的有效承载面积，并在附近引起应力集中，显著降低铸件的强度和塑性；弥散性气孔使铸件组织疏松，降低铸件的气密性；气孔对铸件的耐蚀性和耐热性也有不利影响。

按照气体的来源，气孔可分为侵入气孔、析出气孔和反应气孔三类。

(1) 侵入气孔

金属-铸型界面处聚集的气体侵入金属液中而形成的气孔称侵入气孔。气体主要来自造型材料中的水分、黏结剂、附加物等，一般是 H_2O (g)、CO、CO_2、O_2、碳氢化合物等。侵入气孔多位于铸件上表面附近，尺寸较大，呈椭圆形或梨形。

预防侵入气孔产生的主要措施有：减少型（芯）砂的发气量、发气速度；增加铸型、型芯的透气性；在铸型表面刷涂料，使砂型与金属液隔开，防止气体的侵入。

(2) 析出气孔

溶解于金属液中的气体在冷却和凝固过程中，由于气体的溶解度下降而从合金中析出，在铸件中形成的气孔，称为析出气孔。析出气孔分布面积较广，有时遍及整个铸件截面，而气孔的尺寸很小。析出气孔在铝合金中最为多见。

预防析出性气孔的主要措施有以下几个方面。

a. 减少合金的含气量。炉料应无油、无水、无锈，熔炼和浇注工具应烘干，缩短熔炼时间，在覆盖层下或真空炉中熔炼合金等措施。

b. 对金属液进行除气处理。利用不溶于金属液的气泡，带走溶入液态金属中的气体。如向铝液中吹入 N_2，当 N_2 气泡上浮时可带走铝液中的 H_2。

c. 防止气体的析出。提高铸件的冷却速度或结晶压力，使气体来不及析出而过饱和地溶解在金属中，从而避免气孔的产生。例如铝铸件采用金属型铸造时比用砂型铸造的时产生气孔的倾向要小得多。

(3) 反应气孔

金属液与铸型或熔渣之间，因化学反应产生的气体而形成的气孔，称为反应气孔。反应气孔的种类很多，形状各异，最典型的是皮下气孔。皮下气孔是金属液与砂型界面因化学反应而生成的气孔，多分布在铸件表层下 1～3mm 处。反应气孔形成的原因和方式较为复杂，不同合金的预防方法也有所区别。但提高砂型的透气性，控制型砂的含水量，保证冷铁、砂芯芯撑表面干燥、无油、无锈，是预防反应气孔出现的主要措施。

2.1.1.4 偏析

铸件中出现的化学成分不均匀的现象，称为偏析。偏析，分为晶内偏析、区域偏析和比重偏析三类。

(1) 晶内偏析

晶内偏析又称枝晶偏析，是指晶粒内各部分化学成分不均匀的现象。晶内偏析主要出现在具有一定凝固温度范围的合金铸件中。为防止和减少晶内偏析的产生，在生产中常采取缓慢冷却或孕育处理的方法。

(2) 区域偏析

区域偏析是指铸件截面的局部化学成分和组织不均匀的现象。避免区域偏析的发生，主要应该采取预防措施，如控制浇注温度不要太高，采取快速冷却使偏析来不及发生，或采取工艺措施，以形成铸件断面较低的温度梯度，使表层和中心部分接近同时凝固。

(3) 比重偏析

铸件上下部分化学成分不均匀的现象称为比重偏析。为防止比重偏析，在浇注时应充分搅拌金属液或加速合金液的冷却，使液相和固相来不及分离，凝固即告结束。

2.1.2 常用合金铸件的生产

常用合金件主要指铸铁、铸钢和非铁合金铸件。其中，铸铁件的应用最为广泛，而铜及其合金和铝及其合金铸件是最常用的非铁合金铸件。

2.1.2.1 铸铁件的生产

(1) 灰铸铁件的生产

灰铸铁是应用最广的铸铁，其产量占铸铁总产量80%以上。普通的灰铸铁一般具有良好的铸造工艺性能，铸造工艺较为简单。但普通灰铸铁件强度低（<250MPa），壁厚敏感性大，只适于制造受力较小、形状较复杂的中小型铸件，如机座、泵壳、箱体等，不宜用来制造厚壁铸件。若想进一步提高灰铸铁的力学性能，较为有效的措施是降低碳、硅的质量分数，并进行孕育处理。

孕育处理是向铁液中冲入硅铁合金孕育剂，然后进行浇注的处理方法。用这种方法制成的铸铁称为孕育铸铁。由于铁水中均匀分布着大量外来人工晶核，因而有利于石墨化，降低白口倾向，适当提高共晶团数，并使石墨片的尺寸及分布状况得到改善。孕育铸铁的组织是在珠光体基体上均匀分布着细小石墨片，其强度和硬度明显高于普通灰铸铁。但石墨仍为片状，对基体有明显的割裂作用，其塑性、韧性仍然很低。孕育铸铁的另一优点是冷却速度对组织和性能的影响较小，厚大截面处的力学性能较为均匀。孕育铸铁适于制造要求较高强度、高耐磨性和高气密性的铸件，特别是厚大铸件，如床身、凸轮、气缸体和气缸套等。

为了获得应有的孕育效果，孕育处理前的铁液中碳和硅的质量分数要低一些，锰的质量分数要高，一般 $w_C=2.7\%\sim3.3\%$，$w_{Si}=1.0\%\sim2.0\%$，$w_{Mn}=1.2\%\sim1.5\%$。若原始铁液中碳、硅质量分数高，则孕育处理后强度不但不会提高，反而有所下降。另外，因低碳铁液流动性差，孕育处理时铁液温度要降低，所以铁液的出炉温度应高达1400～1450℃。常用的孕育剂是 $w_{Si}=75\%$的硅铁，加入量为铁液质量的0.3%～0.6%。孕育方法是出铁槽内冲入法，孕育剂可放在出铁槽或浇包中，由出炉的高温铁水将其冲熔，并被吸收。经搅拌、扒渣后即可浇注。且在处理完的15～20min内要尽快浇注，否则会出现孕育衰退，导致白口增加，强度反而下降。

大多数灰铸铁用冲天炉熔炼，高质量的灰铸铁用电炉和感应炉熔炼。灰铸铁在凝固时易形成坚硬的外壳，保证了铸型型腔在凝固过程中不会扩大或变形。金属液结晶时，由于石墨析出而产生的膨胀，可抵消全部或部分凝固收缩，使铸件总的收缩率很小，因而不易产生缩孔等缺陷。生产中多采用同时凝固原则，铸型不需要加补缩冒口和冷铁，只有高牌号铸铁采用顺序凝固原则。灰铸铁的碳当量接近共晶成分，流动性好，可浇注形状复杂的薄壁铸件，灰铸铁浇注温度较低，因而对型砂的性能要求也低于钢，普通的天然石英砂就可以使用，通常多采用湿型铸造。此外，灰铸铁件一般不需进行热处理，或仅需时效处理。

(2) 球墨铸铁件的生产

在球墨铸铁件的生产过程中，要严格控制铁水的化学成分，控制铁水出炉温度，选择合理的球化剂和孕育剂，掌握好球化处理和热处理工艺。

① 严格控制铁水化学成分　球墨铸铁原铁水的化学成分一般为：$w_C=3.6\%\sim4.0\%$，$w_{Si}=1.0\%\sim1.3\%$，$w_{Mn}<0.6\%$，$w_S<0.06\%$，$w_P<0.08\%$。其特点是：高碳、低锰、低硫、低磷。高碳是为了提高铁水的流动性，消除白口和减少缩松，使石墨球化效果好。高锰会使铸铁的加工变得困难。硫与球化剂中的镁、稀土元素化合，生成的硫化物，不仅消耗球化剂，还会产生球化衰退和皮下气孔。磷增加冷脆性，降低球墨铸铁的塑性和韧性。经过球化和孕育处理后，球墨铸铁中的 w_{Si} 增加（约 2.0%～2.8%），此外还有一定量的 Mg（0.03%～0.05%）、稀土元素（0.3%～0.6%）残留。

② 铁水出炉温度较高　由于铁液经球化和孕育处理，温度要降低 50～100℃，为防止浇注温度过低，出铁温度应在 1420℃以上。

③ 球化处理和孕育处理　球化剂的作用是使石墨呈球状析出。目前我国应用最广的球化剂是稀土镁合金。镁是良好的促进石墨球化的元素，但镁的沸点低、密度小，若直接加到铁液中，将立即沸腾气化，回收率低，不安全。稀土元素包括铈（Ce）、镧（La）、镱（Yb）和钇（Y）等十七种元素。稀土元素球化作用比镁差，但沸点高于铁水温度，作用平稳，没有沸腾现象，但却有强烈的脱硫、去氧、除气、净化金属、细化晶粒、改善铸造性能的作用。稀土镁合金（其中铁、稀土质量分数均小于 10%，其余为硅和铁）综合了稀土和镁的优点，球化剂的加入工艺简便，反应平稳，利用率高，铸件质量好。球化剂的加入量一般为铁液质量的 1.0%～1.6%，视铁液的化学成分和铸件大小而定。

镁、铈等都是强烈阻碍石墨化的元素，球化后应进行孕育处理。目的是消除球化元素所造成的白口倾向、促进石墨化、增加共晶团数目并使石墨球圆整和细小，最终使球墨铸铁的力学性能提高，球墨铸铁常用的孕育剂也是 75% 的硅铁。加入量为铁液质量的 0.5%～1.6%。

球化处理普遍采用冲入法，如图 2-15 所示。首先将球化剂放在包底的堤坝内，上面覆盖硅铁粉和稻草灰，以防球化剂在冲入铁水时上浮，延缓反应速度。铁水分两次冲入，第一次冲入 1/2～2/3，待球化作用后扒渣，将孕育剂放在冲天炉出铁槽内，用剩余的 1/3 铁液将其冲入包内，搅拌扒渣后就可浇注。球化处理后的铁液应及时浇注，以防孕育和球化作用的衰退。

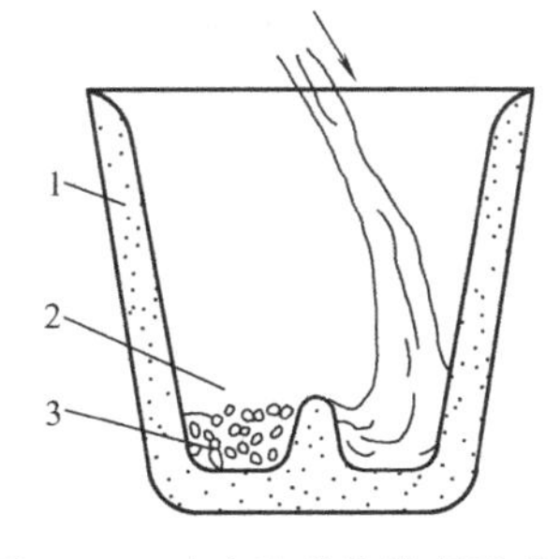

图 2-15　冲入法球化处理示意图

1—浇包；2—硅铁粉和稻草灰；3—球化剂

④ 铸型工艺　球墨铸铁较灰铸铁容易产生缩孔、缩松、皮下气孔等缺陷，因而在工艺上要求比较严格。

球墨铸铁共晶凝固范围比灰铸铁宽，呈糊状凝固特征。凝固时，铸件形成硬外壳的时间较晚，同时球状石墨析出时膨胀力很大。若铸型刚度不够，将使铸件外壳向外胀大，造成铸件最后凝固的部位产生缩孔和缩松。因此，球墨铸铁一般采用顺序凝固原则安放冒口和冷铁，采用经烘干的铸型或采用水玻璃（硅酸钠）砂制作铸型，增大铸型刚度，防止铸件在凝固阶段形成的胀型，达到消除缩孔和缩松的目的，并保证铸件的精度。

球墨铸铁件易产生皮下气孔，它是因铁液中过量的 Mg 或 MgS 与砂型表面水分发生如下化学反应生成气体而形成的。

$$Mg+H_2O = MgO+H_2\uparrow$$

$$MgS+H_2O = MgO+H_2S\uparrow$$

为防止皮下气孔的产生，要严格控制型砂含水量及铁水的含硫量和残余镁含量，适当提高型砂透气性。此外，浇注系统应使铁液平稳地导入型腔，并有良好的挡渣效果，以防铸件产生夹渣。

⑤ 球墨铸铁的热处理　多数球墨铸铁件要进行热处理，这是由于铸态球墨铸铁基体多是珠光体-铁素体混合组织，有时还有自由渗碳体，形状复杂的铸件还常有残余内应力。不同牌号的球墨铸铁需要进行不同的热处理。退火处理可使渗碳体分解，获得以铁素体为基体的球墨铸铁件，其塑性和韧性很好，同时经退火处理也消除了铸造残余应力。主要用于牌号为QT400-18和QT450-10球墨铸铁的生产。正火可增加珠光体数量，提高球墨铸铁的强度、硬度及耐磨性，并可减小铸造残余应力，用于生产QT600-3、QT700-2和QT800-2球墨铸铁。调质可以提高球墨铸铁的综合力学性能，用于制造性能要求较高或截面较大的铸件，如大型曲轴和连杆。等温淬火可以获得高强度、有一定塑性及韧性的贝氏体球墨铸铁，用于生产牌号为QT900-2的球墨铸铁。

（3）可锻铸铁件的生产

可锻铸铁是由白口铸铁经石墨化退火或氧化脱碳得到的一种强韧铸铁。可锻铸铁的生产分两个步骤：首先制取白口铸件，然后经石墨化退火获得可锻铸铁。白口铸件不允许有石墨出现，否则在随后的退火中，由渗碳体分解的石墨将在已有的石墨上沉淀长大而得不到团絮状石墨，因此必须采用低碳、低硅铁水。锰、磷、硫会使退火时间延长，磷还会使塑性、韧性降低，所以为缩短退火周期，锰质量分数不宜高，磷、硫质量分数应尽量低。可锻铸铁化学成分为：$w_C=2.2\%\sim2.9\%$，$w_{Si}=0.8\%\sim1.4\%$，$w_{Mn}=0.4\%\sim0.6\%$，$w_S<0.15\%$，$w_P<0.1\%$。

由于使用低碳低硅铁水，熔点高，结晶温度范围较宽，因而流动性差；可锻铸铁在凝固过程没有石墨化膨胀阶段，因此体收缩和线收缩都较大，极易形成缩孔和缩松及裂纹等缺陷。生产上应适当提高铁水的出炉温度以防止产生冷隔和浇不足缺陷，设置冒口和冷铁使之实现顺序凝固，并适当提高型砂的耐火度、退让性和透气性。铸件壁厚一般不超过25mm，否则，铸件难以得到白口组织，或造成退火时间过长，无法保证铸件质量。

由于可锻铸铁生产周期长（退火总时间为60～80h）、工艺复杂，因此它的应用和发展受到一定限制，某些传统的可锻铸铁零件，已逐渐被球墨铸铁所代替。但可锻铸铁生产历史悠久，工艺成熟，质量比较稳定，对原材料要求不高，且退火时间正在缩短，所以仍有应用，尤其是形状复杂、承受冲击载荷的薄壁铁素体可锻铸铁应用较广泛。

（4）蠕墨铸铁件的生产

蠕墨铸铁是继球墨铸铁后发展起来的一种新型铸铁。

蠕墨铸铁的制造过程及炉前处理与球墨铸铁相同，不同的是以蠕化剂代替球化剂。蠕化剂一般采用稀土镁钛、稀土镁钙和稀土硅钙等合金，加入量为铁水质量的1%～2%，加入方法也是采用冲入法。由于蠕化剂的作用，蠕墨铸铁会出现白口倾向，因此需用75%硅铁进行孕育处理。蠕墨铸铁件浇注时，也要注意防止蠕化孕育的衰退现象，并需特别注意铁液中应有适当的残余稀土量（$w_{RE}=0.02\%\sim0.03\%$），以保证蠕化效果。

蠕墨铸铁的化学成分与球墨铸铁的要求基本相似，大致成分范围为：$w_C=3.5\%\sim3.9\%$，$w_{Si}=2.2\%\sim2.8\%$，$w_{Mn}=0.4\%\sim0.8\%$，w_P、$w_S=0.05\%\sim0.1\%$。

蠕墨铸铁的碳当量接近共晶点，蠕化剂又使铁水得以净化，因此它具有良好的流动性，可浇注复杂铸件及薄壁铸件。蠕墨铸铁的收缩与蠕化率有关，蠕化率越低越接近球墨铸铁，反之接近于灰铸铁。因而，要获得无缩孔、缩松的致密铸件比球墨铸铁容易，但比灰铸铁稍困难些。由于蠕墨铸铁兼有球墨铸铁和灰铸铁的性能，故其具有独特的用途，在钢锭模、玻璃模具、柴油机缸盖和缸体等方面的应用均取得了良好的效果。

（5）铸铁的熔炼

获得合格的、高质量的液态金属是凝固成形技术的重要方面，所谓合格的、高质量的液态金属通常包括三个方面的要求：具有所需要的温度；杂质含量低；具有所要求的化学成分。铸铁熔炼设备有冲天炉、电弧炉、工频炉等，其中冲天炉应用最广。

① 冲天炉的熔炼过程　冲天炉的燃料为焦炭。金属炉料有：铸造生铁锭、回炉料（浇冒口、废机件）、废钢、铁合金（硅铁、锰铁）等。熔剂为石灰石和萤石。

冲天炉的熔炼过程是通过焦炭的燃烧放出热量使固体的金属炉料熔化并过热后成为液体金属。在熔炼过程中，焦炭燃烧后产生的灰分、金属炉料带入的杂质及氧化物以及炉衬受到高温气体的侵蚀而产生的物质与熔剂作用形成低熔点熔渣从炉内排出。熔炼时，高温的炉气不断上升，炉料不断下降，在两者的逆向运动中产生如下过程：底焦燃烧；金属炉料预热、熔化和过热；熔化的金属液与炉气及焦炭接触而发生冶金反应。因此，金属在冲天炉内并非简单地熔化，实质上会产生一系列复杂的高温冶金反应，其实质为冶炼过程。

② 铁液化学成分的控制　在熔化过程中铁料与炽热的焦炭和炉气直接接触，导致铁液的成分与金属炉料原来的成分有差别。为熔化出成分合格的铁液，在冲天炉配料时应注意化学成分的变化。

碳　冲天炉熔炼条件下，引起铸铁碳质量分数变化的因素有两个截然相反的过程：一是焦炭中的碳向铁液内溶解使含碳量增加；二是铁液中的碳被炉气、炉渣和溶解的氧所氧化而使含碳量降低。铁液的最终碳质量分数取决于这两个不同过程的综合结果。实践证明，铁液碳质量分数变化总趋向于共晶碳质量分数（即饱和碳质量分数）。当铁料 $w_C<3.6\%$时，将以增碳为主；$w_C>3.6\%$时，则以脱碳为主。由于铁料的碳质量分数一般低于 3.6%，故多为增碳。

硅和锰　通常硅的熔炼损耗为 10%～20%，锰的熔炼损耗为 15%～25%。这是由于炉气具有氧化性。

硫和磷　由于焦炭中含有硫，这使铸铁硫的质量分数增加 50%左右。磷在熔炼过程中基本不变。

配料时，应先根据铁液化学成分要求及有关元素的熔炼损耗率折算出铁料应达到的平均化学成分，然后依据各种库存铁料的已知成分，确定每批炉料中生铁锭、各种回炉料、废钢的比例。为了弥补铁料中硅、锰等元素的不足，还应补加硅铁、锰铁等铁合金。由于冲天炉内通常难以脱除硫和磷，因此，欲得到低硫、磷铁液，必须采用优质焦炭和铁料。

2.1.2.2　铸钢件的生产

（1）铸钢件的铸造工艺特点

铸钢的熔点高、流动性差，收缩率大（体收缩率约为灰铸铁的 3 倍，线收缩率约为灰铸铁的 2 倍），在熔炼过程中易吸气和氧化，易产生黏砂、浇不足、冷隔、缩孔、变形、裂纹、夹渣和气孔等缺陷，所以铸钢的铸造性能比铸铁差。为了获得合格的铸件，必须采取如下工艺措施。

① 型砂的透气性、耐火性、强度和退让性要好，原砂颗粒大而均匀，原砂要采用耐火度很高的人造石英砂，同时还应注意钢种，当钢液中能形成碱性氧化物的元素含量较多

时（如铸造高锰钢件），则必须选用碱性的镁砂或中性的锆砂，否则极易产生黏砂缺陷。为减少气体来源，提高合金流动性，增加铸型的强度，较大的铸件多采用干型或水玻璃砂型。为提高型砂的退让性和溃散性，芯砂中常加入2%～3%的木屑。为防止黏砂，铸型表面应涂以石英粉或锆砂粉涂料。

② 为防止缩孔、缩松，工艺上大都采用顺序凝固原则，使用补缩冒口和冷铁。由于铸钢件采用较多的补缩冒口，从而消耗了大量的钢液，一般为铸件质量的25%～50%，增大了造型和切割冒口的工作量，如图2-16为ZG 230-450齿圈的铸造工艺方案。该齿圈尽管壁厚均匀，但因壁厚较大（80mm），心部的热节处（整圈）极易形成缩孔和缩松，铸造时必须保证对心部的充分补缩。由于冒口的补缩距离有限，为此，除采用三个冒口外，在各冒口间还需安放冷铁，使齿圈形成三个独立的补缩区，浇入的钢液首先在冷铁处凝固，然后朝着冒口的方向顺序凝固，使齿圈上各部分的收缩都能得到金属液的补充。

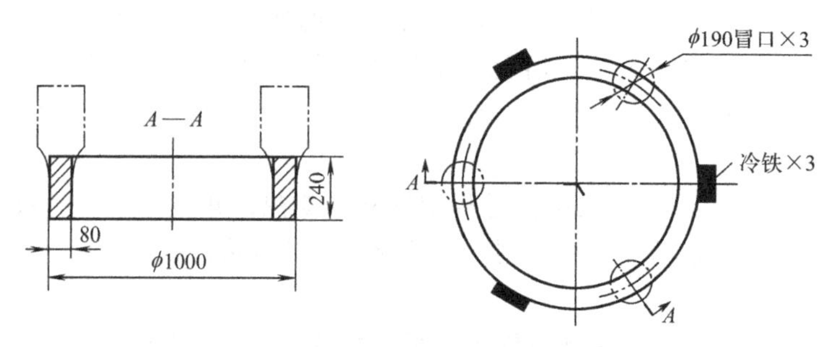

图2-16　铸钢齿圈的铸造工艺

对容易产生裂纹的薄壁铸钢件，应采用同时凝固原则，通常开设多道内浇道，让钢液均匀、迅速地充满铸型。

③ 必须严格掌握浇注温度，具体浇注温度应根据钢号和铸件结构来定，一般为1500～1650℃。对低碳钢（流动性较差）、薄壁小型件或结构复杂的铸件，应取较高的浇注温度；对高碳钢（流动性较好）、大型铸件、厚壁铸件及容易产生热裂的铸件，应取较低的浇注温度。

④ 为防止浇不足、冷隔缺陷，铸件结构设计要合理，壁厚一般不小于8mm，但壁过厚易产生缩孔和缩松。壁厚力求均匀，尽量减少热节，壁的连接要平滑或做出圆角，可减少内应力，防止变形和开裂。

⑤ 为防止铸钢件产生裂纹，首先应保证钢液中的硫、磷含量符合要求，其次是在工艺上采取防裂筋等措施。即在铸型和型芯上割制出许多三角形或长条形沟槽，液体金属充满这些沟槽迅速冷却，形成具有较高强度的薄片结构。铸件整体收缩受到阻碍所产生的拉应力，由这些薄片（防裂筋）承担，而铸件可完好无损。若防裂筋妨碍铸件的使用，则在铸件消除应力后切除。

（2）铸钢的熔炼及热处理

① 铸钢的熔炼　熔炼是铸钢生产的重要环节，钢液的质量直接关系到铸钢件的质量。熔炼铸钢的设备主要有电弧炉、感应电炉等。

电弧炉炼钢　在一般的铸钢车间里，普遍采用三相电弧炉来炼钢，其构造如图2-17所示。电弧炉炼钢是利用石墨电极与金属炉料间的高温电弧热熔化炉料，容量多为5～30t。电弧炉炼钢温度高、合金元素烧损较少、操作方便、开炉停炉方便、设备投资少；对炉料的要求较低，可用来熔炼优质钢、高级合金钢和特殊钢等；钢液质量高，能严格控制钢液成分。但其消耗电能大、成本高。

感应电炉炼钢 工厂用于炼钢的感应电炉多为中频炉（500～1000Hz），其容量多为0.25～3t，如图2-18所示。感应电炉炼钢是利用交流电感应的作用，使坩埚内的金属炉料在交变磁场作用下产生感应电流（称涡流）而发热并熔化。感应电炉炼钢加热速度快，合金元素氧化烧损少，钢液成分、温度易控制，因而钢液质量好；由于熔炼过程基本上就是炉料的重熔过程，因而操作简便，劳动条件好，能耗少；它能熔炼各种合金钢和碳质量分数极低的钢种。适于铸钢车间生产中小型铸钢件使用。但感应电炉炼钢设备投资大、容量小，炉渣温度较低，无法对金属液进行精炼处理，金属液的冶金质量较电弧炉略差，因此对冶金质量要求较高的各种高级合金钢最好用电弧炉来冶炼。

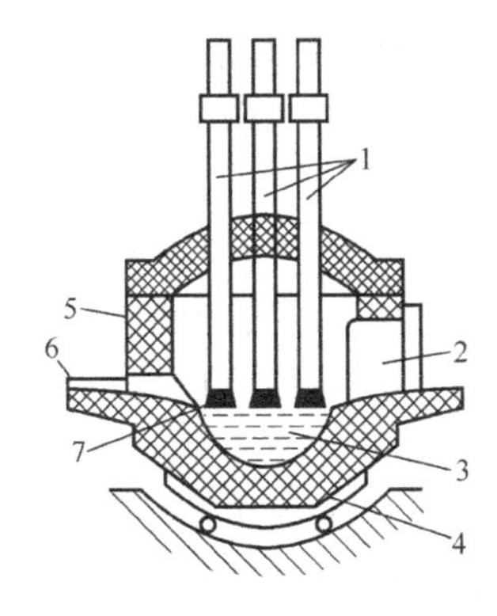

图2-17 三相电弧炉示意图

1—电极；2—加料口；3—钢液；4—倾斜机构；5—炉墙；6—出液口；7—电弧

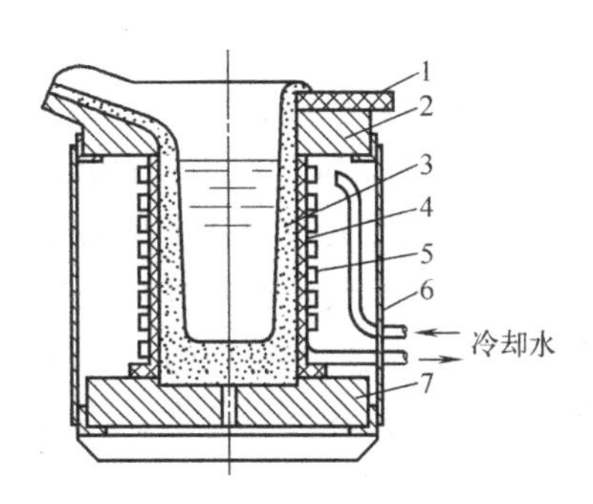

图2-18 感应电炉示意图

1—盖板；2—耐火砖框；3—坩埚机构；4—绝缘布；5—感应线圈；6—防护板；7—底座

目前，真空感应电炉炼钢已得到实际应用。由于炉料在真空条件下熔化，合金氧化甚微，钢水纯净，气体含量极低，无须进行氧化和脱氧操作，冶金过程简单，适用于高纯净度的合金钢铸件生产。

② 铸钢热处理 铸钢的铸态组织不均匀，晶粒粗大，常出现魏氏组织（铁素体片横向贯穿珠光体晶粒的结构），有较大的铸造应力。这些缺陷致使铸钢件的力学性能比锻钢件差，特别是冲击韧度低。为了细化晶粒，消除铸造应力，消除魏氏组织，提高铸件的力学性能，铸钢件铸后必须进行热处理。

铸钢的热处理通常为退火或正火。退火主要用于$w_C \geq 0.35\%$或结构特别复杂的铸钢件，这类铸件塑性差，铸造应力大，铸件易开裂。正火主要用于$w_C < 0.35\%$的铸钢件，因碳质量分数低，塑性较好，冷却时不易开裂。由于铸钢正火后的力学性能比退火高，生产效率高，因此应尽量采用正火代替退火。但正火残留内应力较退火后的大，为进一步提高铸钢件的力学性能，还可采用正火加高温回火以降低内应力。铸钢件一般不宜淬火，因淬火时铸件极易开裂。

2.1.2.3 非铁合金铸件的生产

常用的铸造非铁金属有铝合金、铜合金、镁合金、锌合金等。与钢、铁相比，其力学性能比较低。但由于其特殊的物理、化学性能，如耐腐蚀性、耐磨性和耐热性、导电性好等，目前，机械制造业中铸造铝合金和铸造铜合金的应用最为广泛。比如，航母的螺旋桨随着吨位增大，由黄铜制件发展为由以铜为基加入镍、锰等的特种铜合金制作。

(1) 铸造铝合金

铝合金具有熔点低，导热、导电性好，耐蚀性优良及比强度高等优点，因此也常用来制造各种铸件。

① 铝合金的铸造工艺特点　铸造铝合金熔点低、流动性好、对型砂耐火度要求不高，可用细砂造型，以减小铸件表面粗糙度值，还可浇注薄壁复杂铸件。

为防止铝液在浇注过程中的氧化和吸气，通常采用开放式浇注系统及应用蛇形直浇道和缝隙内浇道等，使铝液迅速平稳地充满型腔，不产生飞溅、涡流和冲击；浇注时不能断流；为去除铝液中的夹渣和氧化物，浇注系统的挡渣能力要强。

铝硅合金的收缩比铸铁大，应设计合理的温度分布，使铸件进行顺序凝固，并在最后凝固部位设置冒口，以消除缩孔和缩松。另外应提高砂型、砂芯的退让性以防止裂纹。

各种铸造方法都可用于铝合金铸件，当生产数量较少时可以砂型铸造；大量生产或重要铸件，常采用特种铸造。

② 铝合金的熔炼　铝液在高温下易氧化，生成高熔点（2050℃）的 Al_2O_3，其密度略大于铝，呈固态夹杂物悬浮在铝液中，很难清除，恶化了合金的铸造性能和力学性能。铝液在高温下易吸气，冷却时被覆盖在其表面的致密的 Al_2O_3 薄膜阻碍而不易排出，形成许多针孔，严重影响铸件的气密性，并使力学性能下降。

铝合金熔炼具有下列特点：为减少氧化和吸气，一般采用坩埚炉熔炼；铝合金熔点低，熔炼温度应低于 800℃，并尽量少搅拌溶液；熔炼时采用密度小、熔点低的熔剂（$NaCl$、KCl、Na_3AlF_6 等）覆盖在铝液表面，将其与空气隔绝；熔炼后期为排除气体和夹杂物，应对铝液进行精炼处理。

精炼方法很多，常用方法有以下几种。

气体精炼法　当通入与铝液不发生化学反应的气体，如氮气时，由于氢在氮气泡中的分压等于零，所以氮气以气泡形式从铝液底部上浮时，铝液中的氢不断向气泡中扩散，被气泡带出液面；气泡上升的同时，固态夹杂物可一并上浮到液面而被清除。当通入与铝液发生化学作用的气体，如氯气时，其反应如下：

$$3Cl_2+2Al \xlongequal{} 2AlCl_3\uparrow$$

$$Cl_2+H_2 \xlongequal{} 2HCl\uparrow$$

$AlCl_3$、HCl 在熔炼条件下均为气体，以气泡形式上浮，将合金液中的气体和固态夹杂物带出。氯气精炼效果好、成本低、不增加铝液中的杂质，但氯气有毒，应采取通风与安全措施。

固体精炼法　常用的精炼剂有氯化物 C_2Cl_6、CCl_4、$ZnCl_2$、$MnCl_2$。最常用的是六氯乙烷（C_2Cl_6）精炼，加入质量分数为合金溶液的 0.5%～0.7%，经过 12～18min 后，合金的溶液就能基本净化，其反应如下：

$$3C_2Cl_6+2Al \xlongequal{} 3C_2Cl_4\uparrow+2AlCl_3\uparrow$$

C_2Cl_4 和 $AlCl_3$ 在熔炼条件下为气体，在气泡上浮过程中起着与通气法类似的精炼作用。C_2Cl_6 不吸水、便于保存，且精炼效果好，应用普遍。只是它遇热分解出的 Cl_2 与 C_2Cl_4 气体对人有刺激。为此，常用刺激性小但效果较差的 $ZnCl_2$ 来精炼。

真空法　在真空室内熔炼和浇注铝合金铸件，铝合金液就不会发生氧化和吸气。炼好的铝合金液置于真空室内数分钟，铝合金液内的气体在真空负压作用下会自动逸出，也可以达到精炼目的。

精炼后进行变质处理。硅质量分数大于6%的铝合金浇注厚壁铸件时，易出现粗大的片状硅晶体，使其力学性能下降。变质处理能使共晶硅由极大的片状变成细小的纤维状或层片状，从而提高合金性能。因此变质处理是生产铝硅合金铸件的必要工序。钾、钠、锶、锑、稀土元素等均具有变质作用，其中钠盐变质效果最佳，但钠盐变质有效时间短，吸收率低，给生产带来诸多不便。综合考虑变质效果，目前锶变质的应用受到充分重视。变质剂的加入量为合金溶液质量的1.5%～2%，处理温度为730～780℃，可用压瓢把变质剂压入液面下100～150mm处3～5min后，取样检验变质处理效果，效果良好即可浇注。

（2）铸造铜合金

铜合金具有较高的耐磨性、耐蚀性、导电性和导热性，广泛用于制造轴承、蜗轮、泵体、管道配件以及电器制冷设备上的零件。但铜的体积质量大，而且价格昂贵。

① 铜及其合金的铸造工艺特点　由于液态铜及其合金极易氧化和吸气，所以铜及其合金铸件的生产具有如下工艺特点。

a. 采用细砂造型以降低表面粗糙度，同时也能防止产生黏砂缺陷。因为铜合金液的密度大、流动性好，易渗入粗砂粒间产生黏砂。

b. 铸造黄铜的熔点低，结晶温度范围较窄，流动性好，但容易产生集中缩孔，铸造时应采用顺序凝固的原则，配置较大的冒口进行补缩。铝青铜的结晶温度范围窄，流动性好，易获得致密铸件，但其收缩大，易产生集中缩孔，为此需安置冒口、冷铁，使之顺序凝固。锡青铜的结晶温度范围宽，凝固收缩和线收缩率小，呈糊状凝固，虽不易产生大的集中缩孔，但常出现枝晶偏析与缩松，降低铸件的致密度，应尽量采用同时凝固。

c. 对含铝的铜合金如铝青铜和铝黄铜等，为减少浇注时的氧化和吸气，其浇注系统应有好的挡渣能力，如带过滤网和集渣包的底注式浇注系统。

② 铜合金的熔炼　熔炼铜合金常用坩埚炉或感应电炉。铜合金在熔炼时突出的问题也是容易氧化和吸气，因此熔炼的关键是脱氧、除气、除渣精炼。

磷铜脱氧　铜在高温下容易被氧化生成Cu_2O，Cu_2O熔于铜中使合金的力学性能下降。锡青铜必须彻底脱氧，常用方法是加入0.3%～0.6%的磷铜（$w_P=8\%\sim14\%$）脱氧。黄铜含锌量高，锌是良好的脱氧剂，铝青铜中的铝是强脱氧剂，因此均不必进行脱氧操作。

$$5Cu_2O+2P = 10Cu+P_2O_5\uparrow$$

铜液除气　铜合金极易吸气（主要是氢气），形成氢气孔。常用除氢方法有通氮除氢、氯盐（$ZnCl_2$）除氢、沸腾法除氢等，前两种与铝液除气原理相同，均造成气泡上浮，带走铜液中的氢，用于锡青铜、铝青铜除气。对于黄铜可用沸腾法除氢，锌的沸点为907℃，黄铜熔炼温度为1150～1200℃，大量的锌蒸气泡逸出，造成铜液沸腾，随之带走氢气，从而净化铜液，因此熔炼黄铜时一般不再另行脱氧。

除渣精炼　铝青铜液中的不溶性氧化夹杂Al_2O_3熔点高，稳定性好，不能用脱氧化法进行还原，只能用加碱性熔剂如苏打、萤石和冰晶石的方法，造出熔点低、密度小的熔渣加以去除。

覆盖熔剂　木炭、碎玻璃、硼砂、苏打等是常用覆盖剂，主要作用是覆盖铜合金液面，使铜液与空气隔离，防止氧化，同时辅助脱氧和保温。

2.2 金属液态成形工艺方法

按铸件的成形条件和制备铸型的材料不同，铸造方法分为砂型铸造和特种铸造两大类。

2.2.1 砂型铸造

砂型铸造是以型砂为材料制作铸型，并依靠液态合金自身的重量和流动性，在重力下充填铸型生产铸件的方法。由于砂型铸造所用的造型材料价廉易得，铸型制造简便，对铸件的单件生产、成批生产和大量生产均能适应，长期以来一直是铸造生产中的基本工艺。砂型铸造在我国有着悠久的历史，比如学界已普遍认同我国在唐宋时期就已采用成熟的翻砂法，即砂型铸造法铸造钱币，而翻砂铸币这一工艺最早可追溯至南北朝时期的北魏。在铸件生产中，60%～70%的铸件是用砂型铸造生产的。砂型铸造的基本工艺流程如图 2-19 所示。

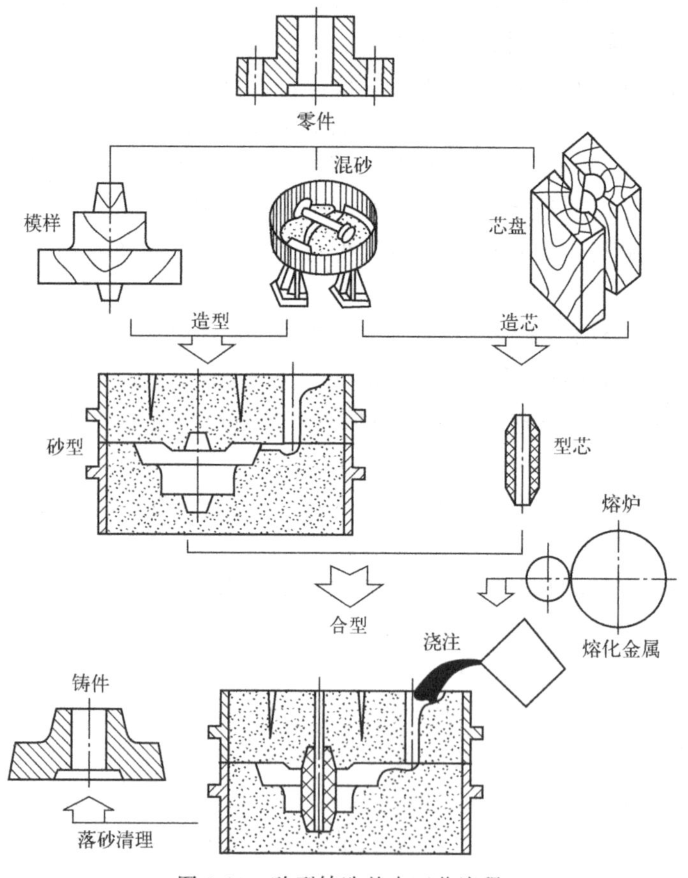

图 2-19　砂型铸造基本工艺流程

砂型铸造根据完成造型工序的方法不同，分为手工造型和机器造型两大类。

2.2.1.1　手工造型

手工造型是指用手工完成紧砂、起模、修整、合箱（或称合型）等主要操作的造型、制芯过程。它操作灵活，适应性强，工艺设备简单，成本低。但手工造型铸件质量差、生产率低、劳动强度大、技术水平要求高，故手工造型主要用于单件小批生产，特别是重型和形状复杂的铸件。手工造型方法很多，生产中应根据铸件的尺寸、形状、生产批量、使用要求以及生产条件，合理地选择造型方法。各种常用手工造型方法的特点和适用范围见表 2-2。

表 2-2　各种手工造型方法的特点和适用范围

造型方法		简　图	主　要　特　点	适　用　范　围
按模样特征分	整模造型		模样为整体模，分型面是平面，铸型型腔全部在半个铸型内，造型简单，铸件精度和表面质量较好	适用于最大截面位于一端并且为平面的简单铸件的单件、小批量生产
	挖砂造型		模样虽为整体，但分型面不为平面。为了取出模样，造型时用手工挖去阻碍起模的型砂。其造型费工，生产率低，要求工人技术水平高	适用于分型面不是平面的铸件的单件、小批量生产
	假箱造型		为了克服挖砂造型的缺点，在造型前特制一个底胎(假箱)，然后在底胎上造下箱。由于底胎不参加浇注，故称作假箱。此法比挖砂造型简便，且分型面整齐	用于成批生产需要挖砂的铸件
	分模造型		将模样沿最大截面处分为两半，型腔分别位于上、下两个半型中，造型简单，节省工时	常用于最大截面在中部的铸件
	活块造型		当铸件上有妨碍起模的小凸台、筋板时，制模时将它们做成活动部分。造型起模时先起出主体模样，然后再从侧面取出活块。造型生产率低，要求工人技术水平高	主要用于单件、小批量生产带有突出部分难以起模的铸件
	刮板造型		用刮板代替模样造型。大大节约木材，缩短生产周期。但造型生产率低，要求工人技术水平高，铸件尺寸精度差	主要用于等截面或回转体的大中型铸件的单件、小批量生产。如大带轮、铸管、弯头等
按砂箱特征分	两箱造型		铸型由上箱和下箱构成，操作方便	是造型的最基本方法。适用于各种铸型，各种批量生产
	三箱造型		铸型由上、中、下三箱组成。中箱高度必须与铸件两个分型面的间距相适应。三箱造型操作费工，且需有适合的成套砂箱	主要用于单件、小批量生产具有两个分型面的铸件
	脱箱造型		它采用可拆或带有锥度的砂箱来造型，在铸型合型后，将砂箱脱出，重新用于造型。浇注时为了防止错箱，需用型砂将铸型周围填紧，也可在铸型上加套箱	用于成批生产的小铸件
	地坑造型		利用车间地面砂床作为铸型的下箱，只有一个上砂箱，可减少砂箱成本。但造型费工，而且要求工人的技术水平较高	常用于砂箱不足的生产条件下制造批量不大的中小型铸件

2.2.1.2　机器造型

用机器全部完成或至少完成紧砂操作的造型方法称为机器造型。较完善的造型机还可使整个造型过程（包括填砂、搬运和翻箱等）自动进行，与机械化落砂处理、浇注和落砂等工序共同组成现代化的铸造生产线。与手工造型相比、机器造型可大大提高劳动生产率，如普通振压式造型机的生产率为30～80箱/h，高效率造型机每小时可达数百箱。此外，机器造型铸件的尺寸精度和表面质量高，加工余量小，同时还改善了工人的劳动条件。但机器造型一般都需要专用设备、工艺装备及厂房等，投资大，生产准备时间长，因此机器造型只适用于中小型铸件成批或大量的生产。

(1) 型砂紧实原理

机器造型按型砂紧实方式的不同分为以下几种：振击压实造型、微振压实造型、高压造型、气冲造型、射压造型和抛砂造型等。

① 振击压实造型　它是利用振动和撞击力对型砂进行紧实。图2-20所示为顶杆起模式振压造型机的工作过程。

a.填砂、振实［图2-20(b)］。先打开砂斗门，向砂箱中放满型砂。使压缩空气从进气口进入振击活塞底部，活塞上升至一定高度便关闭进气口，接着又打开排气口。重力使振击活塞下落，使工作台与压实活塞（振击气缸）顶部发生了一次撞击。如此反复进行振击，使型砂在惯性力的作用下被初步紧实。

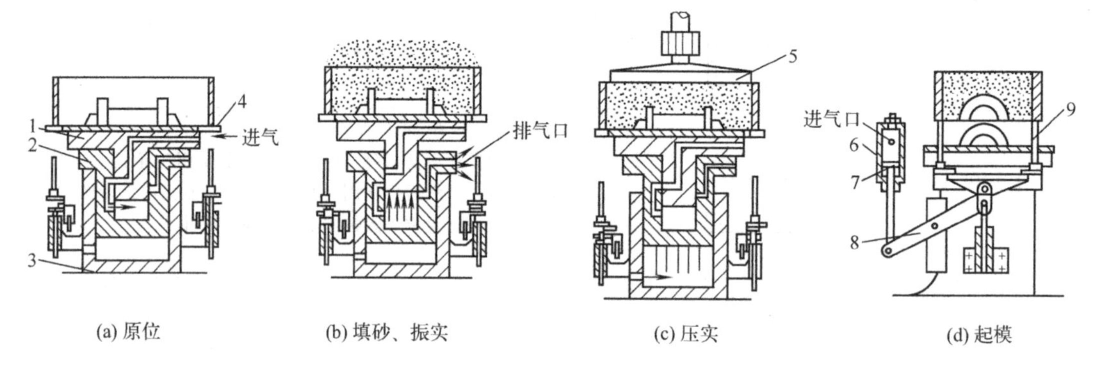

图2-20　振压造型机的工作过程

1—振击活塞；2—压实活塞；3—压实气缸；4—模底板；5—压头；6—起模气缸；7—起模活塞；8—杠杆同步机构；9—起模顶杆

b.压实［图2-20(c)］。由于振击后砂箱上层的型砂紧实度不高，必须进行辅助压实。此时，压缩空气进入压实活塞底部，压实活塞带动砂箱上升，在压头的作用下，使型砂受到了压实。排出压实气缸中的气体，压实活塞落下复原。

c.起模［图2-20(d)］。压缩空气推动起模活塞，杠杆同步机构驱动四根起模顶杆平稳地将砂箱顶起，使砂型与模样分离，完成起模。

振压造型机的结构简单、价格较低，主要用于制造中小铸型，但噪声大、工人劳动条件差，且生产率不够高。在现代化的铸造车间里，振压造型机已逐步被机械化程度更高的造型机（如微振压实造型机、高压造型机、射压造型机、多工位造型机和抛砂紧实造型机等）所取代。

② 微振压实造型　微振是指频率高（480～900次/min）、振幅小（小于几十毫米）的振动。微振压实紧砂原理是先由微振机构对型砂进行预振，再由压实机构进行压振，即在压实的同时进行振实。型砂紧实后，由起模机构完成起模工序。微振压实造型的紧实度

比振压造型的高而且均匀，生产率较高。但噪声仍较大，且结构复杂。

③ 高压造型　压实比压大于0.7MPa的机器造型称为高压造型。与微振压实造型的区别在于比压高，并采用多触头压头（图2-21）。造型时，先启动微振机构进行预振。压振时，当压实活塞向上推动时，触头将型砂从辅助框压入砂箱，而自身在多触头箱体相互连通的油腔内浮动，使砂型各部位的紧实度均匀。

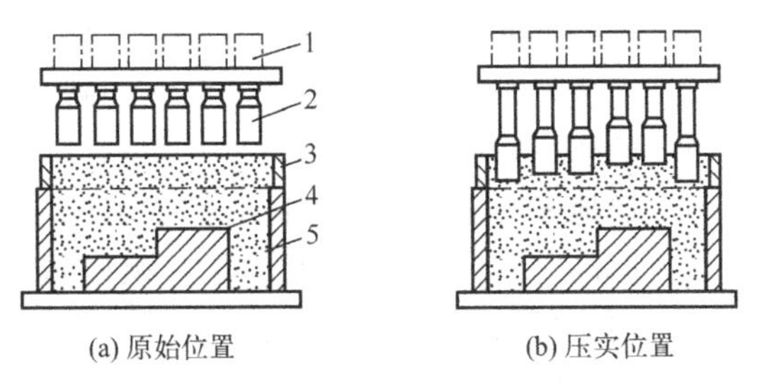

图2-21　多触头高压造型机工作原理

1—小油缸；2—多触头；3—辅助框；4—模板；5—砂箱

高压造型铸件精度高，表面质量好。但设备结构复杂，对工艺装备及维修保养要求高，投资大，仅用于生产批量大的自动化造型生产线。

④ 气冲造型　用压缩空气瞬间膨胀所产生的压力波紧实型砂的造型方法。一般是通过一种特殊的快开阀将低压气体（≤0.5～0.6MPa）迅速引入充满型砂的砂箱上部，使型砂冲压紧实。气冲紧实过程可分为两个阶段：第一阶段气压差使表面层型砂的紧实度迅速提高，形成初实层并迅速下压，使下面的型砂加速、初步紧实；第二阶段型砂紧实前锋与模板剧烈冲击而突然滞止，紧实度急剧提高、并自下而上使型砂逐层滞止而提高紧实度。

气冲造型机结构简单、维修方便、噪声小、生产率高，造出砂型的紧实度高且分布均匀。

⑤ 射压造型　射压造型是采用射砂与压实相结合的方法将型砂紧实。图1-22为垂直分型无箱射压造型过程。射砂机构将型砂高速射入造型室内［图2-22(a)］，再由液压系统进行高压压实，形成两面都带有型腔的型块［图2-22(b)］，然后，反压板退出造型室，压实板推动已造好的型块向前并合型［图2-22(c)］，接着压实板后退，反压板放下，闭合造型室，进入下一个造型循环［图2-22(d)］，最后在浇注平台上形成一串垂直分型且无砂箱的铸型。浇注可同时、连续进行。

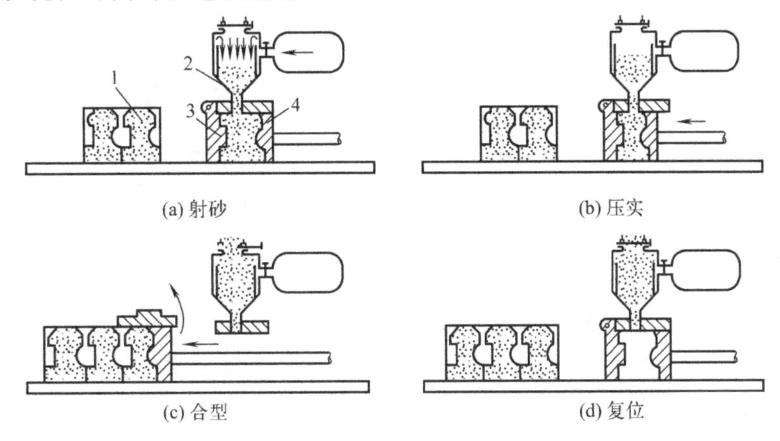

图2-22　射压造型机工作原理

1—砂型；2—射砂头；3—反压板；4—压实板

无箱射压造型紧实度高而均匀，铸件尺寸精确，造型不用砂箱，工装投资少，占地面积小，生产率高，小型铸件生产率达 300 型/h 以上，噪声低，劳动条件好，易于实现自动化。

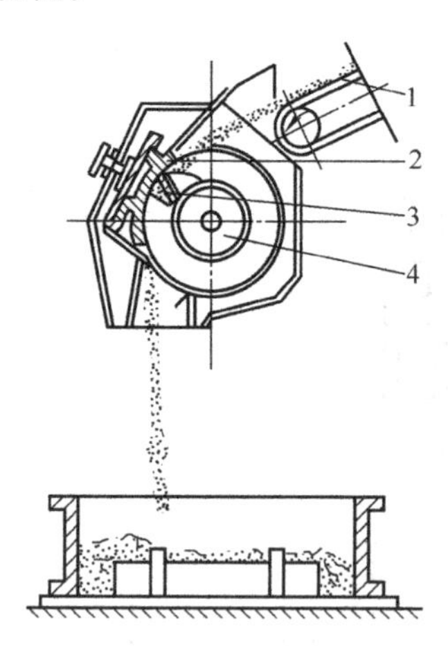

图 2-23 抛砂机的工作原理
1—带式输送机；2—弧板；3—叶片；4—转子

⑥ 抛砂造型 图 2-23 为抛砂机的工作原理。抛砂头转子上装有叶片，型砂由带式输送机连续地送入抛砂头，高速旋转的叶片（900～1500r/min）接住型砂并在机头内初步紧实成一个个砂团，当砂团随叶片转到出口处时，由于离心力的作用，砂团以高速（30～60m/s）抛入砂箱中，使型砂逐层地紧实。抛砂造型同时完成填砂与紧实两个工序，生产效率高、型砂紧实密度均匀。抛砂造型机结构简单，适应性强，可用于任何批量的大中型铸型或大型芯的生产。

(2) 机器造型工艺特点

机器造型采用模板造型，模板是由模样、浇注系统与底板连接成一体的专用模具。造型后，底板形成分型面，模样形成砂型型腔。多数情况下采用单面模样来造型，其特点是上、下型以各自的模板分别在两台配对的造型机上造型，造好的上、下半型用砂箱定位销合型。对于小铸件生产，可采用双面模板进行脱箱造型。双面模板是把上、下两个模板及浇注系统固定在同一模板的两侧，此时，上、下两型均由同一台造型机制出，铸型合型后应将砂箱脱除（即脱箱造型），并在浇注前在铸型上加套箱，以防错箱。无论单面或双面模板，其上面均装有定位销与专用砂箱上的销孔精确定位。所以机器造型的铸件尺寸精度高于手工造型铸件。

机器造型，不能紧实型腔穿通的中箱（模样与砂箱等高），故不能进行三箱造型。同时，也应避免使用活块，因为取出活块费时，使造型机的生产效率显著降低。因此，在设计大批量生产的铸件及其铸造工艺时，需考虑机器造型的这些工艺要求，并采取措施予以满足。

2.2.1.3 造芯

当制空心铸件或铸件的外壁内凹，或铸件具有影响起模的外凸时，经常要用到砂芯。制作砂芯的工艺过程称为制芯。砂芯可用手工制造，也可用机器制造。

手工制芯主要用于单件小批生产及产品的试制，手工制芯时为了提高型芯的刚度和强度，需在砂芯中放入芯骨。

机器制芯适用于成批或大量生产的铸件。机器制芯常用的方法是射砂制芯。图 2-24 为射芯机工作原理。由气包中迅速进入射腔的压缩空气将芯砂由射砂孔射入芯盒的空腔中，而压缩空气经射砂头上的排气孔排出。射砂完成后，砂芯通过加热或向芯盒内通入硬化气体，使砂芯硬化。由于射砂过程是在较短的时间内同时完成填砂和紧实，

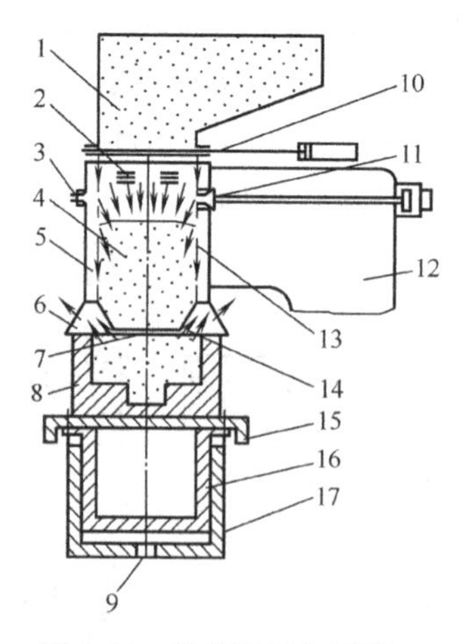

图 2-24 射芯机工作原理
1—砂斗；2—横向气缝；3—排气阀；4—射砂筒；5—射腔；6—射砂头；7—射砂孔；8—芯盒；9—进气孔；10—加砂闸门；11—进气阀；12—气包；13—纵向气缝；14—排气孔；15—工作台；16—活塞；17—气缸

且硬化时间短，因此生产率极高，劳动强度低，铸件尺寸精度高，表面质量好。

2.2.1.4 造型生产线简介

造型生产线是根据铸造工艺流程，将造型机、翻转机、下芯机、合型机、压铁机、落砂机等，用铸型输送机或辊道等运输设备联系起来并采用一定控制方法组成的机械化、自动化造型生产体系。自动造型生产线如图 2-25 所示，其工艺流程为：造型机分别造上型、下型；下型由翻转机翻转 180°后被运至铸型输送机的小车上，在行进中下芯并由合型机、压铁机放压铁后，铸型被送到浇注工位浇注，然后输送到冷却室冷却后压铁机取走压铁，铸型被捅箱机捅到落砂机上；落砂后，旧砂和铸件被分别送到砂处理和铸件清理工位，空砂箱被送回造型机处继续造型。

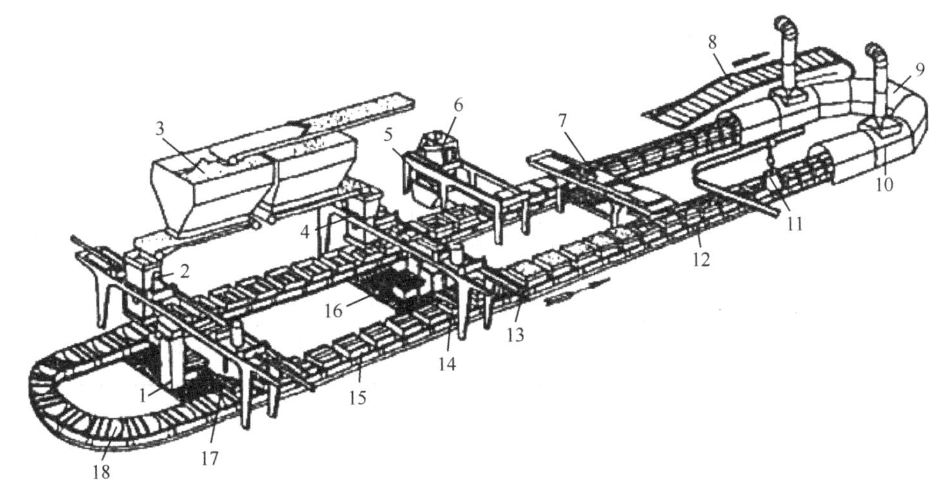

图 2-25 自动造型生产线示意图

1—下型造型机；2—加砂机；3—型砂；4—加砂机；5—落砂工步；6—捅箱机；7—压铁机；8—铸件输送机；9—冷却室；10—冷却工步；11—浇注工步；12—压铁；13—合型工步；14—合型机；15—下芯工步；16—上型造型机；17—下型翻转、下芯机；18—铸型输送机

2.2.2 特种铸造

由于砂型铸造铸件精度低，表面粗糙，内部质量不理想，已远不能满足现代工业对机械零件的要求。随着生产和科学技术的发展，人们在砂型铸造的基础上，通过改变铸型的材料（如金属型、陶瓷型、磁型铸造）、模型材料（如熔模铸造、实型铸造）、浇注方法（如离心铸造、挤压铸造）、浇注条件（如低压铸造）等，又创造了许多其他的铸造方法。通常把这些不同于普通砂型铸造的铸造方法统称为特种铸造。这些特种铸造工艺各有优缺点，都能对铸件质量、劳动生产率、生产成本和劳动条件等不同方面有所改善。

表 2-3 为常用铸造方法的主要特点及其应用情况比较，供选择时参考。

表 2-3 常用铸造方法的比较

项　目	砂型铸造	熔模铸造	金属型铸造	压力铸造	低压铸造	离心铸造
适用合金	不限制	不限制，以钢为主	非铁合金	非铁合金	非铁合金为主	铸铁、铸钢、铜合金
适用铸件大小	不受限制	几十克到几十千克复杂件	中小型件	几十克到几十千克的中小型件	中小型件，有时达数百千克	几百克到十几吨的铸件

续表

项　　目	砂型铸造	熔模铸造	金属型铸造	压力铸造	低压铸造	离心铸造
铸件最小壁厚/mm	铸铁>4 铸钢>6	0.5～0.7 孔 ϕ0.5～2.0	铸铝>3 铸铁>5	铝合金 0.5 锌合金 0.3 铜合金 2	2	最小内径 8
铸件加工余量	最大	小或不加工	较小	小或不加工	较小	外表面较小，内表面大
表面粗糙度 Ra/μm	50～12.5	12.5～1.6	12.5～6.3	6.3～1.6	12.5～3.2	取决于铸型材料
铸件尺寸公差	DCTG11～DCTG14	DCTG4～DCTG7	DCTG6～DCTG9	DCTG4～DCTG8	DCTG6～DCTG9	取决于铸型材料
铸件内部质量	粗晶粒	粗晶粒	细晶粒	特细晶粒	细晶粒	细晶粒
工艺出品率①/%	30～50	30～60	40～60	60～80	80～90	75～95
毛坯利用率②/%	70	90	70	95	80	70～90
投产最小批量/件	1	1000	700～1000	1000	1000	100～1000
生产率（一般机械化程度）	低、中	低、中	中、高	最高	中	中、高
应用举例	各种铸件	刀具、叶片、机床零件、汽车及拖拉机零件等	铝活塞、水暖器材、一般非铁金属铸件	汽车化油器、缸体、仪表、壳体和支架等	发动机缸体、缸盖、壳体、箱体	各种铸管、套筒、环、滑动轴承等

① 工艺出品率$=\dfrac{\text{铸件质量}}{\text{铸件质量}+\text{浇冒口质量}}\times 100\%$。

② 毛坯利用率$=\dfrac{\text{零件质量}}{\text{铸件质量}}\times 100\%$。

下面详细介绍几种应用较多的特种铸造方法。

2.2.2.1　熔模铸造

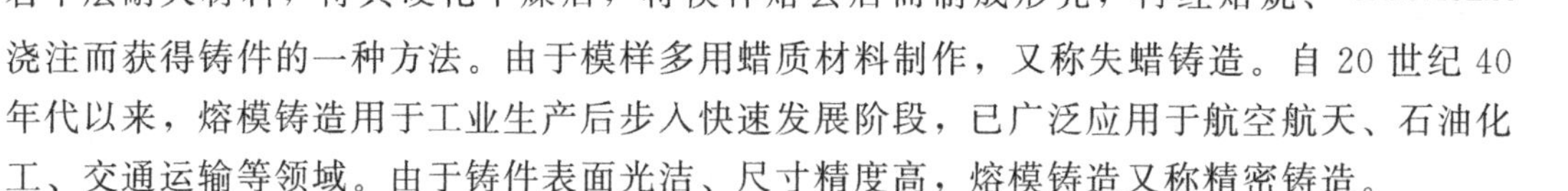

熔模铸造是指用易熔材料（通常用蜡料）制成模样，然后在其表面涂挂若干层耐火材料，待其硬化干燥后，将模样熔去后而制成形壳，再经焙烧、浇注而获得铸件的一种方法。由于模样多用蜡质材料制作，又称失蜡铸造。自 20 世纪 40 年代以来，熔模铸造用于工业生产后步入快速发展阶段，已广泛应用于航空航天、石油化工、交通运输等领域。由于铸件表面光洁、尺寸精度高，熔模铸造又称精密铸造。

(1) 熔模铸造的工艺过程

熔模铸造的工艺过程如图 2-26 所示，包括蜡模制作、铸型型壳制取、金属浇注、铸件清理等四个主要过程。

① 蜡模制作　它包括压型制造、蜡模制造、组装蜡模。

压型制造　压型［图 2-26(b)］是用来制造蜡模的专用模具的。它由根据铸件的形状和尺寸制作的母模［图 2-26(a)］制造而成。为了保证蜡模质量，压型必须有很高的精度和低的表面粗糙度，且型腔尺寸必须考虑蜡料和铸造合金的双重收缩率。当铸件精度要求高或大批量生产时，压型常用钢、铜或铝合金材料经切削加工制成，这种压型的使用寿命长，制出的蜡模精度高，但压型的成本高，生产准备时间长。对于小批量生产，为了降低成本，缩短生产准备时间，则可采用易熔合金（Sn、Pb、Bi 等组成的合金）、塑料或石膏直接向模样（母模）上浇注而成。

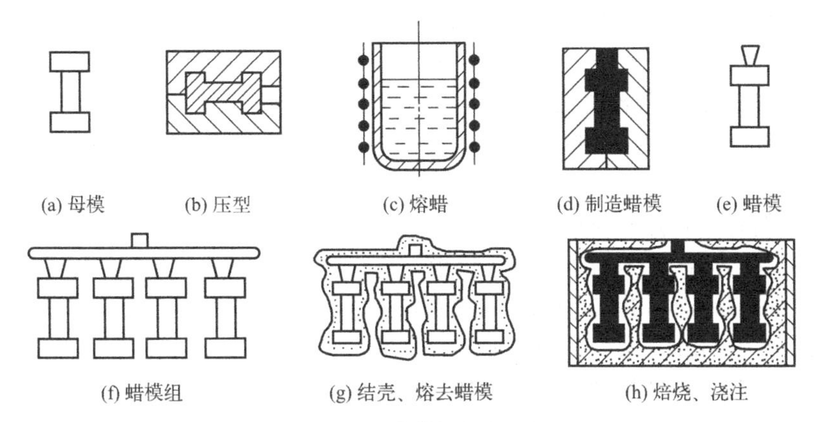

图 2-26　熔模铸造工艺过程

蜡模制造　常用的制造蜡模材料有两种。一种是蜡基模料（由 50%石蜡和 50%硬脂酸组成）；另一种是树脂（松香）基模料，主要用于高精度铸件。制造熔模的方法是：先将蜡料熔化和搅拌，制成糊状 [图 2-26(c)]。由于糊状模料流动性差，需在 0.2～0.3MPa 压力下，将蜡料压入压型内 [图 2-26(d)]，待模料冷却凝固后便可从压型内取出，再经修整即可得到单个蜡模 [图 2-26(e)]。

组装蜡模　熔模铸件一般较小，为提高生产率、降低铸件成本，通常将若干个熔模按一定分布方式熔焊在一个预先制好的蜡质直浇口棒上，构成蜡模组 [图 2-26(f)]，从而实现一箱多铸。

② 铸型型壳制取　包括结壳、脱模、焙烧。

结壳　结壳是在蜡模组上涂挂耐火材料，以制成一定强度的耐火型壳的过程。它包括涂挂涂料—撒砂—硬化三个过程。

首先将蜡模组置于涂料中浸渍，使涂料均匀地覆盖在模组表层。一般铸件用石英粉、水玻璃涂料，高合金钢铸件用刚玉粉、硅酸乙酯水解液涂料。取出模组，撒一层细硅砂。撒砂的目的是用砂料固定涂料层，迅速增厚型壳，获得必要的强度。为使耐火材料层形成坚固的型壳，在撒砂之后，应进行化学硬化。当采用硅酸乙酯涂料时，通氨气或在饱和氨水中进行硬化；而采用水玻璃涂料浆时，浸入一定浓度的 NH_4Cl 水溶液中进行硬化。两者都是利用反应生成硅酸凝胶将砂黏牢而硬化，最终在蜡模组表面上形成一层 1～2mm 厚的硬壳。如此重复涂挂 5～7 次，得到 5～10mm（小铸件 5～6 层，大铸件 6～9 层）硬壳为止。在以上各层中，面层一般选用细砂，以降低铸件表面粗糙度；背层则选用粗砂，有利于获得较好的型壳透气性。

脱模　将结壳后的蜡模浇口朝上浸泡在热水中（一般为 85～95℃），使其中的蜡料熔化，从浇注系统流出，浮在水面；或将型壳浇口朝下放在高压釜内，向釜内通入 2～5atm（1atm≈101kPa）的高压蒸汽，使蜡料熔化流出。蜡料流出后的型壳即为具有空腔的铸型 [图 2-26(g)]。脱出的蜡料经过回收处理仍可重复使用。

焙烧　如图 2-26(h) 所示，将脱蜡后的型壳置于砂箱中，并向型壳外填砂，以加固型壳，防止焙烧、浇注时型壳变形或破裂（对于强度较高的型壳，也可以不必造型而直接焙烧、浇注）。然后将砂箱放入加热炉中，加热到 800～950℃，保温 0.5～2h，除去型壳内的残余挥发物和水分，并使型壳强度进一步提高，型腔更为干净。

③ 金属浇注　为了提高液态金属的充型能力，常在焙烧后趁热（600～700℃）进行

浇注，如图 2-26(h) 所示。熔模铸件的浇注方法主要有：热型重力浇注、真空浇注、压力下结晶、顺序凝固等几种方式。通常，液态金属在重力作用下充填铸型。

④ 铸件清理　待铸件冷却凝固后，将型壳打碎取出铸件，然后去掉浇冒口，清理铸件上残留的耐火材料。对于铸钢件，还需进行退火或正火处理，以细化晶粒，获得所需的力学性能。

(2) 熔模铸造的特点和应用

a. 铸件尺寸精度高、表面质量好。熔模铸造，没有分型面，型壳内表面光洁，耐火度高，一般铸件的尺寸公差达 DCTG4～DCTG7（DCTG 为铸件尺寸公差等级），表面粗糙度 Ra 为 12.5～1.6μm，减少了切削加工工作量，实现了少无切削加工。比如，熔模铸造的涡轮发动机叶片，铸件精度已达到无加工余量的要求。

b. 铸造合金种类不受限制。由于铸型材料耐火性好，尤其适于铸造那些熔点高、难以切削加工的合金，如耐热合金、磁钢、不锈钢等。

c. 可制造形状复杂的薄壁铸件。因型壳在预热后浇注，铸件最小壁厚可达 0.3mm，可最小铸出孔径为 0.5mm。某些由几个零件组合成的复杂部件，可用熔模铸造整体铸出。

d. 生产批量不受限制。可单件生产也可大批量生产。

e. 熔模铸造工艺过程复杂，影响铸件质量的因素多，必须严格控制才能稳定生产。生产成本高（比砂型铸造高几倍），生产周期较长（4～15 天）。受蜡模与型壳强度、刚度的限制，铸件不宜太大、太长，一般限于 25kg 以下。

从上述熔模铸造的特点可以看出，以蜡模取代木模或金属模进行造型，存在诸多优点，也存在一些局限性，在采用熔模铸造时要学会扬长避短。熔模铸造主要用于生产精度要求高、形状复杂、机械加工困难的小型零件。目前，主要用于汽轮机及燃气轮机叶片、切削刀具（如齿轮滚刀）、仪表元件，汽车、拖拉机及机床零件等。

2.2.2.2　金属型铸造

金属型铸造是利用重力浇注法将液态金属浇入金属铸型中，并在重力下结晶凝固而生产铸件的一种铸造方法。由于铸型用金属制成，可以反复使用几百次到几千次，因而金属型铸造又称永久型铸造。

(1) 金属型的结构

按照分型面的位置，金属型分为整体式、垂直分型式、水平分型式和复合分型式。图 2-27 所示为水平分型式和垂直分型式结构简图，其中垂直分型式便于开设浇冒口和安放金属芯，易于排气，便于实现机械化，应用较广。

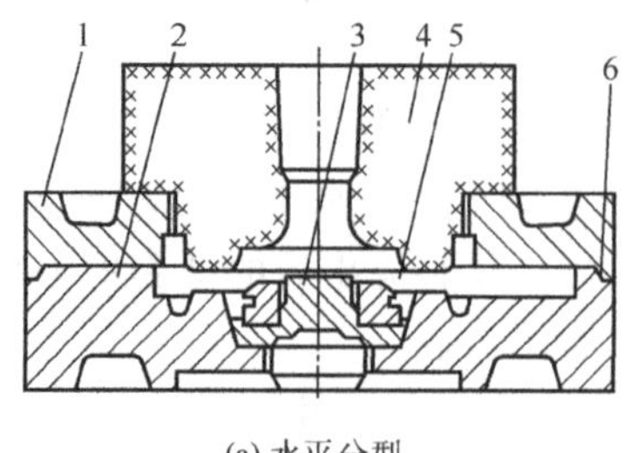

(a) 水平分型

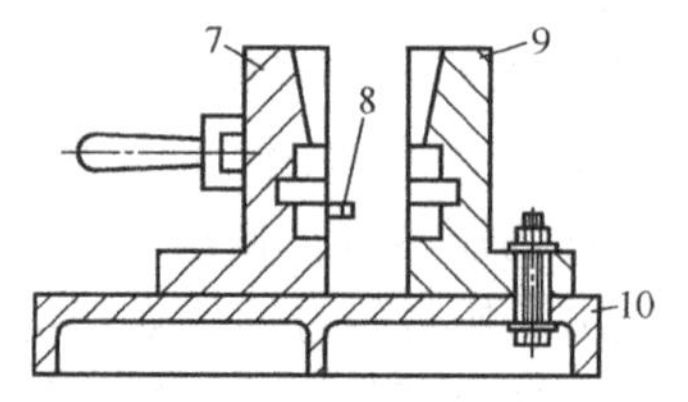

(b) 垂直分型

图 2-27　金属型的结构

1—上型；2—下型；3—型块；4—砂芯；5—型腔；6—止口定位；7—动型；8—定位销；9—定型；10—底座

制造金属型的材料熔点一般应高于浇注合金的熔点。浇注低熔点合金（锡、锌、镁等）可选用灰铸铁。浇注铝合金、铜合金可选用合金铸铁。浇注铸铁和钢可选用球墨铸铁、碳钢和合金钢等。铸件的内腔可采用金属芯或砂芯：薄壁复杂件或黑色金属件，多用砂芯；形状简单或非铁金属件，多用金属芯。为了使金属芯能在铸件凝固后迅速取出，金属型结构中常设有抽芯机构。对于有侧凹的内腔，为便于抽芯，金属芯可由几块组合而成。图 2-28 为铸造铝合金活塞垂直分型式金属型简图，铸件冷却凝固后，先向两侧拔出销孔金属型芯 7、8，然后向上抽出分块金属型芯 5，再把分块金属型芯 4、6 向中间拼拢并抽出，最后水平分开左、右半型 1、2。

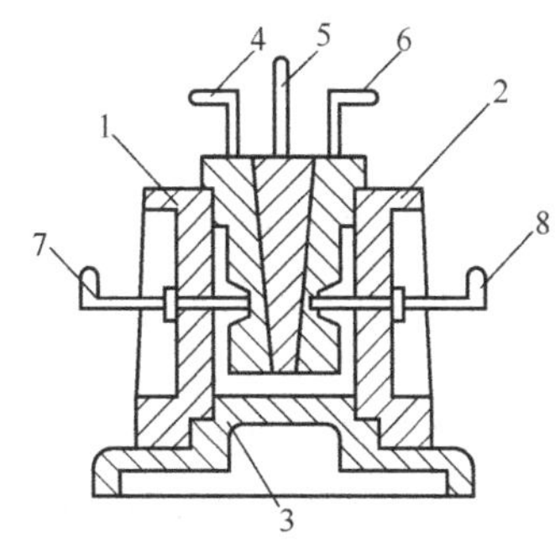

图 2-28　铸造铝合金活塞简图

1—左半型；2—右半型；3—底型；4，5，6—分块金属型芯；7，8—销孔金属型芯

（2）金属型的铸造工艺

由于金属型导热速度快且无退让性和透气性，铸件易产生浇不足、冷隔、气孔、裂纹及白口等缺陷；金属型反复受高温金属液的冲刷，使金属型寿命降低。因此，应该采取下列工艺措施。

① 加强金属型的排气　在金属型腔上部设排气孔、通气塞（气体能通过，金属液不能通过），在分型面上开通气槽等。

② 金属型应保持合理的工作温度　合理的工作温度可减少熔融金属对铸型的热击作用，延长金属型使用寿命；可提高熔融金属的充型能力，防止产生浇不足、冷隔、气孔、夹杂等缺陷。对于铸铁件，合理的工作温度有利于促进铸铁的石墨化，防止产生白口。为此，浇注前要对金属型进行预热；在连续生产中，如铸型温度过高，应利用散热装置（气冷或水冷）散热。否则会造成晶粒粗大，力学性能下降，降低金属型寿命。金属型的合理工作温度为：铸铁件 250～350℃，非铁金属铸件 100～250℃。

③ 喷刷涂料　浇注前必须向金属型型腔和金属芯表面喷刷一层厚度约为 0.3～0.4mm 的耐火涂料。以减少高温金属液体对金属型壁的直接冲蚀和热击；利用涂层厚薄，可调节铸件各部分冷却速度；同时涂料层还有一定的蓄气、排气能力，可以减少铸件中气孔的数量。不同铸造合金采用不同的涂料，铝合金铸件常采用由氧化锌粉、滑石粉和水玻璃组成的涂料。

④ 使用合理的浇注温度　由于金属型的导热能力强，所以浇注温度应比砂型铸造时高 20～30℃。铝合金为 680～740℃，铸铁为 1300～1370℃，铸造锡青铜为 1100～1150℃。对薄壁小件取上限，对厚壁大件取下限。

⑤ 控制开型时间　铸件在金属型腔内停留时间越长，其收缩量越大，不仅增大了应力、裂纹倾向，还使铸件取出的难度增大；开型时间长，生产效率也低。但开型过早会造成铸件氧化、变形。故浇注后在保证铸件高温强度足够的前提下，应及早开型取件。一般中小型铸件开型取件时间为浇注后 10～60s。大多通过试验确定合适的开型时间。

⑥ 防止铸铁件产生白口组织　铸件壁厚一般应大于 15mm；铁水中碳、硅的质量分数之和不小于 6%；同时还应采用孕育处理的铁液来浇注。对已产生的白口组织，要利用自身余热，尽快进行退火处理。

⑦ 合理设计金属铸型　对于铸件上薄壁等易产生浇不足、冷隔等缺陷之处，金属铸型可采用镂空后填充保温材料等措施加以避免。

(3) 金属型铸造的特点和应用

和砂型铸造相比，金属型铸造有如下主要优点。

a. 金属型复用性好，实现了一型多铸，节约了大量造型材料、工时和占地面积，提高了劳动生产率，改善了劳动条件。

b. 金属型铸件冷却快，组织致密，力学性能高。如铝合金金属型铸件，其抗拉强度平均可提高25%，屈服强度平均提高20%，同时耐蚀性能和硬度也显著提高。

c. 铸件的精度和表面质量较高。尺寸公差等级平均为DCTG6～DCTG9，表面粗糙度平均可达$Ra6.3\sim12.5\mu m$，铸件的切削余量小，节约了机加工工时，节省了金属用量。

但金属型铸造也存在一些缺点：金属型的制造成本高、周期长，因此不适合于单件、小批量生产；金属型冷却速度快、透气性差、无退让性，铸件易产生冷隔、浇不足、裂纹、气孔等缺陷，因此不宜铸造形状复杂件和大型薄壁件；受铸型的限制，金属型铸件合金的熔点不宜太高，质量也不宜过大，否则，金属型的寿命低；金属型铸造必须采用机械化或自动化装置，否则，劳动条件反而更加恶劣。因此，金属型铸造的适用范围受到了很大限制。

金属型铸造主要用于成批、大量生产铝合金、铜合金等非铁合金的中小型铸件，如活塞、缸体、液压泵壳体、轴瓦和轴套等。对于黑色金属铸件，只适用于形状简单的中小型件。

2.2.2.3 压力铸造

熔融的金属在高压作用下高速充填铸型，并在压力下凝固结晶获得铸件的方法称压力铸造，简称压铸。高压和高速充填铸型是压铸的两大特点，又是区别于其他铸造方法的最基本特征。常用压射压力为5～150MPa，充填速度约为0.5～50m/s，充填时间很短，约为0.01～0.2s。

(1) 压铸机和压铸工艺过程

压铸是通过压铸机完成的，压铸机分为热压室式和冷压室式两类。热压室式压铸机的压室和熔化合金的坩埚连成一体，压室浸在液体金属中，由于压铸机压力较小，压室易被腐蚀，生产中应用较少，一般只用于铅、锡、锌等低熔点合金的压铸。

冷压室式的压室有立式和卧式两种，目前应用最多的是卧式冷压室式压铸机。其压室和液态金属的保温室是分开的，压室的中心线沿水平设置，如图2-29所示，它主要用于压铸熔点较高的金属或合金，如铜、铝、镁等非铁金属铸件和一些黑色金属类铸件。压铸所用的铸型叫压铸型，它由定型和动型两个部分组成。定型固定在压铸机上，动型在压铸机上可以水平移动，并设有顶杆机构。压铸型的精度和表面质量要求较高，为能承受高温、高速金属液的冲击，需用热作模具钢制造，并需经过严格的热处理。

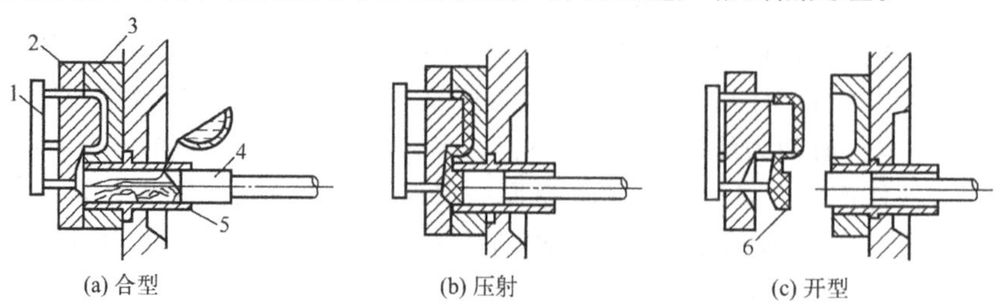

图2-29 卧式冷压室式压铸机工作原理

1—顶杆机构；2—动型；3—定型；4—压射冲头；5—压室；6—铸件

卧式冷压室式压铸机的工作过程如下。

① 预热与喷涂料　开始工作前，动型、定型和金属芯一定要预热。预热温度与合金种类、铸件壁厚有关，通常为 120～320℃。然后喷涂料，以避免铸件与压铸型黏合，易于取件。

② 闭合压铸型和注入金属　闭合压铸型，将定量的金属液通过压室上的注液孔注入压室内，如图 2-29(a) 所示。

③ 压铸　压射冲头向前推进，液态金属在高压作用下充填型腔，并在更高压力作用下凝固结晶，如图 2-29(b) 所示。

④ 取出铸件　铸件凝固之后，动型移动开型，铸件借压射冲头的前伸动作与静型脱离。此后，在动型继续打开过程中，由于顶杆停止移动，故在顶杆作用下铸件脱离动型。

(2) 压力铸造的特点和应用

压力铸造具有如下特点。

a. 生产率高，易于实现机械化、自动化。压铸的生产率可达 50～500 件/h。

b. 压铸件的尺寸精度最高，表面粗糙度 *Ra* 值最小。公差等级可达 DCTG8～DCTG4，表面粗糙度 *Ra* 值可达 6.3～1.6μm。因此压铸件大都不需机加工即可直接使用。

c. 铸件的强度和表面硬度较高。由于在压力下结晶，且冷却速度快，表面层晶粒较细，组织致密，压铸件的抗拉强度比砂型铸件提高 25%～30%。

d. 可压铸形状复杂的薄壁铸件，可直接铸出各种孔眼、螺纹、齿形、花纹和图案等。铸件最小壁厚：锌合金为 0.3mm，铝合金为 0.5mm。最小铸出孔直径为 0.7mm，可铸螺纹最小螺距为 0.75mm。

e. 便于铸出镶嵌件。先将其他金属或非金属材料预制成嵌件，铸前先放入压型中，再经压铸使嵌料和压铸合金结合成一体。这可简化零件制作过程，节省金属材料，简化装配工序，改善铸件局部性能，如强度、耐磨性、导电性及绝缘性等。

f. 压铸设备和压铸型费用高，压铸型制造周期长，一般适于大批量生产。

g. 压铸合金的种类有局限性，对于一些高熔点合金（如钢、铸铁），压型及压铸型的寿命很低，难以适应。

h. 充型速度快，型腔中的气体难以排出，压铸件易产生皮下气孔。因此，不能进行较大余量的切削加工，以防气孔露出；不宜进行热处理，也不宜在高温下工作，否则气孔中气体产生热膨胀压力，可能使铸件表面起泡或变形。

i. 铸件凝固速度快，补缩困难，厚壁处易产生缩松。一般壁厚不超过 3～4mm。

压力铸造适合大批量生产的非铁金属铸件。其中，铝合金占总量的 30%～60%，其次为锌合金，铜合金只占总量的 1%～2%。目前，在汽车、拖拉机、仪表、电器、计算机、纺织、兵器等工业中广泛采用压铸件，如发动机气缸体、气缸盖、管接头、箱体、齿轮等。

2.2.2.4　低压铸造

低压铸造是使液态金属在气体压力作用下，由下而上地填充铸型型腔，并在压力下凝固结晶获得铸件的铸造方法。此时压力一般为 20～60kPa，故称为低压铸造。它是介于重力铸造和压力铸造之间的一种铸造方法。

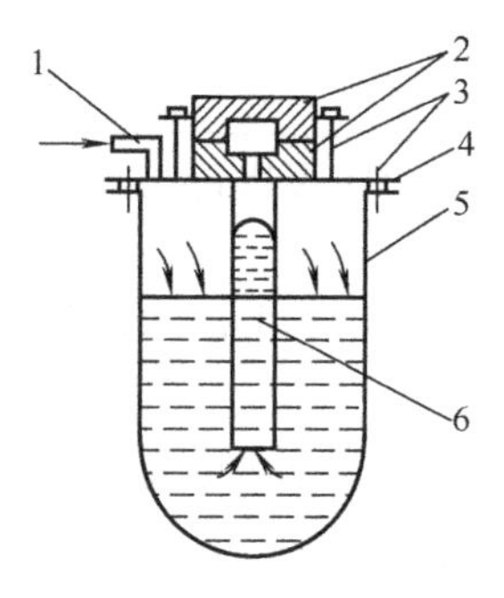

图 2-30　低压铸造示意图

1—进气管；2—铸型；3—紧固螺栓；4—密封盖；5—坩埚；6—升液导管

(1) 低压铸造的工艺过程

在如图 2-30 所示的低压铸造装置中，下部为盛有液态金属的密封坩埚，上部为铸型，铸型通常为金属型或砂型，浇口设在下型底部铸件厚壁处，一般不设冒口，由内浇口对铸件补缩，从而实现铸件由上向下的顺序凝固。

若铸型采用金属型，则在浇注之前应预热至一定温度，并喷刷涂料。工作时，由进气管将干燥的压缩空气或惰性气体通入盛有金属液的坩埚中，使金属液通过升液导管自下而上进入型腔内，并保持一定的压力（或适当增压），直至铸件完全凝固。然后放掉坩埚内的气体，使升液导管和浇道中尚未凝固的金属液因重力作用而回流至坩埚内。最后开启铸型，取出铸件。

(2) 低压铸造的特点和应用

低压铸造的充型过程既和重力铸造有区别，也和高压高速充型的压力铸造有区别。这使低压铸造具有某些独特的优点，主要表现为以下方面。

① 液体金属充型比较平稳　这是由于低压铸造采用底注充型，其上升速度容易控制。能够避免金属液对型壁和型芯的冲刷，减少铸件产生夹杂缺陷的倾向；同时，型腔内液流和气流方向一致，铸件不易产生气孔，所以低压铸造生产的铸件一般能进行热处理。

② 铸件成形性好　由于金属液充型是金属液在外界压力作用下流动，提高了液体金属的充填能力，有利于形成轮廓清晰、表面光洁的铸件，这对于大型薄壁铸件的成形更为有利。低压铸造铸件的尺寸精度可达 DCTG6～DCTG9，表面粗糙度 Ra 可达 12.5～3.2μm。可生产出壁厚为 1.5～2mm 薄壁铸件。

③ 铸件组织致密，力学性能高　因为铸件凝固是在压力作用下进行的，补缩效果好，因而提高了铸件的力学性能（比砂型铸造提高约 10%）。这对于那些要求耐压、防漏的铸件效果更好。

④ 工艺出品率高　低压铸造利用压力充型和补缩，大大简化了浇注系统的结构，特别是一般情况下无须冒口，使金属液的工艺出品率大大提高，工艺出品率一般可达 90%。

⑤ 劳动条件好　设备简单，易实现机械化和自动化。

另外，由于充型压力和速度便于调节，故低压铸造可适用于金属型、砂型、石膏型、陶瓷型及熔模型壳等。基于上述优点，目前低压铸造已广泛应用于铝、铜、镁等非铁合金铸件的大批量生产，如发动机的气缸盖、气缸体、曲轴、活塞等，也可用于球墨铸铁件的生产。

2.2.2.5　离心铸造

离心铸造是将金属液浇入高速旋转（通常转速为 250～1500r/min）的铸型中，使液体金属在离心力作用下充填铸型并凝固成形的一种铸造方法。离心铸造的铸型有金属型和砂型两种。目前广泛应用的是金属型离心铸造。

(1) 离心铸造的基本方式

离心铸造在离心铸造机上进行。根据铸型旋转轴在空间的位置，离心铸造分为立式离心铸造和卧式离心铸造两类。如图 2-31 所示。

立式离心铸造机的铸型是绕垂直轴旋转的。离心力和液态金属本身重力的共同作用，使铸件的内表面为一回转抛物面，造成铸件上薄下厚，而且铸型转速越快，铸件高度越大，则其壁厚差越大。因此它主要用于生产高度小于直径的圆盘、环类铸件。

卧式离心铸造机的铸型是绕水平轴旋转的。由于铸件各部分冷却速度和成形条件相同，铸件沿径向和轴向的壁厚均匀，因此主要用于生产长度大于直径的套筒类或管类铸件。

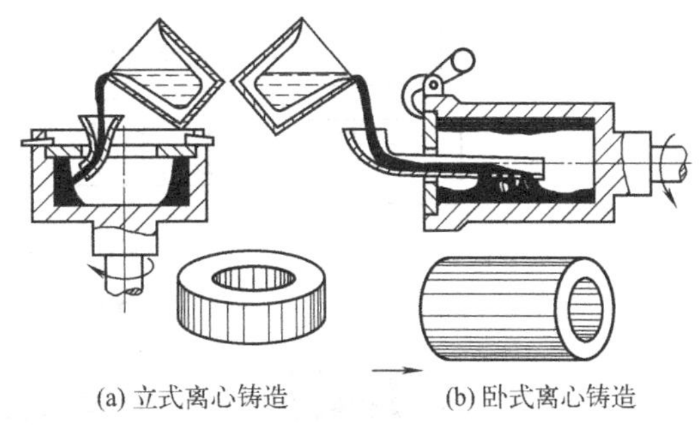

(a) 立式离心铸造　　(b) 卧式离心铸造

图 2-31　离心铸造示意图

离心铸造不仅可以用于生产中空的铸件，也可用于生产成形铸件。成形铸件的离心铸造通常在立式离心铸造机上进行，但浇注时金属液填满铸型型腔，故不存在自由表面。此时的离心力主要是提高金属液的充型能力，并有利于补缩，使铸件组织致密。

（2）离心铸造的特点和应用

离心铸造具有如下优点。

a. 不用型芯即可铸出中空铸件。液体金属能在铸型中形成中空的自由表面，大大简化了套筒、管类铸件的生产过程。

b. 可以浇注流动性较差的合金铸件和薄壁铸件。由于离心力作用，液体金属的充型能力大大提高。

c. 金属的利用率高。离心铸造无须浇注系统和冒口。

d. 铸件组织致密，无缩孔、缩松、气孔、夹渣等缺陷，力学性能好。这是因为在离心力作用下，金属中的气体、熔渣等夹杂物因重度小，易于自液体金属中排出，集中在铸件内表面；铸件由外向内顺序凝固，补缩条件好。

e. 便于铸造双金属铸件，如钢套镶铜轴承，其结合面牢固、耐磨，可节约贵重金属材料。

离心铸造还存在以下不足。

a. 铸件内孔的尺寸不精确，表面较粗糙，必须增加机械加工余量。

b. 铸件易产生密度偏析，不适于生产密度偏析倾向大的合金及轻合金，例如铅青铜、铝合金、镁合金等。此外，因需要较多的设备投资，故不适于单件、小批量生产。

目前，离心铸造已广泛用于铸铁管、气缸套、铜套、双金属轴承、特殊钢的无缝管坯、造纸机滚筒等铸件的生产。

2.2.2.6　陶瓷型铸造

将液态金属在重力下浇注到陶瓷型中形成铸件的方法称为陶瓷型铸造。它是把砂型铸造和熔模铸造相结合，发展形成的一种精密铸造方法，与砂型铸造的不同仅在于其型腔表面有一层陶瓷型。陶瓷型铸造是用水解硅酸乙酯、耐火材料、催化剂等混合制成的陶瓷浆料，灌注到模板上或芯盒中造型（芯）的方法。

（1）陶瓷型铸造的工艺过程

陶瓷型有完全陶瓷型和底套式陶瓷型两种。底套可以是砂套，也可以是金属套。金属套经久耐用，获得的铸件尺寸精度稳定，适合于大批量铸件的生产。图 2-32 为广泛采用的砂套薄壳陶瓷型铸造的工艺过程。

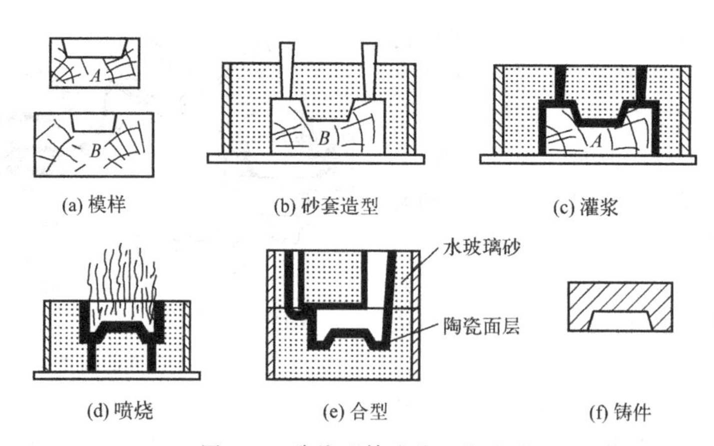

(a) 模样　(b) 砂套造型　(c) 灌浆　(d) 喷烧　(e) 合型　(f) 铸件

图 2-32　陶瓷型铸造的工艺过程

① 砂套造型　为节约昂贵的陶瓷材料及提高铸型的透气性，先用水玻璃砂制出砂套。制作砂套的木模 B 比制作铸件的木模 A 大一个陶瓷料厚度［图 2-32(a)］。砂套的制造方法与砂型制造相同［图 2-32(b)］，砂套造型时，砂套上部应留有浇注陶瓷浆料的灌浆孔和排气孔。

② 灌浆与胶结　即制造陶瓷面层。其过程是将铸件模样 A 固定在平板上，刷上分型剂，扣上砂套，将配制好的陶瓷浆由浇口浇入［图 2-32(c)］。灌满后经数分钟，陶瓷浆便开始胶结。陶瓷浆由耐火材料（刚玉粉、铝矾土等）、黏结剂（硅酸乙酯水解液）、催化剂（氢氧化钙、氢氧化镁）、透气剂（双氧水）等混合制成。

③ 起模与喷烧　待浆料浇注约 5～15min 后，趁浆料尚有一定弹性立即起模。为加速固化过程，提高陶瓷的强度与刚度，必须用明火均匀地喷烧整个型腔［图 2-32(d)］。

④ 焙烧与合型　陶瓷型在浇注前要加热到 350～550℃，焙烧 2～5h，以除去残存的水分、乙醇及其他有机物质，进一步提高铸型强度［图 2-32(e)］。然后合型准备浇注。

⑤ 浇注　浇注温度可略高，以便获得轮廓清晰的铸件［图 2-32(f)］。

(2) 陶瓷型铸造的特点和应用

陶瓷型铸造具有如下特点。

a. 陶瓷型铸件的尺寸精度和表面粗糙度等与熔模铸造相近。这是由于陶瓷层处于弹性状态下时起模，型腔尺寸不易变化。同时，陶瓷型在高温时变形小。

b. 铸件的大小几乎不受限制，可从几公斤到数吨。由于陶瓷材料耐高温，因而陶瓷型铸造可以浇注合金钢、模具钢、不锈钢等高熔点合金。

c. 在单件、小批量生产条件下，投资少，生产周期短，一般铸造车间都可生产。

d. 陶瓷浆材料价格昂贵，陶瓷型铸造不适于生产批量大、重量轻和形状复杂的铸件。陶瓷型铸造难以机械化和自动化。

目前，陶瓷型铸造主要用来生产各种大中型精密模具铸件，如铸造冲模、热拉模、热锻模、金属型、热芯盒、压铸模、模板、玻璃器皿模等。

2.2.2.7　实型铸造

实型铸造又称消失模铸造，是用聚苯乙烯泡沫塑料模样代替普通模样，造型后模样并不取出。浇注时泡沫塑料在熔融金属作用下立即气化消失，金属液取代原来塑料模所占据的空间位置并冷却凝固后获得所需铸件的铸造方法。图 2-33 所示为实型铸造的工艺过程。实型铸造工艺过程包括制造气化模、在气化模表面挂涂料、填干砂紧实和浇注等工序。单件、小批量的大中型铸件的气化模，一般用聚苯乙烯发泡板材制作和黏合而成。大批量的中小型铸件的气化模，一般用聚苯乙烯颗粒直接在成形模具内形成气化模（发泡成形）。

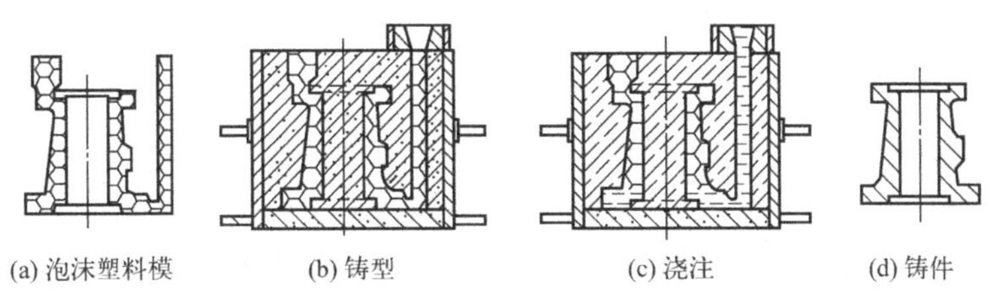

(a) 泡沫塑料模　(b) 铸型　(c) 浇注　(d) 铸件

图 2-33　实型铸造的工艺过程

实型铸造具有以下特点：模样无分型面，无须起模，无型芯，因而无飞边毛刺；铸件的尺寸精度和表面粗糙度接近熔模铸造，但尺寸却可大于熔模铸造。各种形状复杂铸件的模样均可采用泡沫塑料模黏合。由于成形为整体，减少了加工装配时间，可降低铸件成本10％～30％，也为铸件结构设计提供充分的自由度。减少了铸件生产工序，缩短了生产周期，使造型效率比砂型铸造提高 2～5 倍。但模样只能使用一次，且泡沫塑料的密度小，强度低，模样易变形，影响铸件尺寸精度。铁碳合金铸件表面易渗碳。另外，实型铸造浇注时，模样产生的气体污染环境。实型铸造主要用于除铁和低碳钢以外，不易起模的复杂铸件的批量及单件生产。

2.2.3　其他金属液态成形技术及进展

2.2.3.1　其他金属液态成形技术

除以上铸造方法外，金属液态成形技术还有磁型铸造、挤压铸造、连续铸造、真空吸铸、悬浮铸造等。

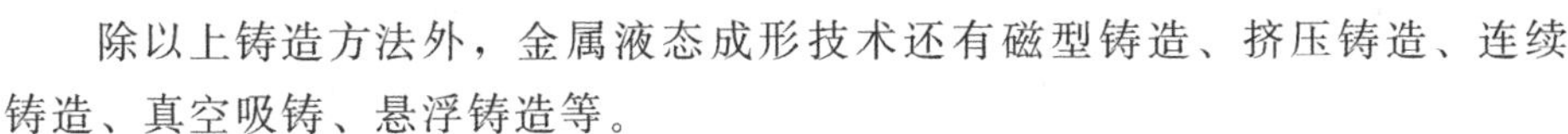

磁型铸造是在实型铸造的基础上发展起来的，是用聚苯乙烯塑料制成气化模，在气化模表面刷涂料，放入磁丸箱中，然后填入磁丸，微振紧实后将其置入固定的磁型机内。在强磁场力的作用下，磁丸互相吸引结合，形成既有强度和紧实度，又有良好透气性的成形铸型，然后浇注金属液，气化模在液体金属热的作用下气化消失，金属液替代了气化模的位置，待冷却凝固后，解除磁场，磁丸恢复原来的松散状，便能方便地取出铸件。

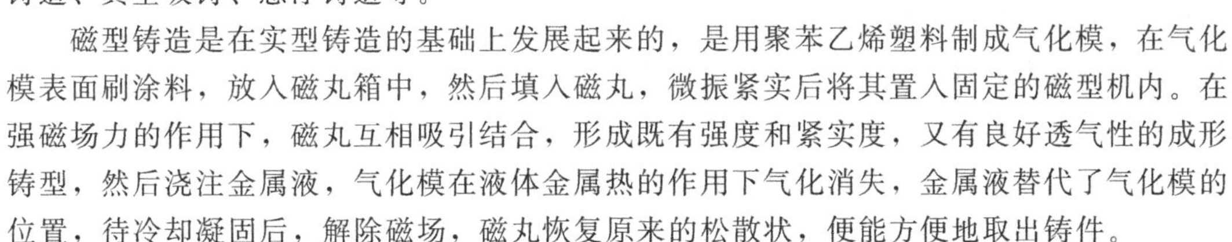

挤压铸造是向分开的两个半型中浇入一定量的液态金属，随即将两半型合拢。将液态金属挤压而充填整个铸型型腔，使其凝固成形后获得铸件的一种方法。挤压铸造主要用于生产非铁金属生活日用品，也可生产薄壁板件和复杂空心件。

连续铸造是将液态金属连续不断地浇入一种称为结晶器的水冷金属型中，已结晶凝固的铸件连续不断地从结晶器的另一端拉出，从而获得任意长度或特定长度的等截面铸件的方法，简称连铸。连续铸造主要用于连铸连轧和铸铁管的生产。所谓连铸连轧，即生产铸锭后立即进行轧制，它能大大节约能源，减少金属第二次加热时的烧损，提高生产率。

真空吸铸是将连接于真空系统的结晶器浸入熔融金属液中，借助真空系统的作用在结晶器内形成负压，吸入液态金属，液态金属即在真空下，沿结晶器内壁顺序向中心凝固，待固体层达一定尺寸后切断真空，中心未凝固液态金属回流坩埚而获得的实心或空心筒形铸件。

悬浮铸造是在浇注过程中，将一定量的悬浮剂（金属粉末或颗粒）加到金属液流中混合，一起充填铸型。采用此工艺浇注到型腔中的已不是通常的过热金属液，而是含有固态悬浮颗粒的悬浮金属液。由于均匀分布在金属液中的悬浮剂具有冷却作用、孕育作用、合金化作用等，因此经过悬浮处理的金属，晶粒细小，缩孔减少，力学性能提高。悬浮铸造已得到越来越广泛的应用，目前已用于生产船舶、冶金和矿山设备的铸件。

2.2.3.2 计算机在铸造中的应用

随着科学技术的迅速发展，计算机技术在铸造方面的应用也有很大发展，它正在从各个方面推动着材料成形技术的发展和变革，使铸造行业由劳动密集型向高科技型转化，由机械化、自动化向智能化方向发展，传统工艺和材料正逐步被新工艺、新材料所取代。

(1) 利用计算机进行液态金属凝固过程数值模拟

液态金属凝固过程数值模拟技术就是用数值计算方法求解凝固成形的物理过程所对应的数学离散方程，并用计算机显示其计算结果的技术。它可形象地显示液态金属在铸型型腔中冷却凝固的进程，并可预测可能产生的缺陷，还可模拟液态金属充填型腔过程和铸件热应力发展过程，预测因填充不当造成的缺陷和铸件中的裂纹。在计算过程中，通过改变工艺参数，经反复模拟计算，最终会找到一种科学、合理的工艺，即通过电脑模拟计算优化了设计工艺，取代或减少现场试制。对于大型复杂形状或贵重材料铸件的生产，其优越性和经济效益非常明显。由于液态金属凝固过程数值模拟可以揭示许多物理本质和过程，故还促进了凝固理论的发展，特别是近几年来研究和发展的微观组织模拟，可用于预测晶粒大小和力学性能，并有望在不久的将来用于生产实际。

(2) 生产过程的计算机控制

计算机作为生产过程的一种控制手段已得到了广泛应用。铸造成形是一个工序繁多、劳动条件相对恶劣、影响因素复杂的生产过程，可以用计算机控制铸造生产过程解决这些问题。目前新一代的铸造生产线已基本上采用了计算机控制，以计算机为基础的自控系统已用于熔化、浇注、砂处理、质量检验等铸造生产工序和压铸机等。所有这些，都有助于提高生产效率和获得质量均一性良好的铸件。

2.2.3.3 铸造凝固技术进展

铸造凝固技术进展主要包括定向凝固技术和快速凝固技术。

(1) 定向凝固技术

所谓定向凝固技术，是使液态金属的热量沿着一定的方向排出，从而使晶粒的形成与长大向着一定的方向进行，最终获得具有单方向晶粒组织或单晶组织的一种凝固成形工艺方法。它经历了功率降低法—快速凝固法—液态金属冷却法的发展过程。随着冷却及控制技术的不断进步，液态金属的热量排出强度及方向性不断提高，从而使固液界面前沿液相中的温度梯度提高，这不仅提高了晶粒生长的方向性，而且使组织更细长、挺直，并延长了定向区。目前采用定向凝固技术制取的单晶涡轮叶片，比一般定向凝固柱状晶叶片具有更高的工作温度、抗热疲劳强度、抗蠕变强度和耐腐蚀性，这种高温合金的单晶叶片已用于新型航空发动机中，有效地增加了航空发动机的推力和效率，使航空发动机性能得到进一步提高。

(2) 快速凝固技术

即采用比常规工艺条件冷却速度（$10^{-4}\sim10$K/s）快得多的冷却速度（$10^{3}\sim10^{4}$K/s），使液态合金转变为固态的工艺方法。这种凝固技术可使合金材料具有优异的组织和性能，如超细的晶粒（通常几纳米到几十纳米），合金无偏析缺陷和有高分散度的超细析出相，高强度、高韧性等。快速凝固技术可使液态金属直接形成非晶态组织，即金属玻璃。由于非晶合金是长程无序结构，因而使合金具有特殊的电学性能、磁学性能、电化学性能和力学性能，目前已得到广泛的应用，如变压器铁芯材料、计算机磁头、钎焊材料等。

2.2.3.4 铸造造型技术进展

随着工业生产对毛坯精度的要求不断提高，高效、高紧实度及精密铸造技术将进一步得到发展，如高压造型、气冲造型、自硬砂造型等高紧实度砂型铸造以及压铸、熔模铸造、实型铸造等特种铸造新技术。压铸和实型铸造发展迅速，压铸机正趋于大型化，实型铸造在生产近无余量、形状复杂的铸件以及绿色生产方面的优越性已逐步显现。

2.3 金属液态成形工艺设计

砂型铸造生产中，在每种铸件生产之前都应进行铸造工艺设计，编制铸件生产过程的技术文件，即铸造工艺规程。铸造工艺规程既是生产指导性文件，又是生产准备、管理和铸件验收的依据。铸造工艺设计的好坏，对铸件质量、生产成本和生产率起着重要作用。

铸造工艺设计的主要内容是绘制铸造工艺图、铸件图和铸型装配图等。单件、小批量生产时只需绘制铸造工艺图。铸造工艺图是在零件图上用各种工艺符号表示出铸造工艺方案的图形。其中包括：铸件浇注位置、分型面、工艺参数、型芯结构尺寸、控制凝固措施(冷铁、保温衬板)、浇冒口系统等的图样。根据铸造工艺图，结合所选择的造型方法，便可绘制出模样图和合型图。图 2-34 为根据支座零件简图绘制的铸造工艺简图、模样简图和合型简图。

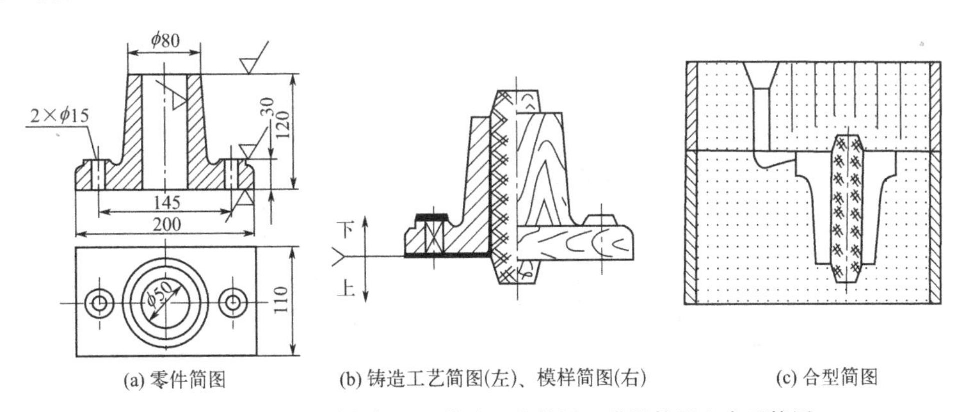

(a) 零件简图　　(b) 铸造工艺简图(左)、模样简图(右)　　(c) 合型简图

图 2-34　支座的零件简图、铸造工艺简图、模样简图和合型简图

铸造工艺设计的主要依据生产任务要求、企业生产条件、经济性等。生产任务要求主要指铸造零件图、零件的技术要求和生产纲领。铸造零件图如图 2-34(a)，是设计的基本原始依据，图样的表达必须完整清晰，以备设计人员进行工艺分析与审查。零件的技术要求包括合金的牌号、金相组织、力学性能要求、铸件的尺寸及质量公差等，另外还可能有一些特殊的性能要求，如气密性要求、高温工作条件等。生产纲领即该零件的年产量，生产纲领不同，铸件工艺差别很大，以造型方法为例，如单件、小批量生产常选用手工造型，而大批量生产则选择生产率高的机器造型。企业生产条件，主要考虑设备能力、工人技术水平以及企业对模具等工艺装备的制造能力和生产经验等。此外，设计人员应该对各

种与成本相关的因素有所了解，例如耗材价格、各类工种工时费用、设备使用费用等，以便在设计中考虑铸造工艺的经济性优劣。

铸造工艺设计的主要步骤包括对零件图的工艺分析、铸件浇注位置和分型面的选择、铸造工艺参数的确定以及编制铸造工艺文件等。其中，对零件图的工艺分析主要是指熟悉零件图样，了解主要技术要求，找出技术难点，并分析零件结构的铸造工艺性；而铸件浇注位置和分型面的选择的合理与否，对铸件质量、铸造工艺、劳动生产率，以及铸件生产成本都会有很大的影响；同时，铸造工艺参数选取得准确合理，才能保证铸件的质量符合要求，使各个铸造工序操作方便，生产率高，制造成本低。铸造工艺文件，则主要包括铸造工艺图、铸件图和铸型装配图以及铸造工艺规程等。

2.3.1 浇注位置和分型面的选择

2.3.1.1 浇注位置的选择

浇注位置是指浇注时铸件在铸型中所处的空间位置。浇注位置合理与否对铸件质量影响很大，选择时应考虑以下原则。

① 重要加工面或主要工作面应处于铸型的底面或侧面。铸件上部凝固速度慢，晶粒较粗大，易形成缩孔、缩松，而且气体、非金属夹杂物密度小，易在铸件上部形成砂眼、气孔、渣气孔等缺陷。铸件下部的晶粒细，组织致密，缺陷少，质量优于上部。当铸件有几个重要加工面或重要面时，应将主要的和较大的加工面朝下或侧立。无法避免在铸件上部出现加工面时，应适当加大加工余量，以保证铸件的加工质量。

图 2-35（a）中，车床床身导轨是主要工作面和重要的加工面，要求组织均匀致密和硬度高，不允许有明显的铸造缺陷，因此应将导轨面处于型腔下部。图 2-35（b）为吊车卷扬筒，主要加工面为外圆柱面，采用立位浇注，使卷筒的全部圆周表面位于侧位，保证其质量均匀一致。

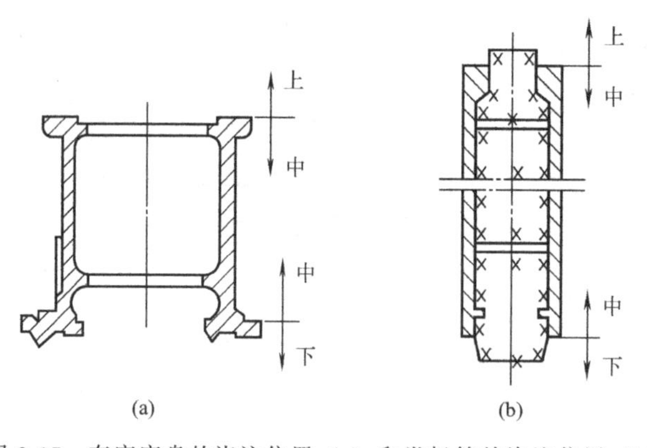

图 2-35 车床床身的浇注位置（a）和卷扬筒的浇注位置（b）

② 铸件上的大平面结构或薄壁结构应朝下或呈侧立状态。图 2-36、图 2-37 是平板铸件和薄壁铸件的正确浇注位置。如果浇注时大平面结构或薄壁结构处于型腔的上部，除容易产生砂眼、气孔外，还容易产生夹砂和浇不足等缺陷。这是由于型腔的平面越大，液体金属充满型腔的时间越长，型腔表面受到的热辐射作用越强烈，就极易产生型砂拱起和开裂，甚至出现局部脱落，从而形成上述缺陷。薄壁结构的型腔对液体金属的充型阻力大，若又处于铸型上部，液体金属的静压力相对较小，因而不易充满全部型腔而形成浇不足或冷隔缺陷。

③ 对于容易产生缩孔的铸件，应使厚的部分放在铸型的上部或侧面，以便在铸件厚处直接安放冒口，使之实现自下而上的顺序凝固。如前述的铸钢卷扬筒，浇注时厚端放在上部是合理的；反之，若厚端在下部，则难以补缩。

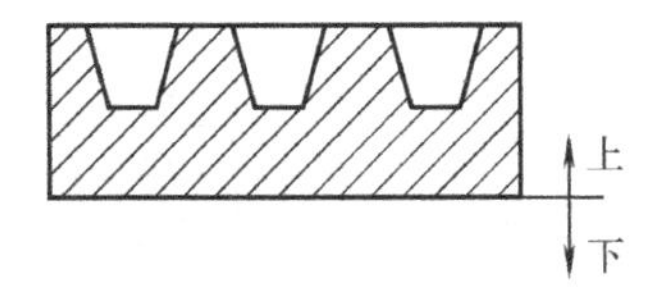

图 2-36　平板铸件的浇注位置

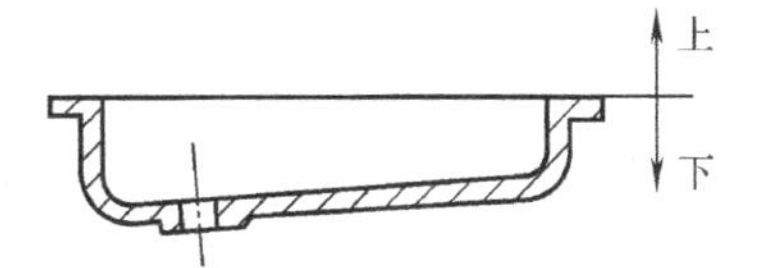

图 2-37　薄壁铸件的浇注位置

④ 应尽量减少砂芯的数量，便于砂芯安放、固定、检查和排气。对图 2-38 所示床腿铸件，若采用图 2-38(a) 方案，中间空腔需一个很大的砂芯，会增加制芯的工作量；若采用图 2-38(b) 方案，中间空腔由自带芯形成，会简化造型工艺。

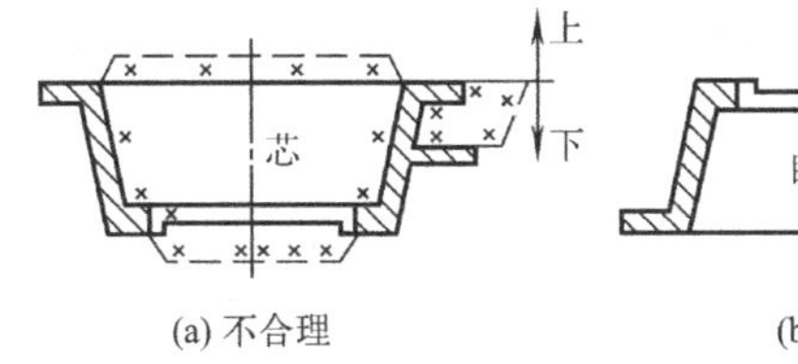

(a) 不合理　　(b) 合理

图 2-38　床腿铸件的浇注位置

2.3.1.2　分型面的选择

铸型分型面是指两半铸型相互接触的表面。分型面如果选择不当，不仅会影响铸件质量，而且还会使制模、造型、制芯、合型和清理等工序复杂化，甚至还会增大切削加工的工作量。因此，分型面的选择应在保证铸件质量的前提下，尽量简化工艺。具体有如下原则。

① 应便于起模，使造型工艺简化。

a. 分型面应选在铸件的最大截面处，以保证从铸型中取出模样而不损坏铸型。

b. 分型面应尽量采用直平面，避免曲面分型。采用平直的分型面可减少造型工作量，降低模板制造费用。如图 2-39 所示为起重臂铸件分型面选择示意图。方案Ⅰ选取主视图中的过轴线平面为分型面，是合理的方案；方案Ⅱ则选取俯视图中过弯曲轴线的弯曲面作为分型面，需要挖砂或假箱造型，即使是大批量生产，也会使模板的制造成本增加，型腔质量难以保证，并会增加制作铸型的难度，是不合理的方案。

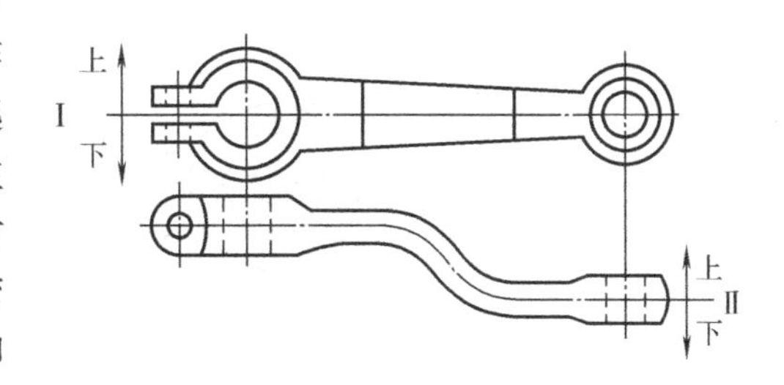

图 2-39　起重臂铸件的分型面选择

c. 应尽量减少分型面数量，以减少砂箱数量，简化造型工艺。同时合型后的误差减小，容易保证铸件的尺寸精度。对于机器造型，一般应只有一个分型面。图 2-40(a) 所示的三通，其内腔必须采用一个 T 字芯来形成，但不同的分型方案，其分型面数量不同。当中心线 ab 竖直时 [图 2-40(b)]，铸型必须有三个分型面才能取出模样，即用四箱造型。当中心线 cd 竖直时 [图 2-40(c)]，铸型有两个分型面，必须采用三箱造型。当中心

线 ab 和 cd 都呈水平位置时［图 2-40(d)］，铸型只有一个分型面，采用两箱造型即可，而且砂芯呈水平状态，便于安放，又很稳定。显然，图 2-40(d) 是合理的分型方案。

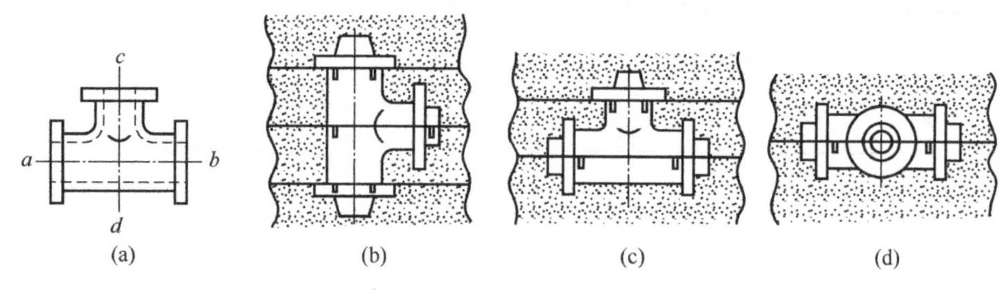

图 2-40　三通铸件的分型方案

对于图 2-41 所示绳轮铸件，在大批量生产时，为便于在造型机上生产，实现两箱造型，采用图 2-41 中所示的环状芯，因此机器造型时，图 2-41(b) 方案合理；但在单件、小批量生产时，合理的分型方案是图 2-41(a)，它不用环状砂芯，节约了芯盒制造费用。

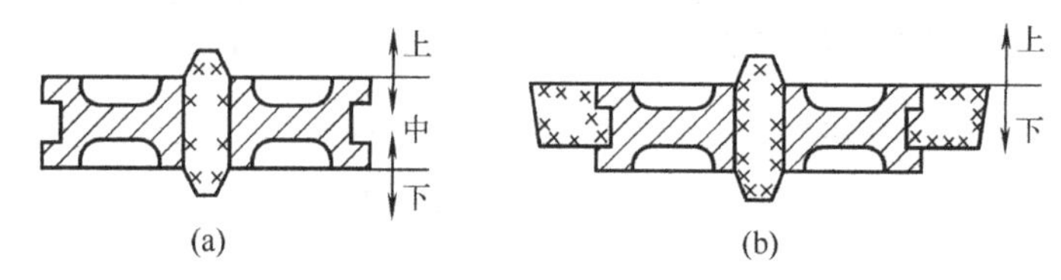

图 2-41　绳轮铸件的分型方案

d. 分型面的选择应尽量减少砂芯和活块的数量，以简化制模、造型、合型等工序。

图 2-42 方案Ⅰ接头内孔的形成需要砂芯；而方案Ⅱ可通过自带芯来形成，省去了造芯及芯盒费用。图 2-43 所示支架分型方案是避免用活块的例子。若按图 2-42 中方案Ⅰ，则凸台必须采取四个活块，而下部两活块的部位较深，取出有困难。若改用方案Ⅱ，可省去活块，仅在 A 处挖砂即可。

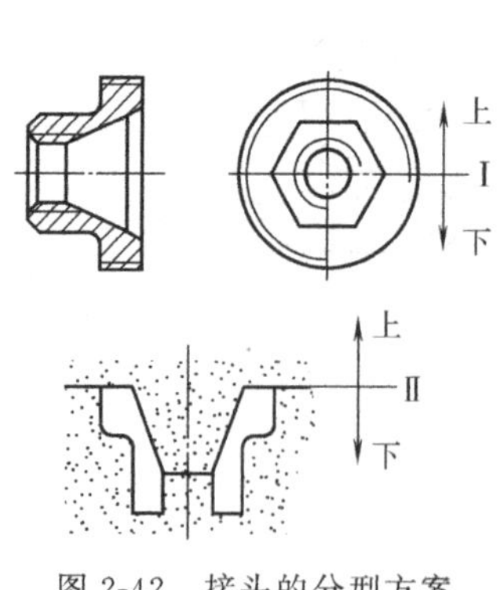

图 2-42　接头的分型方案

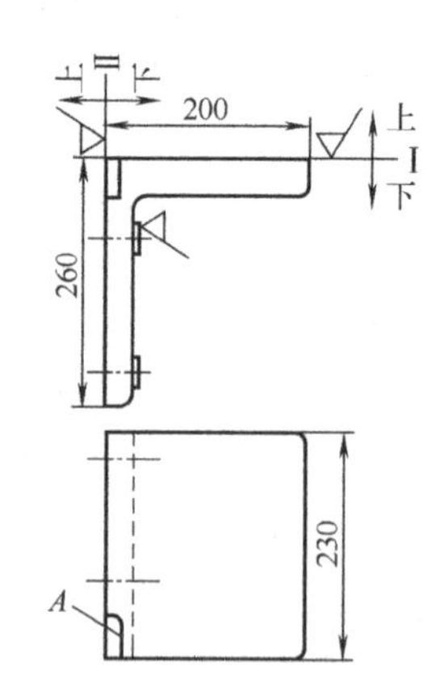

图 2-43　支架的分型方案

② 应尽量使铸件的全部或大部分置于同一砂箱中，或使主要加工面与加工的基准面处于同一砂型中，以避免产生错箱、披缝和毛刺，降低铸件精度，增加清理工作量。

图 2-44 为管子堵头的分型方案，铸件加工是以上部四方头中心线为基准，加工外螺纹。若四方头与带螺纹的外圆不同心，就会给加工带来困难，甚至无法加工。方案Ⅰ，管

子堵头分放在两半铸型内，若稍有错型，就会造成四方头与带螺纹的外圆不同心；方案Ⅱ，管子堵头全部置于上半型内，能保证铸件精度，因此方案Ⅱ合理。

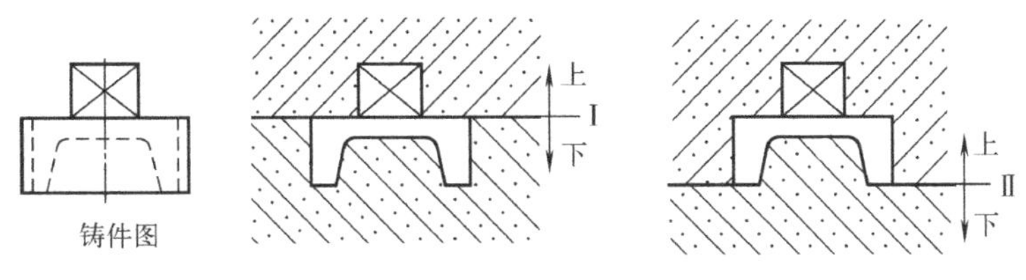

图 2-44　管子堵头的分型方案

③ 应尽量使型腔和主要芯处于下型，以便于造型、下芯、合型及检验型腔尺寸。但下型的型腔也不宜过深，并应尽量避免使用吊芯和大的吊砂芯。图 2-45 为机床支柱的两种分型面方案，虽然这两种方案都便于在下芯时检查铸件壁厚，但方案Ⅱ的型腔及砂芯大部分都位于下型，使上型型腔高度减小，有利于起模、翻型、合型操作。因此，方案Ⅱ合理。

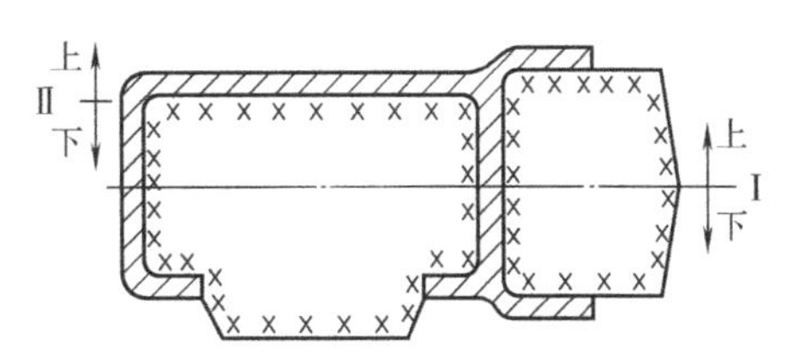

图 2-45　机床支柱的分型方案

浇注位置和分型面的选择原则，对于某个具体铸件来说，往往难以全面顾及，有时甚至是相互矛盾的。因此，在选择时应全面衡量，抓住主要矛盾，兼顾次要矛盾。对于质量要求很高的重要铸件，应以浇注位置为主，在此基础上再考虑简化造型工艺。对于质量要求一般的铸件，应优先考虑分型面，以简化铸造工艺、提高经济效益为主，不必过多考虑铸件的浇注位置，仅对朝上的加工表面留较大的加工余量即可。

2.3.2　铸造工艺参数的确定

铸造工艺方案确定以后，还应根据零件的形状、尺寸和技术要求，确定各种铸造工艺参数。铸造工艺参数是由铸件材料和铸造方法等决定的，其内容包括铸造收缩率、机械加工余量、铸件尺寸公差、最小铸出孔及槽、起模斜度、铸造圆角和芯头尺寸等，各参数的确定方法如下。

2.3.2.1　铸造收缩率

铸造收缩率其实质就是铸件线收缩率，是铸件固态收缩时单位长度的收缩量。由于铸件的线收缩会使铸件各部分尺寸缩小，为了使铸件冷却至室温后的尺寸与铸件图一致，必须使模样或芯盒的尺寸比铸件放大一个该合金的收缩率。铸件的线收缩率 K 表达式为

$$K=\frac{L_{模}-L_{件}}{L_{件}}\times 100\%$$

式中　$L_{模}$——模样或芯盒工作面的尺寸，mm；

$L_{件}$——铸件的尺寸，mm。

铸件的线收缩率不是一个常数，它与铸造合金的种类、铸件结构和铸型（砂芯）的退让性等因素有关；同一铸件，铸件上不同的部位，其收缩受阻的程度也不同，铸件的线收缩率相差较大。对于小型铸件和铸件上不重要的部位，各个方向上的线收缩率可以取同一数值，这样可使模样制造方便。对于重要的工作面，则应给出不同的线收缩率，以满足铸件尺寸精度要求。表 2-4 是几种常用合金的铸造收缩率。

表 2-4　常用合金的铸造收缩率

合金种类			铸造收缩率/%		合金种类		铸造收缩率/%	
			自由收缩	受阻收缩			自由收缩	受阻收缩
灰铸铁	中小型铸件		1.0	0.9	铸钢	碳钢和低合金钢	1.6～2.0	1.3～1.7
	中大型铸件		0.9	0.8		含铬高合金钢	1.3～1.7	1.0～1.4
	特大型铸件		0.8	0.7		铁素体-奥氏体钢	1.8～2.2	1.5～1.9
	筒形铸件	长度方向	0.9	0.8		奥氏体钢	2.0～2.3	1.7～2.0
		直径方向	0.7	0.5	铸铜	锡青铜	1.4	1.2
孕育铸铁	HT250		1.0	0.8		无锡青铜	2.0～2.2	1.6～1.8
	HT300		1.0	0.8		锌黄铜	1.8～2.0	1.5～1.7
	HT350		1.5	1.0		硅黄铜	1.7～1.8	1.6～1.7
可锻铸铁	KTH	壁厚≥25mm	0.75	0.5		锰黄铜	2.0～2.3	1.8～2.0
		壁厚<25mm	1.0	0.75	铸铝	铝硅合金	1.0～1.2	0.8～1.0
	珠光体可铁 KTZ		1.75	1.5		铝铜合金 w_{Cu}(7%～12%)	1.6	1.4
球墨铸铁			1.0	0.8		铝镁合金	1.3	1.10
白口铸铁			1.75	1.5	铸镁合金		1.6	1.2

2.3.2.2　机械加工余量、铸件尺寸公差和最小铸出孔及槽

(1) 机械加工余量

在铸件上为切削加工而加大的尺寸称为机械加工余量。机械加工余量过大，不但会增加后续工序的工作量，浪费金属，而且由于铸件表层的金属致密、细小，力学性能较好，过多地切除铸件表层还会引起加工后的铸件质量下降；余量过小，则不能完全除去铸件表面的缺陷，甚至会露出铸件表皮，太小的机械加工余量还有可能会由于铸件表面的黏砂及黑皮硬度高，加速刀具磨损。

GB/T 6414—2017《铸件 尺寸公差、几何公差与机械加工余量》规定机械加工余量等级（缩写为 RMAG），由精到粗分为 A、B、C、D、E、F、G、H、J、K 十级。当铸件的机械加工余量等级按照铸造方法和材料查表 2-5 确定后，就可以根据铸件公称尺寸从表 2-6 中查出铸件的加工余量数值。表 2-6 中“公称尺寸”是指机械加工前的毛坯铸件的设计尺寸，包括必要的机械加工余量。此外，对于砂型铸件，其上表面和铸孔的加工余量等级应按比表 2-5 中粗一级选用。

表 2-5　铸件的机械加工余量等级（摘自 GB/T 6414—2017）

铸造方法	不同材料机械加工余量等级							
	钢	灰铸铁	球墨铸铁	可锻铸铁	铜合金	锌合金	轻金属合金	镍、钴基合金
砂型铸造手工造型	G～J	F～H	F～H	F～H	F～H	F～H	F～H	G～K
砂型铸造机器造型	F～H	E～G	E～G	E～G	E～G	E～G	E～G	F～H
金属型铸造	—	D～F	D～F	D～F	D～F	D～F	D～F	—
压力铸造	—	—	—	—	B～D	B～D	B～D	—
熔模铸造	E	E	E	—	E	—	E	E

表 2-6 铸件的机械加工余量（摘自 GB/T 6414—2017） mm

铸件公称尺寸		铸件的机械加工余量等级(RMAG)对应的机械加工余量(RMA)								
大于	至	B	C	D	E	F	G	H	J	K
—	40	0.1	0.2	0.3	0.4	0.5	0.5	0.7	1	1.4
40	63	0.2	0.3	0.3	0.4	0.5	0.7	1	1.4	2
63	100	0.3	0.4	0.5	0.7	1	1.4	2	2.8	4
100	160	0.4	0.5	0.8	1.1	1.5	2.2	3	4	6
160	250	0.5	0.7	1	1.4	2	2.8	4	5.5	8
250	400	0.7	0.9	1.3	1.8	2.5	3.5	5	7	10
400	630	0.8	1.1	1.5	2.2	3	4	6	9	12
630	1000	0.9	1.2	1.8	2.5	3.5	5	7	10	14
1000	1600	1.0	1.4	2	2.8	4	5.5	8	11	16
1600	2500	1.1	1.6	2.2	3.2	4.5	6	9	13	18
2500	4000	1.3	1.8	2.5	3.5	5	7	10	14	20
4000	6300	1.4	2	2.8	4	5.5	8	11	16	22
6300	10000	1.5	2.2	3	4.5	6	9	12	17	24

机械加工余量的大小与铸件的批量、合金的种类、造型方法、铸件尺寸、加工面与基准面之间的距离和浇注位置有关。大批量生产时，使用机器造型，铸件精度高，加工余量可小些；单件或小批量生产时，一般是手工造型，铸件精度低，应选用较大的加工余量。灰铸铁件表面较平整，加工余量小；铸钢件因浇注温度高，表面粗糙，加工余量应比铸铁件大。非铁金属铸件表面光洁，材料昂贵，加工余量可以小于灰铸铁铸件。铸件尺寸愈大、形状越复杂或加工面与基准面之间的距离愈大，铸造误差就愈大，加工余量应愈大。浇注时位于铸件顶面部位的精度较差，其加工余量应比底面和侧面大。

（2）铸件尺寸公差

铸件尺寸公差等级代号为 DCTG，由高到低分为 1，2，…，16 十六个等级，参见表 2-7。

表 2-7 铸件尺寸公差等级（DCTG）及相应的线性尺寸公差值 mm

基本尺寸		各公差等级相应的线性尺寸公差值															
>	至	1	2	3	4	5	6	7	8	9	10	11	12	13	14	15	16
—	10	—	—	0.18	0.26	0.36	0.52	0.74	1.0	1.5	2.0	2.8	4.2	—	—	—	—
10	16	—	—	0.20	0.28	0.38	0.54	0.78	1.1	1.6	2.2	3.0	4.4	—	—	—	—
16	25	—	—	0.22	0.30	0.42	0.58	0.82	1.2	1.7	2.4	3.2	4.6	6.0	8.0	10	12
25	40	—	—	0.24	0.32	0.46	0.64	0.90	1.3	1.8	2.6	3.6	5.0	7.0	9.0	11	14
40	63	—	—	0.26	0.36	0.50	0.70	1.0	1.4	2.0	2.8	4.0	5.6	8.0	10	12	16
63	100	—	—	0.28	0.40	0.56	0.75	1.1	1.6	2.2	3.2	4.4	6.0	9.0	11	14	18
100	160	—	—	0.30	0.44	0.62	0.88	1.2	1.8	2.5	3.6	5.0	7.0	10	12	16	20
160	250	—	—	0.34	0.50	0.70	1.0	1.4	2.0	2.8	4.0	5.6	8.0	11	14	18	22
250	400	—	—	0.40	0.56	0.78	1.1	1.6	2.2	3.2	4.4	6.2	9.0	12	16	20	25
400	630	—	—	—	0.64	0.90	1.2	1.8	2.6	3.6	5.0	7.0	10	14	18	22	28
630	1 000	—	—	—	—	1.0	1.4	2.0	2.8	4.0	6.0	8.0	11	16	20	25	32

(3) 最小铸出孔及槽

零件上的孔、槽、台阶等是否要铸出，应从工艺、质量及经济性等方面全面考虑。一般来说，较大的孔、槽等应铸出，以便节约金属，减少机加工工时，同时，还可避免铸件的局部过厚所造成的热节，提高了铸件质量。较小的孔、槽，或者铸件壁很厚时，则不宜铸出，直接依靠加工反而方便。有些特殊要求孔，如弯曲孔，无法进行机械加工，则一定要铸出。可用钻头加工的受制孔（有中心线位置精度要求）最好不铸，铸出后很难保证铸孔中心位置准确，再用钻头扩孔无法纠正中心位置。对于零件图上不要求加工的孔、槽，无论尺寸大小，一般都应铸出来。铸件的最小铸出孔尺寸见表 2-8。

表 2-8　铸件的最小铸出孔尺寸　　mm

生产批量	最小铸出孔直径	
	灰铸铁	铸钢件
大量生产	12～15	—
成批生产	15～30	30～50
单件、小批生产	30～50	50

2.3.2.3　起模斜度

为了从砂型中起模或从芯盒中取芯方便，垂直于分型面的侧壁在制造模型时，必须做出一定的斜度，称为起模斜度（也叫拔模斜度），如图 2-46 所示。起模斜度一般用角度表示，其大小取决于立壁的高度、造型方法、模样的材料等因素。立壁愈高，起模斜度愈小（$\beta_1<\beta_2$），外壁起模斜度比内壁小（$\beta<\beta_1$）；机器造型的起模斜度较手工造型的小；金属模的起模斜度比木模的小。一般外壁为 15′～3°，内壁为 3°～10°。

起模斜度可用三种方法确定（图 2-47）。对于需要加工的表面应加上加工余量后再考虑起模斜度，一般按增加壁厚法或加减壁厚法确定，非加工的装配面上的起模斜度，最好用减小壁厚法，以免安装困难。

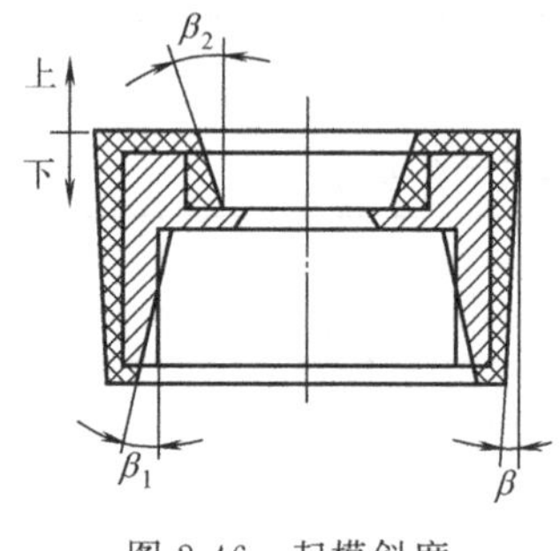

图 2-46　起模斜度

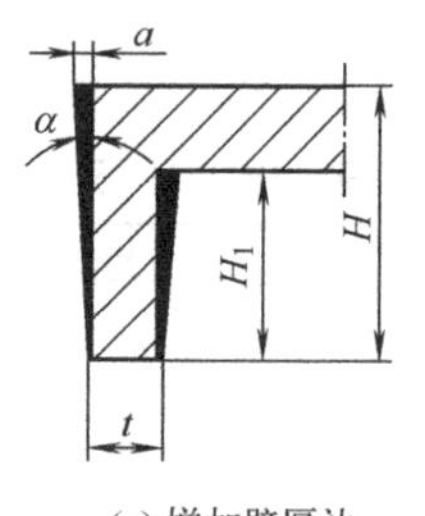

(a) 增加壁厚法

(b) 加减壁厚法

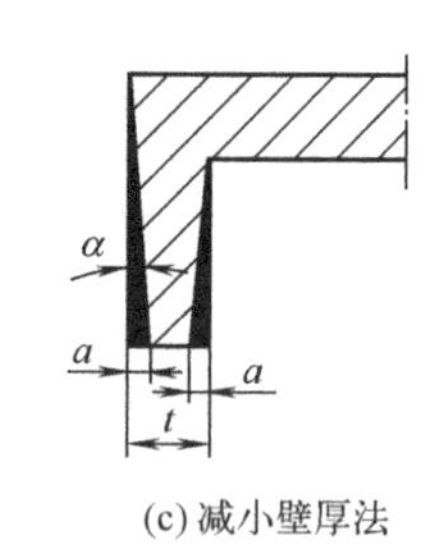

(c) 减小壁厚法

图 2-47　起模斜度确定形式

2.3.2.4　铸造圆角

在设计和制造模样时，相交壁的交角要做成圆弧过渡，称为铸造圆角。其目的是防止在尖角处产生冲砂而掉角或因应力集中产生裂纹等缺陷。

铸造圆角的半径值一般为两相交壁平均厚度的 1/3～1/5。

2.3.2.5　芯头形状与尺寸

芯头是指芯端头的延伸部分。在铸型中芯头对芯起着支承、定位和排气的作用。芯头的形状与尺寸对芯在铸型装配中的工艺性与稳定性有很大的影响。按固定的方法不同，芯头可分为垂直芯头和水平芯头两种（见图 2-48）。

垂直芯头一般都有上、下芯头［图 2-48(a)］，短而粗的芯可不留上芯头。芯头高度主要取决于芯头直径 d。为增加芯头的稳定性和可靠性，下芯头的斜度小（5°～10°），高度 H 大；为便于合型，上芯头的斜度大（6°～15°），高度 H_1 小。

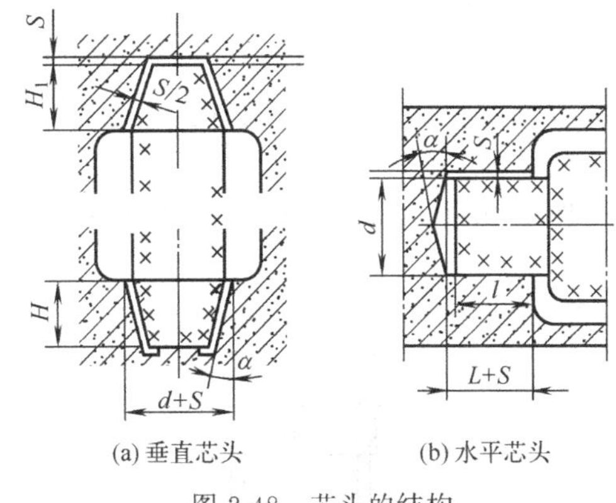

(a) 垂直芯头　(b) 水平芯头

图 2-48　芯头的结构

水平芯头的两端一般都有芯头。其长度 L 取决于芯头直径 d 及芯的长度，并随芯头的直径和芯的长度增加而加大。铸型芯座的端部应留有一定斜度，便于下芯和合型［图 2-48(b)］。如果是悬臂芯头，则芯头的长度需适当加大，以防止合型时芯下垂或浇注时被金属液浮起。

为了便于下芯和合型，芯头与芯座之间应留有 1～4mm 的间隙。

2.3.3　铸造工艺文件的编制

2.3.3.1　铸造工艺图绘制

为了绘制出通用的铸造工艺图，必须熟悉相关工艺符号。各种工艺符号及表示方法均分为甲、乙两类。甲类用于在蓝图上绘制的铸造工艺图，其表示颜色规定为红、蓝两色，乙类用于墨线绘制的铸造工艺图。常见工艺符号列于表 2-9。此两类表示方法适用于砂型铸钢件、铸铁件及非铁合金铸件。

表 2-9　常见铸造工艺符号及表示方法

名　称	工艺符号及表示方法及示例	名　称	工艺符号及表示方法及示例
分型线	用细实线表示，并写出上、中、下字样，在蓝图上用红线绘制	机械加工余量	加工余量分两种表示，可任选其一： a)加工余量用红色线表示，在加工符号附近注明加工余量数值。 b)在工艺说明中写出上、侧、下字样注明加工余量数值，特殊要求的加工余量可将数值标在加工符号附近。 凡带斜度的加工余量应注明斜度。 示例： 上　下　+a　+c　a/b　+b
不铸孔和槽	孔槽在铸件图上不画出，在蓝图上用红线打叉		
芯	芯头边界用细实线表示（蓝图上用蓝色线表示），芯编号用阿拉伯数字 1#、2# 等标注 2 2# 2　4 4# 4　3 3# 3　1 1# 1		

绘制铸造工艺图时，需要注意的几个问题如下：每项工艺符号只在某一视图或剖视图上表示清楚即可，不必在每个视图上标写相同内容的符号；相同尺寸的铸造圆角和起模斜度可不在图形上标注，而用文字写在铸造工艺图的技术要求中；芯的边界线如果与零件形状线或加工余量线重合，则省去芯边界线；所标注的工艺符号和数据等，不要盖住零件蓝图上的数据。

图 2-49 中（b）图是某型气缸套的铸造工艺图。

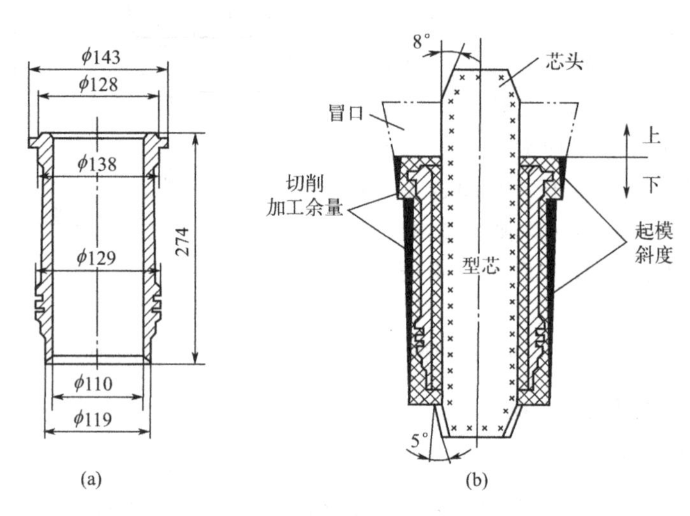

图 2-49　某型气缸套的零件图和铸造工艺图

2.3.3.2　铸件图的绘制

在铸造工艺设计中，均需绘制铸件图，它是指导铸造生产的主要工艺技术文件。铸件图是铸造工艺设计过程中在初步确定铸造工艺方案后首先要完成的工作蓝图，它是设计铸型工艺及其装备、编制铸造工艺规程和铸件验收的重要依据。

图 2-50 所示的是某型离心机机匣铸件图。

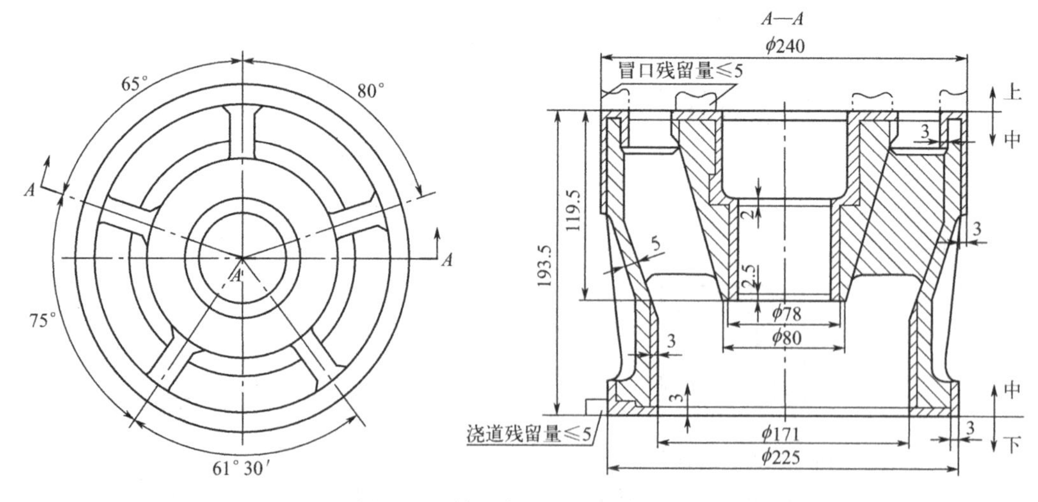

图 2-50　某型离心机机匣铸件图

绘制铸件图时，需要参考的资料有：产品零件图、铸造工艺方案草图（有时可在零件图上直接描画出铸件浇注位置、铸型分型面、浇冒口系统形式及其位置和砂芯的大概结构等工艺方案)、铸件专用或通用的技术标准和由各厂自定的铸造工艺设计标准等。

在铸件图上一般应表示下列内容：铸件的浇注位置、铸型分型面、机械加工余量、机械加工基准和划线基准、浇冒口切割后的残留量、铸件力学性能的附铸试样和需打印标记的部位等；同时在附注栏中还应说明铸件精度等级、起模斜度、铸造线收缩率、铸造圆弧半径、铸件热处理类别、硬度检查位置和某些特殊要求等铸件验收技术条件。铸件图的内容也可视情况简化，但至少需要表示出铸件的浇注位置、铸型分型面、机械加工余量、起模斜度和铸造圆弧半径。

铸件图上只需注出铸件主要外廓的长、宽、高度尺寸以及加工余量和需要加工切除的工艺余量、工艺筋等尺寸；除了铸件尺寸公差在有特殊要求时必须标注外，其余一般公差不必在每个尺寸上标注。但也有些工厂习惯于将铸件的全部尺寸都标注在铸件图上，以便于铸型设计、画线检验及机械加工。

2.3.3.3 铸型装配图的绘制

铸型装配图是铸造工艺设计需要完成的最复杂而又重要的技术文件，它反映了铸造工艺方案的全貌，是设计铸造工艺装备和编制铸造工艺规程的主要依据之一。绘制铸型装配图的依据是零件图、铸件图、铸造工艺方案草图和铸型工艺设计有关的标准、手册或资料。铸型装置图的主剖视图应尽可能选用自然的铸件浇注位置；画俯视图时一般应将上型揭开，如果型腔结构简单、砂芯少，为了表示冒口布置情况也可不揭开或揭开 1/2；为了保持图面清晰，除主要轮廓线外尽可能不用或少用虚线线条。

图 2-51 所示的是某型离心机机匣铸型装配图。

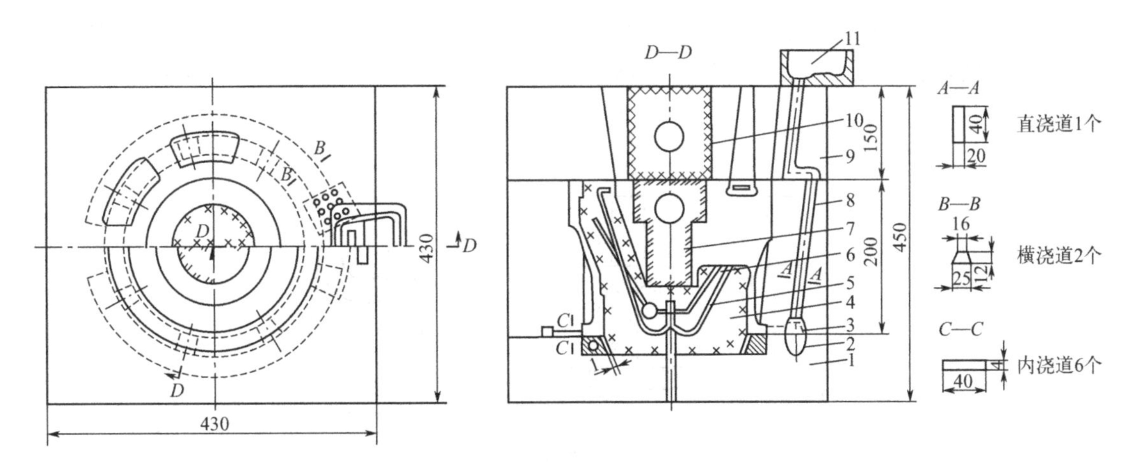

图 2-51 某型离心机机匣铸型装配图

1—下型；2—缓冲槽；3，7—冷铁；4，10—砂芯；5—芯骨；6—通气孔；8—中型；9—上型；11—浇口杯

2.3.3.4 铸造工艺规程和工艺卡片的编制

在绘制铸造工艺图、铸件图、铸型装配图之后，有些工厂还需编制铸造工艺规程和工艺卡片。铸造工艺规程和工艺卡片是铸件生产的依据之一，它对铸件生产的每个工序或对某些工序的主要操作进行扼要的说明，并附有必要的简图。工艺规程和工艺卡片的内容及格式，取决于生产类型、铸件的复杂程度和对铸件质量的要求。大量、成批生产的工艺规程内容比较多，单件、小批生产的工艺规程内容比较简单。

表 2-10 是简化的某型汽车前轮轮毂铸造工艺卡。

表 2-10　简化的某型汽车前轮轮毂铸造工艺卡

铸件名称	材料牌号	生产类型	毛坯质量	最小壁厚	铸件图	
前轮轮毂	HT200	中批	13.6kg	2.5cm		
造型	造型方法	砂型铸造、两箱分模造型				
	砂箱内部尺寸/mm	规格	长	宽	高	紧固方法
		上箱	800	600	170	压铁紧固340kg
		下箱	800	600	230	
砂型烘干		烘干温度/℃	烘干时间/h	方法		
		300	5	烘干炉		
浇冒口尺寸	浇道数量	长/mm	宽/mm	高/mm	截面积/cm^2	
	横浇道 1 个	30	26	35	7.8	
	内浇道 5 个	40	4	—	1.6	
浇注工艺规范						
出炉温度/℃	浇注温度/℃	浇注速度/(kg/s)	冷却时间/h			
>1300	>1250	35～55	>10			
热处理工艺	加热 2～4h 至(550±20)℃，保温均热 1～2h 后缓冷					

2.3.4　铸造工艺方案实例分析

2.3.4.1　轴承座

图 2-52 所示轴承座为一支承件，材料为普通灰铸铁。它没有特殊质量要求的表面，在制定工艺方案时，不必考虑浇注位置要求，主要考虑如何简化造型工艺。

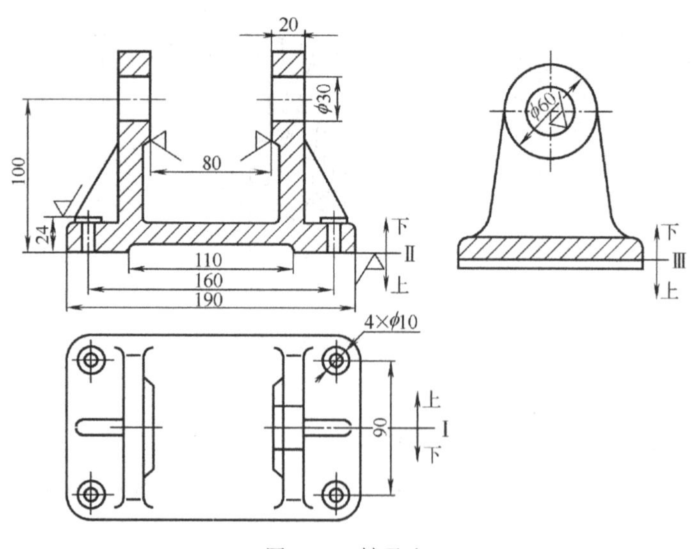

图 2-52　轴承座

该轴承座虽属简单件，但底板上四个 ϕ10mm 孔的凸台及两个轴孔的内凸台可能妨碍起模。同时，轴孔如若铸出，还必须考虑下芯方便。

其可供选择分型面的方案主要有三个。

方案Ⅰ 沿底板中心线分型，即采用分模造型。其优点是：底面上 110mm 凹槽容易铸出；轴孔下芯方便，轴孔内凸台不妨碍起模。缺点是：底板上四个凸台必须采用活块；铸件易产生错箱缺陷，飞边清理工作量大；若采用木模，加强筋处模样过薄，木模易损坏。

方案Ⅱ 沿底面分型，铸件全部位于下箱，为铸出 110mm 凹槽，必须采用挖砂造型。方案Ⅱ克服了方案Ⅰ的缺点，但轴孔内凸台妨碍起模，必须采用两个活块或下芯。当采用活块造型时，ϕ30mm 轴孔难以下芯。

方案Ⅲ 沿 110mm 凹槽底面分型。其优缺点与方案Ⅱ相同，仅是将挖砂造型改为分模造型或假箱造型。

可以看出，方案Ⅱ、方案Ⅲ的优点多于方案Ⅰ。在不同生产条件下，方案选择如下。单件、小批量生产时，由于轴孔直径较小，不需铸出，手工造型，便于进行挖砂和活块造型，因此方案Ⅱ较为经济合理。大量生产时，由于机器造型难以使用活块，轴孔内凸台应采用型芯成形，同时考虑模板制造成本，适于采用方案Ⅲ。图 2-53 为大量生产时的铸造工艺图，由图可见，砂芯的宽度大于底板，可使上箱压住砂芯，防止浇注时砂芯漂浮。若轴孔需要铸出，可采用组合砂芯。

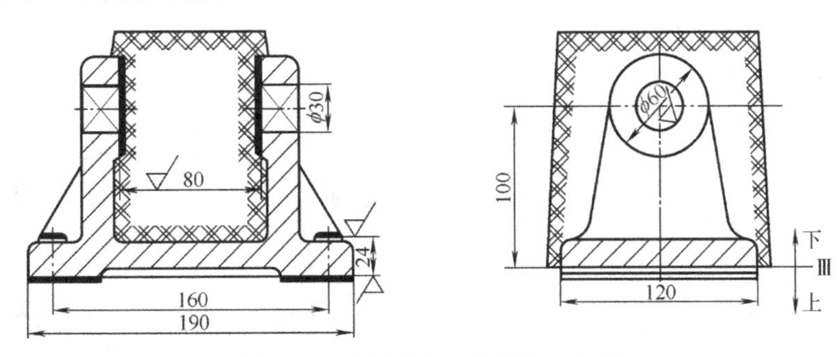

图 2-53 大量生产时的铸造工艺图

2.3.4.2 进给箱体

图 2-54 所示的某型车床进给箱体材料为 HT150，该零件没有特殊质量要求的表面，仅要求尽量保证基准面 D 不得有明显铸造缺陷，以便进行定位。因此，在制订铸造工艺方案时，不必考虑浇注位置要求，主要应着眼于简化铸造工艺。

(1) 分型面选择

进给箱体的分型面，有如图 2-54(b) 所示的三个方案供选择。

方案Ⅰ 分型面在轴孔的中心线上。此时，凸台 A 因距分型面较近又处于上型，若采用活块，型砂易脱落，故只能用砂芯来形成，槽 C 可用砂芯或活块制出。本方案的主要优点是：适于铸出轴孔，铸后轴孔的飞边少，便于清理；同时，下芯头尺寸较大，砂芯稳定性好，不容易产生偏芯。其主要缺点是基准面 D 朝上，较易产生气孔和夹渣等缺陷，影响加工定位，同时砂芯的数量较多。

方案Ⅱ 从基准面 D 分型，铸件绝大部分位于下型。凸台 A 不妨碍起模，凸台 E 和槽 C 妨碍起模，需要采用活块或砂芯来克服。它的缺点除基准面朝上外，还包括轴孔难以直接铸出。若铸出轴孔，因无法制出芯头，必须加大砂芯与型壁的间隙，使飞边的清理工作量加大。

方案Ⅲ 从 B 面分型，铸件全部置于下型。其优点是：铸件不会产生错型缺陷；基准面朝下，表面质量容易保证；同时，铸件最薄处位于铸型下部，金属液易于充满铸型。缺点是：凸台 E、A 和槽 C 都需采用活块或砂芯；内腔砂芯上大下小，稳定性差；若拟铸出轴孔，其缺点与方案Ⅱ相同。

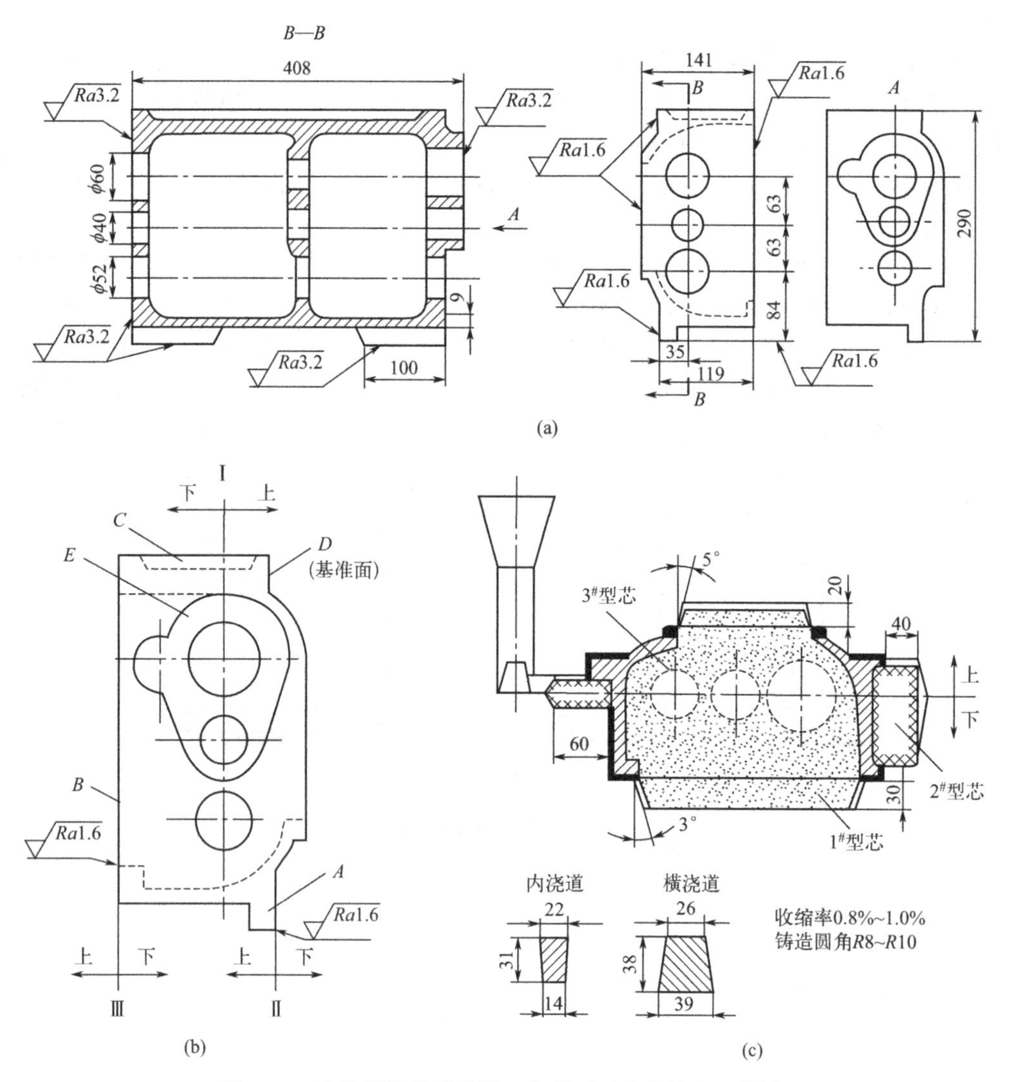

图 2-54　进给箱体的零件图、分型面对比和铸造工艺图

上述诸方案虽各有其优缺点，但结合具体生产条件，仍可找出最佳方案。

大批量生产时，为减少切削加工量，九个轴孔应当铸出。为便于下芯、合型，减少铸件清理工作量，只能采用方案Ⅰ。为便于机器造型，凸台和凹槽均应采用砂芯。为克服基准面朝上的缺点，必须加大 D 面的加工余量。

单件、小批量生产时，因采用手工造型，故使用活块比砂芯更为方便、经济。同时，因铸件的尺寸偏差较大，九个轴孔不必铸出，留待直接切削加工。此外，应尽量降低上型高度，以便于造型、下芯、合型及检验型腔尺寸。显然，单件生产时，宜采用方案Ⅱ、方案Ⅲ；小批量生产时，三个方案均可考虑，视具体条件而定。

(2) 铸造工艺图

分型面确定后，便可绘制出铸造工艺简图，图 2-54(c) 为采用分型方案Ⅰ时的铸造工艺图。

2.3.5 铸造工艺设计实例分析

铸造工艺设计的主要步骤，包括对零件结构工艺分析、浇注位置和分型面的选择、铸造工艺参数的确定以及编制铸造工艺文件，如绘制铸造工艺图、铸件图等。

(1) 零件结构工艺分析

如图 2-55(a) 所示为某支座的零件图，要求生产 40 件，主要用于承受中等静载荷，即在工作时起支承机器上其他部件的作用，且因经常处于压应力状态，要求能抗压和耐磨，故选用灰铸铁 HT150 制作。该零件具有法兰、锥度、内腔及小孔等结构，形状较复杂但无特殊表面质量要求，宜采用砂型铸造成形。同时，其为回转体结构件，且有平直分型面，故适合用分模造型。因其生产批量小，宜采用手工分模造型。

(2) 浇注位置和分型面选择

浇注位置确定应符合铸件凝固方式，保证铸型充填及铸件质量，且尽量置于有利部位，因此将支座水平浇注，可使两端加工面处于侧立位置，以利于保证铸件质量及精度，并利于型芯稳固、排气、落砂和检验。

分型面选择时应在保证铸件质量前提下，尽量简化工艺过程，节省人力物力。对于零件质量要求不高、外形复杂且批量不大的支座铸件，为简化工艺操作，可优先考虑分型面，并找出零件的可分型方案，如图 2-55(b) 所示。该支座零件有 3 个最大截面，可找出轴向分型和径向分型两种方案。径向分型有两个分型面，分别为 B、A（在下法兰端面和上法兰下面），需三箱造型，工艺复杂，砂箱数量多且易错箱。而轴向分型有一个分型面 C，在零件垂直轴线上，仅需两箱造型，便于起模、下芯和检验，且分模面与分型面一致，故选择轴向分型方案较好。

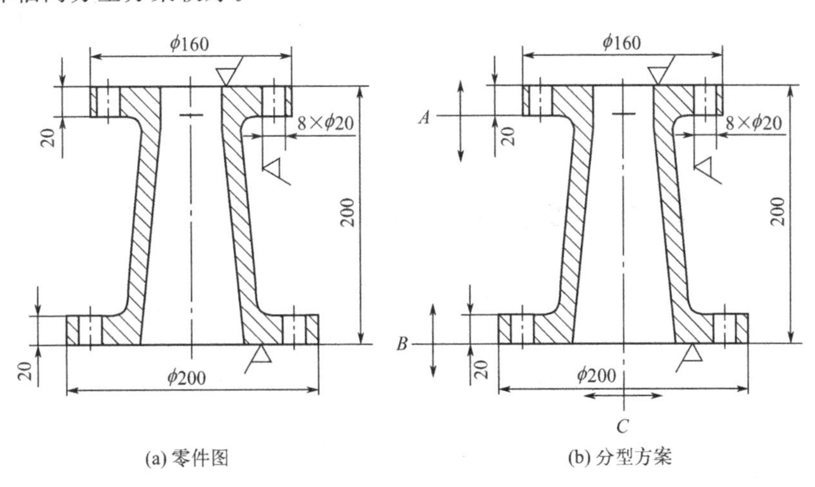

图 2-55 支座零件图和分型方案

(3) 铸造工艺参数确定

此支座铸件材料为灰铸铁且尺寸较小，查表 2-4 选取灰铸铁件线收缩率为 1.0%。

由于此支座铸件是采用砂型铸造且为手工造型的灰铸铁件，其最大尺寸为 200mm，加工面与基准面距离（即两端面距离）为 200mm，查表 2-5 得其机械加工余量等级为 F～H 级，考虑到批量小且为手工造型，取较大等级即 H 级，查表 2-6 得支座铸件两侧面加工余量为 8mm。

然后，根据已选取的铸件公差等级，由表 2-7 查出尺寸公差为 14mm。

其他未注明的垂直壁，选择起模斜度为 1°。

铸造圆角半径 R 按相邻壁厚平均值的 1/3～1/5 计算，应为 R3mm～R5mm。

支承台中央内腔呈锥形孔，宜采用整体型芯和大芯头，以利于稳固、定位、排气和落砂。同时，8 个直径为 ϕ20mm 的小孔尺寸太小，不予铸出。

(4) 铸造工艺图和铸件图绘制

省略浇注系统的支承台的铸造工艺图，如图 2-56(a) 所示。为便于指导生产，实际生产中使用的铸造工艺图，大多将分型线、加工余量、浇注系统等均用红线表示，且分型线的两侧用红色标出“上”“下”字样以表示上、下型位置。同时，不要求铸出的 8 个孔，在图上用一个红色线条大“×”符号表示，芯头边界则用蓝色线条表示，并在型芯的轮廓线内沿轮廓走向标注出数个蓝色线条小“×”符号，以表示型芯的轮廓形状及位置。

铸件图反映了铸件实际形状、尺寸和技术要求，是铸造生产、铸件检验与验收的主要依据。根据铸造工艺图，可方便地绘出支座简化后的铸件图，如图 2-56(b) 所示。

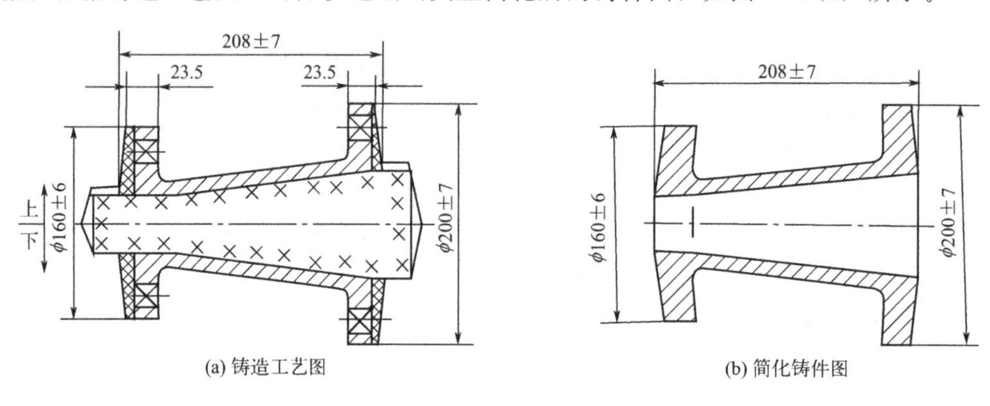

(a) 铸造工艺图　　(b) 简化铸件图

图 2-56　支座铸造工艺图和简化铸件图

2.4　金属液态成形件结构设计

铸件结构包括铸件外形、内腔、壁厚及壁之间的连接形式、加强筋等。在进行铸件设计时，不仅要保证零件的工作性能和力学性能，还应考虑铸造工艺、合金的铸造性能及铸造方法等对铸件结构的要求。合理的铸件结构，应使铸造生产工艺过程简便，能减少和避免缺陷产生。

2.4.1　砂型铸造工艺对铸件结构的要求

铸件结构应尽可能使制模、造型、造芯、合型和清理等铸造生产工序简化。设计时应考虑以下内容。

2.4.1.1　铸件外形设计

(1) 应使铸件具有最少的分型面

减少铸件分型面的数量，可以降低造型工时，减少错箱、偏芯等缺陷，提高铸件的尺寸精度。如图 2-57(a) 的端盖铸件有两个分型面，需三箱造型，造型工艺复杂；若改为图 2-57(b)，可简化造型，并便于机器造型，且铸件的精度也得到提高。

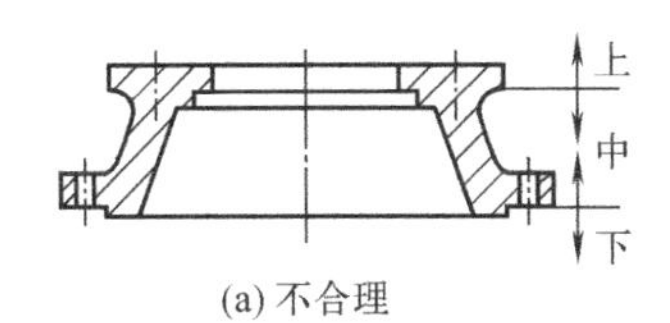

(a) 不合理

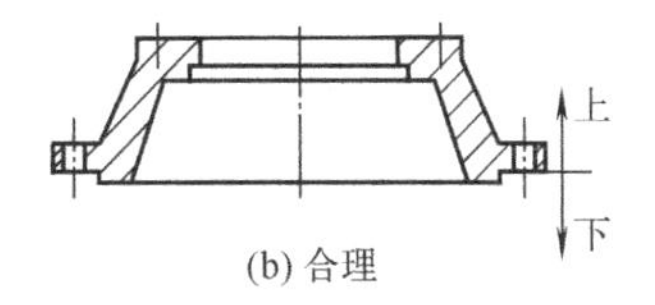

(b) 合理

图 2-57　端盖

(2) 分型面应尽量平直

平直的分型面可避免挖砂造型或假箱造型；铸件的飞边、毛刺少，减轻了铸件清理的工作量。图 2-58 为摇臂铸件，图 2-54(a) 两臂的设计不在同一平面内，分型面不平直，使制模、造型困难。改进结构设计后，可以采用简单平直的分型面进行造型，如图 2-58(b) 所示。图 2-59(a) 所示的托架铸件有不必要的外圆角，不得不采用曲折的分型面，需采用挖砂或假箱造型。去掉外圆角，可便于整模造型，如图 2-59(b) 所示。

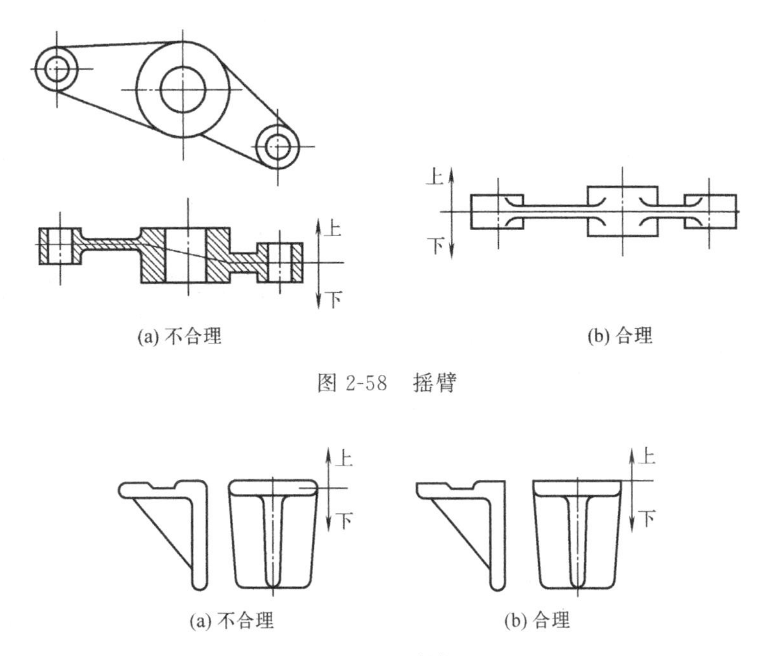

(a) 不合理　　(b) 合理

图 2-58　摇臂

(a) 不合理　　(b) 合理

图 2-59　托架

(3) 避免铸件外形侧凹

铸件侧壁若有凹入部分，必将妨碍起模，增加了铸造工艺的复杂性，故力求避免。图 2-60 为机床部件铸件。若采用图 2-60(a) 方案，则结构的侧凹处需另加两个较大的外部型芯才能取出模型；而图 2-60(b) 方案将凹坑一直扩展到底部，可省去外部型芯，此方案合理。

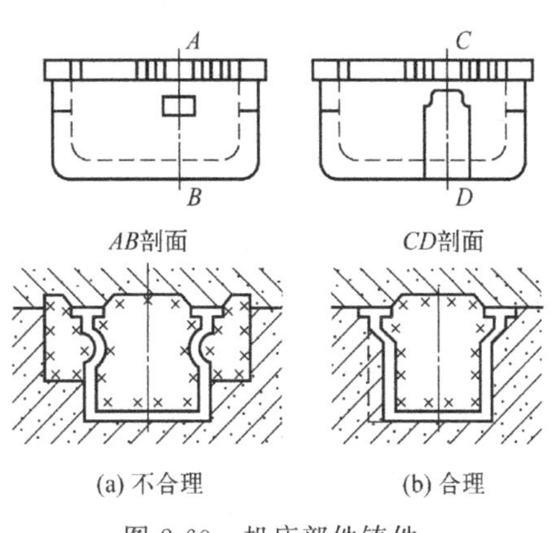

(a) 不合理　　(b) 合理

图 2-60　机床部件铸件

(4) 凸台和筋条结构应便于起模

图 2-61(a)、(b) 所示的凸台需用活块或增加外部型芯才能起模；图 2-61(c)、(d) 将凸台延长到分型面或将多个凸台连接，省去了活块或外部型芯。

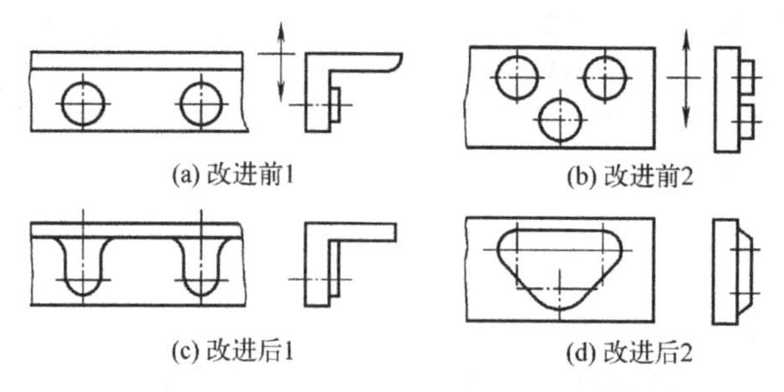

图 2-61　凸台的设计

图 2-62(a) 所示的筋条和凸台阴影处阻碍起模，图 2-62(b) 将筋条和凸台顺着起模方向布置，则不会妨碍起模，使得造型工艺简化。

(5) 铸件应有合适的结构斜度

铸件上垂直于分型面的不加工表面应设计出一定的斜度，称为结构斜度。具有结构斜度的外壁，不仅使造型时便于起模，还可美化铸件的外观。具有结构斜度的内腔，有利于形成自带芯，减少型芯的数量。图 2-63 为结构斜度示例。

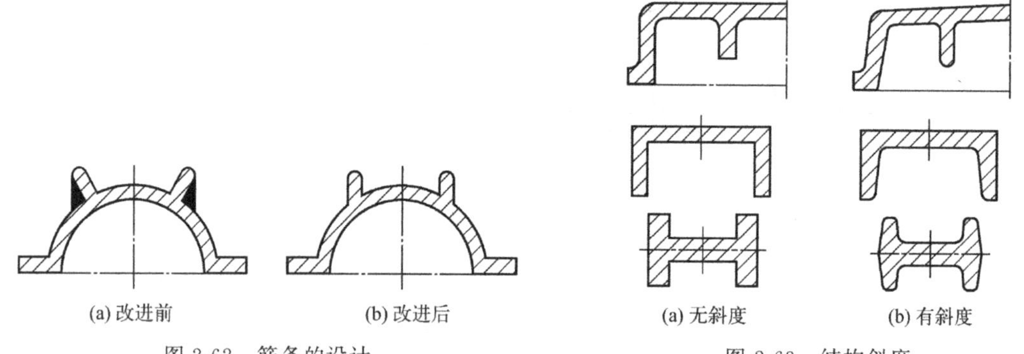

图 2-62　筋条的设计

图 2-63　结构斜度

结构斜度大小与垂直壁的高度有关。高度越小，斜度越大（表 2-11）。一般铸件凸台或壁厚过渡处，其斜度为 30°～45°；铸件内侧的斜度大于外侧；木模或手工造型时的斜度大于金属模或机器造型。对于平行于起模方向的加工面，设计时不给结构斜度，为便于起模，仅在制模时才给予较小的起模斜度（30′～3°）。

表 2-11　铸件的结构斜度

β h a 30°～45° 30°～45°	结构斜度 $a:h$	角度 β	适 用 范 围
	1∶5	11°30′	h<25mm 的钢和铸铁件
	1∶10	5°30′	h=25～500mm 的钢和铸铁件
	1∶20	3°	h=25～500mm 的钢和铸铁件
	1∶50	1°	h>500mm 的钢和铸铁件
	1∶100	30′	非铁金属合金件

2.4.1.2 铸件内腔设计

(1) 尽量减少不必要的砂芯

砂芯会增加材料消耗且工艺复杂，成本提高；同时，砂芯工作条件恶劣，极易产生各种铸造缺陷。因此，设计铸件内腔时应尽量少用或不用砂芯。

图 2-64(a) 所示铸件有一内凸缘，欲形成此铸件的内腔，只有使用砂芯。若改为图 2-64(b) 的结构，则可通过自带芯来形成内腔，使工艺过程大大简化。注意使用自带砂芯时，内腔必须具备两个条件：一是开口式的（没有内凹），二是开口直径 D 大于高度 H。

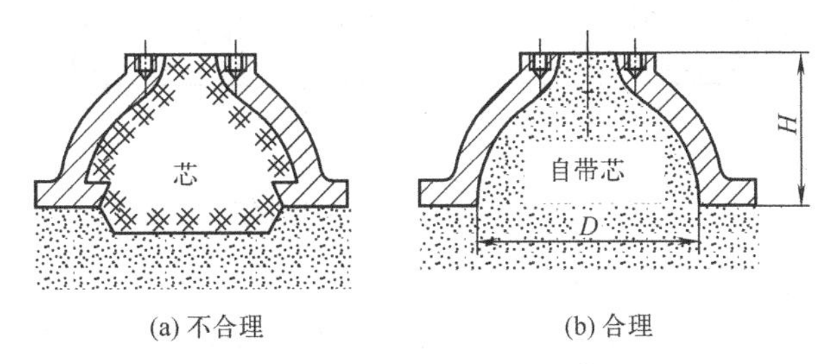

(a) 不合理　　(b) 合理

图 2-64　内腔的两种设计

图 2-65(a) 为一悬臂支架，中空结构，需用悬臂芯来形成。若改进为图 2-65(b) 的工字形开式截面，则可避免型芯的使用，降低了成本。

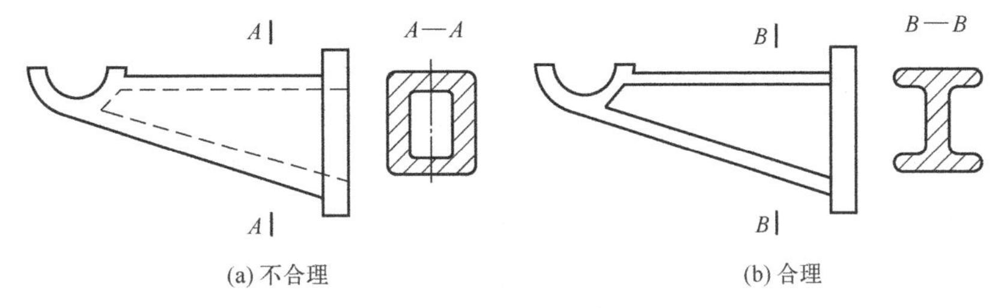

(a) 不合理　　(b) 合理

图 2-65　悬臂支架

(2) 便于型芯固定、排气和清理

砂芯在铸型中的安放要牢固，以防砂芯在液态金属作用下发生位移。同时，芯头应提供足够的排气通道，使浇注时所生的气体能够迅速地通过芯头排出型外，以免铸件产生气孔。此外在铸件清理时，要便于取出芯砂和芯骨等。

图 2-66 为一轴承座，图 2-66(a) 的轴孔和支臂内腔必须采用两个砂芯（图中 1、2）来形成，其中支臂型芯呈悬臂式，安装时需用芯撑支承，型芯的固定、排气和清理都困难。若采用图 2-66(b) 结构，将上述两个型芯设计成一个整体，这样既可解决型芯的固定、排气和清理，还可减少型芯数量，降低了型芯成本。

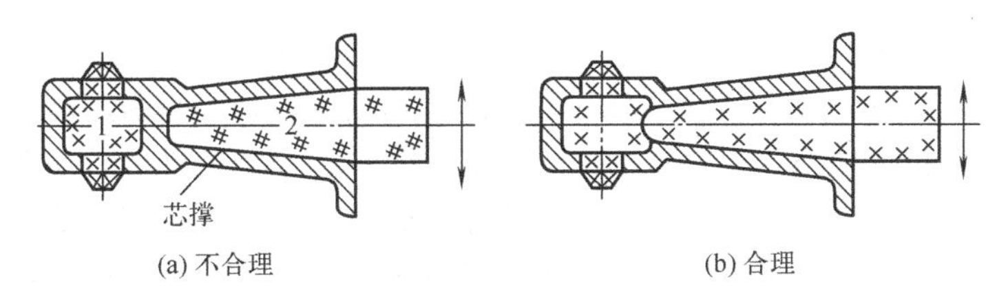

(a) 不合理　　(b) 合理

图 2-66　轴承座

对于因芯头不足而难于固定型芯的铸件，在不影响使用功能的前提下，可设计出一定数量和大小的工艺孔，以增加芯头的数量。图 2-67(a) 的砂芯呈悬空状，若过多地依靠芯撑来加固，不仅增加了下芯、合型的困难，而且砂芯难以排气，铸后芯砂和芯骨也难以取出。若改成图 2-67(b) 结构，上述问题迎刃而解，故后者是合理的设计。工艺孔铸后是否保留，要视具体情况而定。如果零件上不允许有此孔，则可在切削加工时用螺钉或塞柱堵死，对于铸钢件也可用钢板焊堵。

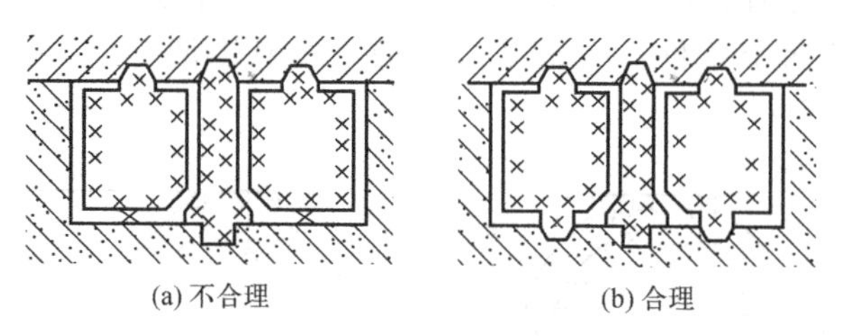

(a) 不合理　　(b) 合理

图 2-67　增设工艺孔的铸件结构

(3) 大件和形状复杂件可采用组合结构

在不影响铸件精度、刚度和强度的前提下，大件和形状复杂件可采用组合结构，即将一个铸件分成几部分铸造，然后焊接或用螺钉连接成一整体，以简化结构设计和制造工艺。

2.4.1.3　铸件壁厚设计及壁之间的连接形式

(1) 壁厚应合理

铸件的壁厚，首先要根据其使用要求设计。但从合金的铸造性能来考虑，铸件壁既不能太薄，也不宜过厚。铸件壁太薄，金属液注入铸型时冷却过快，很容易产生冷隔、浇不足、变形和裂纹等缺陷。为此，对铸件的最小壁厚必须有一个限制，其大小是由合金的种类、铸型种类和铸件尺寸决定的。表 2-12 是铸件所允许的最小壁厚。

表 2-12　铸件允许的最小壁厚　　mm

铸型种类	铸件尺寸	不同种类合金允许的最小壁厚					
		铸钢	灰铸铁	球墨铸铁	可锻铸铁	铜合金	铝合金
砂型	＜200×200	6～8	5～6	6	4～5	3～5	3
	(200×200)～(500×500)	10～12	6～10	12	5～8	6～8	4
	＞500×500	15～20	15～25	—	—	—	5～7
金属型	＜70×70	5	4	—	2.5～3.5	3	2～3
	(70×70)～(150×150)	—	5	—	3.5～4.5	4～5	4
	＞150×150	10	6	—	—	6～8	5

注：1. 结构复杂的铸件及高强度灰铸铁件，选取较大值。

2. 最小壁厚是指未加工壁的最小壁厚。

铸件壁也不宜过厚，否则厚壁部分的心部冷却速度较慢，容易引起晶粒粗大，还会出现缩孔、缩松、偏析等缺陷，使铸件的力学性能下降；过厚的铸件壁，还会造成金属的浪费。这就是说，每种合金都有一个最大临界壁厚，超过这一壁厚，铸件的承载能力不再随壁厚的增加而成比例增加。最大临界壁厚大约是其最小壁厚的 3 倍。因此，设计时不能单纯以增加壁厚的方式来提高铸件的承载能力，还要合理地选择截面形状，如 T 字形、工字形、槽形等结构。必要时，可在脆弱部分安置加强筋。

（2）壁厚应均匀

铸件薄厚不均，则在壁厚处易形成金属积累的热节，致使厚壁处易产生缩孔、缩松等缺陷。此外，因各部分冷却速度不同，铸件易形成热应力，有可能使厚壁与薄壁连接处产生裂纹。如图 2-68(a) 为不合理结构，图 2-68(b) 则为合理结构。铸件内壁散热条件较差，厚度应略小于外壁，这样才能使铸件内、外壁的冷却速度相近，减小内应力，防止裂纹。一般内、外壁厚相差值约为 10%～30%。如图 2-69 的阀体，图 2-69(b) 的内壁厚度较薄，可使阀体各部分均匀冷却。

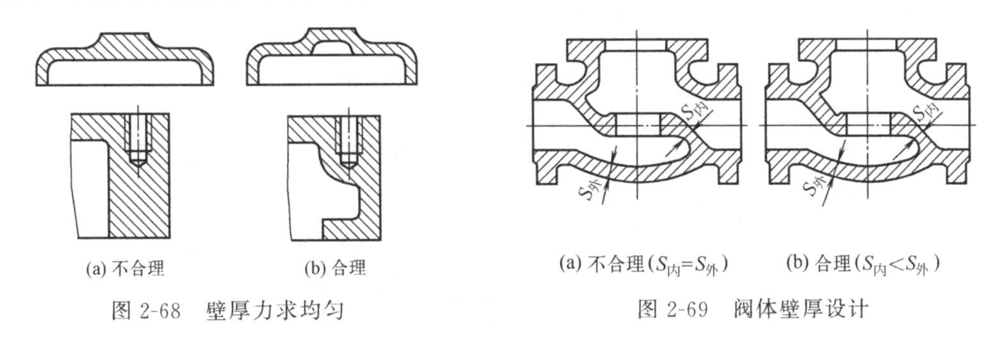

(a) 不合理　　(b) 合理

图 2-68　壁厚力求均匀

(a) 不合理($S_{内}=S_{外}$)　　(b) 合理($S_{内}<S_{外}$)

图 2-69　阀体壁厚设计

（3）铸件壁的连接形式

铸件壁的连接处和转角处，是铸件的薄弱环节，在设计时应注意设法防止金属液的集聚和内应力的产生。

① 铸件的转角应采用圆角连接　当铸件两壁直角连接时，直角处形成热节［图 2-70(a)］，易产生缩孔、缩松；内侧转角处应力集中严重；对某些易产生柱状晶的金属，柱状晶在转角的对角线上形成一个整齐的界面，如图 2-71(a) 所示，界面因聚集较多的杂质，而成为零件的薄弱界面，使该处的力学性能降低，易产生热裂。当采用圆角结构时，消除了转角的热节和应力集中，破坏了柱状晶的分界面，明显地提高了转角处的力学性能，防止了缩孔、裂纹等缺陷的产生［图 2-71(b)］。

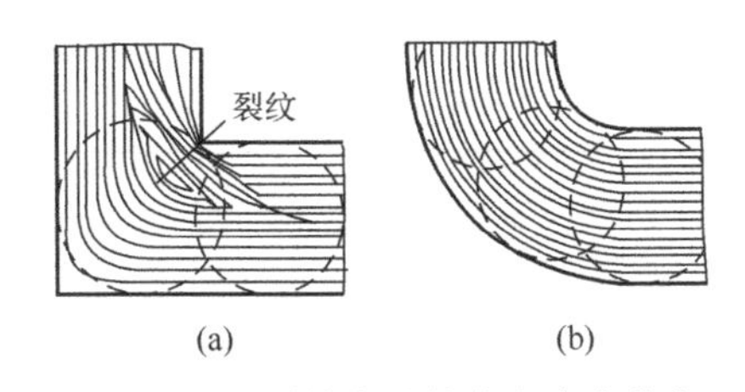

(a)　　(b)

图 2-70　不同转角的热节和应力分布

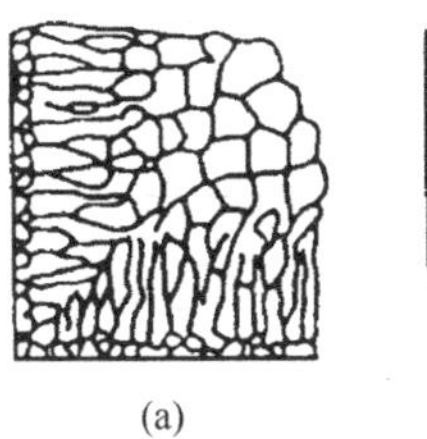

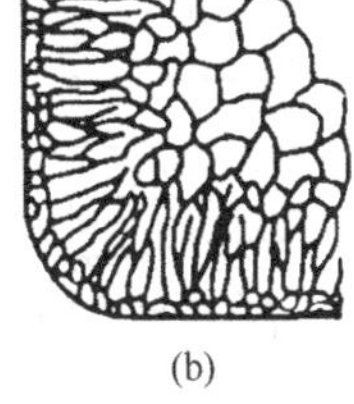

(a)　　(b)

图 2-71　金属结晶的方向性

此外，结构圆角还有利于造型，浇注时避免了熔融金属对铸型的冲刷，减少了砂眼和黏砂等缺陷。铸件的外圆角还可美化铸件外形，防止尖角对人体的划伤。因此圆角是铸件结构的基本特征。

铸件内圆角的大小必须与壁厚相适应，其内接圆直径一般不应超过相邻壁厚的 1.5 倍，过大会造成金属局部积聚，增大转角处缩孔倾向。

铸造内圆角的具体取值可参阅表 2-13。

② 应避免壁的交叉和锐角连接　壁的交叉或锐角连接均使铸件易形成热节而产生热应力和缩孔与缩松，因此，应避免壁的集中交叉。中小型铸件应采用交错接头，大型铸件可采用环形接头，如图 2-72(a)、(b) 所示。砂型中锐角连接处容易形成冲砂、砂眼等缺

陷，因此，应避免锐角，若两壁间需呈小于90°的夹角，则应采用图2-72(c)中的合理过渡形式。

表 2-13　铸造内圆角半径 R 值　　mm

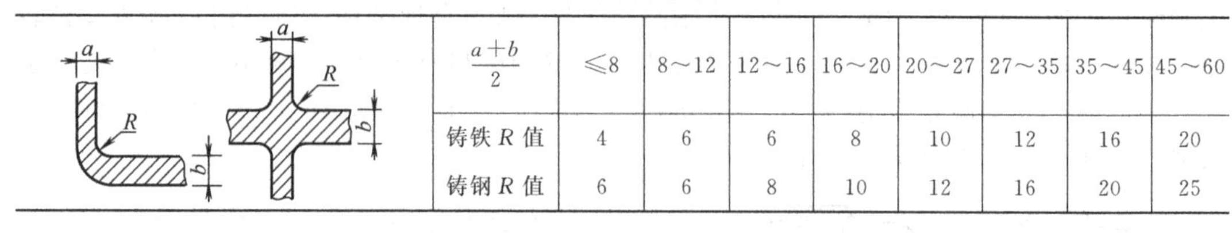

$\frac{a+b}{2}$	≤8	8～12	12～16	16～20	20～27	27～35	35～45	45～60
铸铁 R 值	4	6	6	8	10	12	16	20
铸钢 R 值	6	6	8	10	12	16	20	25

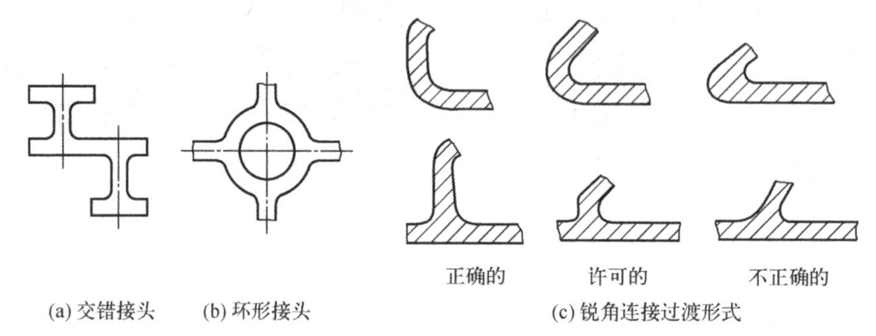

图 2-72　铸件接头结构

③ 厚壁与薄壁间的连接应逐步过渡　铸件壁厚不可能完全均匀，有时差异很大。为了减少铸件中的应力集中现象，防止产生裂纹，铸件的厚壁与薄壁连接时，应采取逐步过渡的方法，防止壁厚的突变。壁厚差别较小时可采用圆角过渡，壁厚差别较大时可采用楔形连接，其过渡形式和尺寸见表 2-14。

表 2-14　几种不同铸件壁厚的过渡形式及尺寸

过渡形式图例	尺寸		
	$b \leqslant 2a$	铸铁	$R \geqslant \left(\frac{1}{6}-\frac{1}{3}\right)\frac{a+b}{2}$
		铸钢	$R \approx \frac{a+b}{4}$
	$b>2a$	铸铁	$L \geqslant 4\ (b-a)$
		铸钢	$L \geqslant 5\ (b-a)$
	$b \leqslant 2a$	$R \geqslant \left(\frac{1}{6}-\frac{1}{3}\right)\frac{a+b}{2}$；$R_1 \geqslant R+\frac{a+b}{2}$	
	$b>2a$	$R \geqslant \left(\frac{1}{6}-\frac{1}{3}\right)\frac{a+b}{2}$；$R_1 \geqslant R+\frac{a+b}{2}$ $c \approx 3\sqrt{b-a}$；对于铸铁，$h \geqslant 4c$；对于铸钢，$h \geqslant 5c$	

2.4.1.4　铸件加强筋设计

（1）筋的作用

铸件设计筋的作用主要有以下几方面。

① 增加铸件的刚度和强度，防止铸件变形　图 2-73(a) 所示为薄而大的平板件，收缩时易产生翘曲变形，设置几条筋之后便可避免［图 2-73(b)］。另外在大平面上设筋还有利于合金充型，防止铸件产生夹砂缺陷以及提高零件的散热能力。

② 消除铸件厚大截面，防止铸件产生缩孔、裂纹等　图 2-74(a) 中铸件壁较厚，容易出现缩孔；铸件厚薄不均，易产生裂纹。采用加强筋后，可防止以上缺陷［图 2-74(b)］。

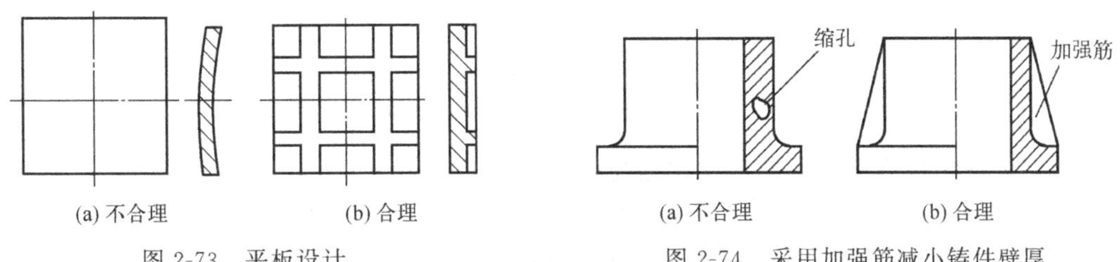

(a) 不合理　(b) 合理

图 2-73　平板设计

(a) 不合理　(b) 合理

图 2-74　采用加强筋减小铸件壁厚

③ 防止铸件产生裂纹　为了防止热裂，可在铸件易裂处设计防裂筋（图 2-75）。由于防裂筋很薄，凝固迅速，故在冷却过程中防裂筋很快达到较高强度，从而增强了壁间的连接力，防止了热裂的产生。防裂筋常用于铸钢、铸铝等易发生热裂的合金。

（2）筋的设计

① 筋的布置应合理　设计时应尽量分散和减少热节，避免多条筋互相交叉；筋与壁的连接处要有圆角；垂直于分型面的筋应有斜度。图 2-76 表示了分散热节的筋的布置方式。若多条筋交叉，可在交叉处开设不通孔或凹槽。

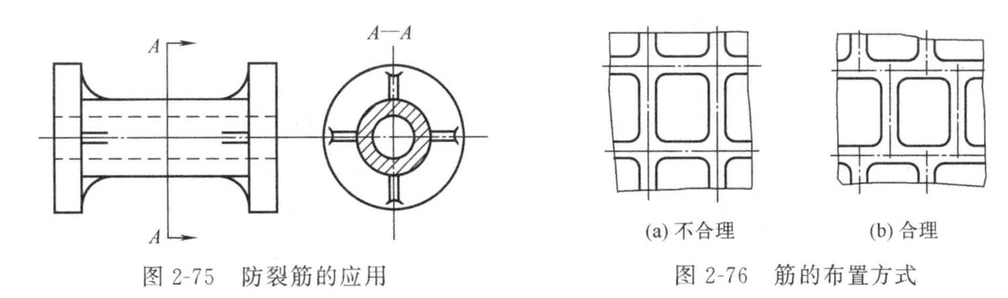

图 2-75　防裂筋的应用

(a) 不合理　(b) 合理

图 2-76　筋的布置方式

② 筋的受力应合理　因为铸铁的抗压强度比抗拉强度高得多，接近于铸钢，因此，在设计铸铁件的加强筋时，应尽量使筋在工作时受压应力。为了使防裂筋起到应有的防裂效果，其方向必须与机械应力方向相一致（图 2-75），厚度约为所连接壁厚的 1/4～1/3。

③ 筋的尺寸应适当　筋的设计不能过高或过薄，否则在筋与铸件本体的连接处易产生裂纹，铸铁件还易形成白口。处于铸件内腔的筋，散热条件较差，应比表面筋设计得薄些。一般外表面上的加强筋厚度为铸件本体厚度的 0.8，内腔加强筋的厚度为铸件本体厚度的 0.6～0.7。

2.4.1.5　铸件结构设计的其他要求

（1）铸件结构应尽量避免大的水平面

在铸件浇注位置上有过大的水平面时，不利于金属液体的充填，易造成浇不足、冷隔等缺陷；不利于金属夹杂物和气体的排除，易造成气孔、夹渣缺陷；大平面型腔的上表面，因受高温金属液的长时间烘烤，易开裂，使铸件产生夹砂结疤缺陷。为防止这些缺陷，在铸件结构设计时，应尽量将水平面设计成倾斜形状，如图 2-77 所示。

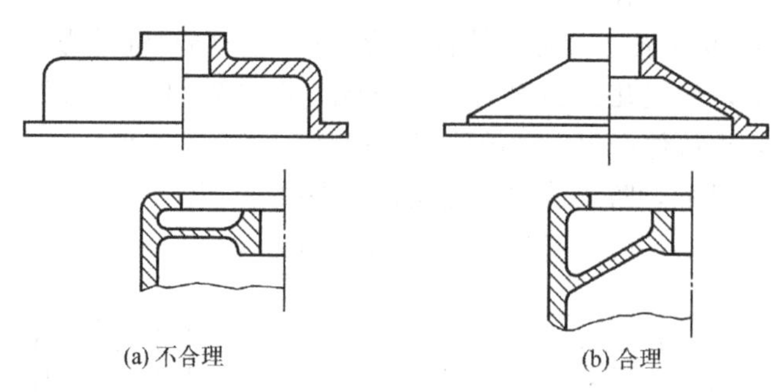

(a) 不合理　　(b) 合理

图 2-77　避免过大水平面的结构

（2）铸件结构应尽量避免铸件收缩受阻和有利于减小变形

铸件在浇注后的冷却凝固过程中，若其收缩受阻，铸件内部将产生应力，导致变形、裂纹的产生。因此，铸件结构设计时，应尽量使其能自由收缩，以减少应力，避免裂纹。

图 2-78(a) 为飞轮零件。制模和刮板造型时，因为偶数条轮辐下分割轮辐简便，故较为常用。但当合金的收缩较大、轮缘和轮辐尺寸比例不当时，常因收缩不一致，热应力过大，并且由于每条轮辐与另一条成直线排列，收缩时互相牵制、彼此受阻，因此铸件无法通过变形自行缓解，易于产生裂纹。当采用图 2-78(b) 所示的奇数条轮辐时，若内应力很大，可通过轮缘的微量变形来缓解；当采用图 2-78(c) 所示的弯曲轮辐时，铸件的内应力可通过轮辐本身的微量变形来缓解，从而避免裂纹的产生。细长易挠曲的铸件应设计为对称截面，以减少铸件的变形。图 2-79 所示为铸钢梁，图 2-79(a) 所示梁由于受较大热应力，产生变形，改成图 2-79(b) 所示工字截面后，虽然壁厚仍不均匀，但热应力相互抵消，变形大大减小。

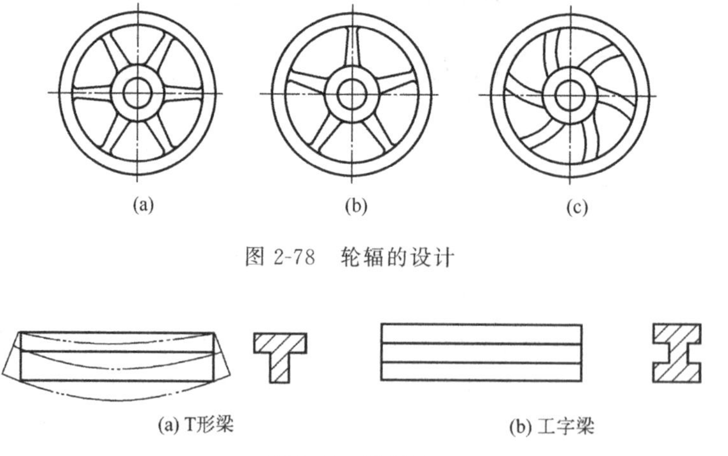

(a)　(b)　(c)

图 2-78　轮辐的设计

(a) T形梁　　(b) 工字梁

图 2-79　铸钢梁

（3）铸件结构应满足合金的铸造性能要求

不同的铸造合金具有不同的铸造性能。在设计铸件结构时，应充分注意各种铸造合金的特点，采取相应的合理结构和工艺措施。表 2-15 列出了常用铸造合金的性能及结构特点。

表 2-15　常用铸造合金的性能及结构特点

合金种类	性能特点	结构特点
灰铸铁件	流动性好，体收缩和线收缩小。综合力学性能低，并随截面增加显著下降。缺口敏感性小。抗压强度高，吸振性好	因流动性好，可铸造薄壁、形状复杂的铸件，不宜铸造很厚大的铸件。常用于制造机床床身、发动机机体、机座等
球墨铸铁件	流动性和线收缩与灰铸铁件相近，体收缩及形成铸造应力倾向比灰铸铁件大；易产生缩孔、缩松和裂纹。强度、塑性比灰铸铁件高，抗磨性好，但吸振性比灰铸铁件差	一般设计成均匀壁厚，尽量避免厚大截面。对某些厚大截面的球墨铸铁件，可设计成中空结构或带筋结构
可锻铸铁件	流动性比灰铸铁件差，体收缩很大。退火前为白口组织、性脆。退火后，线收缩小，综合力学性能稍次于球墨铸铁件，冲击韧度比灰铸铁件高 3～4 倍	由于铸态组织要求为白口，因此一般只适宜设计成壁厚均匀的薄壁小件，最适宜的壁厚为 5～16mm。为增加刚性，常设计成 T 形或工字形截面，避免十字形截面。局部突出部位应使用加强筋
铸钢件	流动性差，体收缩和线收缩较大，综合力学性能高，吸振性差，缺口敏感性较大	铸件不宜复杂，其允许最小壁厚比灰铸铁厚。铸件内应力大，易挠曲变形，铸件薄弱处多用筋加固，壁的连接和转角应合理并均匀过渡，过渡段应比灰铸铁件的大些。壁厚应尽量均匀或设计成顺序凝固，以利于冒口补缩
铝合金铸件	铸造性能类似铸钢件，但强度随壁厚增加而下降得更为显著	壁不能太厚，其余结构特点类似铸钢件
锡青铜和磷青铜件	铸造性能类似灰铸铁件，但结晶温度范围大，易产生缩松。高温性能差、易脆。强度随截面增加而显著下降，耐磨性好	壁不宜过厚，铸件上局部突出部分应采用较薄的加强筋加固，以免热裂。铸件形状不宜太复杂
无锡青铜和黄铜件	流动性好，收缩较大，结晶温度范围小，易产生缩孔。耐磨性、耐蚀性好	结构特点类似铸钢件

2.4.2　特种铸造方法对铸件结构工艺性的要求

以上重点研究了砂型铸造铸件结构设计的一般原则，对于采用特种铸造方法生产的铸件，除了考虑上述铸件结构的合理性和铸件结构的工艺性等一般原则外，还必须根据特种铸造方法的特点考虑一些特殊要求。

2.4.2.1　熔模铸件的要求

(1) 便于从压型中取出蜡模和金属芯

如图 2-80(a) 所示铸件，注蜡后无法从压型中抽出蜡模和金属芯，蜡模制造困难，而改成图 2-80(b) 的设计方案，则可克服上述缺点。

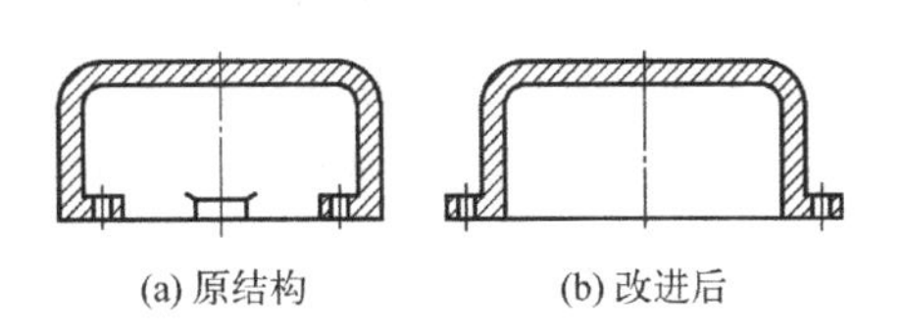

(a) 原结构　　(b) 改进后

图 2-80　便于抽出蜡模和金属芯的设计

(2) 铸件上的孔、槽不宜太深或太小

铸件上的孔、槽不宜太深或太小，否则制造型壳时涂料和砂粒不能充满熔模上的孔洞，孔内的涂料也难以硬化，使该处型壳强度较低，易形成夹砂、气孔等缺陷。同时，过深的孔、槽也给铸件的清砂带来困难。通常，孔径应大于 2mm（薄壁件＞0.5mm）。通孔时，孔深 h 与孔径 d 之比 $h/d \leqslant 4 \sim 6$；盲孔时，$h/d \leqslant 2$。槽宽应大于 2mm，槽深为槽宽的 2～6 倍，槽越宽，槽深与槽宽的比值越大。

(3) 减少热节，壁厚力求均匀

熔模铸造工艺一般不用冷铁，不单独设置冒口，多用直浇口作为冒口直接补缩铸件。

故要求铸件壁厚均匀，或使壁厚的分布满足顺序凝固要求，不要有分散的热节，以便利用浇口进行补缩。

(4) 避免大平板结构

熔模型壳的高温强度较低，型壳易变形，而平板型壳更易变形。故设计铸件结构时，应尽力避免大的平面。若铸件必须有大的平面，为防止变形，可在大平面上增设工艺孔或工艺筋，如图 2-81 所示。

(5) 用整体铸件代替装配件结构

因蜡模有可熔性，可以铸出各种复杂形状的铸件。图 2-82 所示为车床手轮手柄，原设计是由几个装配件组合而成［图 2-82(a)］。改成熔模铸造后，可设计成一个整体铸件一次铸出［图 2-82(b)］，减少了加工、装配工序，节省了金属。

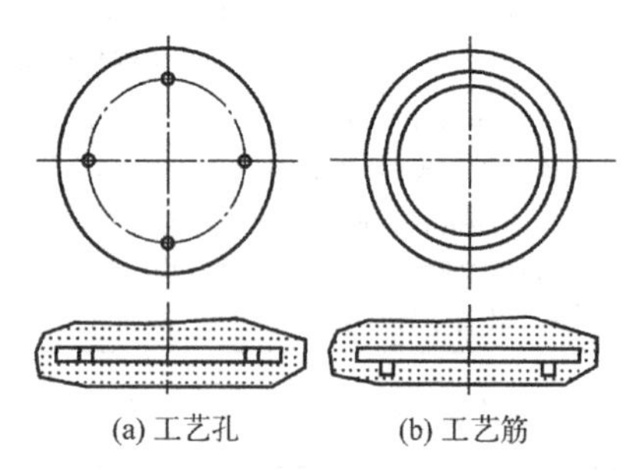

(a) 工艺孔　　(b) 工艺筋

图 2-81　熔模铸件平面上的工艺孔和工艺筋图

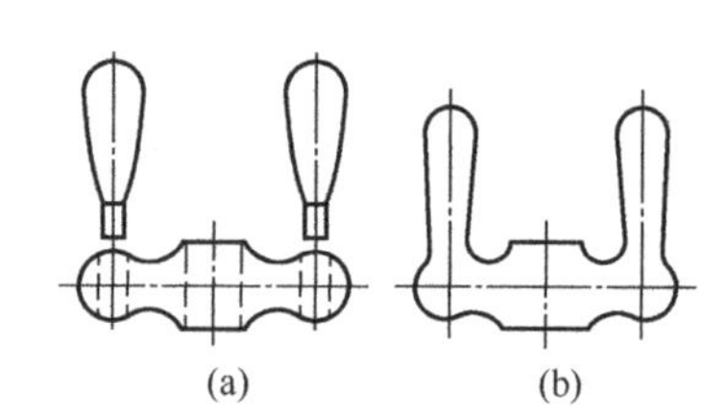

(a)　　(b)

图 2-82　车床手轮手柄

2.4.2.2　金属型铸件的要求

① 由于金属型无退让性和溃散性，铸件结构一定要保证能顺利出型，金属型铸件结构斜度应较砂型铸件大。金属型铸件的铸孔不能过小、过深，便于金属芯的安放及抽出。

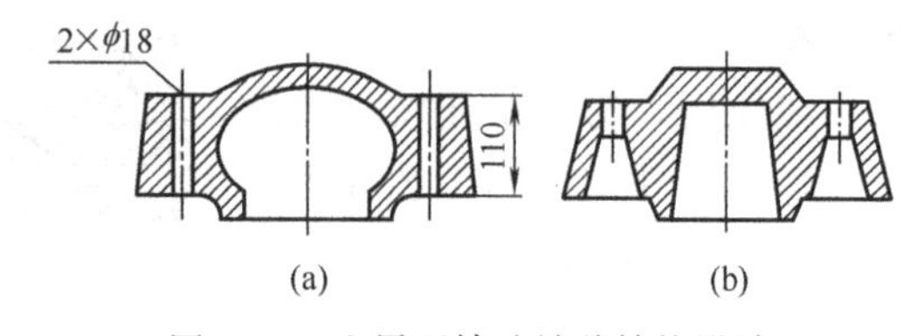

(a)　　(b)

图 2-83　金属型铸造端盖结构设计

图 2-83 为铝合金端盖铸件。图 2-83(a) 的内腔内大外小，金属芯难以抽出，且 ϕ18mm×110mm 的小孔也因过深而难以抽芯。在不影响使用的前提下，若将其改为图 2-83(b) 的结构，并增大内腔的结构斜度，则可使型芯顺利抽出。

② 铸件壁厚差别不能太大，以防止出现缩松或裂纹；同时要注意壁厚不能太薄，尽量避免大的水平壁，以防止出现浇不足、冷隔等缺陷。如铝硅合金铸件的最小壁厚为 2～4mm，铝镁合金的最小壁厚为 3～5mm，铸铁为 2.5～4mm。

2.4.2.3　压铸件的要求

(1) 尽量消除侧凹和深腔

侧凹和深腔往往需要采用砂芯来形成，在压铸模上必须设计抽芯机构，使模具结构复杂，模具寿命和铸件尺寸精度下降。在无法避免时，也应考虑便于抽芯，保证铸件能顺利地从压铸型中取出。图 2-84(a) 结构侧凹朝内，铸件无法取出；而改为图 2-84(b) 的结构后，侧凹朝外，开型时先从压型侧面抽出外部芯，则铸件便可从压型中顺利取出。

(2) 避免或减少抽芯部位

压型上采用抽芯机构是常见的，但是，设置抽芯机构将增加压型结构的复杂程度，增加出现故障的因素，应尽量少用或不用。

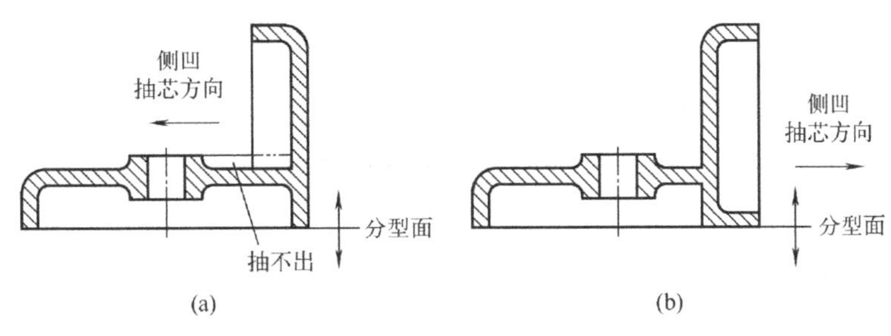

图 2-84　压铸件的结构设计

(3) 避免有交叉芯

当压铸件结构采用交叉芯时，不但铸型结构复杂化，而且容易发生故障。

(4) 尽量采用薄壁，并保持壁厚均匀

压力铸造的金属液是在压力下进行充型，不易产生浇不足、冷隔缺陷，且薄壁铸件组织细密，致密性好，硬度、耐磨性较高，因此设计压铸件时，在保证铸件强度和刚度的前提下，尽量采用壁厚均匀的薄壁结构。当壁厚过厚时，由于压铸时金属液的充型速度和冷却速度很快，因而厚壁处不易得到补缩，易形成缩孔、缩松、气孔等缺陷。压铸件适合的壁厚为：铝合金 1.5～5mm（最小为 0.5mm），锌合金 1～4mm，铜合金 2～5mm。

(5) 压铸件上可铸出细小螺纹、孔、齿、槽、花纹、文字和图案等，但有一定的限制

以锌合金为例，锌合金可压铸出的最小孔径为 0.8mm，最大孔深为孔径的 3～4 倍（不通孔）、5～7 倍（通孔）；锌合金最小螺距为 0.75mm，螺纹最小外径为 6mm（外螺纹）、10 mm（内螺纹），螺纹最小长度是其螺距的 8 倍（外螺纹）、5 倍（内螺纹）。

2.4.2.4　离心铸件的要求

离心铸件的内外直径不宜相差过大，否则当内表面转速满足铸造生产要求时，外表面由于离心力太大，容易产生外表面裂纹和偏析，因此一般要求铸件外径/内径≤2。

当采用绕垂直轴旋转时，铸件的直径应大于高度的 3 倍，否则下部的加工余量会过大。

本章习题与思考题

2-1　何谓合金的充型能力？影响充型能力的因素主要有哪些？在铸件的设计和生产中如何提高合金的充型能力？

2-2　试从铁碳合金相图分析碳的质量分数对铸钢和铸铁的流动性有何影响。为什么铸钢的充型能力比铸铁差？

2-3　既然提高浇注温度可提高液态合金的充型能力，但为什么又要防止浇注温度过高？怎样理解“高温出炉，低温浇注”？

2-4　铸件的缩孔和缩松是如何形成的？它们对铸件质量有何影响？可采用什么措施防止？为什么铸件的缩孔比缩松容易防止？

2-5　铸件的凝固方式有哪些？合金的凝固方式与合金的铸造性能有何关系？合金的凝固方式受哪些因素影响？

2-6　什么是顺序凝固原则？什么是同时凝固原则？各需采用什么措施来实现？各适用于哪种场合？

2-7　铸造合金的收缩可分为哪三个阶段？缩孔、缩松、铸造应力及铸件变形各在哪个收缩阶段内形成？它们对铸件的质量各有何影响？

2-8　铸造应力有哪几种？形成的原因是什么？防止铸件产生内应力、变形和裂纹的主要措施有哪些？

2-9　分析图 2-85 所示轨道铸件热应力的分布，并用虚线表示出铸件的变形方向。

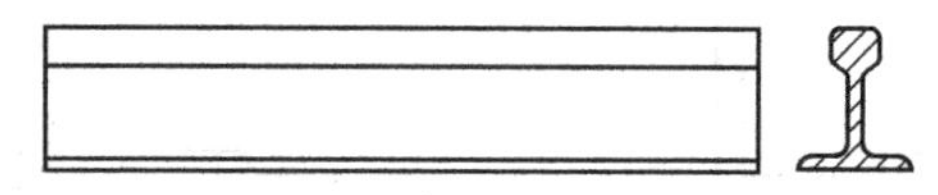

图 2-85　题 2-9 图

2-10　铸件的气孔有哪几种？析出性气孔产生的原因是什么？下列情况下各容易产生哪种气孔？

(1) 化铝时铝料油污过多；(2) 起模时刷水过多；(3) 舂砂过紧；(4) 芯撑有锈。

2-11　比较灰铸铁、球墨铸铁和铸钢的铸造性能。各应采取哪些工艺措施来保证铸件质量？

2-12　为什么铸造铝合金易产生夹渣和针孔，应如何防止？常用的铸造铝合金是哪一类？为什么？

2-13　铸造铝合金和铜合金的熔炼工艺特点是什么？各采取什么方法除气、去渣？

2-14　熔炼铸铁件、铸钢件和铸铝件所用的熔炉有何不同？所用型砂又有何区别？为什么？

2-15　以下铸件在大批量生产时，采用什么铸造方法为宜？

(1) 大模数齿轮滚刀；(2) 机床床身；(3) 汽轮机叶片；(4) 铸铁污水管；(5) 铝活塞；(6) 缝纫机机头；(7) 摩托车气缸体；(8) 煤气管道；(9) 铸铁暖气片；(10) 内燃机缸套；(11) 汽车喇叭；(12) 曲轴。

2-16　为什么空心球难以铸造出来？要采取什么措施才能铸造出来？试用图示出。

2-17　什么是铸件的结构斜度？它与起模斜度有何不同？改正图 2-86 所示铸件的不合理结构。

2-18　为什么铸件要有结构圆角？图 2-87 所示铸件上哪些圆角不够合理？应如何修改？

2-19　图 2-88 所示铸件结构有何值得改进之处？应怎样进行修改？

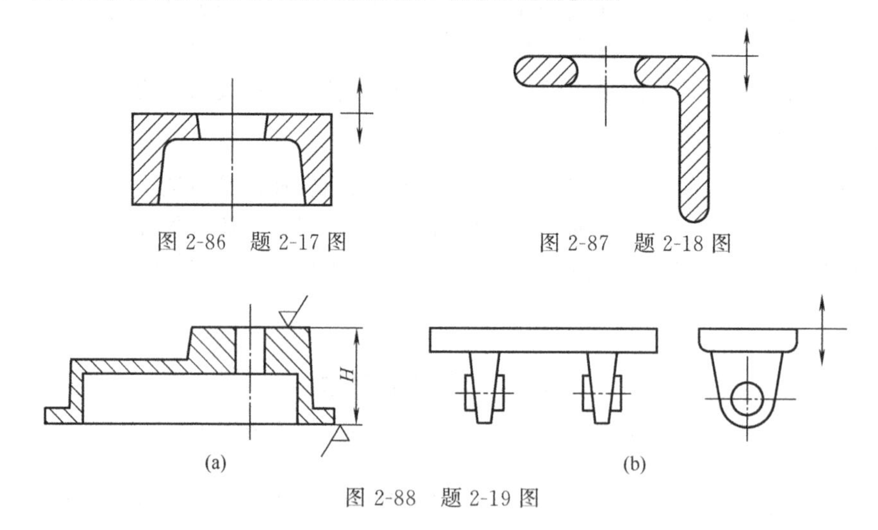

图 2-86　题 2-17 图

图 2-87　题 2-18 图

图 2-88　题 2-19 图

2-20　图 2-89 中铸件在单件生产条件下应采用什么造型方法？试确定其浇注位置与分型面的最佳方案。试绘制铸造工艺图。

2-21　图 2-90 所示各零件的分型面有哪几种方案？哪种方案较合理？为什么？

2-22　试确定图 2-91 所示铸件的分型面，修改不合理的结构，并说明修改理由。

2-23　在设计铸件壁时应注意些什么？为什么要规定铸件的最小壁厚？灰铸铁件壁厚过大或局部过薄会出现什么问题？

2-24　图 2-92 所示为三通铜铸件，原为砂型铸造，现因生产批量大，为降低成本，拟改为金属型铸造。试分析哪些结构不适于金属型铸造，请修改。

2-25　结合我国古代铸造中所使用的“模”和“范”，解释“模范”一词的本义及其引申义。

2-26　如果用现代工艺仿制如下国宝级青铜器，你将采用怎样的铸造工艺（重点说明铸造方法、浇注位置和分型面的选择），并体会其中的传承与创新。

(1) 青铜神树；(2) 大盂鼎；(3) 四羊方尊；(4) 鸮尊；(5) 铜冰鉴。

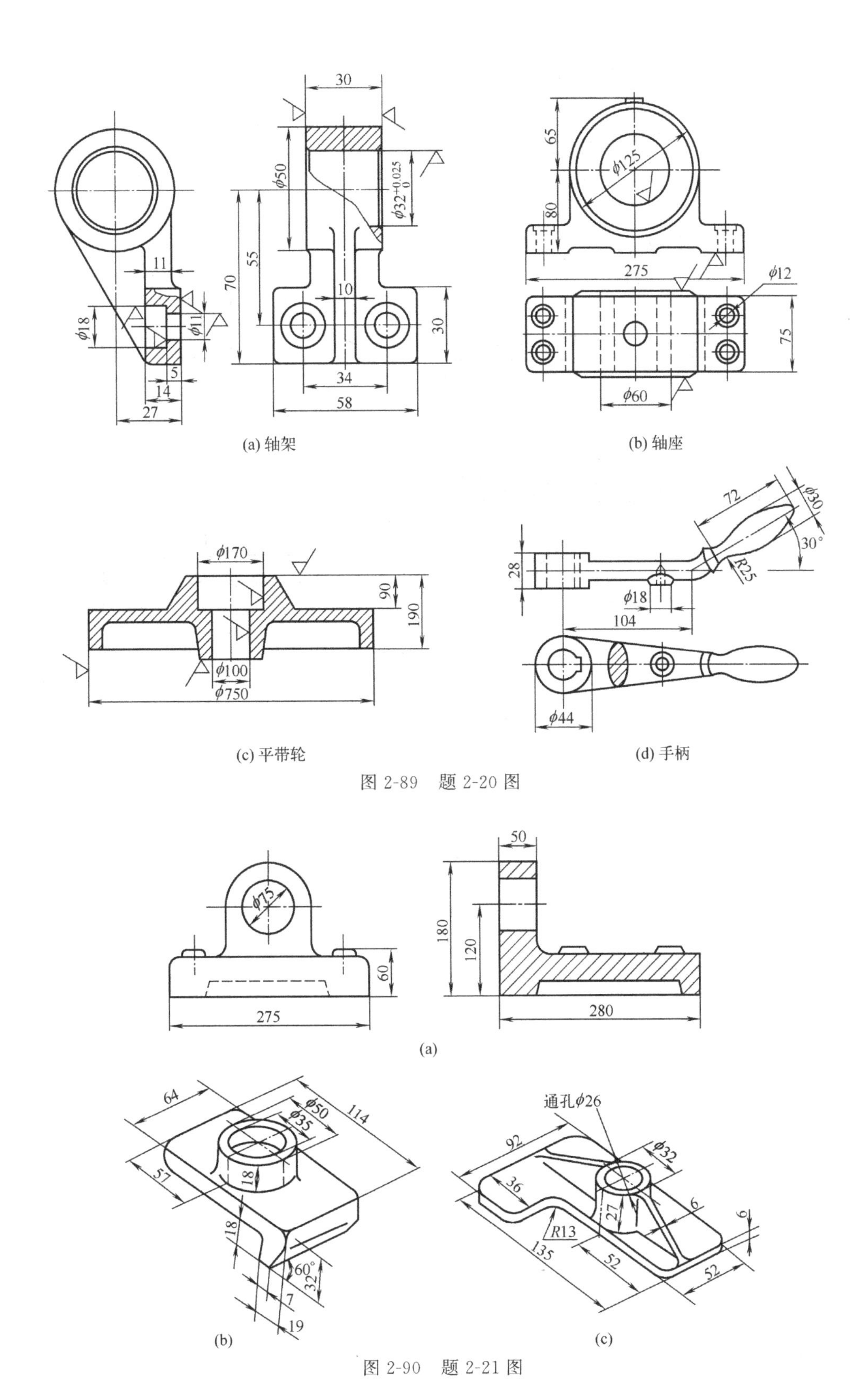

(a) 轴架　(b) 轴座　(c) 平带轮　(d) 手柄

图 2-89　题 2-20 图

(a)　(b)　(c)

图 2-90　题 2-21 图

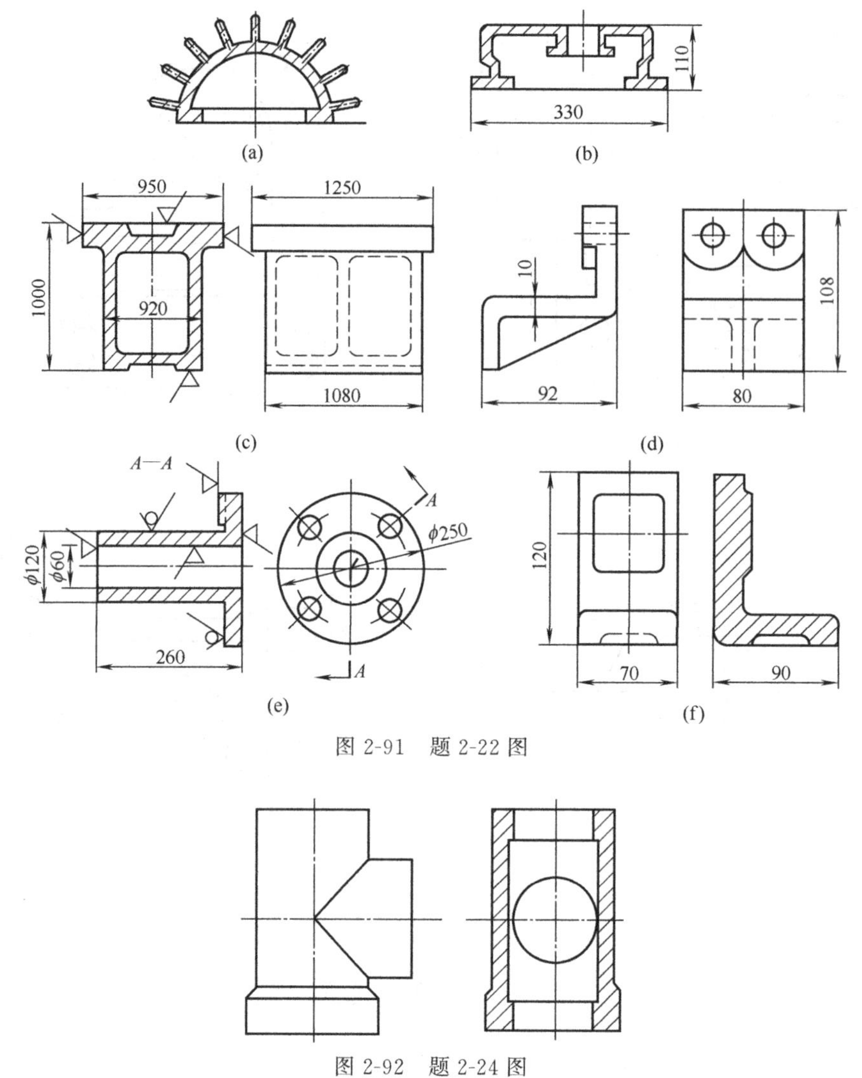

图 2-91　题 2-22 图

图 2-92　题 2-24 图

2-27　依据铸件中“辐”的结构设计要点，解析三星堆青铜太阳轮结构。

2-28　绘制铸造工艺图和铸件图时，各有哪些注意事项？

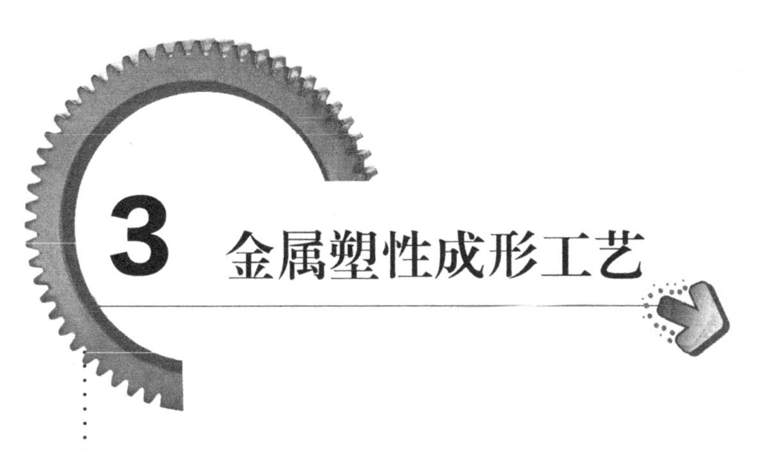

3 金属塑性成形工艺

金属塑性成形（工程上常称为压力加工），是利用金属材料所具有的塑性变形能力，在外力的作用下使金属材料产生预期的塑性变形来获得具有一定形状、尺寸和力学性能的零件或毛坯的加工方法。

3.1 金属塑性成形理论基础

3.1.1 金属塑性成形分类及发展

（1）金属塑性成形分类

金属塑性成形工艺，通常可分为自由锻、模锻、板料冲压、拉拔、挤压、轧制等，其中拉拔、挤压、轧制多用作型材生产。

自由锻，是只用简单的通用性工具或在锻造设备的上、下砧铁之间利用冲击力或压力，直接使坯料产生塑性变形而获得所需的几何形状、尺寸及内部质量的锻件的一种成形工艺（图 3-1）。模锻，是在模锻设备上利用高强度锻模使金属坯料在模膛内受压产生塑性变形，而获得所需形状、尺寸以及内部质量的锻件的成形工艺（图 3-2）。板料冲压，是利用冲模在压力机上使板料分离或变形，从而获得冲压件的成形工艺（图 3-3）。

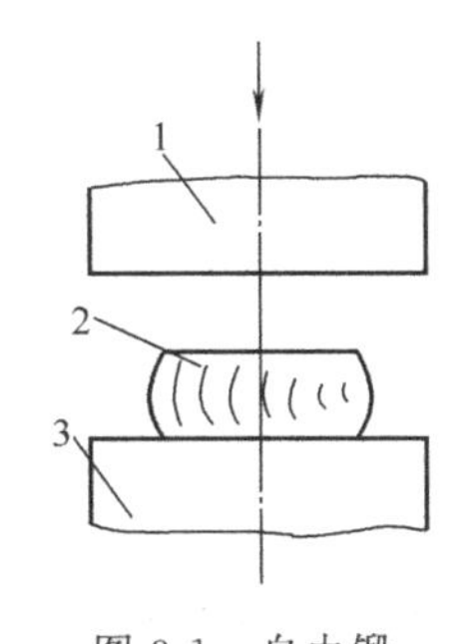

图 3-1 自由锻

1—上砧铁；2—坯料；3—下砧铁

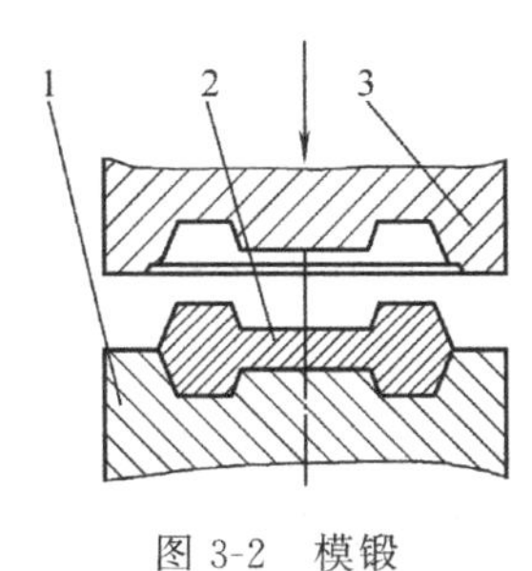

图 3-2 模锻

1—下模；2—坯料；3—上模

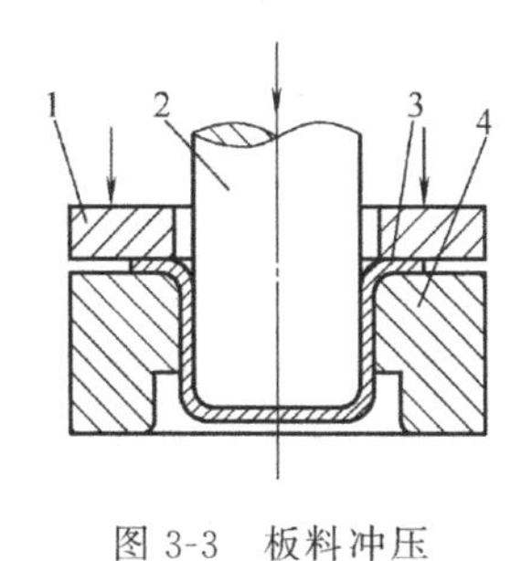

图 3-3 板料冲压

1—压板；2—凸模；3—坯料；4—凹模

拉拔，是将金属坯料拉过拉拔模的模孔而变形的成形工艺。拉拔过程示意图及拉拔产品截面形状如图 3-4 所示。

挤压，是金属坯料在挤压模内受压被挤出模孔而变形的成形工艺。挤压过程示意图及挤压产品截面形状如图 3-5 所示。

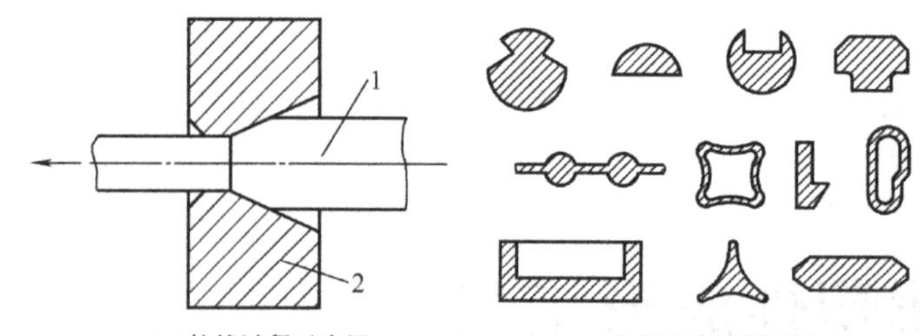

图 3-4　拉拔过程示意图及拉拔产品截面形状

1—坯料；2—拉拔模

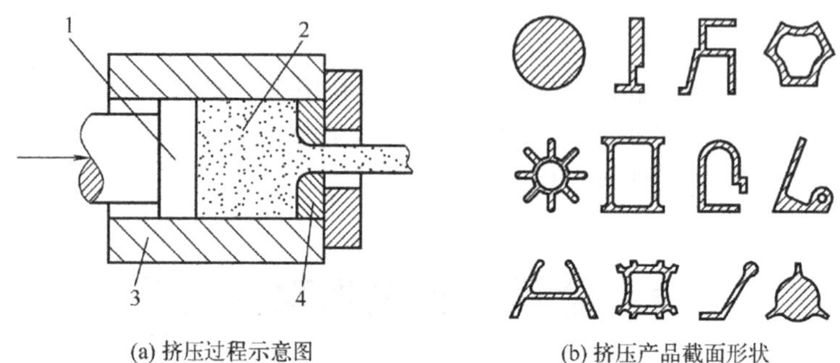

图 3-5　挤压过程示意图及挤压产品截面形状

1—凸模；2—坯料；3—挤压筒；4—拉拔模

轧制，是将金属坯料放在两个回转轧辊之间使其受压变形而形成各种产品的成形工艺。轧制过程示意图及轧制产品截面形状，如图 3-6 所示。

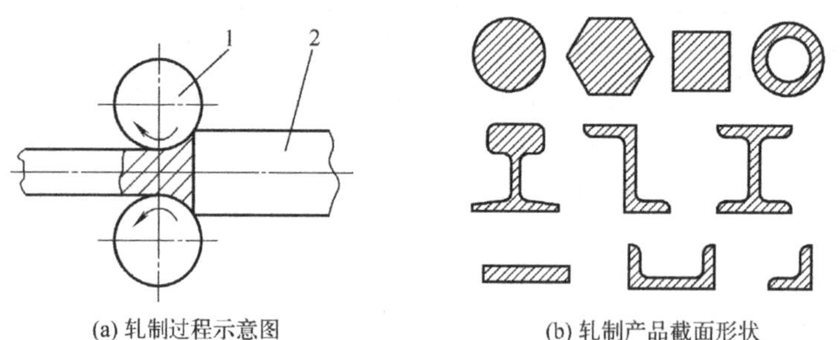

图 3-6　轧制过程示意图及轧制产品截面形状

1—轧辊；2—坯料

(2) 金属塑性成形的特点

金属塑性成形与其他成形方法相比，具有以下特点。

① 能改善金属的组织，提高金属的力学性能　金属材料经塑性成形加工后，能消除铸造组织中晶粒粗大、气孔、缩松和树枝状晶等缺陷，细化晶粒，得到致密的金属组织，从而提高金属的力学性能。事实上，通过塑性变形（如反复锻打）提高金属材料如铁的性能，在中国有着非常悠久的历史。块炼铁含杂质多，经过反复加热锻打，可以将其中的孔和杂质消除，使之成为可以使用的熟铁（含碳量极低的铁，俗称为工业纯铁）。人们在锻打块炼铁和熟铁的过程中，需要不断地反复加热，铁吸收木炭中的碳，提高了含碳量，减少了夹杂物，后成为渗碳钢，即“块炼渗碳钢”。块炼渗碳钢表层含碳量较高，内部含碳

量较低，经过千百次的加热锻打后，钢的组织更加细密，成分也更加均匀，即成百炼钢。此外，经锻造后所形成的锻造流线（锻造纤维组织）将使金属的力学性能呈各向异性。在零件设计时，若正确选用零件的受力方向与锻造流线方向，可以提高零件的冲击韧度。历史上中国的炼钢技术长期居于世界领先地位，受到各国普遍赞扬。公元1世纪时，罗马博物学家普林尼的名著《自然史》中提到："虽然铁的种类很多，但没有一种能和中国来的钢相媲美。"

② 可提高材料的利用率　金属塑性成形主要是靠金属在塑性变形时改变形状，使其体积重新分配，而不需要切除大量金属，因而材料利用率高。另外，金属坯料经塑性加工后，由于力学性能（强度）的提高，在同等受力和工作条件下可以缩小零件的截面面积，减轻质量，从而节约金属材料。

③ 塑性成形加工具有较高的生产率　塑性成形加工一般是利用压力机和模具进行成形加工的，生产效率高。例如，利用多工位冷镦工艺加工六角螺钉，比用棒料切削加工工效提高400倍以上。对于大批量生产，塑性加工具有显著的经济效益。

④ 可获得精度较高的毛坯或零件　塑性成形加工时，坯料经过塑性变形可获得较高的精度。若应用先进的技术和设备，还可实现少无切削加工。例如，精密锻造的伞齿轮齿形部分，可不经切削加工直接使用；复杂曲面形状的叶片，精密锻造后只需磨削便可达到所需精度。

塑性成形加工的不足之处是不能加工脆性材料（如铸铁）和形状特别复杂（特别是内腔形状复杂）或体积特别大的零件或毛坯，且设备投资较大，能源消耗较多。

塑性成形加工在机械制造、军工、航空、轻工、家用电器等领域被广泛应用。例如，飞机上的塑性成形零件的质量分数约为85%；汽车、拖拉机上的锻件质量分数约为60%～80%。通常，机械制造业中用锻造（自由锻和模锻）来生产高强度、高韧度的机械零件毛坯，如重要的轴类、齿轮、连杆类零件等；板料冲压，则广泛用于制造汽车、船舶、电器、仪表、标准件、日用品等工业中；轧制、挤压、拉拔，主要是用来生产各类型材、板材、管材、线材等工业上作为二次加工的原（材）料，也可用来直接生产毛坯或零件，如热轧钻头、齿轮，冷轧丝杠，挤压叶片等。

（3）金属塑性成形的发展

随着金属塑性成形技术的发展，其呈现出如下发展方向。

① 发展省力成形工艺　从塑性成形的力学考虑，发展省力成形工艺的主要途径有如下三种。其一，降低流动应力。属于这一类的成形方法有超塑性成形及半固态成形，前者属于较低应变速率的成形，后者属于特高温下的成形。半固态成形是利用金属从液态向固态转变或从固态向液态转变（即液固共存）过程中所具有的特性进行成形的方法。这一新的成形加工方法综合了液态成形和塑性成形的长处，即加工温度比液态低，变形抗力比固态小，可一次大变形量加工成形形状复杂且精度和性能质量要求较高的零件。其二，减小接触面积。属于这类的成形工艺有旋压、辊锻、楔横轧、摆动碾压等。减小接触面积不仅可使总压力减小，而且可使变形区单位面积上的作用力减小，原因是减少了摩擦对变形的约束。其三，改变应力状态。受力物体处于异号应力状态时，材料容易产生塑件变形，即变形力较小。

② 增强成形柔度　塑性成形通常是借助模具或其他工具使工件成形。模具或工具的运动方式及速度受设备的控制。所以提高塑性成形柔度的方法有两种：一是从机器的运动功能上着手，例如多向多动压力机，快速换模系统及数控系统；二是从成形方法上着手，

可以归结为无模成形、单模成形、点模成形等多种成形方法。无模成形是一种基本上不使用模具的柔度很高的成形方法。如管材无模弯曲、变截面坯料无模成形、无模胀球等工艺近年来得到了非常广泛的应用。单模成形是指仅用凸模或凹模成形，当产品形状尺寸变化时不需要同时制造凸、凹模。属于这类成形方法的有爆炸成形、电液或电磁成形、聚氨酯橡胶成形及液压胀形等。点模成形也是一种柔性很高的成形方法。对于像舱板一类的曲面，其截面总可以用函数 $Z=f(x, y)$ 来描述。当曲面参数变化时，仅需调整一下上下冲头的位置即可。单点模成形近年来有较大的发展，实际上钣金工历史上就是用锤逐点敲打成很多复杂零件的。近年来由于数控技术的发展，单点成形数控化也得到发展，这是一种相当有应用前景的技术。

③ 提高成形精度　近年来，近净成形（near net shape forming）很受重视，其主要优点是减少材料消耗，节约后续加工的能量，当然成本也会降低。提高产品精度一方面要使金属能充填模腔中很精细的部位，另一方面又要有很小的模具变形。等温锻造由于其模具与工件的温度一致，工件流动性好，变形力小，模具弹性变形小，是实现精锻的好方法。

④ 计算机技术在塑性成形中得到越来越广泛的应用　计算机技术在塑性成形中的应用主要表现在如下方面：

a. 利用计算机技术（如 CAD）可以帮助设计人员进行金属塑性成形产品、工具、机器、车间或企业等的设计工作，其中模具 CAD/CAM 技术的发展很快，应用范围日益扩大，在冷冲模、锻模、挤压模以及注塑成形模等方面都有比较成功的 CAD/CAM 系统。

b. 塑性成形生产往往是多阶段、多工序和多因素交互影响的过程，人工设计塑性成形工艺存在设计效率低、设计质量不稳定、不能对工艺方案进行优化，也不便将工艺设计人员积累的设计经验和知识集中起来充分利用等缺点，而采用计算机辅助工艺过程设计就能克服以上缺点，并方便工艺文件的统一管理与维护。

c. 多种计算机辅助技术组合到一起，互相配合，就可以由计算机辅助来完成金属塑性成形生产中从产品设计、工艺计划制定到工艺过程的控制和产品检验，以及生产的计划管理的过程，这种综合系统称为计算机集成制造系统（CIMS），构成了整个生产系统的计算机化。

3.1.2　金属的塑性成形性能

金属的塑性成形性能在工程上常用金属的锻造性（或称作为可锻性）表示。金属的锻造性是衡量材料经受压力加工时的难易程度的一种工艺性能。锻造性的好坏，常用金属的塑性和变形抗力两个指标来衡量。塑性高，变形抗力低，则锻造性好；反之，则锻造性差。

金属的锻造性取决于金属的本质和变形条件。

（1）金属的本质

化学成分不同的金属具有不同的内部组织，塑性不同，塑性成形性能也不同。一般来说，纯金属的塑性成形性好于合金。以钢为例，钢中碳质量分数对钢的塑性成形性影响很大。碳质量分数小于 0.15% 的低碳钢，主要以铁素体为主（含珠光体量很少），其塑性较好。随着碳质量分数的增加，钢中的珠光体量也逐渐增多，甚至出现硬而脆的网状渗碳体，使钢的塑性下降，塑性成形性也越来越差。

合金元素对钢的性能有较大影响，特别是加入钨、钼、钒、钛等强碳化物形成元素时，会形成合金碳化物，它们在钢中形成硬化相，使钢的塑性变形抗力增大，塑性下降，通常合金元素的质量分数越高，钢的塑性成形性能也越差。

杂质元素对钢的塑性变形也有较大的影响，磷会使钢出现冷脆性，硫使钢出现热脆性，它们会恶化钢的塑性成形性能。

同一成分的合金，当组织结构不同时，其塑性成形性能也将有很大差别。固溶体组织的塑性成形性能好于化合物组织；单相组织的塑性成形性能比多相组织好；铸态的柱状晶和粗晶组织不如均匀细小等轴晶粒的塑性成形性能好。当工具钢中有网状二次渗碳体存在时，钢的塑性将大大下降。

（2）变形条件

① 变形温度　在一定条件下，随变形温度升高，原子动能增大，原子的热运动加剧，削弱了原子间的结合力，减小了滑移阻力，使材料的变形抗力减小，塑性提高，材料的塑性成形性能提高。变形温度升高到再结晶温度以上时，金属获得再结晶组织，形变强化不断被再结晶软化消除，使金属的加工性能得到改善。但是，金属的变形必须严格控制在规定的温度范围内。如果加热温度过高，会使晶粒急剧长大，反而使金属的塑性下降，从而导致塑性成形性能也下降，这种现象称为“过热”。如果加热温度接近熔点，则晶界氧化甚至熔化，使材料的塑性变形能力完全消失，这种现象称为“过烧”，坯料如果过烧将报废。钢的锻造温度范围可依据 $Fe\text{-}Fe_3C$ 相图来确定，如图 3-7 所示。

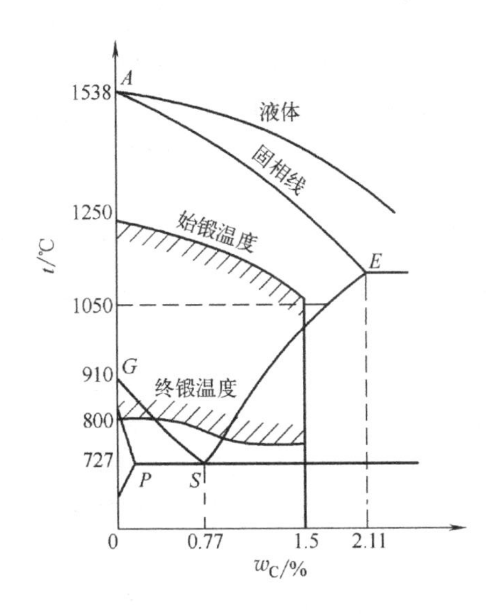

图 3-7　钢的锻造温度范围

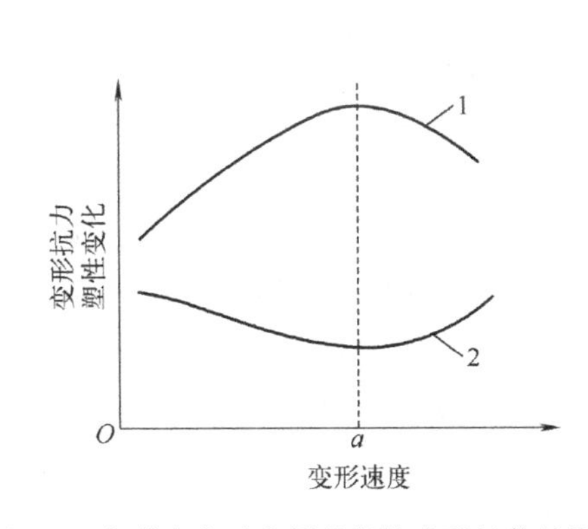

图 3-8　变形速度对金属的塑性成形性能的影响

1—变形抗力；2—塑性

② 变形速度　变形速度是指单位时间内变形程度的大小。在锻造时，变形速度对金属的锻造性能影响较复杂，一方面由于变形速度的增大，金属的冷变形强化趋于严重，在热加工时来不及再结晶消除材料在变形时产生的形变强化，随着变形程度的增大，金属在变形过程中产生的形变强化现象逐渐积累，使塑性变形能力下降。另一方面，金属在变形过程中会将变形时的动能转变为热能，当变形速度很大时热能来不及散发，使变形金属的温度升高，这种现象称为“热效应”，有利于提高金属的塑性，金属塑性变形能力也相应提高。如图 3-8 所示当变形速度小于临界值 a 时，随着变形速度的增大，塑性下降、变形

抗力增大；当变形速度大于临界值 a 时，随着变形速度的增大，金属的塑性也随着增加，而变形抗力则在下降。用一般的锻压加工方法，变形速度较低，在变形过程中产生的热效应不显著。目前只有采用高速锻锤锻压才能利用热效应现象改善金属的塑性成形性能。在锻压加工塑性较差的合金钢或大截面锻件时，都应采用较小的变形速度，若变形速度过快会出现变形不均匀，造成局部变形过大而产生裂纹。

③ 应力状态　在外力作用下，金属内部各点的应力，可用主应力状态图来表示。所谓主应力状态图是用来定性说明变形体内基元体上主应力作用情况的示意图形。不同的压力加工方法，由于变形金属受力状态不同，主应力图一般也不相同。例如，挤压、模锻、镦粗、轧制等工序为三向压应力状态，而冷拔时为双向受压一向受拉。对于同一种工序，由于变形不均匀，变形体内各基元体的应力状态也不尽相同，主应力图亦不同，例如镦粗时，毛坯心部的主应力图为三向受压应力图，而侧表面处由于附加应力的作用，可能为一向受压一向受拉的主应力图。

金属材料在塑性变形时的应力状态不同，对塑性的影响也不同。研究表明，在三向应力状态下，压应力的数目越多则其塑性越好，拉应力的数目越多则其塑性越差。因为，拉应力易使滑移面分离，在材料内部的缺陷处产生应力集中而使其破坏，压应力状态则与之相反。压应力的数量越多，越有利于塑性的发挥。例如，铅在通常情况下具有极好的塑性，但在三向等拉应力的状态下，铅会像脆性材料一样不产生塑性变形而直接破裂。性能极脆的大理石，在三向压应力状态下，有可能产生较大的变形。但是，在压应力状态塑性变形时，金属内部摩擦加剧，变形抗力增大，需要相应增加锻压设备的吨位。

选择塑性成形加工方法时，应考虑应力状态对金属塑性变形的影响。金属材料的塑性较低时应尽量在压应力状态下变形，而金属材料的塑性较高时在拉应力状态下变形可减小变形能耗。

④ 其他因素　毛坯表面状况会对金属的塑性产生影响，这种影响在冷变形加工时尤为明显。毛坯表面粗糙或有划痕、微裂纹等缺陷时，会在变形过程中引起应力集中，增大开裂倾向，降低塑性。

在塑性成形加工时，要利用模具和工具使材料成形，它们的结构对金属的塑性成形加工也有影响。例如，模锻的模膛内应有圆角，这样可以减小金属成形时的流动阻力，避免锻件被撕裂或金属流线被拉断而出现裂纹。板料拉深和弯曲时成形模具应有相应的圆角，才能保证顺利成形。此外，在成形过程中，选用适当的润滑剂可以减小金属流动时的摩擦阻力，对塑性成形加工也是有利的。

综上所述，金属的塑性成形性能既取决于金属的本质，又取决于变形条件。在塑性成形加工过程中，要根据具体情况尽量创造有利的变形条件，充分发挥金属的塑性，降低其变形抗力，以达到塑性成形加工的目的。

(3) 常用合金的塑性成形性能

合金的锻造性可用以下经验公式粗略判断：

$$K_Z = Z / R_m$$

式中　K_Z——锻造性判据，%/MPa；

Z——材料的断面收缩率，%；

R_m——材料的抗拉强度，MPa；

根据 K_Z 值的大小，可将合金的锻造性分为五个等级，见表 3-1。

表 3-1　锻造性的等级标准

级别	K_Z/(%/MPa)	锻造性	级别	K_Z/(%/MPa)	锻造性
1	<0.01	不可锻	4	0.81～2.0	良
2	0.01～0.3	差	5	≥2.1	优
3	0.31～0.8	可			

锻造加工时，由于是热加工，各种钢材、大部分非铁金属都可以锻造加工。其中，低中碳钢如 Q195、Q235、10、15、20、20Cr、40Cr、45 钢，铜及铜合金、铝及铝合金等的锻造性能较好。冷冲压是在常温下加工。对于分离工序，只要材料有一定的塑性就可以进行；对于变形工序（例如弯曲、拉深、挤压、胀形、翻边等），则要求材料具有良好的冲压成形性能，低碳钢（如 Q195、Q215、08、08F、10、15、20 钢等）、奥氏体不锈钢、铜、铝等都有良好的冷冲压成形性能。

3.1.3　金属变形的一般规律

金属变形所遵守的一般规律，主要包括体积不变定律和最小阻力定律。

(1) 体积不变定律

金属塑性成形加工中金属变形前后的体积保持不变的定律，称为体积不变定律（或称质量恒定定理）。实际上，金属在塑性变形过程中体积总有微小变化，如锻造钢锭时由于气孔、缩松的锻合密度略有提高，以及加热过程中因氧化生成的氧化皮耗损等。然而，这些变化对比整个金属坯件是相当微小的，一般可忽略不计。因此，在每一工序中，坯料一个方向尺寸减小，必然在其他方向尺寸有所增加，在确定各工序间尺寸变化时就可运用该规律。

(2) 最小阻力定律

金属在塑性变形过程中其质点都将沿着阻力最小的方向移动，称为最小阻力定律。一般来说，金属内某一质点塑性变形时移动的最小阻力方向，就是通过该质点向金属变形部分的周边所作的最短法线方向。这是因为质点沿这个方向移动时路径最短而阻力最小，其所需做的功也最小。在锻造过程中，应用最小阻力定律可以事先判定变形金属的截面变化和提高效率。如图 3-9 所示，镦粗圆形截面毛坯时，金属质点沿半径方向移动，镦粗后仍为圆形截面；镦粗正方形截面毛坯时，以对角线划分的各区域里的金属质点都垂直于周边向外移动，这就很容易理解为什么正方形截面会逐渐向圆形变化而长方形截面则会逐渐向椭圆形变化。

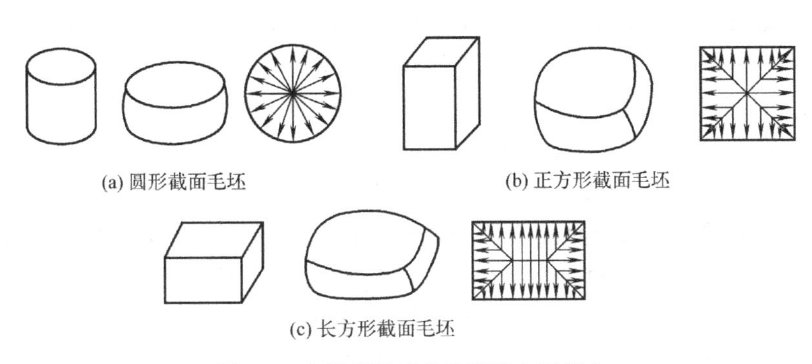

图 3-9　金属镦粗后的外形及金属流向

3.2 金属塑性成形工艺方法

3.2.1 锻造

3.2.1.1 自由锻

自由锻所用的工具简单，并具有很强的通用性，生产准备周期短，因而应用较为广泛。自由锻件的质量范围可由不及一千克到二三百吨，对于大型锻件而言自由锻更是唯一的加工方法，这使得自由锻在重型机械制造中具有特别重要的作用。例如，水轮机主轴、多拐曲轴、大型连杆、重要的齿轮等零件，在工作时都承受很大的载荷，要求具有较高的力学性能，常采用自由锻方法生产毛坯。2011 年，由我国自主研发制造的 18500t 油压机在洛阳中信重工重型锻造工部完成“大考”，成功锻造 438t 特大型钢锭，标志着我国大型自由锻件的锻造能力达到世界先进水平。

自由锻分为手工自由锻和机器自由锻两类。手工自由锻，只能生产小型锻件，生产率也较低；机器自由锻，则是生产中自由锻的主要方法。早期的锻造均采用手工锻造，直至进入工业化生产后才出现了机器锻造及其规模化应用。

自由锻时，除与上、下砧铁接触部分的金属受到约束外，金属坯料朝其他各个方向均能自由流变，故无法精确控制变形。自由锻件的形状与尺寸主要靠人工操作来控制，故锻件的精度较低，加工余量大，劳动强度大，生产率低。自由锻主要应用于单件、小批量生产，修配以及大型锻件的生产和新产品的试制等。

根据自由锻时各工序变形性质和变形程度的不同，自由锻工序可分为基本工序、辅助工序和修整工序三大类。

（1）基本工序

基本工序是使金属坯料产生一定程度的塑性变形，以得到所需形状、尺寸或改善材质的工艺过程。它是锻件成形过程中必需的变形工序。自由锻基本工序有镦粗、拔长、冲孔、弯曲、错移、扭转和切割等，其中前三种工序应用最广。

① 镦粗　镦粗是使毛坯高度减小而横截面积增大的锻造工序。镦粗可将高径（宽）比较大的坯料锻成高径（宽）比较小的饼块锻件；对于空心锻件，可在冲孔前使坯料和横截面增大和平整；对于轴杆类锻件，可以提高后续拔长工序的锻造比，提高锻件的横向力学性能和减少力学性能的异向性等。因此，常用于锻造齿轮坯、凸缘、圆盘等高度小、截面大的工件，也可作为锻造环、套筒等空心锻件冲孔前的预备工序。镦粗，主要有全镦粗和在坯料上某一部位进行的局部镦粗两种形式，如图 3-10 所示。

② 拔长　拔长是使毛坯横截面积减小而长度增大的锻造工序，如图 3-11 所示。常用于锻造轴类和杆类等长而截面小的工件。

③ 冲孔　冲孔是利用冲头在坯料上冲出通孔或不通孔的锻造方法。常用于锻造齿轮、套筒和圆环等空心锻件，对于直径小于 25mm 的孔一般不锻出而是采用钻削的方法加工。在薄坯料上冲通孔时，可用冲头一次冲出。若坯料较厚，可先在坯料的一边冲到孔深的 2/3 深度后，拔出冲头，翻转工件，从反面冲通，以避免在孔的周围冲出毛刺，如图 3-12 所示。实心冲头双面冲孔时，圆柱形坯料会产生畸变。畸变程度与冲孔前坯料直径 D_0、高度 H_0 和孔径 d_1 等有关。D_0/d_1 愈小，畸变愈严重，另外冲孔高度过大时，易将孔冲

偏，因此用于冲孔的坯料直径 D_0 与孔径 d_1 之比（D_0/d_1）应大于 2.5，坯料高度应小于坯料直径。

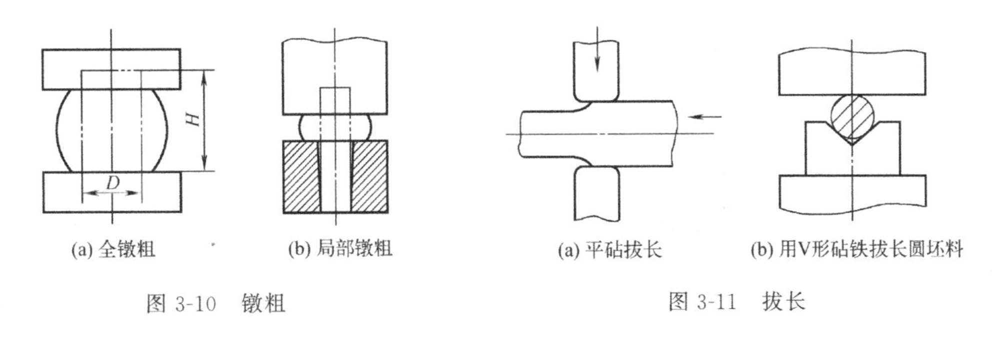

(a) 全镦粗　(b) 局部镦粗

图 3-10　镦粗

(a) 平砧拔长　(b) 用V形砧铁拔长圆坯料

图 3-11　拔长

(a) 薄坯料冲孔　(b) 厚坯料冲孔

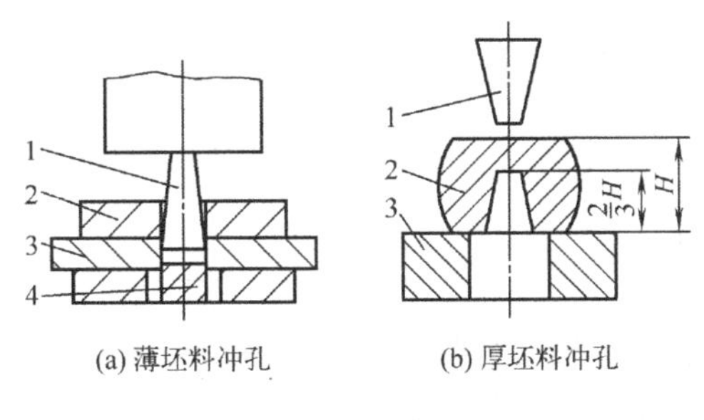

图 3-12　冲孔

1—冲头；2—坯料；3—垫环；4—芯料

（2）辅助工序

为使基本工序操作方便而进行的预变形工序称为辅助工序。例如，为方便挟持工件而进行的压钳口、局部拔长时先进行的切肩等工序都属于辅助工序。

（3）修整工序

修整工序是用以减少锻件表面缺陷而进行的工序，如校正、滚圆、平整等。修整工序的变形量一般很小，且为了不影响锻件的内部质量，一般多在终锻温度或接近终锻温度下进行。

3.2.1.2　胎模锻

胎模锻是在自由锻设备上使用可移动模具生产模锻件的一种锻造方法，通常是用自由锻方法使坯料初步成形，然后在胎模中终锻成形。胎模不固定在锤头或砧座上，只是在使用时才放上去。与模锻相比，胎模锻不需要昂贵的设备，模具制造简单，成本低。胎模锻适合中、小批量小型锻件的生产，多用在没有模锻设备的中小型工厂中。

常用胎模的种类、结构及适用范围见表 3-2。

胎模锻与自由锻相比具有如下特点。

a. 胎模锻件的形状和尺寸主要靠模具来保证，与锻工技术水平基本无关，对操作人员的技术要求不高，操作简便，生产率较高。

b. 胎模锻造的形状准确，尺寸精度较高，因而工艺敷料少，加工余量小，从而既节约了金属也减轻了后续加工的工作量。

c. 胎模锻件在胎模内成形，锻件内部组织致密，纤维分布更符合性能要求。

表 3-2　常用胎模的种类、结构及适用范围

序号	名称	结构简图	结构及使用特点	适用范围
1	摔模	上摔 下摔	模具由上摔、下摔及摔把组成，锻造时，锻件在上、下摔中不断旋转，进行径向锻造，锻件无毛刺，无飞边	轴类锻件的成形或精整，或为合模锻造制坯
2	扣模	上扣 下扣	模具由上扣和下扣组成，有时仅有下扣，锻造时，锻件在扣模中不做转动，只做前后移动	非回转体锻件的整体或局部成形，或为合模锻造制坯
3	套模	模冲 模套 锻件 模垫	模具由模套、模冲和模垫组成，这是一种闭式模具，锻造时不产生飞边	齿轮、法兰等盘类锻件的成形
4	垫模	上砧 横向小飞边 锻件 垫模	模具只有垫模，锻造时有横向飞边产生	圆轴及带法兰盘类锻件的成形
5	漏模	上冲 飞边 锻件 凹模	模具由上冲、凹模及定位导向装置组成	主要用于切除锻件的飞边、连皮或用于冲孔
6	合模	上模 导销 下模 飞边	模具由上、下模及导向装置组成，锻造时沿分模面横向产生飞边	连杆、拨叉等形状较复杂的非回转体类锻件的终锻成形

3.2.1.3　模锻

模锻时，在变形过程中由于模膛对金属坯料流动的限制，因而锻造终了时可获得与模膛形状相符的模锻件。随着现代化生产要求的提高，模锻生产越来越广泛地应用于国防工业和机械制造业中，例如飞机、坦克等兵器制造，汽车制造，轴承制造等行业。

与自由锻相比，模锻具有如下特点。

a. 模锻时，金属的变形是在模膛内进行的，故能较快获得所需形状，生产效率较高。

b. 能锻造形状复杂的锻件，并可使金属流线分布更为合理，从而进一步提高零件的使用性能。

c. 模锻件的尺寸精度较高，表面质量较好，加工余量较小，可减少切削加工工作量，节省金属材料。

d. 模锻操作简单，易于实现机械化、自动化生产，在大批量生产条件下，可降低零件制造成本。

但是，由于模锻时坯料是整体变形，坯料承受三向压应力，变形抗力大。因此，模锻生产受模锻设备吨位限制，模锻件的质量一般不超过 150kg；此外，设备投资较大，模具费用较高，工艺灵活性较差，生产准备周期较长。模锻主要适合于小型锻件的大批量生

产，不适合单件小批量生产以及中、大型锻件的生产。

模锻按所使用的设备不同分为锤上模锻和压力机上模锻。

(1) 锤上模锻

锤上模锻，是将上模固定在锤头上、下模紧固在模垫上，通过随锤头做上下往复运动的上模，对置于下模中的金属坯料施以直接锻击来获取锻件的锻造方法。锤上模锻所用设备主要是蒸汽-空气模锻锤，简称为模锻锤，如图 3-13 所示。模锻锤的吨位为 10～160kN，能锻造 0.5～150kg 的模锻件。

锤上模锻是在自由锻、胎模锻基础上发展起来的一种模锻工艺，在模锻生产中具有重要的地位，其工艺特点如下。

a. 金属在模膛中是在一定速度下，经过多次连续锤击而逐步成形的。

b. 由于锤头的行程、打击速度均可调节，能实现轻重缓急不同的打击，因而可进行制坯工作。

c. 由于惯性作用，金属在上模模膛中具有更好的充填效果。

d. 锤上模锻的适应性广，可以单膛模锻，也可以多膛模锻，可生产多种类型的锻件。

锤上模锻用的锻模结构如图 3-14 所示，由带燕尾的上模和下模两部分组成，上、下模通过燕尾和楔铁分别紧固在锤头和模垫上，上、下模合在一起在内部形成完整的模膛。

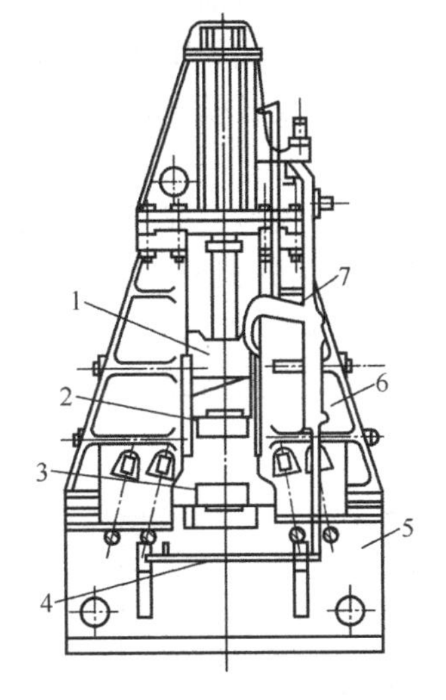

图 3-13 蒸汽-空气模锻锤

1—锤头；2—上模；3—下模；4—踏杆；5—砧座；6—锤身；7—操纵机构

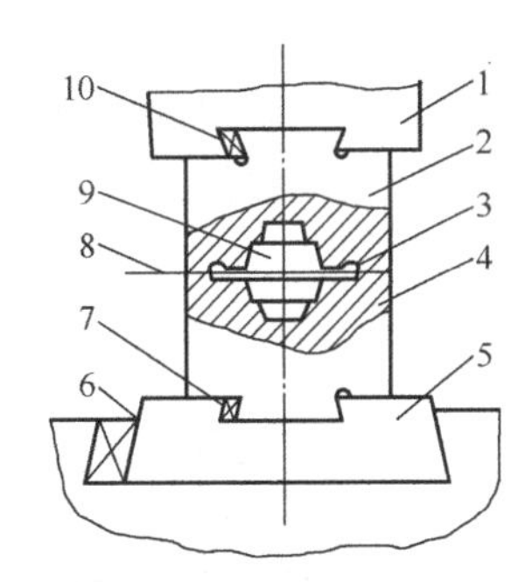

图 3-14 锤上模锻

1—锤头；2—上模；3—飞边槽；4—下模；5—模垫 6，7，10—紧固楔铁；8—分模面；9—模膛

模锻模膛按其作用可分为模锻模膛和制坯模膛。

① 模锻模膛 模锻模膛，包括预锻模膛和终锻模膛。所有模锻件都要使用终锻模膛，预锻模膛则要根据实际情况决定是否采用。

预锻模膛 用于预锻的模膛称为预锻模膛。预锻模膛的作用是使坯料变形到接近于锻件的形状和尺寸，这样再进行终锻时金属容易充满终锻模膛；同时，减少了终锻模膛的磨损，延长了锻模的使用寿命。预锻模膛和终锻模膛的主要区别是前者的圆角和模锻斜度较大，高度较大，一般不设飞边槽。只有在锻件形状复杂、成形困难且批量较大的情况下，设置预锻模膛才是合理的。

终锻模膛 终锻模膛的作用是使金属坯料最终变形到所要求的形状与尺寸，因此，它与终锻件的形状、尺寸相同。由于锻件冷却后尺寸会有所缩减，所以终锻模膛的尺寸应比实际锻件尺寸放大一个收缩量，对于钢锻件收缩量可取 1.5%。另外，模膛分模面周围应有飞边槽，用以增加金属从模膛中流出的阻力，促使金属充满整个模膛，同时容纳多余的金属，还可以起到缓冲作用，从而减弱对上、下模的打击，防止锻模开裂。对于具有通孔的锻件，由于不能靠上、下模的突起部分把金属完全排挤掉，因此终锻后孔内留有金属薄层，称为冲孔连皮，如图 3-15 所示。

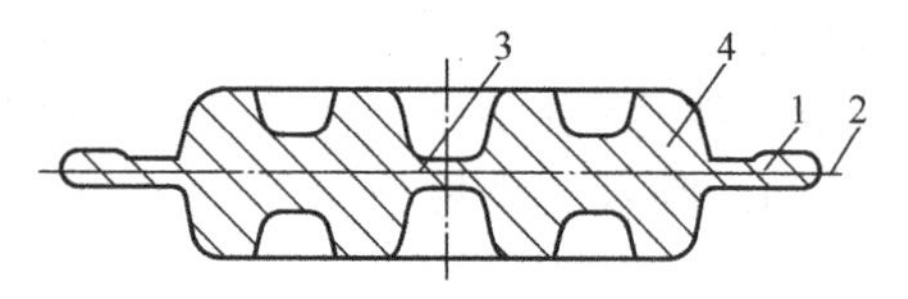

图 3-15 带有冲孔连皮及飞边的模锻件

1—飞边；2—分模面；3—冲孔连皮；4—锻件

留有冲孔连皮，是为了使锻件更接近于零件形状，减少金属消耗和机械加工时间，同时，冲孔连皮还可以减轻锻模的刚性接触，起到缓冲作用，避免锻模的损坏。把冲孔连皮和飞边冲掉后，才能得到所需的模锻件。

② 制坯模膛 对于形状复杂的模锻件，为了使坯料基本接近模锻件的形状，以便模锻时金属能合理分布并很好地充满模膛，必须预先在制坯模膛内制坯。制坯模膛有以下几种。

拔长模膛 其作用是用来减小坯料某部分的横截面积，以增加其长度。通常，拔长是变形工步的第一步，兼有清除氧化皮的用途。拔长模膛分为开式和闭式两种，开式拔长模膛边缘开通，闭式拔长模膛边缘封闭，如图 3-16(a) 所示。拔长模膛，一般多设在锻模的侧边位置，操作时一边送进坯料一边翻转。

滚压模膛 其作用是减小坯料某部分的横截面积，以增大另一部分的横截面积。主要是使金属坯料能够按模锻件的形状来分布。滚压模膛也分为开式和闭式两种，如图 3-16 (b) 所示。当模锻件沿轴线的横截面积相差不是很大，或对拔长后的毛坯做修整时采用开式的滚压模膛；当模锻件的最大和最小截面相差较大时，采用闭式滚压模膛，操作时需不断翻转坯料。

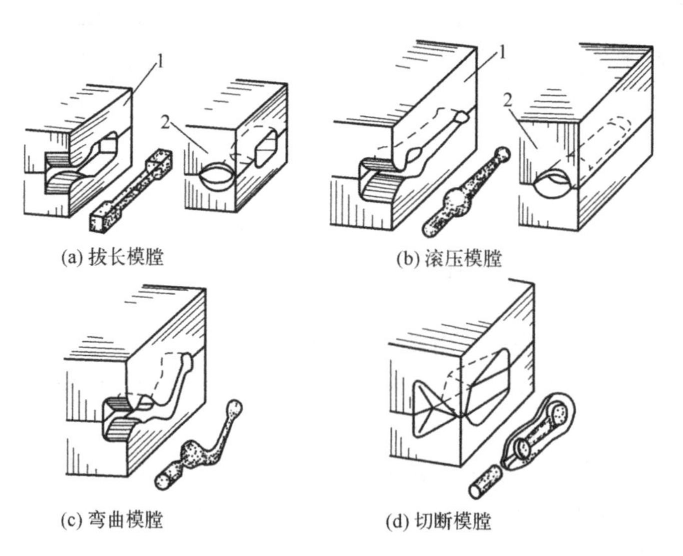

图 3-16 制坯模膛

1—开式；2—闭式

弯曲模膛 其作用是使坯料弯曲，如图3-16(c)所示，用于有弯曲部分的杆类模锻件等。坯料可直接或先经其他制坯工步，后进行弯曲变形。

切断模膛 其作用是在上模与下模的角部组成一对刃口，用来切断金属，如图3-16(d)所示。切断模膛，可用于从坯料上切下锻件或从锻件上切钳口，也可用于多件锻造后分离成单个锻件。

模锻件的复杂程度不同，所需的模膛数量不等。可将锻模设计成单膛锻模或多膛锻模。单膛锻模是指在一副锻模上只有一个模膛，如齿轮坯模锻件就可将截下的圆柱形坯料直接放入单膛锻模中成形。多膛锻模是指在一副锻模上安排两个及以上的模膛，常用于形状复杂的锻件。图3-17所示为弯曲连杆模锻件所用的多膛锻模。

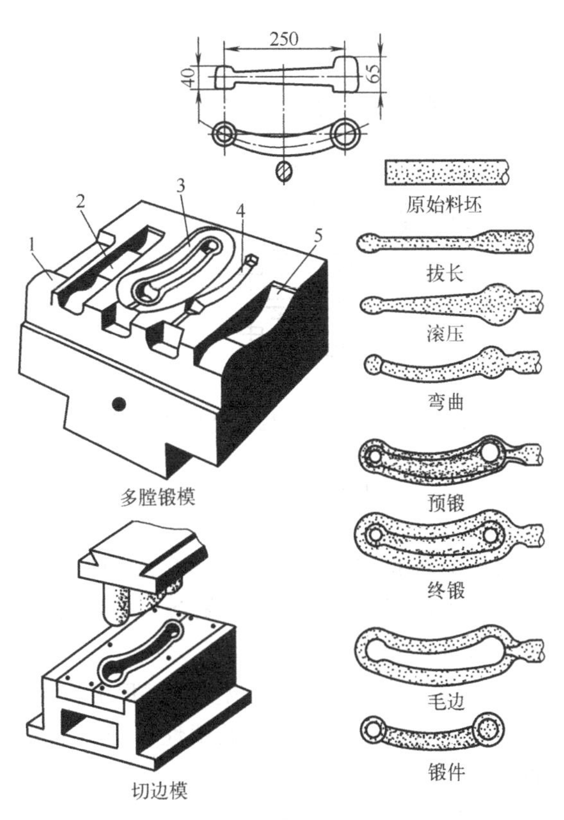

图3-17 弯曲连杆锻模（下模）与模锻工序

1—拔长模膜；2—滚压模膛；3—终锻模膛；4—预锻模膛；5—弯曲模膛

(2) 压力机上模锻

锤上模锻的工艺适应性广，目前在锻压生产中仍广泛应用，但由于模锻锤在工作中存在振动、噪声大、劳动条件差、蒸汽效率低、能源消耗大等缺点，近年来大吨位模锻锤逐渐被压力机所替代。压力机上模锻对金属主要施加静压力，金属在模膛内流动缓慢，在与压力垂直的方向上容易变形，有利于对变形速度敏感的低塑性材料的成形，并且锻件内外变形均匀，锻造流线连续，锻件力学性能高。按所用设备的不同，压力机上模锻分为摩擦压力机上模锻、曲柄压力机上模锻和平锻机上模锻。

① 摩擦压力机上模锻 摩擦压力机传动系统如图3-18所示。锻模分别安装在滑块和机座上，滑块与螺杆相连只能沿导轨做上下滑动。两个圆轮装在同一根轴上，由电机通过传动带使圆轮轴旋转。螺杆穿过固定在机架上的螺母，并在上端装有飞轮。当改变操纵杆位置时，圆轮轴将沿轴向窜动，两个圆轮可分别与飞轮接触，通过摩擦力带动飞轮做不同方向的旋转，并带动螺杆转动。但在螺母的约束下螺杆的转动转变为滑块的上下滑动，从而实现摩擦压力机上的模锻。摩擦压力机的吨位一般为3500～10000kN。典型的摩擦压力机模锻件如图3-19所示。摩擦压力机螺杆承受偏心载荷的能力差，一般只适用于单膛模锻。因此，形状复杂的锻件，需要在自由锻设备或其他设备上制坯。摩擦压力机上模锻适合于中小型锻件的小批量或中等批量生产。

摩擦压力机上模锻的特点及应用如下。

a. 工作过程中滑块速度为0.5～1.0m/s，对锻件有一定的冲击作用，而且滑块行程可控，具有锻锤和压力机双重性质，不仅能满足模锻各种主要成形工序的要求，还可以进行弯曲、热压、精压、切飞边、冲连皮及校正等工序。

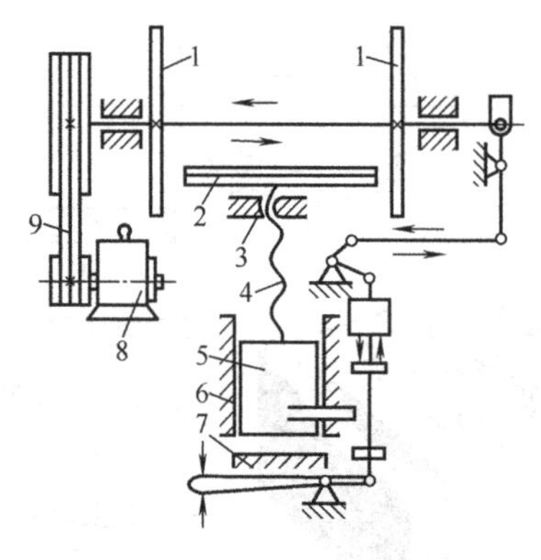

图 3-18 摩擦压力机传动系统

1—圆轮；2—飞轮；3—螺母；4—螺杆；5—滑块；
6—导轨；7—机座；8—电机；9—传动带

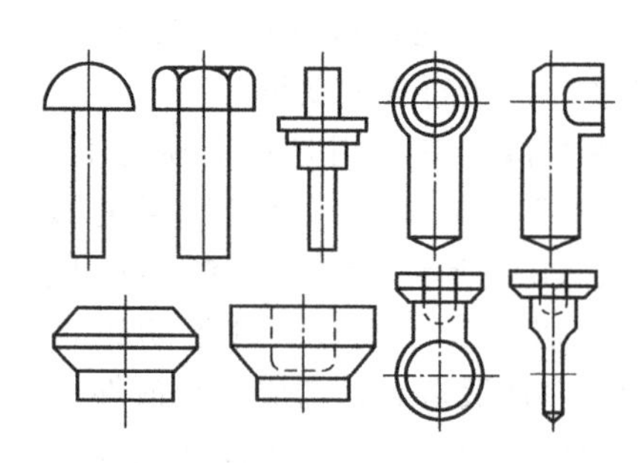

图 3-19 典型的摩擦压力机模锻件

b. 带有顶料装置，锻模可以采用整体式，也可以采用组合式，从而使模具制造简单。同时，也可以锻造出形状更为复杂、工艺敷料少和模锻斜度很小的锻件，并可将轴类锻件直立起来进行局部镦锻。

c. 滑块运动速度低，金属变形过程中的再结晶现象可以充分进行，对塑性较差的金属变形有利，特别适合于锻造低塑性合金钢和非铁金属（如铜合金）等，但生产率也相对较低。

② 曲柄压力机上模锻　曲柄压力机的传动系统如图 3-20 所示。电机转动经带轮和齿轮传至曲柄和连杆，再带动滑块沿导轨做上下往复运动，从而实现对坯料的锻造加工。锻模分别装在滑块下端和工作台上。工作台安装在楔形垫块的斜面上，因而可对锻模封闭空间的高度做少量调节。曲柄压力机的吨位一般为 2000～12000kN。典型的曲柄压力机模锻件如图 3-21 所示。

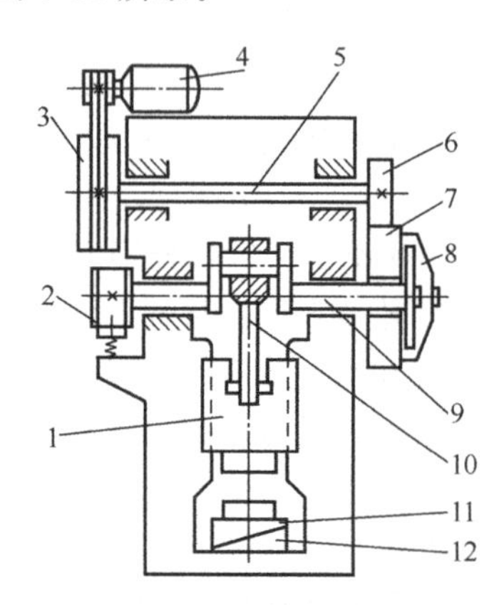

图 3-20 曲柄压力机传动系统

1—滑块；2—制动器；3—带轮；4—电机；5—转轴；
6—小齿轮；7—大齿轮；8—离合器；9—曲轴；
10—连杆；11—工作台；12—楔形垫块

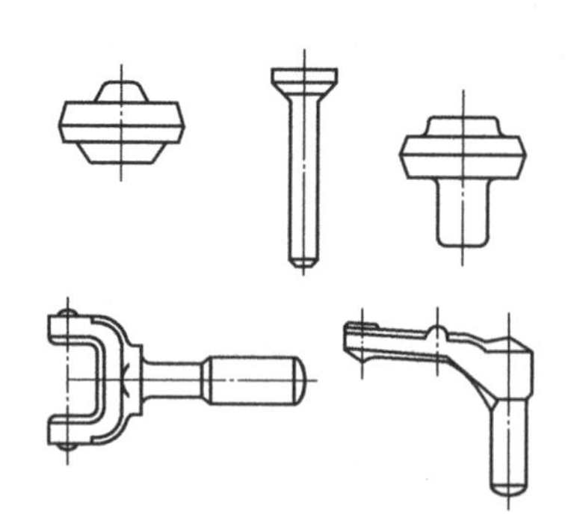

图 3-21 典型的曲柄压力机模锻件

曲柄压力机上模锻具有以下特点。

a. 曲柄压力机作用于金属上的变形力是静压力，由机架本身承受，不传给地基，因此工作时无振动，噪声小。

b. 工作时滑块行程不变，在滑块的一个往复行程中即可完成一个工步的变形，并且工作台及滑块中均装有顶杆装置，因此生产率高。

c. 压力机机身刚度大，滑块运动精度高，锻件尺寸精度高，加工余量和斜度小。

d. 作用在坯料上的力是静压力，因此，金属在模膛中流动缓慢，对于耐热合金、镁合金等对变形速度敏感的低塑性合金的成形很有利。由于作用力不是冲击力，锻模的主要模膛可设计成镶块式，使模具制造简单，并易于更换。

但是，由于锻件是一次成形，金属变形量过大，不易使金属填满终锻模膛，因此，变形应逐渐进行。终锻前常采用预成形及预锻工步。而且锻件在模膛中一次成形时坯料表面上的氧化皮不易被清除，影响锻件质量。另外，曲柄压力机上不宜进行拔长、滚压工步。因此，横截面变化较大的长轴类锻件，在曲柄压力机上模锻时需用周期性轧制坯料或用辊锻机制坯来代替这两个工步。

综上所述，曲柄压力机上模锻与锤上模锻相比，锻件精度高、生产效率高、劳动条件好、节省金属，但设备复杂，造价高。因此，曲柄压力机适合于锻件的大批量生产，目前已成为模锻生产流水线和自动生产线上的主要设备。

③ 平锻机上模锻　平锻机的工作原理与曲柄压力机相同，因为滑块做水平方向运动，故称平锻机。平锻机的传动系统如图 3-22 所示。带有离合器的带轮装在传动轴上，电机通过传动带将运动传给带轮，再通过另一端的齿轮将运动传至曲轴。随着曲轴的转动，一方面推动主滑块带着凸模前后往复运动，又驱使凸轮旋转。凸轮的旋转通过导轮使副滑块带着活动模运动，实现锻模的闭合或开启。平锻机的吨位一般为 500～31500kN。

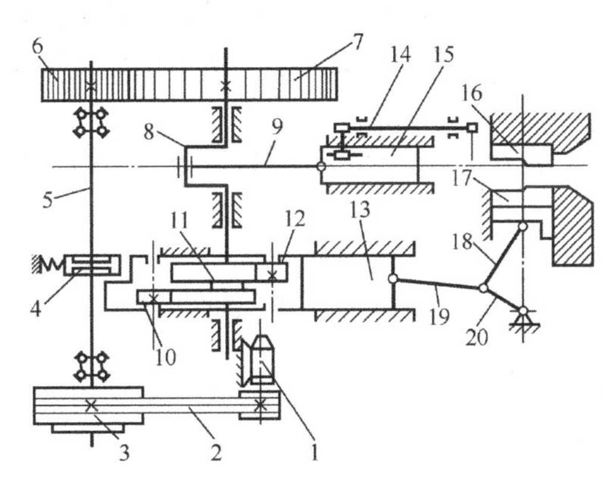

图 3-22　平锻机传动系统

1—电机；2—传动带；3—带轮；4—离合器；5—传动轴；6，7—齿轮；8—曲轴；9—连杆；10，12—导轮；11—凸轮；13—副滑块；14—挡料板；15—主滑块；16—固定模；17—活动模；18，19，20—连杆系统

平锻机上模锻具有以下特点。

a. 锻模由固定模、活动模和凸模三部分组成，因此锻模有两个分模面，可锻造出侧面带有凸台或凹槽的锻件。平锻机上模锻过程如图 3-23 所示。

b. 主滑块上一般不只装有一个凸模，而是从上到下安排几个不同的凸模，工作时坯料逐一经过所有模膛，完成各个工步，如镦粗、预成形、成形、冲孔等。

c. 凸模工作部分多用镶块组合，便于磨损后更换，以节约模具材料。

d. 锻件飞边小，带孔件无连皮，锻件外壁无斜度，材料利用率高，锻件质量好。

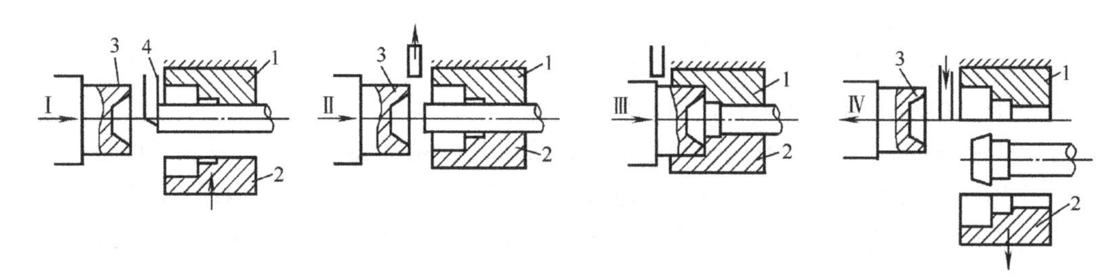

图 3-23　平锻机上模锻过程

1—固定模；2—活动模；3—凸模；4—挡料板

平锻机造价较高，通用性不如锤上模锻和曲柄压力机上模锻，对非回转体及中心不对称的锻件较难锻造，一般只对坯料一部分进行锻造，所生产的锻件主要是带头部的杆类和有孔（通孔或不通孔）的锻件，亦可锻造出曲柄压力机上不能模锻的一些锻件，如汽车半轴、倒车齿轮等。典型的平锻机模锻件如图 3-24 所示。

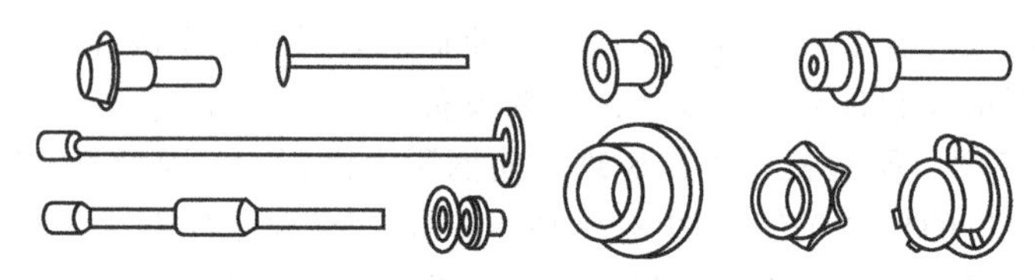
图 3-24　典型的平锻机模锻件

（3）精密模锻

精密模锻是指在刚度大、精度高的模锻设备（如曲柄压力机、摩擦压力机或高速锤等）上锻造出形状复杂、高精度锻件的模锻工艺。精密模锻件尺寸精度可达 IT12～IT15，表面粗糙度为 Ra3.2～1.6μm。

精密模锻的工艺过程一般为：将坯料用普通模锻锻成中间坯料→清理→少无氧化加热→精锻。

精密模锻的工艺特点如下。

a. 需精确计算原始坯料的尺寸，严格按坯料质量下料，否则会增大锻件尺寸公差，降低精度。

b. 需精细清理坯料表面，除净坯料表面的氧化皮、脱碳层及其他缺陷等。

c. 为提高锻件的尺寸精度和减小表面粗糙度，应采用少无氧化加热方法，尽量减少坯料表面形成的氧化皮。

d. 精密模锻的锻件精度在很大程度上取决于锻模的加工精度，因此精锻模膛的精度必须很高，一般要比锻件的精度高两级。精密锻模一定有导柱、导套结构，以保证合模准确。为排除模膛中的气体，减小金属流动阻力，使金属更好地充满模膛，在凹模上应开有排气小孔。

e. 模锻时要很好地进行润滑和冷却锻模。

3.2.2　板料冲压

板料冲压的坯料厚度一般不大于 4mm，通常在常温（低于板料的再结晶温度）下冲压，故又称为冷冲压。板料冲压中，只有当坯料厚度在 8mm 以上时，才采用热冲压。

板料冲压具有以下特点。

a. 冲压件的尺寸公差由模具保证，可获得尺寸精确、表面光洁、形状复杂的冲压件。

b. 冲压件由薄板加工，材料经过塑性变形产生冷变形强化，具有质量轻、强度高和刚性好的优点。

c. 冲压生产操作简单，生产率高，易于实现机械化和自动化。

d. 冲模是冲压生产的主要工艺装备，由于冲压模具结构复杂，精度高，制造费用相对较高，通常冲压适合在大批量生产中应用。

用于冲压的原材料，可以是具有塑性的金属材料（低碳钢、奥氏体不锈钢、铜或铝及其合金等），也可以是非金属材料（胶木、云母、纤维板、皮革等）。

冲压生产常用的设备，主要有剪床和冲床两大类。剪床可以通过剪切工序把板料剪成一定宽度的条料，为冲压生产准备原料。冲床是进行冲压加工的主要设备，按其床身结构不同，有开式和闭式两类冲床，按传动方式有机械压力机与液压压力机两大类。冲床的主要技术参数是以公称压力（kN）来表示的，我国常用开式冲床的规格为 63～2000kN，闭式冲床的规格为 1000～5000kN。

冲压基本工序可分为分离工序（如冲裁、切断等）和变形工序（如拉深、弯曲等）两大类。

3.2.2.1 分离工序

分离工序是使板料的一部分与另一部分相互分离的加工工序。使板料按不封闭轮廓分离的工序叫切断，使板料沿模具的封闭刃口产生分离的工序叫冲裁。冲裁又可分为冲孔和落料。冲孔和落料这两个工序中的坯料变形过程和模具结构都是一样的，只是成品与废料的划分不同。落料是从板料上冲出一定外形的零件或坯料，冲下部分是成品。冲孔是从板料上冲出一定内形的带孔零件，冲下部分是废料。例如，冲制平垫圈时，制取外形的冲裁工序称为落料，而制取内孔的冲裁工序称为冲孔。冲裁既可直接冲出成品零件，也可为后续变形工序准备坯料，应用十分广泛。

（1）冲裁

① 冲裁变形过程　板料的冲裁变形过程可分为如图 3-25 所示的三个阶段。

弹性变形阶段　即第一阶段，凸模开始接触板料下压时，板料在凸、凹模刃口处产生弹性压缩、弯曲和拉伸变形。若没有压料装置，板料会产生少量翘曲，间隙越大翘曲越明显。随着凸模的继续下压，板料的应力将达到弹性极限。

塑性变形阶段　即第二阶段，随着凸模的继续下压，板料的内应力达到并超过材料的屈服强度时，产生塑性变形。这时，凸模逐渐挤入板料，并将板料压入凹模孔口。被压挤入的板料会形成小圆角和一段与板平面垂直的光面。凸、凹模间隙越大，圆角也越大，而光面越小。随着凸模继续下压，板料的应力达到抗拉强度时，出现微裂纹。

剪裂分离阶段　即第三阶段，已经形成的微裂纹随凸模的继续下压逐渐扩展，上下裂纹重合，板料正常分离，得到如图 3-26 所示的冲裁件断面，由圆角带、光亮带、剪裂带以及毛刺组成。

② 冲裁工艺参数的确定

冲裁间隙　冲裁间隙是一个极为重要的冲裁工艺参数。如果冲裁间隙过小，会使冲裁力加大，不仅会降低模具寿命，还会使冲裁件的断面形成二次光亮带，在两个光面间夹有裂纹，如图 3-27(a) 所示；如果间隙过大，会使得圆角带和毛刺加大，板料的翘曲也会加大，如图 3-27(c) 所示。这些都会影响冲裁件的断面质量。因此，选择合理的冲裁间隙对保证冲裁件质量，提高模具寿命，降低冲裁力都是十分重要的。

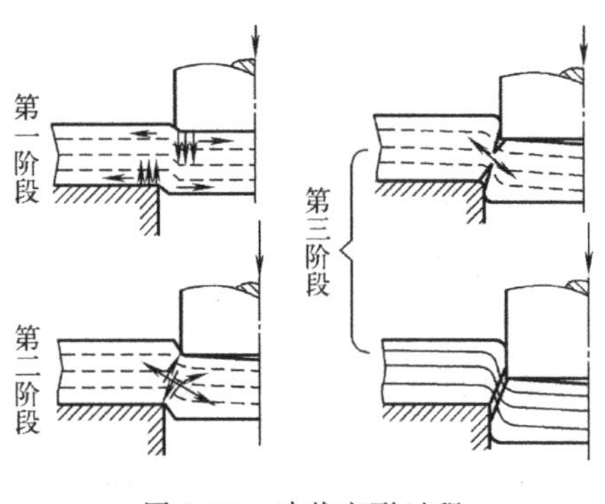

图 3-25 冲裁变形过程

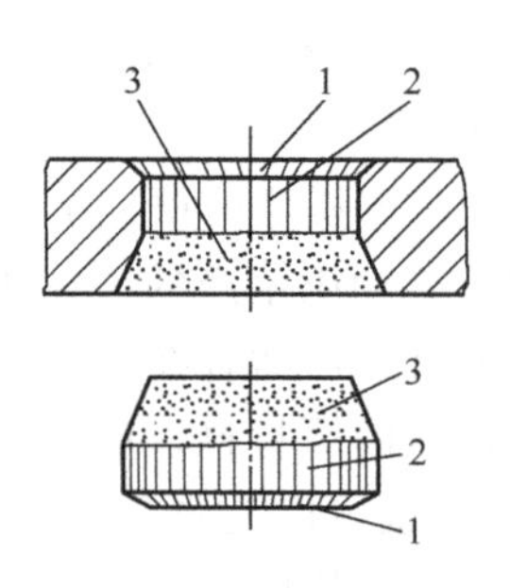

图 3-26 冲裁件的断面

1—圆角带；2—光亮带；3—剪裂带

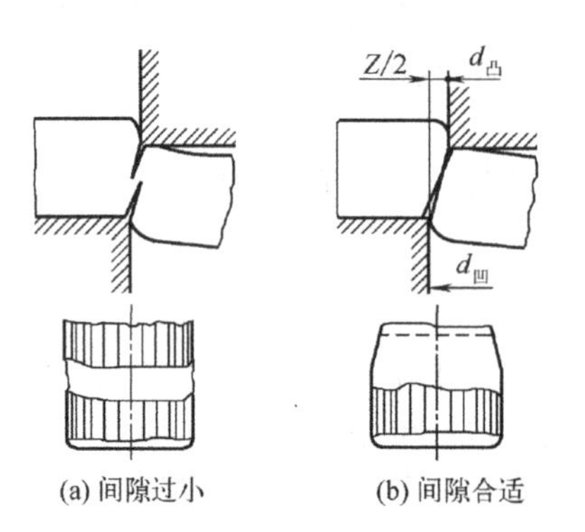

(a) 间隙过小　(b) 间隙合适　(c) 间隙过大

图 3-27 冲裁间隙对断面质量的影响

设计冲裁模时，可以按相关手册选用冲裁间隙或利用下列经验公式选择合理的间隙值：

$$Z=2Ct$$

式中 Z——凸模与凹模间的双面间隙，mm；

C——与材料厚度、性能有关的冲裁间隙系数，见表 3-3；

t——板料厚度，mm。

表 3-3 冲裁间隙系数 *C* 值

材　料	板　厚 t/mm	
	$t\leqslant3$	$t>3$
软钢、纯铁	0.06～0.09	当断面质量无特别要求时，将 $t\leqslant3$ 的相应 C 值放大 1.5 倍
铜合金、铝合金	0.06～0.10	
硬钢	0.08～0.12	

刃口尺寸　刃口尺寸计算是设计冲裁模时最重要的工艺计算，它关系到模具寿命和冲裁件的尺寸精度。在冲裁件尺寸的测量和使用中，都是以光面的尺寸为基准的。落料件的光面是因凹模刃口挤切材料而产生的，而冲孔件的光面是因凸模刃口挤切材料而产生的。因此，计算刃口尺寸时，应按落料和冲孔两种情况分别进行。

设计落料模时，应先按落料件确定凹模刃口尺寸，以凹模作设计基准，然后根据间隙 Z 确定凸模尺寸（即用缩小凸模刃口尺寸来保证间隙值）。设计冲孔模时，应先按冲孔件确定凸模刃口尺寸，以凸模作设计基准，然后根据间隙 Z 确定凹模尺寸（即用扩大凹模刃口尺寸来保证间隙值）。冲模在工作过程中必然有磨损，落料件尺寸会随凹模刃口的磨损而增大，而冲孔件尺寸则会随凸模刃口的磨损而减小。为了保证零件的尺寸，并延长模具的使用寿命，落料凹模基本尺寸应取工件尺寸公差范围内的较小尺寸，而冲孔凸模基本尺寸应取工件尺寸公差范围内的较大尺寸。

冲裁力 冲裁力是材料冲裁时作用在模具上的最大抗力，它是合理选择冲压设备的主要依据。

对于平刃冲裁，冲裁力计算公式为：

$$F=KLt\tau \quad 或 \quad F=LtR_m$$

式中 F——冲裁力，N；

L——冲切刃口周长，mm；

t——板料厚度，mm；

τ——板料的抗剪强度，MPa；

R_m——板料的抗拉强度，MPa；

K——安全系数，常取 1.3。

排样设计 排样是指落料件在条料、带料或板料上合理布置的方法。排样合理，可使废料最少，材料利用率提高。图 3-28 为同一个冲裁件采用四种不同的排样方式时材料消耗的对比。有搭边排样，是在各个落料件之间均留有一定尺寸的搭边，其优点是毛刺小且在同一个平面上，冲裁件尺寸准确、质量较高，但材料消耗多，如图 3-28(a)、(b)、(c) 所示。无搭边排样，是用落料件形状的一个边作为另一个落料件的边缘。这种排样，材料利用率很高，但毛刺不在同一个平面上，而且尺寸不容易准确。因此，只有在对冲裁件质量要求不高时才采用，如图 3-28(d) 所示。

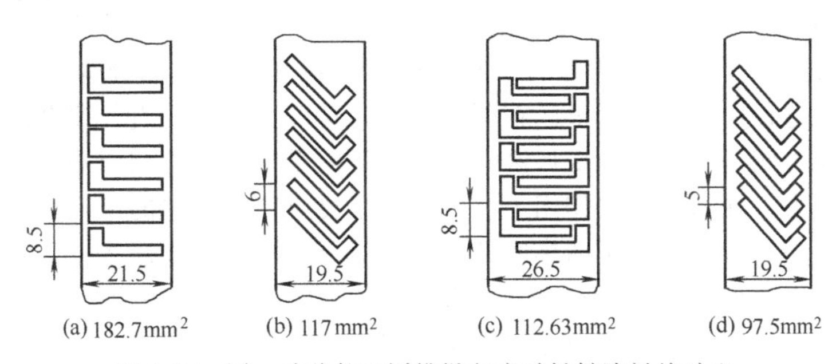

图 3-28 同一冲裁件不同排样方式时材料消耗的对比

搭边是指冲裁件与冲裁件之间，冲裁件与条料两侧边之间留下的工艺余料，其作用是保证冲裁时刃口受力均匀和条料正常送进。搭边值通常由经验确定，一般为 0.5～5mm，材料越厚、越软以及冲裁件的尺寸越大、形状越复杂，搭边值应越大。

(2) 修整

修整是利用模具将冲裁件的边缘或内孔切去一薄层金属，从而提高冲裁件断面质量与精度的加工方法，如图 3-29 所示。修整可去除普通冲裁时在断面上留下的圆角、毛刺与剪裂带等。一般情况，修整余量约为 0.1～0.4mm，工件尺寸精度可达 IT7～IT6。

(3) 精密冲裁

普通冲裁获得的冲裁件，由于公差大、断面质量较差，只能满足一般产品的使用要求。利用修整工艺可以提高冲裁件的质量，但生产率低，不能适应大批量生产的要求。精密冲裁（简称精冲）又称为无间隙或负间隙冲裁，一般采用齿圈压板在精冲压力机上完成冲裁，如图 3-30 所示，其冲裁机理与普通冲裁有很大差异，坯料在齿圈和凸、凹模的作用下处于三向压应力状态，抑制了材料的裂纹产生，而使坯料以塑性剪切方式分离。得到的冲裁件断面与板平面垂直且光亮，精密冲裁件的精度（可达 IT8～IT6）和断面质量（表面粗糙度 Ra 可达 0.8～0.4μm）都优于普通冲裁件。但是，精密冲裁对冲压设备及冲模的精度都有较高的要求。

(a) 外缘修整　　(b) 内孔修整

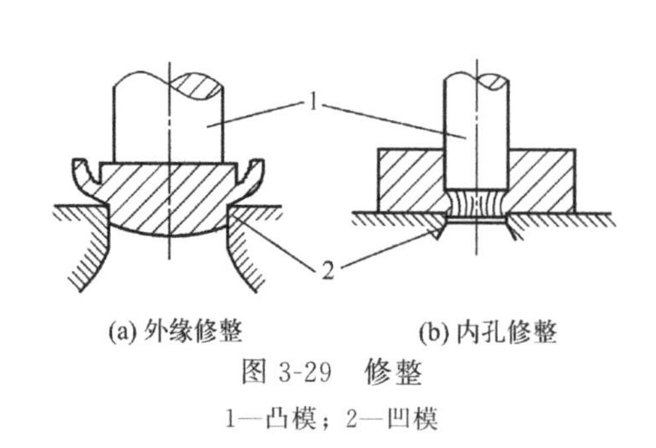

图 3-29　修整

1—凸模；2—凹模

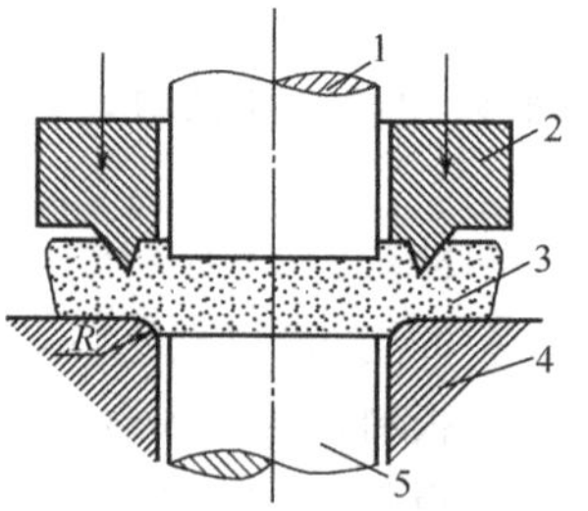

图 3-30　精密冲裁

1—凸模；2—齿圈压板；3—坯料；4—凹模；5—顶杆

3.2.2.2　变形工序

变形工序是使坯料的一部分相对于另一部分产生位移而不破裂的工序，常用的变形工序有拉深、弯曲、翻边、旋压和成形等。

(1) 拉深

拉深是使平面板料成形为开口或中空形状零件的冲压工序，可制造尺寸范围相当广泛的旋转体零件、盒形件及其他复杂形状零件，如车灯壳、汽车油箱、电容器外壳、汽车覆盖件等。

下面以典型的圆筒形工件的成形介绍拉深工艺过程。拉深变形过程如图 3-31 所示，原始直径为 D 的板料，经过凸模压入凹模孔口中，拉深后变成内径为 d、高度为 h 的筒形零件。在拉深过程中，主要变形区在凸缘部分，这部分板料的直径逐渐减小，并通过凹模圆角逐步转化为侧壁。在凸缘变形区，板料的径向受拉应力，切向受压应力，有压边时厚度方向受压应力。在这些力的作用下，板料的主要应变是切向的压应变，同时径向为拉应变，厚度方向略有变厚。处于凸模底部的板料被压入凹模形成筒底，这部分金属基本不变形，近似认为不变形区。拉深过程的侧壁，是由底部以外的环形部分板料变形后形成的，这部分是已变形区，它把力传递到凸缘部分，也称传力区。

拉深过程中的主要缺陷是起皱和拉裂，如图 3-32 所示。

图 3-31　拉深变形过程

1—凸模；2—压边圈；3—坯料；4—凹模

(a) 起皱

(b) 局部变薄　　(c) 拉裂

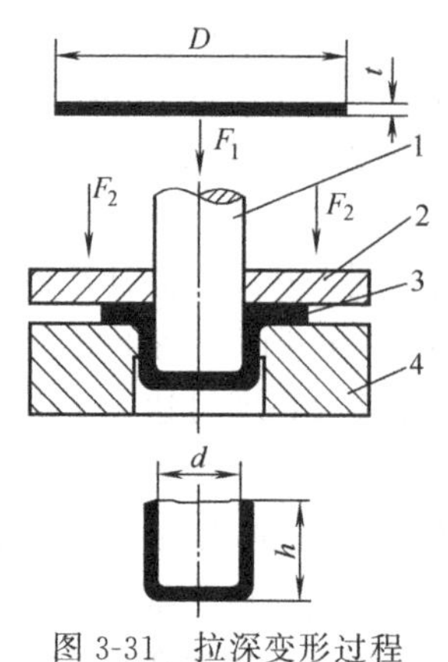

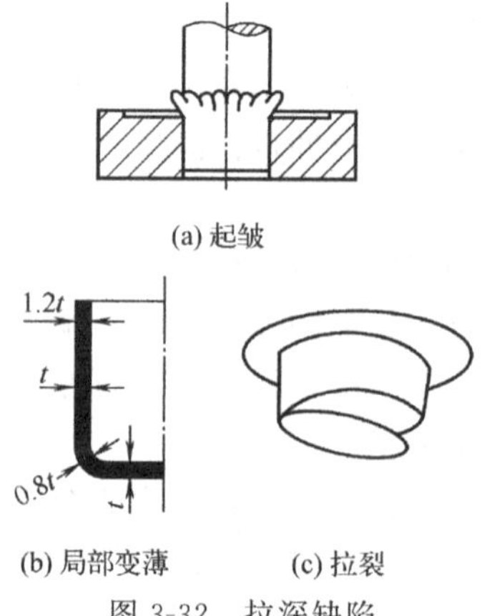

图 3-32　拉深缺陷

起皱是拉深时由于较大的切向压应力使板料失稳造成的，生产中常采用加压边圈的方法防止起皱。拉裂一般出现在筒底部圆角区，这个区域在拉深时有少量的变薄，成为危险断面，当拉应力超过材料的抗拉强度时，该处被拉裂而成为废品。产生拉裂的原因很多，为防止拉裂，应采取以下工艺措施。

① 限制拉深系数　衡量拉深变形程度大小的主要工艺参数是拉深系数 m，它用拉深件直径 d 与毛坯直径 D 的比值表示，即 $m=d/D$。拉深系数越小，表明变形程度越大，越容易产生拉裂等缺陷。一般情况下，应保证 $m \geqslant 0.5 \sim 0.8$。能保证拉深正常进行的最小拉深系数称为极限拉深系数。当冲裁件的拉深系数小于极限拉深系数时，不能一次拉出，应采用多次拉深工艺，如图 3-33 所示。材料第 1 次拉深的拉深系数用 m_1 表示，材料第 2 次拉深的拉深系数用 m_2 表示，以后各次的拉深系数分别用 m_3，m_4，…，m_n 表示，则

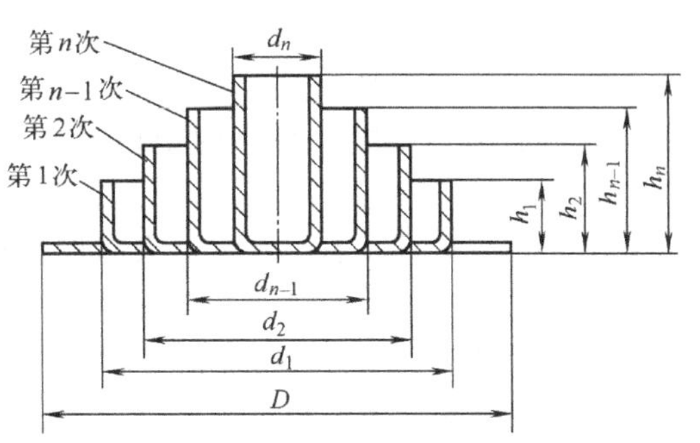

图 3-33　多次拉深时圆筒直径的变化

$$m_1=\frac{d_1}{D},\ m_2=\frac{d_2}{d_1},\ \cdots,\ m_n=\frac{d_n}{d_{n-1}}$$

工件的总拉深系数 m 为

$$m=m_1 m_2 \cdots m_n$$

式中　D——毛坯直径，mm；

d——工件直径，mm，$t \geqslant 1$mm 时取中径，d_1，d_2，…，d_{n-1} 为中间各次拉深毛坯的直径，最后一次拉深直径 $d_n=d$；

$m_1 \sim m_n$——第 1 次至第 n 次的拉深系数。

② 凹、凸模的工作部分必须加工成圆角　一般凹模的圆角半径与板厚 t 的关系为 $R_{凹}=(5 \sim 10)t$，凸模圆角半径为 $R_{凸}=(0.7 \sim 1)t$。

③ 使用合理的凸、凹模间隙　间隙过大，容易起皱，拉深件尺寸精度低；间隙过小，则由于坯料与凹模间的摩擦力增大，易于出现破裂现象，凹模刃口磨损加重，模具寿命降低。一般凸、凹模之间的单边间隙 $Z=(1.0 \sim 1.2)t$。

④ 减小拉深阻力　例如：压边力要合理，不应过大；凸、凹模工作表面要有较小的表面粗糙度，可以在凹模表面涂润滑剂来减小摩擦。

(2) 弯曲

弯曲是将金属材料弯曲成一定角度和形状的成形方法，弯曲在冲压生产中占有很大的比重。根据弯曲成形所用的模具和设备不同，弯曲方法可分为：压弯、拉弯、折弯、滚弯等。最常见的是在压力机上的压弯。弯曲变形过程如图 3-34 所示。弯曲开始时，凸模与板料接触产生弹性弯曲变形，随着凸模的下行，板料产生局部塑性变形，弯曲内侧的弯曲半径逐渐减小，变形部分的变形程度逐渐加大，直到板料与凸模完全贴合。

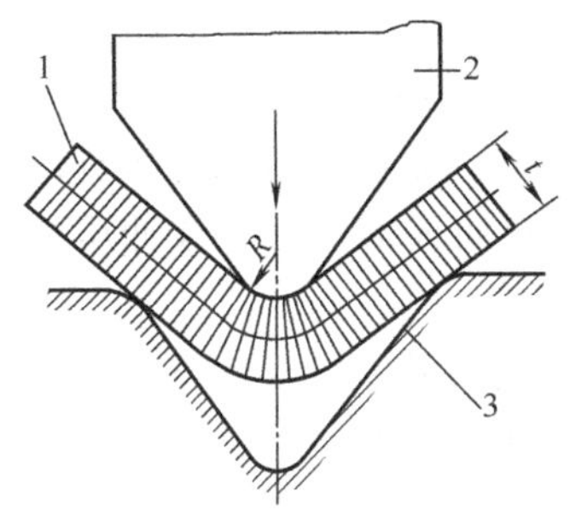

图 3-34　弯曲过程

1—坯料；2—凸模；3—凹模

① 弯曲变形区　弯曲变形主要发生在弯曲中心角对应

的范围内，中心角以外区域基本不发生变形。

② 最小弯曲半径　在变形区内靠近凸模一侧，板料在长度方向上发生压缩变形；靠近凹模的一侧，板料在长度方向上发生伸长变形。对于一定厚度的板料，弯曲半径越小，外层材料的伸长率越大，当外层材料的伸长率达到或超过材料的许用伸长率时会产生弯裂。为防止出现弯裂，必须使弯曲件的相对弯曲半径 R/t 大于最小相对弯曲半径 R_{min}/t（t 为板厚），通常最小相对弯曲半径 R_{min}/t 在 0.1～2 之间选取。

影响最小相对弯曲半径的因素如下。

a. 材料的力学性能。材料的塑性越好，其伸长率越大，最小相对弯曲半径 R_{min}/t 越小。

b. 板料的热处理状态。经过退火的板料塑性好，最小相对弯曲半径 R_{min}/t 可小；有冷变形强化的板料，塑性降低，应使 R_{min}/t 增大。

c. 冷轧板料的性能。各向异性，沿纤维方向的力学性能好。因此，弯曲线与纤维方向垂直时，不易弯裂，最小相对弯曲半径 R_{min}/t 可小。弯曲线与纤维方向平行时，为防止弯裂，相对最小弯曲半径 R_{min}/t 应加大。

d. 板料表面及边缘质量。粗糙时，易产生应力集中，为防止弯裂需增大 R_{min}/t。

③ 中性层　在变形区的厚度方向，缩短和伸长的两个变形区之间，有一层金属在变形前后没有变化，这层金属称为中性层。中性层是计算弯曲件展开长度的依据。

④ 回弹　由于材料的弹性回复，弯曲件的角度和弯曲半径较凸模大，这种现象称为回弹。回弹会影响弯曲件的精度，通常在设计弯曲模时使模具的弯曲角 α 减小一个回弹量 $\Delta\alpha$。

（3）翻边

翻边是用扩孔的方法使带孔件在孔口周围冲制出凸缘的成形工序，其过程如图 3-35 所示。将带有预制孔的板坯放在凹模上，凸模向下运动，逐步压入凹模，板坯在凸模压应力作用下，沿孔口按凸模和凹模提供的形状翻出直边。变形过程中，其变形程度极限受翻出直边的开口处周向拉应力限制，通常用翻边系数 K_0 来表示。

$$K_0=d_0/d$$

式中　d_0——翻边前板坯预制孔径；

　　d——翻边后内孔径。

K_0 越小，变形程度越大，一般 $K_0=0.65\sim0.72$。

翻边工序用于生产带凸缘的环类或套筒类零件。

（4）旋压

旋压，是利用旋压机使毛坯和模具以一定的速度共同旋转，并在擀棒或滚轮的作用下，使毛坯在与擀棒接触的部位产生局部塑性变形，由于擀棒的进给运动和毛坯的旋转运动，局部的塑性变形逐步扩展到毛坯的全部所需表面，从而获得所需形状与尺寸零件的加工方法。图 3-36 表示旋压空心零件的过程。旋压基本上是靠弯曲成形的，不像冲压那样有明显的拉深作用，故壁厚的减薄量小。旋压的工艺特点如下。

a. 旋压是局部连续成形，变形区很小，故所需要的成形工艺力就小，仅为整体冲压成形力的几十分之一，甚至更小。旋压是一种既省力又效果明显的压力加工方法，可以用功率和吨位都非常小的旋压机加工大型工件。

b. 旋压工具简单，成本低，而且旋压设备的调整、控制简便灵活，具有很大的柔性，非常适合于多品种小批量生产。根据零件形状，有时它也用于大批量生产。

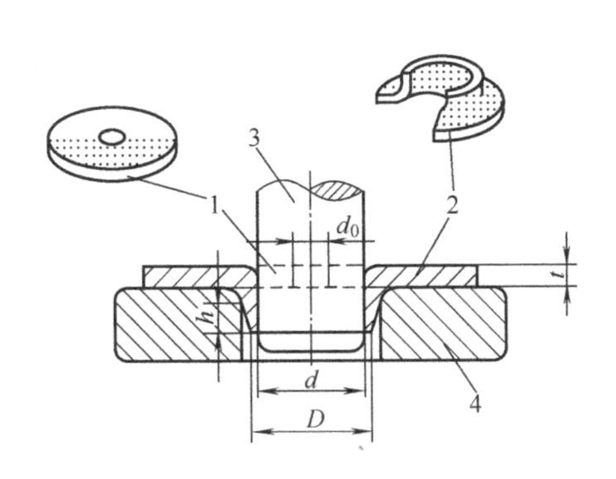

图 3-35　翻边示意图

1—坯料；2—成品；3—凸模；4—凹模

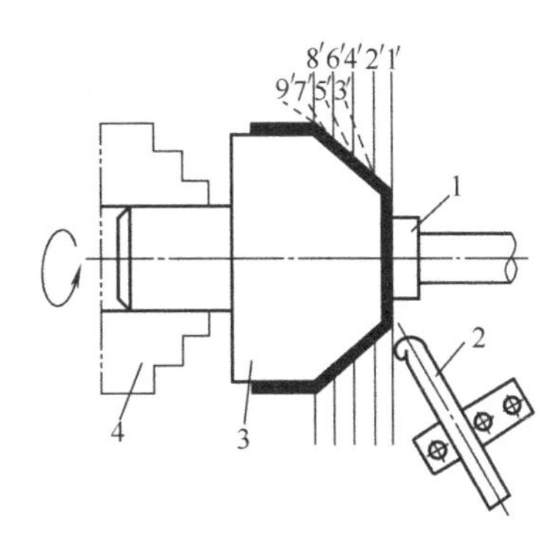

图 3-36　旋压示意图

1—顶杆；2—擀棒；3—模具；4—卡盘；
1′～9′—加工中的毛坯

c. 一些难以冲压成形的形状复杂的零件，可用旋压进行加工。例如，头部很尖的火箭弹药锥形罩、薄壁收口容器、带内螺旋线的猎枪管等。

d. 旋压件尺寸精度高，甚至可与切削加工件相媲美。

e. 旋压零件表面粗糙度容易保证。

此外，经旋压成形的零件，疲劳强度高，屈服强度、抗拉强度、硬度都有大幅度提高；但是，旋压只适用于轴对称的回转体零件。

（5）成形

成形是主要用于平板或筒形毛坯的局部起伏或胀形的冲压工序，如压制凹坑、加强筋、起伏形的花纹及标记等。成形时毛坯的塑性变形局限于一个固定的变形区范围之内，通常材料不从变形区外进入变形区内。变形区内板料的成形主要是通过减薄壁厚、增大局部表面积来实现的。成形的极限变形程度主要取决于材料的塑性。材料的塑性越好，可能达到的极限变形程度就越大。由于成形时毛坯处于两向拉应力状态，故变形区的毛坯不会产生失稳起皱现象，成形后的零件表面光滑、质量好。成形所用的模具，可分钢模和软模两类。如图 3-37 所示的硬橡胶就是一种软模。软模胀形时，材料的变形比较均匀，容易保证零件的精度，便于复杂的空心零件成形，所以在生产中得到广泛应用。

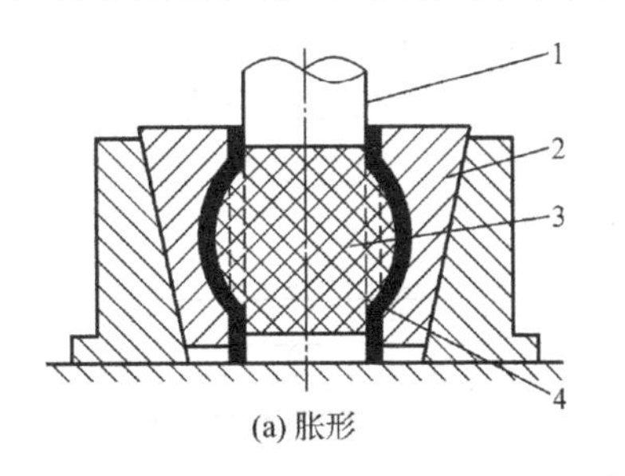

(a) 胀形

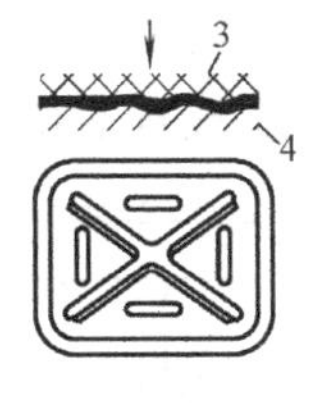

(b) 起伏

图 3-37　用硬橡胶成形

1—凸模；2—分块凹模；3—硬橡胶；4—工件

3.2.2.3　冷冲压模具

冷冲压模具（简称冷冲模）是实现冲压工艺的专用工艺装备。冲模的结构是否合理，对冲压件的质量、冲压生产效率、生产成本和模具寿命等，都有很大影响。

冲压模具零部件按功能一般分为以下几部分。

① 工作零件　使板料成形的零件，有凸模、凹模、凸凹模等。

② 定位、送料零件　使条料或半成品在模具上定位、沿工作方向送进的零部件，主要有挡料销、导正销、导料销、导料板等。

③ 卸料及压料零件　防止工件变形，压住模具上的板料及将工件或废料从模具上卸下或推出的零件，主要有卸料板、顶件器、压边圈、推板、推杆等。

④ 结构零件　在模具的制造和使用中起装配、固定作用的零件，以及在使用中起导向作用的零件，主要有模座、模柄、固定板、垫板、导柱、导套、导筒、导板螺钉、销钉等。

常用的冷冲模按工序组合可分为简单冲模、连续冲模和复合冲模三类。

(1) 简单冲模

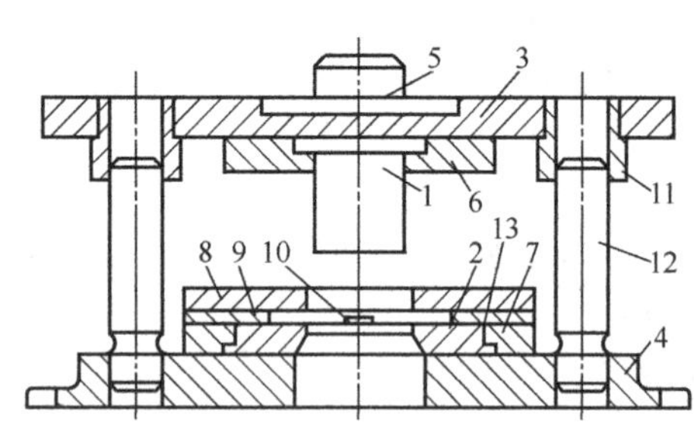

图 3-38　简单冲模

1—凸模；2—凹模；3—上模板；4—下模板；5—模柄；6，7—压板；8—卸料板；9，13—导板；10—定位销；11—套筒；12—导柱

简单冲模是在一个冲压行程只完成一道工序的冲模，如图 3-38 所示。凹模 2 用压板 7 固定在下模板 4 上，下模板用螺栓固定在冲床的工作台上。凸模 1 用压板 6 固定在上模板 3 上，上模板则通过模柄 5 与冲床的滑块连接，使凸模可随滑块做上下运动。为了使凸模向下运动时能对准凹模孔，并在凸、凹模之间保持均匀间隙，通常采用导柱 12 和套筒 11 的结构，条料在凹模上沿导板 9 和 13 之间送进，碰到定位销 10 为止。凸模向下冲压时，冲下的零件（或废料）进入凹模孔，而条料则夹住凸模并随凸模一起回程向上运动。条料碰到固定在凹模上的卸料板 8 时被推下，随后条料继续在导板间送进。重复上述动作，冲下所需数量的零件。简单冲模结构简单，容易制造，适用于冲压件的小批量生产。

(2) 连续冲模

在冲床的一次冲程中，在模具的不同部位上同时完成数道冲压工序的模具，称为连续冲模，如图 3-39 所示。工作时，定位销 2 对准预先冲出的定位孔，上模向下运动，凸模 1 进行落料，凸模 4 进行冲孔。当上模回程时，卸料板 6 从凸模上推下残料。这时，再将坯料 7 向前送进，执行第二次冲裁。如此循环进行，每次送进距离由挡料销控制。连续冲模生产效率高，易于实现自动化，但要求定位精度高，制造复杂，成本较高。

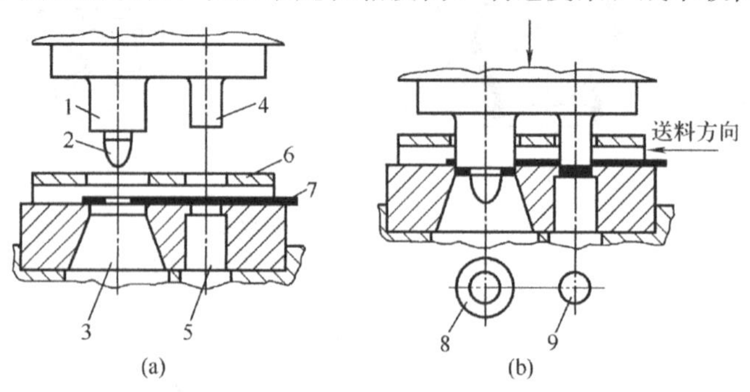

图 3-39　连续冲模

1—落料凸模；2—定位销；3—落料凹模；4—冲孔凸模；5—冲孔凹模；6—卸料板；7—坯料；8—成品；9—废料

(3) 复合冲模

在冲床的一次冲程中，同一部位上同时完成数道冲压工序的模具，称为复合冲模，如图 3-40 所示。复合模的最大特点，是模具中有一个凸凹模。凸凹模的外圆是落料凸模刃口，内孔则成为拉深凹模。当滑块带着凸凹模向下运动时，条料首先在落料凹模中落料。落料件被下模当中的拉深凸模顶住，滑块继续向下运动时，凸凹模随之向下运动进行拉深。顶出器在滑块的回程中将拉深件推出模具。复合冲模适用于产量高、精度高的冲压件，但模具制造复杂，成本高。

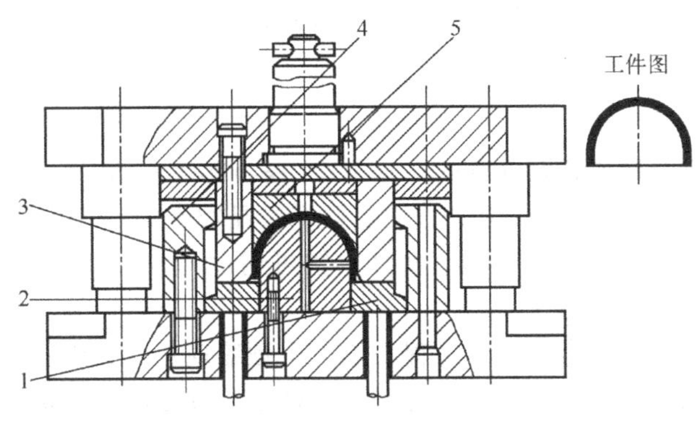

图 3-40 复合冲模

1—弹性压边圈；2—拉深凸模；3—落料、拉深凸凹模；4—落料凹模；5—顶出板

3.2.3 其他塑性成形工艺方法

3.2.3.1 多向模锻

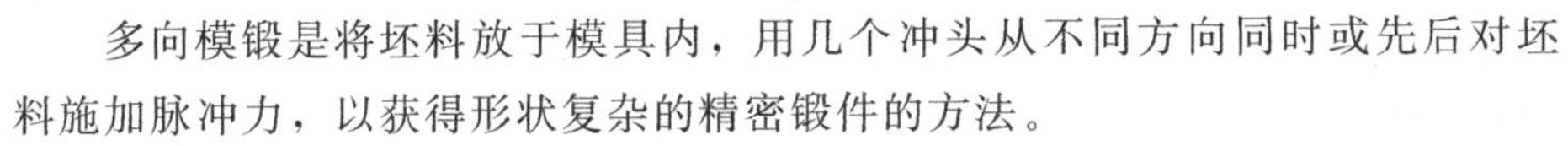

多向模锻是将坯料放于模具内，用几个冲头从不同方向同时或先后对坯料施加脉冲力，以获得形状复杂的精密锻件的方法。

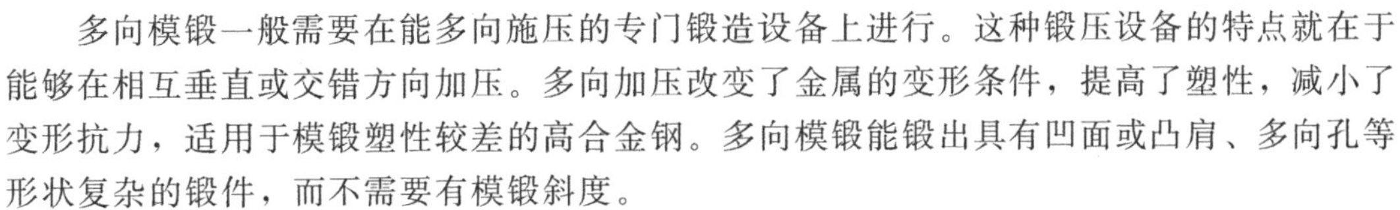

多向模锻一般需要在能多向施压的专门锻造设备上进行。这种锻压设备的特点就在于能够在相互垂直或交错方向加压。多向加压改变了金属的变形条件，提高了塑性，减小了变形抗力，适用于模锻塑性较差的高合金钢。多向模锻能锻出具有凹面或凸肩、多向孔等形状复杂的锻件，而不需要有模锻斜度。

(1) 多向模锻的优点

① 提高材料利用率，节约金属材料　多向模锻采用封闭式模锻，不设计毛边槽，锻件可设计成空心的，零件易于卸出，起模斜度值小，精度高，因而可节约大量金属材料，多向模锻的材料利用率为 40%～90%。

② 提高锻件的力学性能　多向模锻尽量采用挤压成形，金属分布合理且正确，金属流线较为完好和理想。多向模锻零件强度一般能提高 30%以上，伸长率也有提高。这样就极有利于精密化产品，为产品小型化、减轻产品质量提供了途径。因此，航空、核能工业所用的受力机械零件均广泛采用多向模锻件。

③ 降低劳动强度　多向模锻往往在一次加热过程中就完成了锻压工序，减少了氧化损失，有利于实现模锻机械化操作，显著降低了劳动强度。

④ 提高劳动生产率　多向模锻工艺本身可以使锻件精度提高到理想程度，从而减少了机械加工余量和机械加工工时，使劳动生产率提高，产品成本下降。尤其对于切削效率低的金属材料，其效果更为显著。

⑤ 应用的范围广泛　对金属材料来说，多向模锻不但可以应用于一般钢材与非铁金

属合金，而且也可应用于高合金钢与镍铬合金等材料。在航空、石油、汽车、拖拉机与核能工业中，中空的架体、活塞、轴类、筒形件、大型阀体、管接头以及其他受力机械零件都可采用多向模锻。

（2）多向模锻的局限性

① 需要配备适合于多向模锻工艺特点的专用多向模锻压力机。

② 送进模具中的毛坯只允许有极薄的一层氧化皮，要使多向模锻取得良好的效果，必须对毛坯进行感应电加热或气体保护无氧化加热。

③ 毛坯料尺寸要求严格，质量公差要小，因此下料尺寸要进行精密计算或试料，以确保尺寸的精确性。

3.2.3.2 超塑性成形

超塑性成形，指金属或合金在低的变形速率（$\varepsilon=10^{-4}\sim10^{-2}s^{-1}$）、一定的变形温度（约为熔点热力学温度的一半）和均匀的细晶粒度（晶粒平均直径为 0.2～5μm）条件下，其相对伸长率 A 可超过 100%的变形。例如，钢可超过 500%、纯钛可超过 300%、锌铝合金可超过 1000%。

超塑性状态下的金属在拉伸变形过程中不产生颈缩现象，其变形应力相对常态下金属的变形应力大大降低，因此极易变形，可采用多种工艺方法制出复杂零件。

目前，常用的超塑性成形材料主要是锌铝合金、铝基合金、钛合金及高温合金。

超塑性成形工艺的主要应用如下。

① 板料冲压成形　采用锌铝合金等超塑性材料，可以一次拉深较大变形量的杯形件，而且质量很好，无制耳产生。

② 板料气压成形　将具有超塑性性能的金属板料放于模具之中，把板料与模具一起加热到规定温度，向模具内吹入压缩空气或抽出模具内空气形成负压，使板料沿凸模或凹模变形，从而获得所需形状。气压成形能加工的板料厚度为 0.4～4mm。

③ 挤压和模锻　高温合金及钛合金在常态下塑性很差，变形抗力大，不均匀变形引起各向异性的敏感性强，常规方法难成形，材料损耗大。如采用普通热模锻毛坯，再进行机械加工，金属消耗达 80%左右，导致产品成本升高。在超塑性状态下进行模锻或挤压，就可克服上述缺点，节约材料，降低成本。

超塑性模锻，利用金属及合金的超塑性，扩大了可锻金属材料的类型。如过去只能采用铸造成形的镍基合金，也可以进行超塑性模锻成形；超塑性模锻时，金属填充模膛的性能好，可锻出尺寸精度高，机械加工余量很小，甚至不用加工的零件；并且金属的变形抗力小，可充分发挥中小型设备的作用；锻后可获得均匀细小的晶粒组织，零件力学性能均匀一致。

3.2.3.3 高速高能成形

高速高能成形，又称作高能率成形，是在极短的时间（毫秒级）内将化学能、电能、电磁能或机械能传递给被加工的金属材料，使之迅速成形的工艺。

（1）高速高能成形的特点

① 模具简单　高速高能成形仅用凹模就可以实现，可节省模具材料，缩短模具制造周期，降低模具成本。

② 零件精度高，表面质量好　高速高能成形时，零件以很高的速度贴模，在零件与模具之间发生很大的冲击力，这不但对改善零件的贴模性有利，而且可有效地减少零件弹性回复现象。高能高速成形时，坯料变形不是在刚体凸模的作用下，而是在液体、气体等

传力介质的作用下实现的（电磁成形则不需传力介质）。因此，坯料表面不受损伤，而且可改善变形的均匀性。

③ 可提高材料的塑性变形能力　与常规成形方法相比，高速高能成形可提高材料的塑性变形能力，对于塑性差的难成形材料，高能高速成形是一种较理想的工艺方法。

④ 利于采用复合工艺　用常规成形方法需多道工序才能成形的零件，采用高速高能成形方法可在一道工序中完成，可有效地缩短生产周期，降低成本。

（2）高速高能成形的类型

① 爆炸成形　爆炸成形是利用炸药爆炸的化学能使金属材料高速高能成形的加工方法，适合于各种形状零件的成形。爆炸在 5～10s 内产生几百万兆帕压力的冲击波，坯料在 1～2s，甚至在毫秒或微秒量级时间内成形。爆炸成形工艺可以用于板料拉深、胀形、弯曲、冲孔、表面硬化、粉末压制等。如球形件可采用简单的边缘支撑，用圆形坯进行一次自由爆炸成形；油罐车的碟形封头可采用在水下小型爆炸成形。

② 电液成形　电液成形是利用液体中强电脉冲放电所产生的冲击波和液流冲击使金属成形的工艺。高压直流电向电容器充电，电容器高压放电，在放电回路中形成强大的冲击电流，使电极周围介质中形成冲击波及液流波，并使金属板成形。电液成形速度接近于爆炸成形的速度，与爆炸成形相比，能量更易于控制，成形过程稳定。电液成形适合于形状简单的中小型零件的成形，特别适合于细金属管胀形加工。

③ 电磁成形　电磁成形是利用电磁力加压成形的一种高速高能成形工艺。电容器高压放电，使放电回路中产生很强的脉冲电流，由于放电回路阻抗很低，所以成形线圈中的脉冲电流在极短的时间内迅速变化，并在其周围空间形成一个强大的变化磁场。在变化磁场作用下，坯料内产生感应电流，形成磁场，并与成形线圈形成的磁场相互作用，电磁力使毛坯产生塑性变形。电磁成形适用于板材，及管材的胀形、缩口、翻边、压印、剪切及装配、连接等。电磁成形要求金属具有良好的导电性，如碳钢、铜、铝等。

3.3 金属塑性成形工艺设计

制定工艺规程，必须紧密结合生产条件、设备能力和技术水平等实际情况，力求技术上先进、经济上合理、操作上安全，以达到正确指导生产的目的。

3.3.1 自由锻工艺规程的制定

自由锻工艺规程的主要内容包括：根据零件图绘制自由锻件图、计算坯料的质量与尺寸、选择锻造工序、选择锻造设备、确定锻造温度范围和填写锻造工艺卡片等。

3.3.1.1 绘制自由锻件图

自由锻件图，是以零件图为基础，结合自由锻工艺特点绘制而成的图形。它是工艺规程的核心内容，是制定锻造工艺过程和锻件检验的依据。锻件图必须准确而全面地反映锻件的特殊内容，如圆角、斜度等，以及对产品的技术要求如性能、组织等。

绘制时，主要考虑以下几个因素。

① 余块（或敷料）某些零件上的精细结构，如键槽、齿槽、退刀槽以及通孔、盲孔、台阶等，难以用自由锻方法锻出，必须暂时添加一部分金属以简化锻件的形状。为了简化锻件形状以便于进行自由锻造而增加的这一部分金属，称为余块（或敷料），如图 3-41(a) 所示。

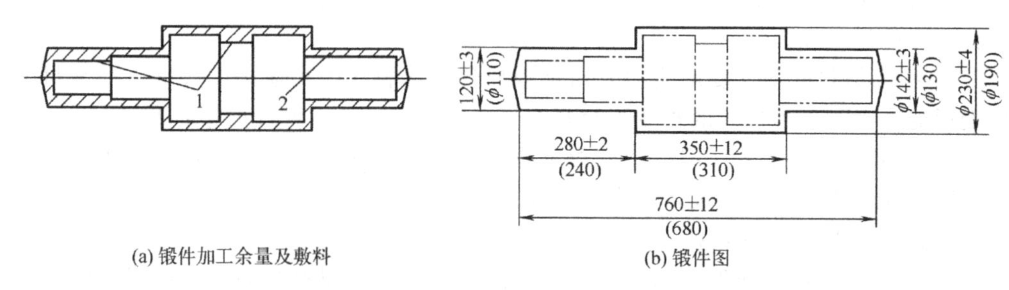

(a) 锻件加工余量及敷料　　(b) 锻件图

图 3-41　阶梯轴锻件图

1—余块（敷料）；2—加工余量

当零件相邻台阶直径相差不大时，可在直径较小部分添加径向余块。若零件的凸缘（法兰）较短时，为防止锻过的凸缘变形，应添加轴向余块使凸缘增长。若零件上有较小孔或锥斜面时，可添加余块使锻件形状简化。

对于某些重要锻件，为了检验锻件内部组织和力学性能，还需在锻件适当部位留出试样余块。试样余块位置及尺寸应能反映锻件的组织与性能，如一般取在钢锭上设置的冒口一端，其锻造比应与所检验部分相同。

但是，附加余块会增加切削加工工时和金属材料损耗，并会将锻造形成的金属纤维组织切断，从而降低锻件强度和塑性、韧性，因此应根据锻造困难程度、锻出条件、机械加工工时、材料消耗、生产批量和工具制造等综合考虑确定，如表 3-4、表 3-5 和表 3-6 所列。

表 3-4　台阶和凹档（台凹）最小锻出长度　　mm

图示	台凹高 h	零件长度 L	不同相邻台阶的直径 D 或宽度 B 下台凹最小锻出长度 l					
			≤65	66～80	81～100	101～125	126～160	161～200
	5～8	≤250	70	80	90	100	120	—
		251～400	90	100	120	140	160	—
		401～600	120	140	160	180	210	240
		601～1000	160	180	210	240	270	300
	9～14	≤250	50	55	60	70	80	90
		251～400	60	70	80	90	100	110
		401～600	80	90	100	110	120	140
		601～1000	100	110	120	140	160	180
	15～23	≤250		40	45	50	60	70
		251～400		50	60	70	80	90
		401～600		70	80	90	100	110
		601～1000		90	100	110	120	140
	24～36	≤250	—	—	45	50	55	60
		251～400			55	60	70	80
		401～600			70	80	90	100
		601～1000			90	100	110	120

表 3-5　凸缘最小锻出长度　　mm

	与凸缘直径相邻部分的直径 d	不同凸缘直径 D 下凸缘最小锻出长度 L					
		≤65	66～80	81～100	101～125	126～160	161～200
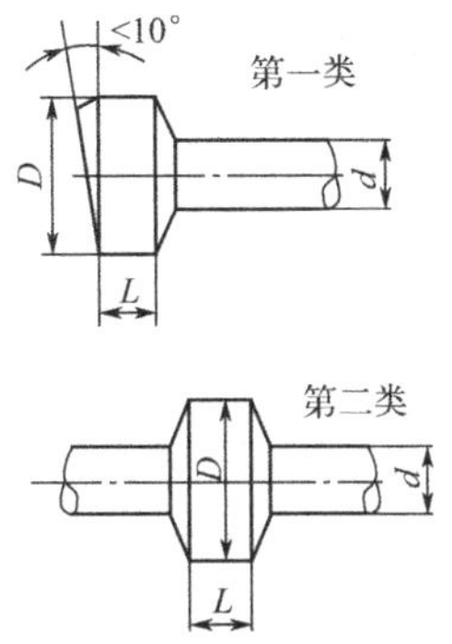	≤40	15/12	22/16	30/22	39/30	55/41	—
	41～50	13/10	19/14	27/20	37/28	51/38	62/51
	51～65	—	14/11	23/17	34/25	47/35	60/47
	66～80	—	—	18/14	29/22	43/32	57/44
	81～100	—	—	—	23/17	38/28	54/40

注：上述分式中分子的数字指第一类凸缘，分母的数字指第二凸缘（即轴颈）。

表 3-6　内孔锻出条件

图示	锻件类型	锻出条件
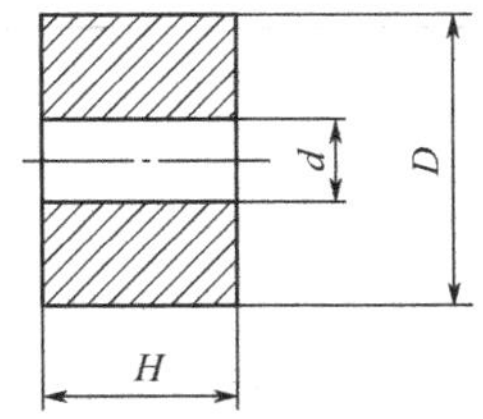	带孔盘类、凸肩齿轮和法兰盘类锻件	当 $d<30$ 或 $H>3d$ 时，该孔不必锻出
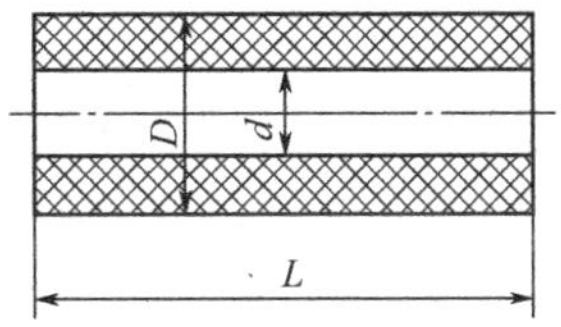	空心轴类锻件 $L>1.5D$，$d<0.5D$	当 $d<30$ 或 $\frac{D-d}{2}<12$ 时

② 机械加工余量　锻件的尺寸精度和表面粗糙度一般不能达到零件图的要求，均需在锻件表面留有多余的金属层以供锻后机械加工。这层多余的金属即为机械加工余量，其大小取决于零件的形状和尺寸、精度和表面粗糙度要求等，如图 3-41(a) 所示。零件尺寸规格越大、形状越复杂，加工余量就越大且耗费工时越多，但锻造难度随之减少，所以在技术可能和经济合理条件下，应尽量减小切削加工余量。零件的公称尺寸加上机械加工余量，称为锻件的公称尺寸。对于不加工的黑皮部分，则不需要加工余量。常见形状的中小型锻件余量可查表 3-7 和表 3-8 确定。

③ 锻件公差　锻件公差是锻件基本尺寸的允许变动量，其值的大小根据锻件形状、尺寸并结合生产的具体情况加以选取，数值仍可查表 3-7 和表 3-8 确定。

在锻件图上，锻件的外形用粗实线绘制，如图 3-41(b) 所示。为了便于操作者了解零件的形状和尺寸，在锻件图上用双点画线画出零件的主要轮廓形状，并在锻件尺寸线的上方标注锻件尺寸与公差，尺寸线下方用圆括号标注出零件尺寸。对于大型锻件，还必须在同一个坯料上锻造出供性能检验用的试样来，该试样的形状与尺寸也在锻件图上表示。

表 3-7　阶梯轴类锻件机械加工余量与公差

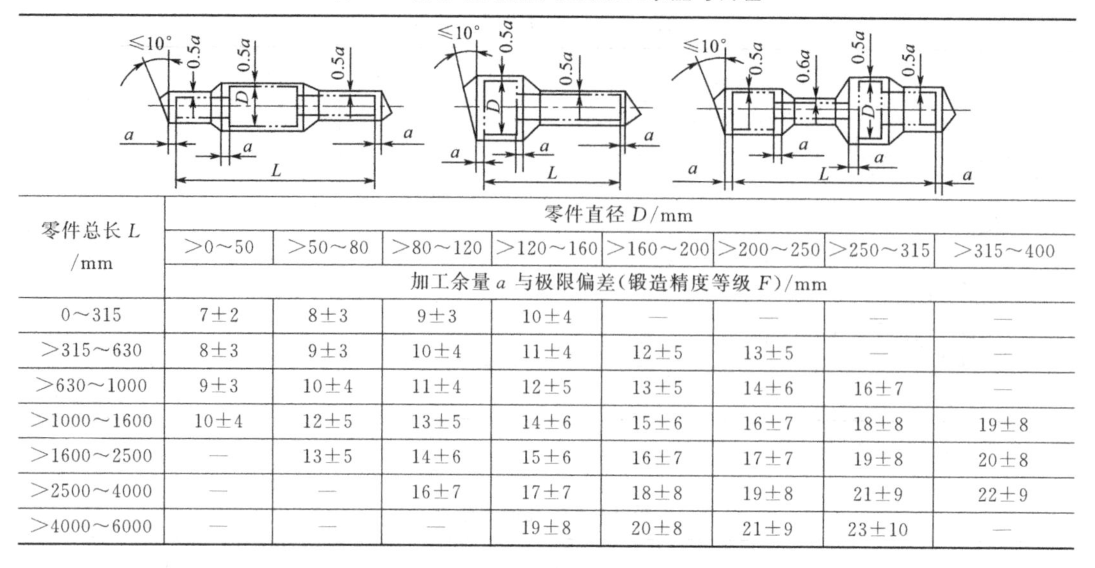

零件总长 *L* /mm	零件直径 *D*/mm							
	>0～50	>50～80	>80～120	>120～160	>160～200	>200～250	>250～315	>315～400
	加工余量 *a* 与极限偏差(锻造精度等级 *F*)/mm							
0～315	7±2	8±3	9±3	10±4	—	—	—	—
>315～630	8±3	9±3	10±4	11±4	12±5	13±5	—	—
>630～1000	9±3	10±4	11±4	12±5	13±5	14±6	16±7	—
>1000～1600	10±4	12±5	13±5	14±6	15±6	16±7	18±8	19±8
>1600～2500	—	13±5	14±6	15±6	16±7	17±7	19±8	20±8
>2500～4000	—	—	16±7	17±7	18±8	19±8	21±9	22±9
>4000～6000	—	—	—	19±8	20±8	21±9	23±10	—

表 3-8　带孔圆盘类锻件机械加工余量与公差

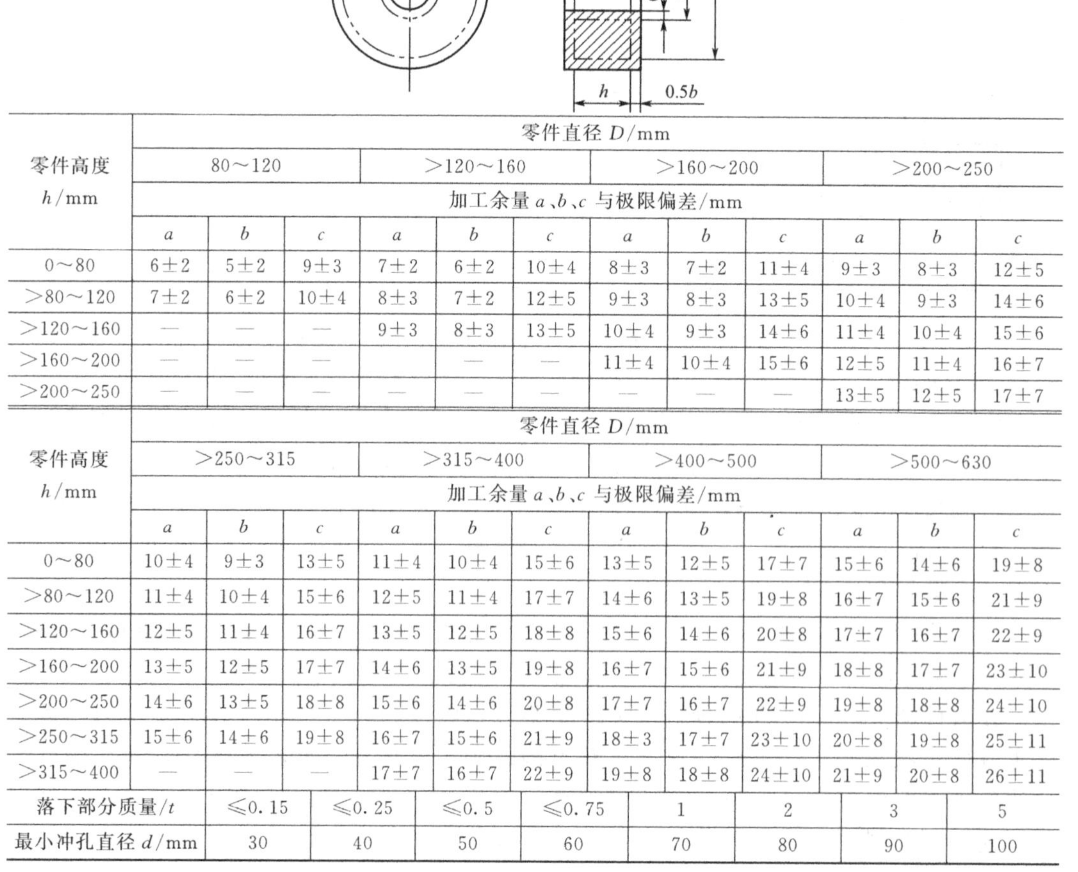

零件高度 *h*/mm	零件直径 *D*/mm											
	80～120			>120～160			>160～200			>200～250		
	加工余量 *a*、*b*、*c* 与极限偏差/mm											
	a	*b*	*c*	*a*	*b*	*c*	*a*	*b*	*c*	*a*	*b*	*c*
0～80	6±2	5±2	9±3	7±2	6±2	10±4	8±3	7±2	11±4	9±3	8±3	12±5
>80～120	7±2	6±2	10±4	8±3	7±2	12±5	9±3	8±3	13±5	10±4	9±3	14±6
>120～160	—	—	—	9±3	8±3	13±5	10±4	9±3	14±6	11±4	10±4	15±6
>160～200	—	—	—		—	—	11±4	10±4	15±6	12±5	11±4	16±7
>200～250	—	—	—	—	—	—	—	—	—	13±5	12±5	17±7

零件高度 *h*/mm	零件直径 *D*/mm											
	>250～315			>315～400			>400～500			>500～630		
	加工余量 *a*、*b*、*c* 与极限偏差/mm											
	a	*b*	*c*	*a*	*b*	*c*	*a*	*b*	*c*	*a*	*b*	*c*
0～80	10±4	9±3	13±5	11±4	10±4	15±6	13±5	12±5	17±7	15±6	14±6	19±8
>80～120	11±4	10±4	15±6	12±5	11±4	17±7	14±6	13±5	19±8	16±7	15±6	21±9
>120～160	12±5	11±4	16±7	13±5	12±5	18±8	15±6	14±6	20±8	17±7	16±7	22±9
>160～200	13±5	12±5	17±7	14±6	13±5	19±8	16±7	15±6	21±9	18±8	17±7	23±10
>200～250	14±6	13±5	18±8	15±6	14±6	20±8	17±7	16±7	22±9	19±8	18±8	24±10
>250～315	15±6	14±6	19±8	16±7	15±6	21±9	18±3	17±7	23±10	20±8	19±8	25±11
>315～400	—	—	—	17±7	16±7	22±9	19±8	18±8	24±10	21±9	20±8	26±11

落下部分质量/t	≤0.15	≤0.25	≤0.5	≤0.75	1	2	3	5
最小冲孔直径 *d*/mm	30	40	50	60	70	80	90	100

注：锻件高度大于孔径的 3 倍时，孔允许不冲出。

3.3.1.2 计算坯料质量与尺寸

(1) 确定坯料质量

自由锻所用坯料的质量为锻件的质量与锻造时各种金属消耗的质量之和，可由下式计算：

$$m_{坯料}=m_{锻件}+m_{烧损}+m_{料头}$$

式中 $m_{坯料}$——坯料质量，kg；

$m_{锻件}$——锻件质量，kg；

$m_{烧损}$——加热时坯料因表面氧化而烧损的质量，kg，第一次加热取被加热金属质量的 2%～3%，以后各次加热取 1.5%～2.0%；

$m_{料头}$——锻造过程中被冲掉或切掉的部分金属的质量，kg，如冲孔时坯料中部的料芯、修切端部产生的料头等。

对于大型锻件，当采用钢锭作坯料进行锻造时，还要考虑切掉的钢锭头部和尾部的质量。

(2) 确定坯料尺寸

坯料尺寸与第一个基本工序有密切关系。由于第一个基本工序的不同，坯料尺寸的确定方法也不同。

采用镦粗法锻造锻件时，为了避免镦粗时产生弯曲，坯料高度 H 应小于或等于直径 D（或边长 A）的 2.5 倍。为了下料方便，坯料的高度也不应小于直径 D（或边长 A）的 1.25 倍，即坯料高度 H 应满足下述条件：

$$1.25D\leqslant H\leqslant 2.5D \quad 或 \quad 1.25A\leqslant H\leqslant 2.5A$$

代入圆截面坯料 $m_{坯料}=\rho\frac{\pi}{4}D^2H$，方截面坯料 $m_{坯料}=\rho A^2H$，得：

圆坯料直径 $$D\approx(0.8\sim1)\sqrt[3]{\frac{m_{坯料}}{\rho}}$$

方坯料边长 $$A\approx(0.75\sim0.9)\sqrt[3]{\frac{m_{坯料}}{\rho}}$$

式中 H——坯料的高度，dm；

D——坯料的直径，dm；

A——坯料的边长，dm；

ρ——坯料的密度，kg/dm^3。

初步确定了 D（A）之后，应根据工厂现有的坯料规格，选用比较合适的直径（边长）。最后根据坯料质量和已选用的坯料直径（边长）求得坯料高度 H：

$$H=\frac{m_{坯料}}{\rho A^2} \quad 或 \quad H=\frac{m_{坯料}}{\rho\frac{\pi}{4}D^2}=\frac{4m_{坯料}}{\rho\pi D^2}$$

坯料高度 H 应满足锻锤行程的要求。采用锻锤时，按下式验算：

$$H<0.75H_{行}$$

式中 H——坯料高度，dm；

$H_{行}$——锻锤的最大行程，dm。

坯料高度除了考虑锻压设备外，还应小于加热炉的有效加热长度。

采用拔长法锻造锻件时，坯料所用截面 $F_{坯}$ 的大小应保证满足技术要求所规定的锻造

比Y，即

$$F_{坯} \geqslant YF_{锻}$$

式中　$F_{坯}$——坯料截面积，dm^2；

Y——锻造比，对于以非合金钢钢锭作为坯料并采用拔长方法锻制的锻件，锻造比一般不小于2.5，如果采用轧材作坯料，锻造比可取1.3～1.5；

$F_{锻}$——锻件上拔长部分的最大横截面积，dm^2。

根据坯料的横截面积$F_{坯}$，算出坯料的直径或边长，并根据工厂的现有规格选用合适的坯料尺寸。

此处设计的锻造比是锻造时金属变形程度的一种表示方法。锻造比以金属变形前后的横断面积的比值来表示。不同的锻造工序，锻造比的计算方法各不相同。拔长锻造比：拔长前横截面积与拔长后横截面积之比。镦粗锻造比：镦粗后横截面积与镦粗前横截面积之比。

例如，碳素钢方轴自由锻件，边长100mm，长度1000mm，采用方钢坯料经拔长方法生产，锻造比取4.0。方钢坯料尺寸的确定可按以下方法进行：首先，根据坯料质量求出坯料体积，取方钢坯料体积为$0.011m^3$；其次，根据拔长锻造比计算出方钢坯料的边长为200mm；最后，根据体积不变定律确定方钢坯料的长度为275mm。

3.3.1.3　选择锻造工序

自由锻锻造工序的选取应根据工序特点和锻件形状来确定。一般而言，盘类零件多采用镦粗（或拔长—镦粗）和冲孔等工序；轴类零件多采用拔长、切肩和锻台阶等工序。

常见锻件的分类及采用的工序见表3-9。

表3-9　锻件分类及所需锻造工序

锻件类别	图　　例	锻　造　工　序
盘类零件	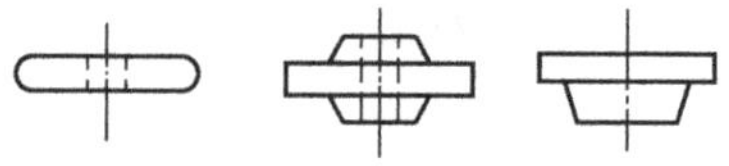	镦粗(或拔长—镦粗)、冲孔等
轴类零件	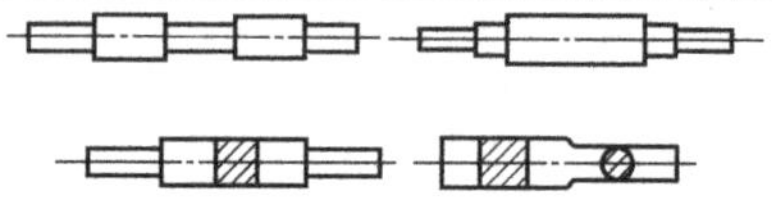	拔长(或镦粗—拔长)、切肩、锻台阶等
筒类零件		镦粗(或拔长—镦粗)、冲孔、在芯轴上拔长等
环类零件		镦粗(或拔长—镦粗)、冲孔、在芯轴上扩孔等
曲轴类零件	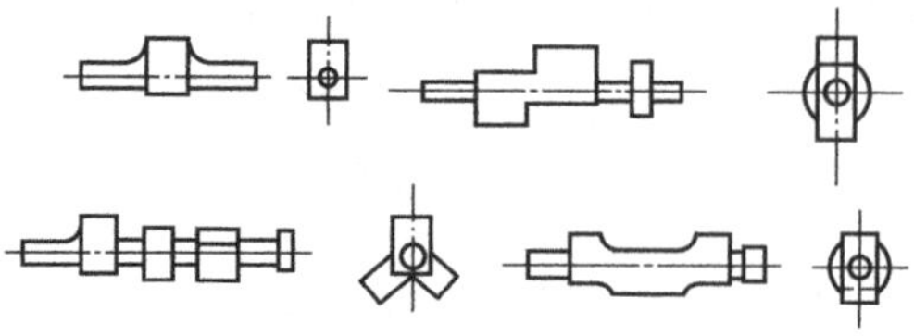	拔长(或镦粗—拔长)、错移、锻台阶、扭转等
弯曲类零件	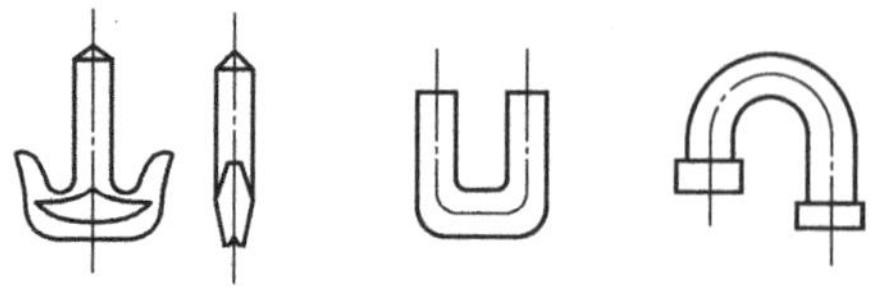	拔长、弯曲等

3.3.1.4 选择锻造设备

根据作用在坯料上力的性质，自由锻设备分为锻锤和液压机两大类。锻锤产生冲击力使金属坯料变形，锻锤的吨位是以落下部分的重量来表示的。生产中常使用的锻锤是空气锤和蒸汽-空气锤，可用来生产质量小于1500kg的锻件。液压机产生静压力使金属坯料变形，其规格是用它所能产生的最大压力来表示。生产中使用的液压机主要是水压机，其吨位较大，目前大型水压机可达 10^5kN 以上，能锻造300t的锻件。表3-10是自由锻锤的锻造能力范围。

表3-10 自由锻锤的锻造能力范围

锻件类型及规格		锻锤落下部分质量/t						
		0.25	0.5	0.75	1	2	3	5
圆饼	D/mm	<200	<250	<300	≤400	≤500	≤600	≤750
	H/mm	<35	<50	<100	<150	<200	≤300	≤300
圆环	D/mm	<150	<350	<400	≤500	≤600	≤1000	≤1200
	H/mm	≤60	≤75	<100	<150	<200	<250	≤300
圆筒	D/mm	<150	<175	<250	<275	<300	<350	≤700
	d/mm	≥100	≥125	>125	>125	>125	>150	>500
	L/mm	≤165	≤200	≤275	≤300	≤350	≤400	≤550
圆轴	D/mm	<80	<125	<150	≤175	≤225	≤275	≤350
	G/kg	<100	<200	<300	<500	≤750	≤1000	≤1500
方块	$H=B$/mm	≤80	≤150	≤175	≤200	≤250	≤300	≤450
	G/kg	<25	<50	<70	≤100	≤350	≤800	≤1000
扁方	B/mm	≤100	<160	<175	≤200	<400	≤600	≤700
	H/mm	≥7	≥15	≥20	≥25	≥40	≥50	≥70
钢锭直径/mm		125	200	250	300	400	450	600
钢坯边长/mm		100	175	225	275	350	400	550

注：D——锻件外径；d——锻件内径；H——锻件高度；B——锻件宽度；L——锻件长度；G——锻件质量。

自由锻设备的选择应根据锻件大小、质量、形状以及锻造基本工序等因素，并结合生产实际条件来确定。例如，用铸锭或大截面毛坯作为大型锻件的坯料，可能需要多次镦、拔操作，在锻锤上操作比较困难并且心部不易锻透，而在水压机上因其行程较大，下砧可前后移动，镦粗时可换用镦粗平台，故多数大型锻件都在水压机上生产。

3.3.1.5 确定锻造温度范围

锻造温度范围是指始锻温度和终锻温度之间的温度范围。锻件加热时，允许加热的最高温度称为始锻温度。随着锻压加工的进行，金属坯料的温度下降，当材料的塑性变差、变形抗力增大到一定程度时不宜再锻压加工，否则将锻出裂纹，这时的温度称为终锻温度。

始锻温度高，则变形抗力小，但不能发生过热与过烧，一般取固相线以下100～200℃。为保证锻后再结晶完全，锻件内部得到细晶粒组织，终锻温度一般应高于金属的再结晶温度50～100℃，一般碳素钢和合金结构钢终锻温度应高于 A_{r3} 点，避免锻造时相变引起裂纹，这样既保证钢在终锻前具有足够的塑性，又使锻件能够获得良好的组织性能。碳素钢的锻造温度范围可根据铁碳平衡相图直接确定，如图3-7所示；部分合金钢的锻造温度范围可参照与之碳质量分数相当的碳素钢来确定。

3.3.1.6 填写锻造工艺卡

某阶梯轴自由锻造的锻造工艺卡见表 3-11。

表 3-11 某阶梯轴自由锻造的锻造工艺卡

mm

锻件名称	阶梯轴	每坯锻件数	1	φ300±9 (φ278)；φ203±9 (φ182)；φ154±9；813±5 (803)；588±2 (567)；813±5 (803)；288；2790±18 (2749)
材料	45	锻造温度范围	1200～800℃	
锻件质量	700kg	锻造设备	5t 蒸汽锤	
坯料质量	836kg	冷却方法	空冷	
坯料尺寸	φ320mm×1000mm	生产数量	5	

火次	工序说明	变形过程图	使用工具
1	拔长	φ310	上、下平砧
	压肩	φ310；405；575；405	上、下平砧，三角刀
	一端拔长、压肩	φ203；813	上、下平砧，三角刀
2	另一端拔长、压肩	φ288；154	上、下平砧，剁刀，圆弧垫铁
	调头、拔长各自台阶、切头、修整	φ154；φ203；φ300；288；813；588	上、下平砧，剁刀，圆弧垫铁

3.3.2 锤上模锻工艺规程的制定

锤上模锻工艺规程的制定，主要包括绘制模锻件图、计算坯料尺寸、确定模锻工序、确定修整工序、选择锻造设备、确定锻造温度范围等。

3.3.2.1 绘制模锻件图

模锻件图是设计和制造锻模、计算坯料以及检验锻件的依据。根据零件图绘制模锻件图应考虑以下几个问题。

（1）分模面

分模面是上、下锻模的分界面。锻件分模面的位置选择是否合理，关系到锻件成形、锻件出模、材料利用率等一系列问题。分模面的选择应按以下原则进行。

① 要保证模锻件能从模膛中取出，并使锻件形状尽可能与零件形状相同，这是确定

分模面最基本的原则。一般情况下，分模面应选在模锻件最大水平投影尺寸的截面上。如图 3-42 所示零件，若选 a—a 面为分模面，则无法从模膛中取出锻件。

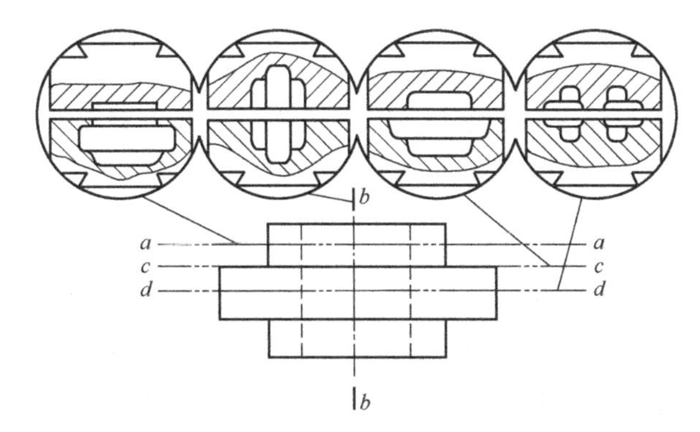

图 3-42 分模面的选择

② 按选定的分模面制成锻模后，应使上下模沿分模面的模膛轮廓一致，以便在安装锻模和生产中容易发现错模现象，及时调整锻模位置，保证锻件质量。若选取 c—c 面作分模面，就不符合此原则。

③ 最好使分模面为一个平面，并使上下锻模的模膛深度基本一致，差别不宜过大，以便于均匀充型。

④ 选定的分模面应使零件上所加的敷料最少。若将 b—b 面选作分模面，零件中间的孔不能锻出，其敷料最多，既浪费金属，降低了材料的利用率，又增加了切削加工工作量，所以该面不宜选作分模面。

⑤ 最好把分模面选取在能使模膛深度最浅处，这样可使金属很容易充满模膛，便于取出锻件，并有利于锻模的制造，如图 3-42 所示的 b—b 面就不适合作分模面。

按上述原则综合分析，选用 d—d 面作分模面最合理，如图 3-42 所示。

(2) 机械加工余量和锻件公差

模锻时金属坯料是在模锻模膛中成形的，因此模锻件尺寸较为精确，其公差和余量比自由锻件小得多。机械加工余量和锻件公差，可参考表 3-12 和表 3-13 所列数值确定。

表 3-12 内、外表面的单边加工余量 mm

加工表面最大宽度或直径	加工表面的最大长度或最大高度					
	≤63	>63～160	>160～250	>250～400	>400～1000	>1000～2500
<25	1.5	1.5	1.5	1.5	2.0	2.0
25～40	1.5	1.5	1.5	1.5	2.0	2.5
>40～63	1.5	1.5	1.5	2.0	2.5	3.0
>63～100	1.5	1.5	2.0	2.5	3.0	3.5

表 3-13 锤上模锻水平方向尺寸公差 mm

模锻件长(宽)度	≤50	50～120	>120～260	>260～500	>500～800	>800～1200
公差	+1.0	+1.5	+2.0	+2.5	+3.0	+3.5
	−0.5	−0.7	−1.0	−1.5	−2.0	−2.5

(3) 模锻斜度和圆角半径

为便于从模膛中取出锻件，模锻件上平行于锤击方向的表面必须具有斜度（即模锻斜度），但加上模锻斜度后会增加金属的损耗和机加工工时。因此，模锻斜度设计时应遵守既保证锻件脱模方便，又节省材料和机加工工时的原则。对于锤上模锻，模锻斜度一般为5°～15°。模锻斜度与模膛深度和宽度有关，通常模膛深度与宽度的比值（h/b）较大时，模锻斜度取较大值。此外，模锻斜度还分为外壁斜度α与内壁斜度β，如图3-43所示。外壁指锻件冷却时锻件与模壁分离的表面；内壁指锻件冷却时锻件与模壁夹紧的表面。内壁斜度值一般比外壁斜度大2°～5°。

模锻件上所有两平面转接处均需圆弧过渡，此过渡处称为锻件的圆角，如图3-43所示。圆弧过渡有利于金属的变形流动，锻造时使金属易于充满模膛，提高锻件质量，并且可以避免在锻模上的内角处产生裂纹，减缓锻模外角处的磨损，提高锻模使用寿命。锻件的圆角可分为外圆角和内圆角。外圆角是在锻件凸部呈圆弧连接的部位，例如筋或凸台的侧面与顶面的相交处。内圆角是在锻件凹部呈圆弧连接的部位，例如用以连接腹板、凹槽底与其相邻侧壁的部位。圆角的大小用圆角半径表示，它受到许多因素的影响，如筋高、锻造方法、锻件材料以及操作条件等。钢模锻件外圆角半径（r）一般取1.5～12mm，内圆角半径（R）比外圆角半径大2～3倍。模膛深度越深，圆角半径值越大。为了便于制模和进行锻件检测，圆角半径尺寸已经形成系列，按标准有1、1.5、2、2.5、3、4、5、6、8、10、12、15、20、25和30等，单位为mm。

(4) 冲孔连皮

锤上模锻不能直接锻出通孔，必须在孔内保留一层连皮，然后在压力机上利用切边模去除。连皮厚度t应适当，若过薄，锻件容易发生锻不足并要求较大的打击力，从而导致模膛凸出部分加速磨损或打塌；若连皮太厚，虽然有助于克服上述现象，但是冲切连皮困难，而且浪费金属，所以在设计有内孔的锻件时，必须正确选定连皮形状与尺寸。一般情况下，对于孔径$d<25$mm而且厚度较大的锻件，模锻时只能锻出凹穴，即其只能锻出盲孔；对于孔径$d\geqslant25$mm而且冲孔深度不大于冲孔直径的带孔模锻件，要锻出通孔则应留有冲孔连皮。常用的连皮形式是平底连皮，如图3-44所示。其厚度t（mm）可按下式计算：

$$t=0.45(d-0.25h-5)^{1/2}+0.6h^{1/2}$$

式中　d——锻件内孔直径，mm；

　　　h——锻件内孔深度，mm。

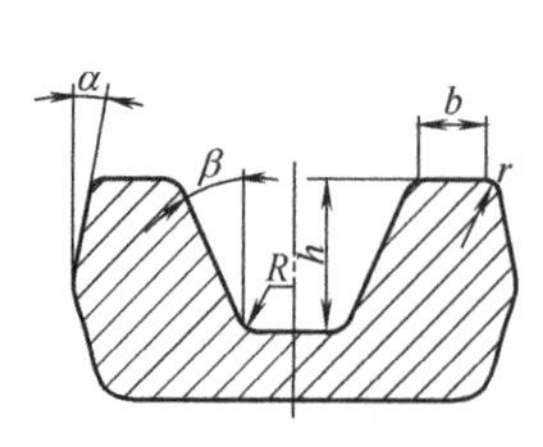

图3-43　模锻斜度和圆角半径

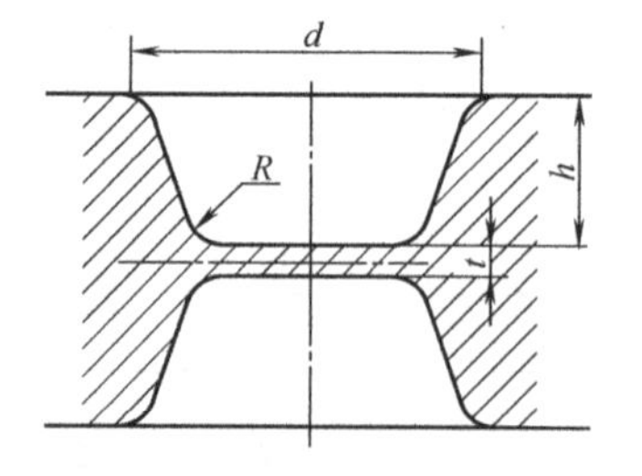

图3-44　平底冲孔连皮

上述各参数确定后便可绘制模锻件图，如图3-45所示为齿轮坯模锻件图。图中双点画线为零件轮廓外形，分模面选在锻件高度方向的中部。由于零件轮辐部分不加工，故无加工余量。图中内孔中部的两条直线为冲孔连皮切掉后的痕迹。

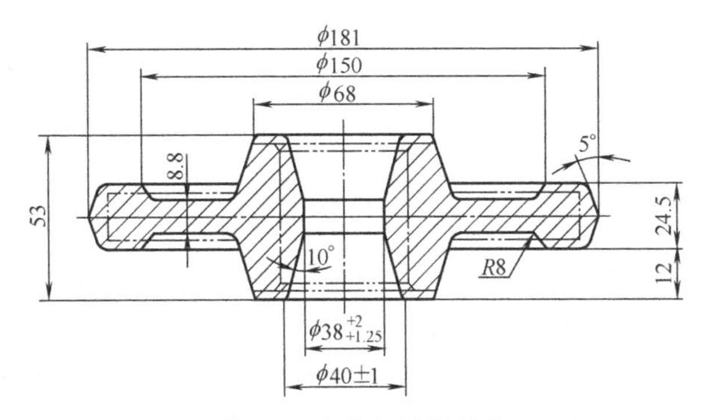

图 3-45　齿轮坯模锻件图

3.3.2.2　确定模锻工序

模锻工序主要根据锻件的形状与尺寸来确定。根据已确定的工序即可设计出制坯模膛、预锻模膛及终锻模膛。模锻件按形状可分为两类：轴杆类模锻件与盘类模锻件。轴杆类模锻件的长度与宽度之比较大，例如台阶轴、曲轴、连杆、弯曲摇臂等，如图 3-46 所示；盘类模锻件在分模面上的投影多为圆形或近于矩形，例如齿轮、法兰盘等，如图 3-47 所示。

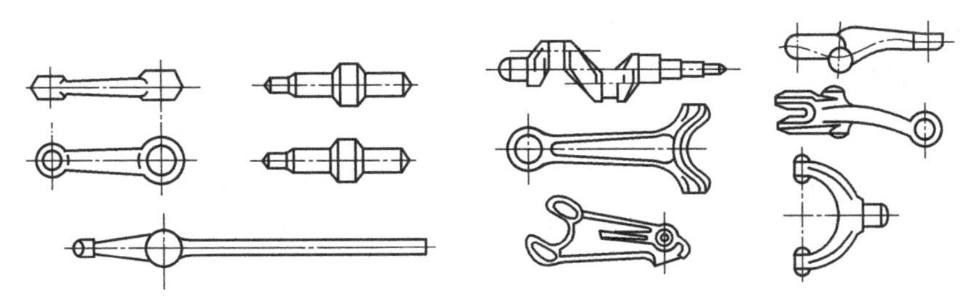

图 3-46　轴杆类模锻件

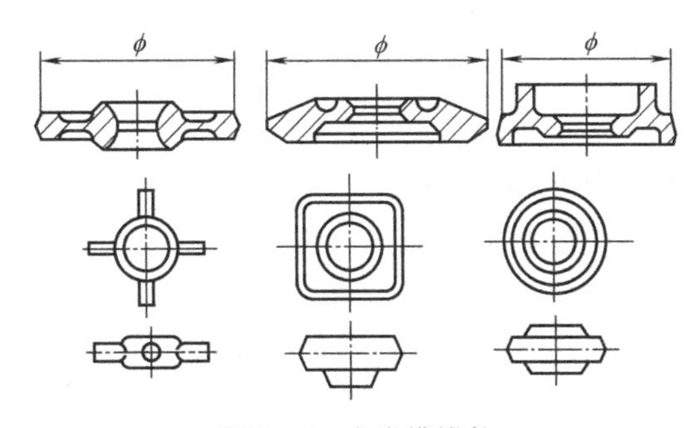

图 3-47　盘类模锻件

轴杆类模锻件常用的基本工序是拔长、滚挤、弯曲、预锻和终锻等。坯料的横截面面积大于锻件最大横截面面积时，可只选用拔长工序；当坯料的横截面面积小于锻件最大横截面面积时，应采用拔长和滚挤工序。锻件的轴线为曲线时，应选用弯曲工序。对于大批量生产、形状复杂、终锻成形困难的锻件，还需选用预锻工序，最后在终锻模膛中模锻成形。

盘类模锻件常用的基本工序是镦粗、终锻等工序。对于形状简单的盘类模锻件，可只选用终锻工序成形。对于形状复杂，有深孔或有高筋的锻件，则应增加镦粗、预锻等工序。

3.3.2.3 确定修整工序

坯料在锻模内制成模锻件后，为保证和提高锻件质量，还需经过一系列修整工序。

① 切边与冲孔　终锻后的模锻件一般带有飞边及连皮，需在压力机上进行切除。切边和冲孔可在热态或冷态下进行。对于合金钢锻件和较大的锻件，常利用模锻后的余热立即进行切边和冲孔，这时所需的切断力较小，但锻件在切边和冲孔后易产生变形。对于尺寸较小和精度要求较高的模锻件，常采用冷切的方法。其特点是切断后锻件表面较整齐，不易产生变形，但所需切断力较大。

② 校正　在切边及其他工序中都可能引起锻件的变形，许多锻件，特别是形状复杂的锻件在切边冲孔后还应该进行校正。校正可在终锻模膛或专门的校正模内进行。

③ 清理　为了提高模锻件的表面质量，改善模锻件的切削加工性能，模锻件需要进行表面清理，去除在生产中产生的氧化皮、所沾油污及其他表面缺陷等。

④ 精压　对于要求尺寸精度高和表面粗糙度小的模锻件，还应在压力机上进行精压。精压分为平面精压和体积精压两种。平面精压用来获得模锻件某些平行平面间的精确尺寸。体积精压主要用来提高锻件所有尺寸的精度，减小模锻件的表面质量差别。精压模锻件的尺寸偏差可达±（0.1～0.25）mm，表面粗糙度 Ra 可达 0.8～0.4μm。

⑤ 热处理　热处理的目的是消除模锻件的过热组织或冷变形强化组织，以达到所需的力学性能。常用的热处理方式为正火或退火。

3.3.2.4 选择锻造设备

锤上模锻主要使用蒸汽-空气锤，此外还有无砧座锤、高速锤等。模锻生产中所用的蒸汽-空气锤与自由锻锤基本相同，但由于模锻生产要求精度较高，模锻锤的锤头与导轨之间的间隙比自由锻锤的小，且机架直接与砧座连接，因此锤头运动精确，上下模合模准确。

模锻设备的选择应结合模锻件的大小、质量、形状复杂程度、所选择的基本工序等因素确定，并充分考虑到工厂的实际情况。

此外，模锻件坯料质量与尺寸的计算步骤以及锻造温度范围的确定与自由锻件相似。坯料质量包括锻件、飞边、连皮、钳口料头以及氧化皮等的质量。

3.3.3 冲压工艺规程的制定

冲压件的生产过程包括备料、各种冲压工序和必要的辅助工序，有时还包括切削加工、焊接和铆接等一些非冲压工序。编制冲压工艺规程的任务是根据冲压件的特点、生产批量、现有设备和生产能力，作出合适的工序安排，找出一种技术上可行、经济上合理的工艺方案。

冲压工艺规程的制定，主要包括拟订冲压工艺方案、确定冲压工序的顺序与数目、确定模具类型与结构形式、选择冲压设备和编写冲压工艺文件等。

(1) 拟定冲压工艺方案

冲压基本工序的选择，主要是根据冲压件的形状、尺寸、公差及生产批量确定的。

① 剪切和冲裁　剪切和冲裁都能实现板料的分离。在小批量生产中，对于尺寸和公差大而形状规则的板状毛坯，可采用剪床剪切。对于各种形状的平板毛坯和零件，在大批量生产中通常采用冲裁模冲裁。对于平面度要求较高的零件，应增加校平工序。

② 弯曲　对于各种弯曲件，在少量生产中常采用手工工具打弯。对于窄长的大型件，可用折弯机压弯。对于批量较大的各种弯曲件，常采用弯曲模压弯。当弯曲半径太小时，

应加整形工序使之达到要求。

③ 拉深　对于各类空心件，多采用拉深模进行一次或者多次拉深成形，最后用修边工序达到高度要求。当径向公差要求较小时，常采用变薄量较小的变薄拉深代替末次拉深。当圆角半径太小时，应增加整形工序以达到要求。对于批量不大的旋转体空心件，当工艺允许时，用旋压加工代替拉深更为经济。对于大型空心件的少量生产，当工艺允许时，可采用焊接代替拉深，这样更为经济。

(2) 确定冲压工序的顺序与数目

冷冲压工序的顺序，主要是根据零件的形状而确定的，其一般原则如下。

① 对于有孔或有切口的平板零件，当采用简单冲模冲裁时，一般应先落料，后冲孔（或切口）；当采用连续模冲裁时，则应先冲孔（或切口）后落料。

② 对于多角弯曲件，当采用简单弯模分次弯曲成形时，应先弯外角，后弯内角。对于孔位于变形区（或靠近变形区）或孔与基准面有较高的要求时，必须先弯曲，后冲孔。否则，都应先冲孔，后弯曲。这样安排工序可使模具结构简化。

③ 对于旋转体复杂拉深件，一般是用由大到小的顺序进行拉深，或先拉深大尺寸的外形，后拉深小尺寸的内形；对于非旋转体复杂拉深件，则应先拉深小尺寸的内形，后拉深大尺寸的外形。

④ 对于有孔或缺口的拉深件，一般应先拉深，后冲孔。对于带底孔的拉深零件，有时为了减少拉深次数，当孔径要求不高时，可先冲孔后拉深。当底孔要求较高时，一般应先拉深后冲孔，也可先冲孔，后拉深，再冲切底孔边缘达到要求。

⑤ 校平、整形、切边工序应分别安排在冲裁、弯曲、拉深之后进行。

工序数目主要是根据零件的形状与公差要求、工序合并情况、材料极限变形参数（如拉深系数、翻边系数、伸长率、断面收缩率等）来确定的。其中工序合并的必要性主要取决于生产批量。一般在大批量生产中，应尽可能地把冲压基本工序合并起来，采用复合模或连续模冲压，以提高生产率，减少工作量，降低成本；反之采用简单模分散冲压为宜。但是，有时为了保证零件公差的较高要求，保障安全生产，批量虽小，也需要把工序作适当的集中，用复合模或连续模冲压。工序合并的可能性主要取决于零件尺寸大小、冲压设备的能力和模具制造的可能性及使用的可靠性。

在确定冲压工序顺序与数目的同时，还要确定各中间工序的形状和半成品尺寸。

(3) 确定模具类型与结构形式

根据确定的冲压工艺方案选用冲模类型，并进一步确定各零件、部件的具体结构形式。设计时，应根据各类冲模、各种结构形式特点及应用场合，结合冲压件的具体要求和生产实际条件，确定最佳的冲模结构。

(4) 选择冲压设备

常用的冲压设备有开式冲床和闭式冲床，闭式冲床又分单动冲床和双动冲床，此外，液压机也普遍用于冲压加工。选择冲压设备一般应根据冲压工序的性质选定设备类型，再根据冲压工序所需的冲压力和模具尺寸选定冲压设备的技术规格。各种冲压工序所需冲压力的计算，可参看有关手册。

(5) 典型零件冲压工艺方案实例

如图 3-48 所示的冲压件为托架，已知该零件材料为 08F 钢，年产量为两万件，要求表面无划伤，孔不能变形。该件 ϕ10 孔内装有芯轴，4 个 ϕ5 孔与机身连接，为保证良好的装配条件，5 个孔的公差均为 IT9，精度要求不高。选用 08F 冷轧板塑性好，各弯曲半径大于最小弯曲半径，不需要整形，各孔都可以冲出。因此，该件可以用冲压成形。

从零件结构分析，该件所需基本工序为落料、冲孔、弯曲三种。其中弯曲工艺方案有三种，如图 3-49 所示。

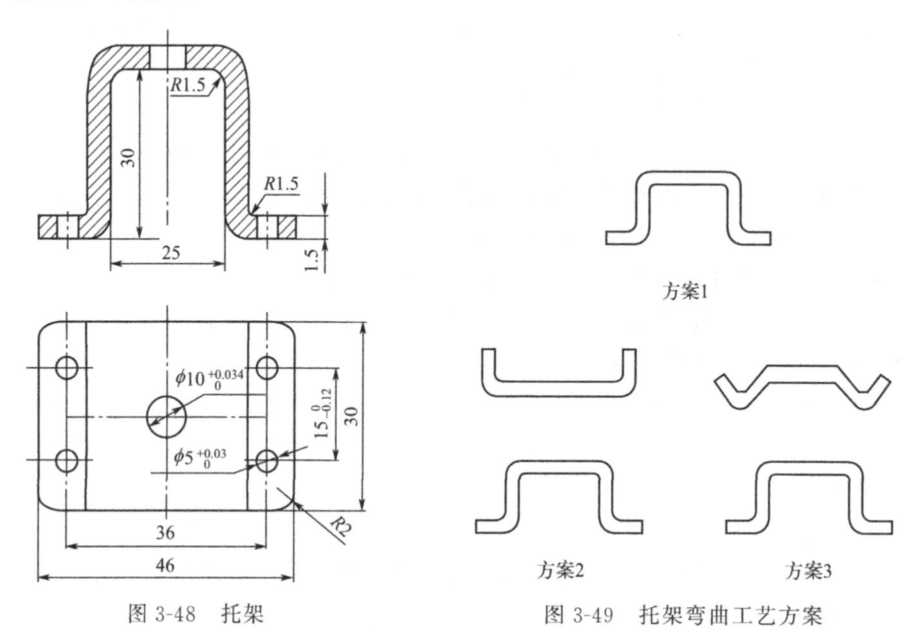

图 3-48　托架

图 3-49　托架弯曲工艺方案

该件总的冲压工艺方案有以下四种。

方案 1：复合冲 ϕ10 孔与落料；弯两边外角和中间两 45°角；弯中间 2 个角；冲 4 个 ϕ5 孔，如图 3-50 所示。其优点是：模具结构简单，寿命长，制造周期短，投产快；弯曲回弹容易控制，尺寸和形状准确，表面质量高；除冲孔落料外，后面工序都以 ϕ10 孔和 1 个侧边定位，定位基准一致且与设计基准重合；操作比较方便。其缺点是工序较分散，需要模具、压力机和操作人员较多，劳动量较大。

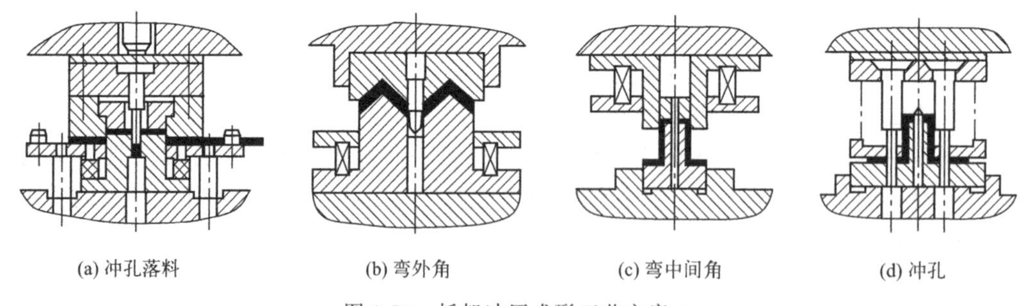

图 3-50　托架冲压成形工艺方案 1

方案 2：复合冲 ϕ10 孔与落料（同方案 1）；弯 2 个外角；弯中间 2 个角，如图 3-51 所示；冲 4 个 ϕ5 孔（同方案 1）。与方案 1 相比，该方案弯中间 2 个角时零件的回弹难以控制，尺寸和形状不精确，且同样具有工序分散的缺点。

方案 3：复合冲 ϕ10 孔与落料；弯 4 个角，如图 3-52 所示；冲 4 个 ϕ5 孔（同方案 1）。该方案工序比较集中，占用设备和人员少，但模具寿命低，零件表面有划伤，工件厚度变薄，弯曲回弹不易控制，尺寸和形状不够精确。

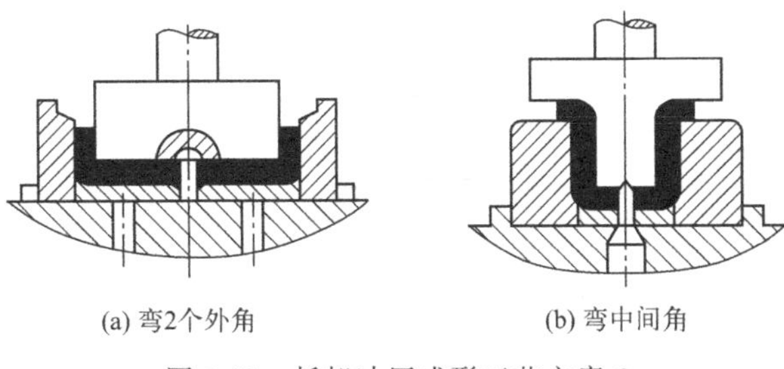

图 3-51 托架冲压成形工艺方案 2

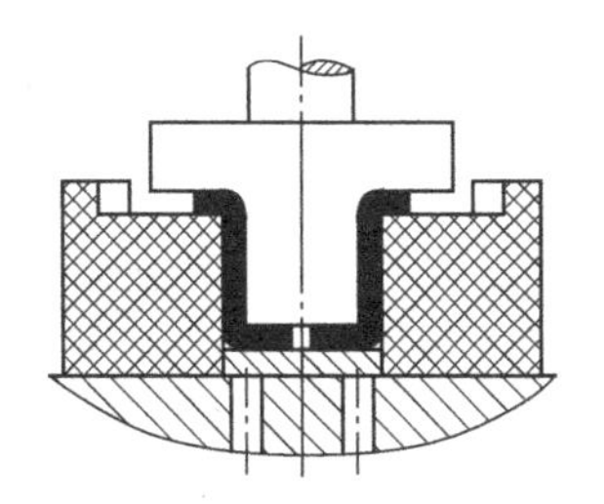

图 3-52 托架冲压成形工艺方案 3

方案 4：全部工序采用带料连续冲压成形。该方案采用工序集中，生产效率高，适合大批量生产。但是，模具结构复杂，安装、调试、维修较困难。

3.4 金属塑性成形件结构设计

3.4.1 自由锻件的结构设计

（1）锻件由数个几何体构成时，几何体的交接处不应形成空间曲线

如图 3-53(a) 所示的锻件成形十分困难，应改进设计，最好是平面与平面或平面与圆柱面相接，使锻造成形容易，改进后的结构如图 3-53(b) 所示。

（2）自由锻件上应避免加强筋、凸台、工字形截面

如图 3-54(a) 所示的锻件结构，难以用自由锻方法获得，若采用特殊工具或特殊工艺来生产，会降低生产率，增加产品成本。改进后的结构如图 3-54(b) 所示。

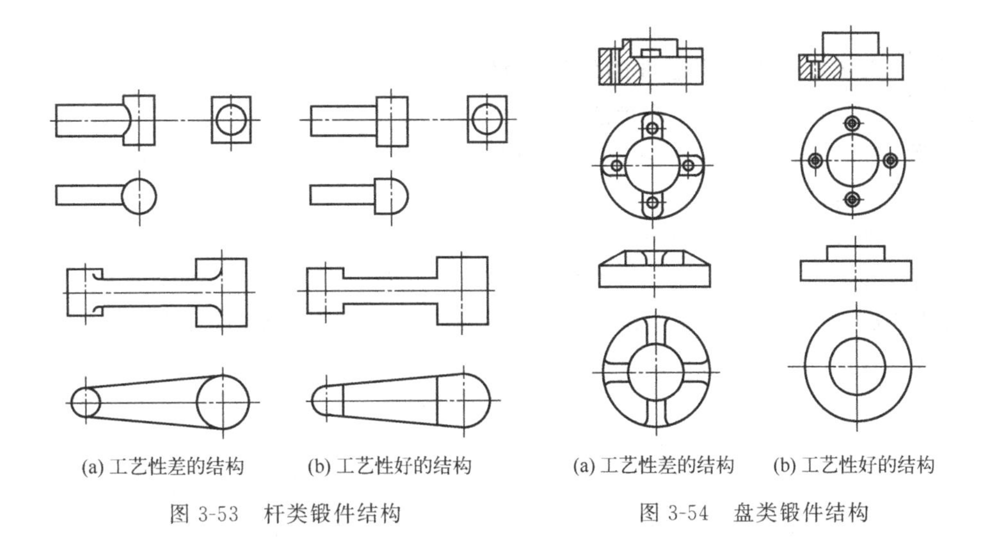

图 3-53 杆类锻件结构　　图 3-54 盘类锻件结构

（3）锻件上不应有锥体或斜面结构

锻件上具有锥体或斜面结构，从工艺上衡量是不合理的。因为锻造这种结构，需使用专用工具，锻件成形也比较困难，使工艺过程复杂，操作也不方便，影响设备使用效率，所以要尽量避免，应改进设计。如图 3-55 所示结构，应尽量用圆柱体代替锥体，用平行平面代替斜面。

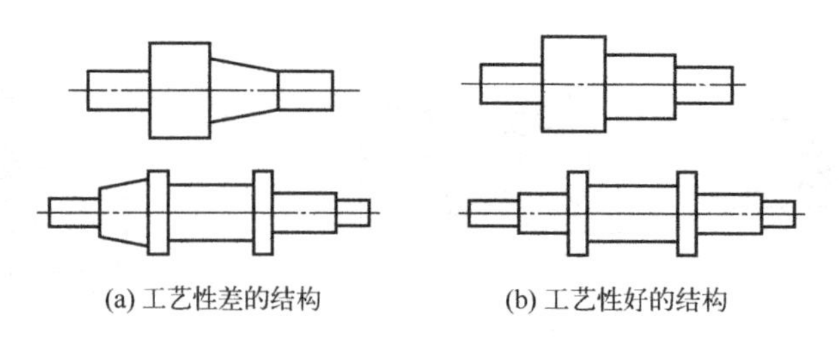

图 3-55　轴类锻件结构

(4) 采用组合结构

锻件的横截面积有急剧变化或形状较复杂时，应设计成由数个简单件构成的组合体，每个简单件锻制成形后，再用焊接或机械连接方式构成整体零件，如图 3-56 所示。

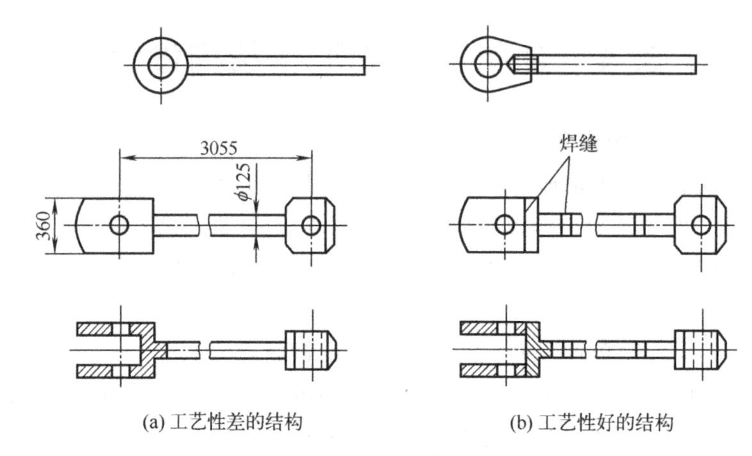

图 3-56　复杂件结构

3.4.2　锤上模锻件的结构设计

(1) 应有一个合理的分模面

为保证模锻件易于从锻模中取出，敷料最少，锻模容易制造，模锻零件必须具有一个合理的分模面。

(2) 合理设计加工表面和非加工表面

模锻零件上与其他零件配合的表面应留有加工余量，以便进行机械加工，其他表面均应设计为非加工表面，这是由于模锻件的尺寸精度较高、表面粗糙度较小。

非加工表面间所形成的角应按模锻圆角来进行设计。

零件上与锤击方向平行的非加工表面，应设计出模锻斜度。

(3) 外形应力求简单、平直、对称

为了使金属易于充满模膛，减少工序，零件的外形应力求简单、平直、对称。避免零件截面间差别过大，或具有薄壁、高筋、凸起等结构。一般说来，零件的最小截面与最大截面之比不应小于 0.5，否则不易模锻成形。

如图 3-57(a) 所示零件的凸缘太薄、太高，中间下凹太深，不易于模锻成形；如图 3-57(b) 所示零件过于扁薄，薄壁部分金属模锻时容易冷却，不易充满模膛；如图 3-57(c) 所示零件有一个高而薄的凸缘，使锻模的制造和锻件的取出都很困难，改成如图 3-57(d) 所示形状则较易锻造成形。

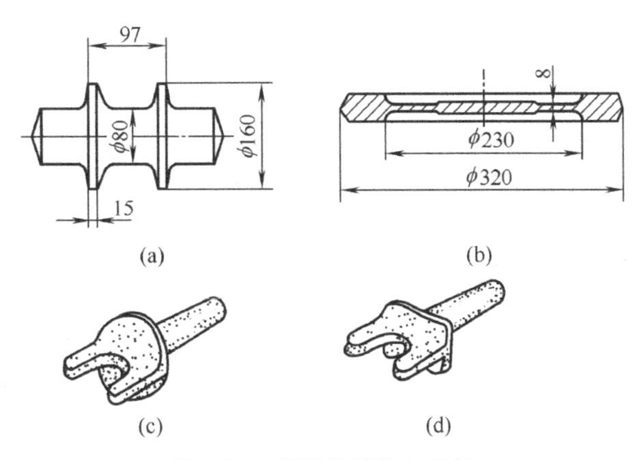

图 3-57　模锻件结构工艺性

(4) 尽量避免深孔或多孔结构

在零件结构允许的条件下，设计时应尽量避免有深孔或多孔结构。孔径小于 30mm 或孔深大于直径 2 倍时锻造困难。如图 3-58 所示齿轮零件，为保证纤维组织的连贯性以及力学性能，常采用模锻方法生产，但齿轮上的四个 ϕ20mm 的孔不方便锻造，只能采用机加工成形。

(5) 采用组合结构

对复杂锻件，为减少敷料，简化模锻工艺，在可能条件下，应采用锻造-焊接或锻造-机械连接组合工艺，如图 3-59 所示。

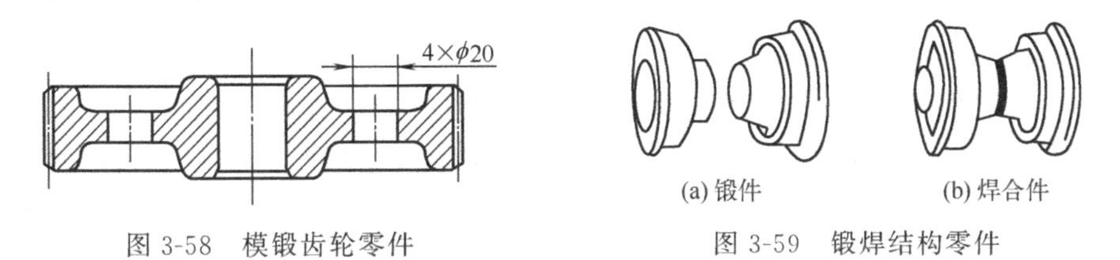

图 3-58　模锻齿轮零件

图 3-59　锻焊结构零件

3.4.3　冲压件的结构设计

(1) 冲裁件的结构设计

为满足冲裁件对冲裁工艺的适应性，结构设计时应注意以下几个方面。

① 冲裁件的形状应力求简单、对称，有利于排样时合理利用材料，尽可能提高材料的利用率。图 3-60(b) 较图 3-60(a) 合理，材料利用率可达 79%。同时应避免长槽与细长悬臂结构，否则制造模具困难，模具使用寿命短。图 3-61 所示零件为工艺性很差的落料件，因为模具制造成矩形沟槽困难。

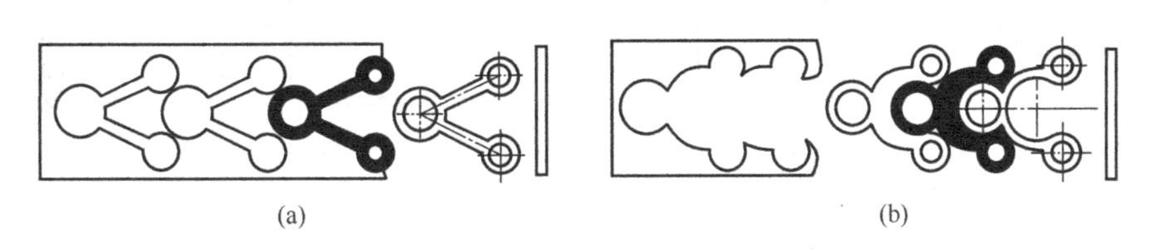

图 3-60　零件形状与节约材料的关系

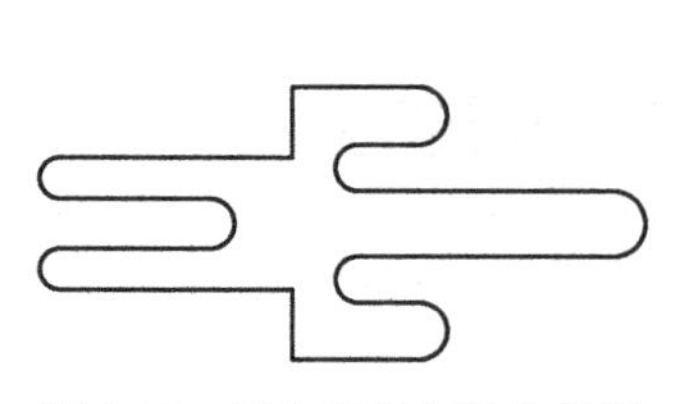

图 3-61　不合理的落料件外形

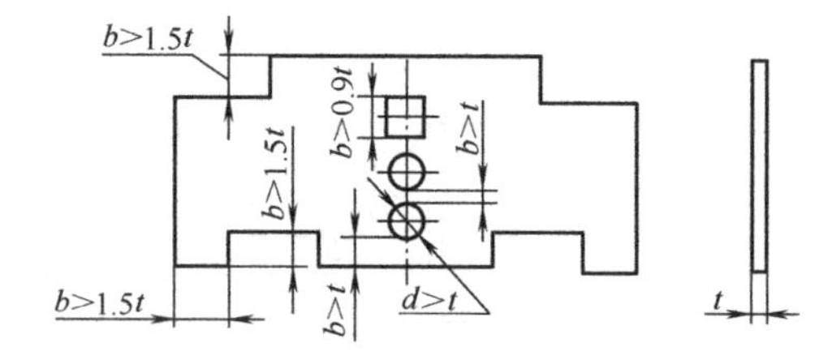

图 3-62　冲孔件尺寸与厚度的关系

② 孔及其有关尺寸如图 3-62 所示。冲圆孔时，孔径应大于材料厚度 t。方孔的每边长应大于 $0.9t$。孔与孔之间、孔与工件边缘之间的距离应大于 t。外缘凸出或凹进的尺寸应大于 $1.5t$。

③ 冲孔件或落料件上直线与直线、曲线与直线的交接处，均应用圆弧连接，以避免尖角处因应力集中而被冲裂。其最小圆角半径数值见表 3-14。

表 3-14　落料件、冲孔件的最小圆角半径

工　序	圆弧角	不同材料的最小圆角半径			
		半径分类	黄铜、紫铜、铝	低 碳 钢	合 金 钢
落　料	$\alpha_1 \geqslant 90°$	R_1	$0.24t$	$0.30t$	$0.45t$
	$\alpha_2 < 90°$	R_2	$0.35t$	$0.50t$	$0.70t$
冲　孔	$\alpha_1 \geqslant 90°$	R_1	$0.20t$	$0.35t$	$0.50t$
	$\alpha_2 < 90°$	R_2	$0.45t$	$0.60t$	$0.90t$

(2) 拉深件的结构设计

拉深件的有关尺寸要求如图 3-63 所示，设计时主要应考虑如下方面。

① 拉深件的形状应力求简单、对称，尽量采用圆形、矩形等规则形状，深度不宜过深，以便使拉深次数最少，容易成形。

② 拉深件的底部与侧壁、凸缘与侧壁应有足够的圆角，一般应满足 $R > r_d$，$r_d \geqslant 2t$，$R \geqslant (2\sim4)\ t$，方形件 $r \geqslant 3t$，拉深件底部或凸缘上的孔边到侧壁应满足 $B \geqslant r_d + 0.5t$ 或 $B \geqslant R + 0.5t$，t 为板厚。

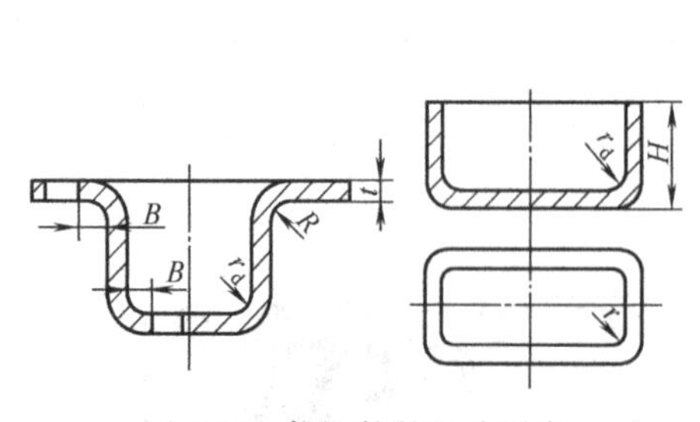

图 3-63　拉深件的尺寸要求

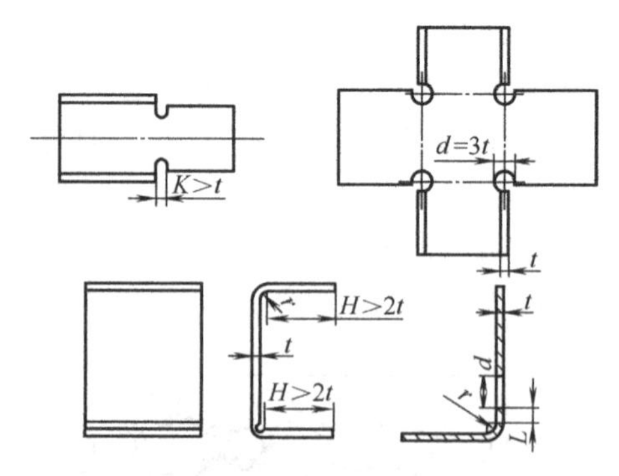

图 3-64　弯曲件结构的要求

(3) 弯曲件的结构设计

弯曲件的结构如图 3-64 所示，设计时应考虑以下方面。

① 弯曲件的弯曲半径 r 不应小于最小弯曲半径 r_{min}，如果弯曲半径 $r < r_{min}$ 时，可采

用减薄弯曲区厚度 t 的方法，以加大 $r_{\min}/t$，但弯曲半径不应也不宜过大，否则由于回弹量过大，弯曲件精度不易保证。

② 弯曲件应尽量对称，以防止在弯曲时发生工件偏移。直边过短不易弯曲成形，应使弯曲件的直边高 $H>2t$；弯曲预先已冲孔的工件时，孔的位置应在变形区以外，孔与弯曲角变形区的距离 $L\geqslant(1\sim2)t$，以防止孔变形。

③ 弯曲应尽可能与材料纤维组织垂直。

④ 多向弯曲时，为避免角部畸变，应先在角部冲工艺孔或切槽。

(4) 改进结构，简化工艺及节省材料

① 采用冲焊结构。对于形状复杂的冲压件，可先分别冲制若干个简单件，然后再焊接成整体件，如图 3-65 所示。

② 采用冲口工艺，以减少组合件数量。如图 3-66 所示，原设计用三个件铆接或焊接组合，现在采用冲口工艺（冲口、弯曲）制成整体零件，可以节省材料，简化工艺过程。

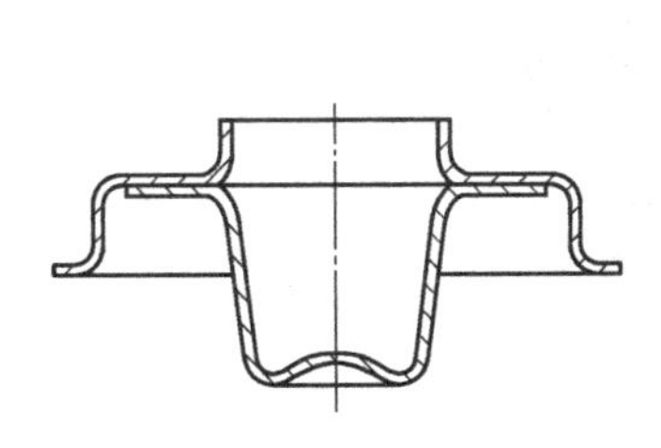

图 3-65 冲焊结构件

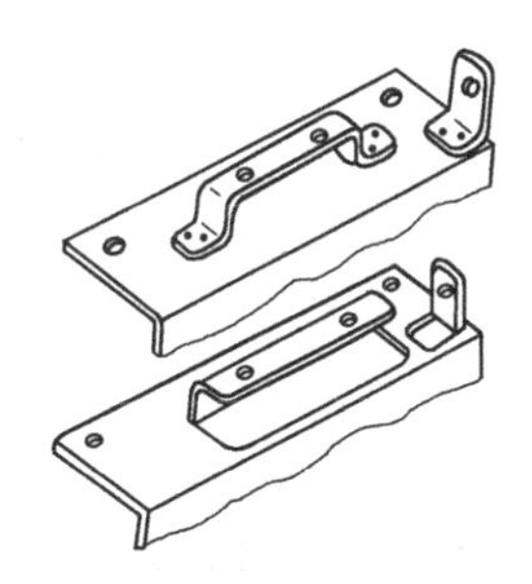

图 3-66 冲口工艺的应用

③ 在保证使用性能的情况下，应尽量简化拉深件结构，可以减少工序，节省材料，降低成本。如消声器后盖零件结构，原始设计如图 3-67(a) 所示，经过改进后如图 3-67(b) 所示。改后冲压加工由八道工序降为两道工序，材料消耗减少了 50%。

④ 减少冲压件的厚度。在强度、刚度允许的条件下，冲压件应尽量采取厚度较小的材料制造。如果冲压件局部刚度不够，可采用如图 3-68(b) 所示的加强筋来以薄代厚，从而减少冲压力和模具磨损，并达到节约材料的目的。

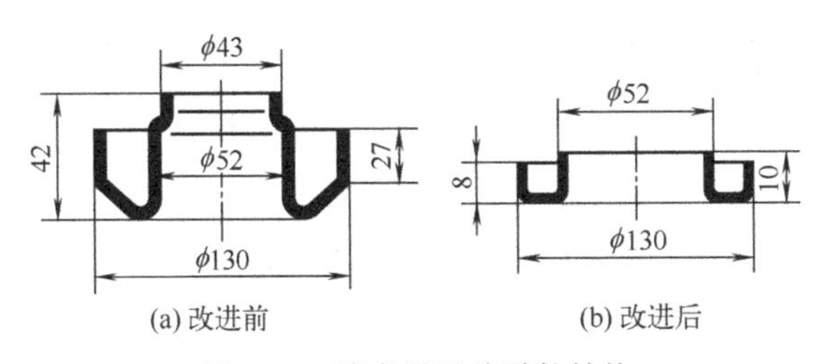

图 3-67 消声器后盖零件结构

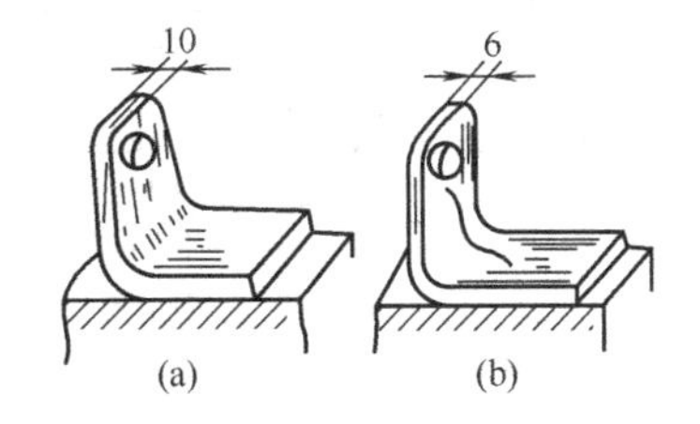

图 3-68 利用加强筋减小厚度

(5) 冲压件的精度和表面质量

对冲压件的精度要求，不应超过冲压工艺所能达到的一般精度，并应在满足需要的情况下尽量降低要求。否则将增加工序，降低生产率，提高成本。

冲压工艺的一般精度如下。

落料尺寸精度不超过 IT10，冲孔不超过 IT9，弯曲不超过 IT10。

拉深件高度尺寸精度为 IT8～IT9，经整形工序后尺寸精度达 IT6～IT7。拉深件直径尺寸精度为IT9～IT10。

一般对冲压件表面质量所提出的要求，尽可能不要高于原材料所具有的表面质量水平，否则要增加切削加工等工序，使产品成本大为提高。

本章习题与思考题

3-1　与其他成形方法相比，金属塑性成形有哪些特点？

3-2　何谓金属的锻造性？衡量金属锻造性的指标有哪些？影响锻造性的因素有哪些？

3-3　用低碳钢试棒进行拉伸试验，变形程度约为30%即断裂，而低碳钢通过拉拔（不穿插中间退火），变形程度可达80%以上，原因何在？

3-4　锻造为什么要在加热后进行？如何选择锻造温度范围？加热温度不恰当可能使锻件产生哪些缺陷？

3-5　在如图3-69所示的两种砧铁上进行拔长时，效果有何不同？

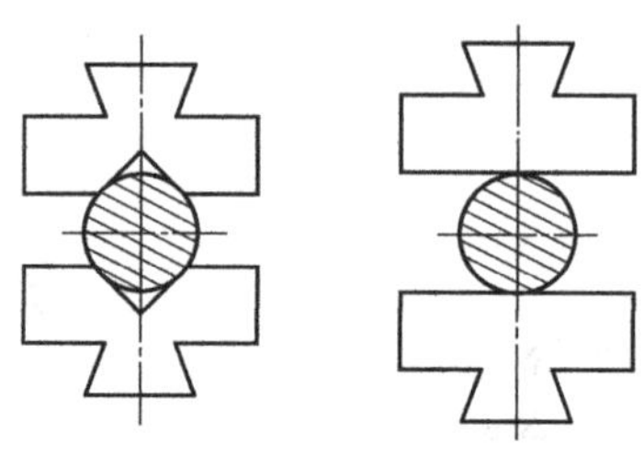

图3-69　习题3-5图

3-6　重要的轴类锻件为什么要在锻造过程中安排镦粗工序？

3-7　绘制自由锻件图时应考虑哪些因素？余块和余量有何不同？锻件上添加敷料有何利弊？

3-8　锻造起模时，将长度为75mm的圆钢拔长到165mm，此时锻造比是多少？将直径为50mm、高120mm的圆棒锻到60mm高，其锻造比是多少？能将直径为50mm、高180mm的圆钢镦粗到60mm高吗？为什么？

3-9　如图3-70所示零件，若采用自由锻造成形，试确定其机械加工余量和锻造公差，并画出其自由锻件图。

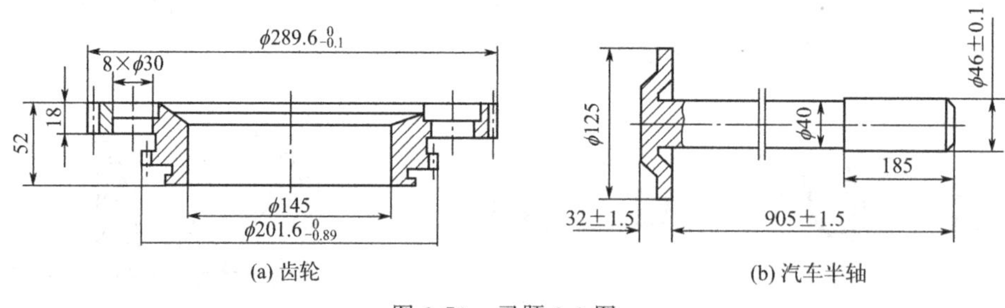

图3-70　习题3-9图

3-10　模锻与自由锻有何区别？对于大型锻件只能采用何种锻造方法？为什么在中小型工厂一般采用胎膜锻来锻造形状较为复杂的模锻件？

3-11　如图3-71所示三种不同结构的连杆，当采用锤上模锻制造时请确定最合理的分模面位置，并画出模锻件图。

3-12　如图3-72所示零件，若批量分别为单件、小批、大批生产时，应分别选择哪种方法锻造成形？

3-13　凸、凹模间隙对冲裁件质量和模具寿命有何影响？

3-14　如何区分冲孔和落料？设计冲孔模、落料模时，如何确定凸模和凹模的刃口尺寸？落料模磨损后可否改为同样尺寸直径工件的冲孔模？为什么？

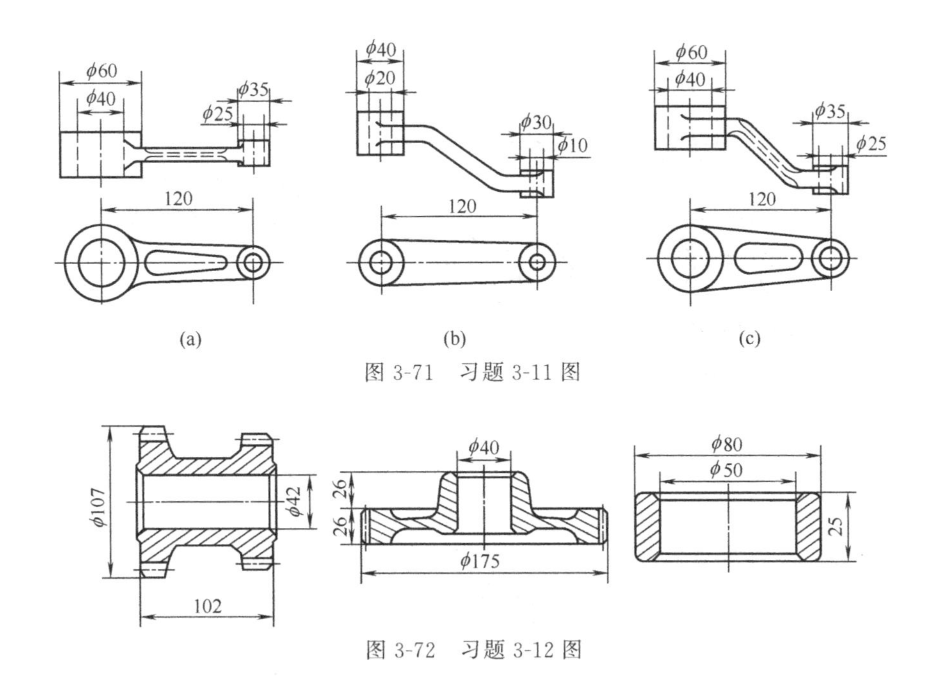

图 3-71 习题 3-11 图

图 3-72 习题 3-12 图

3-15 修整、精密冲裁与普通冲裁相比，主要优点是什么？精密冲裁通过哪些措施来保证冲裁件的精度？

3-16 简述图 3-73 所示冲压件的工艺过程。

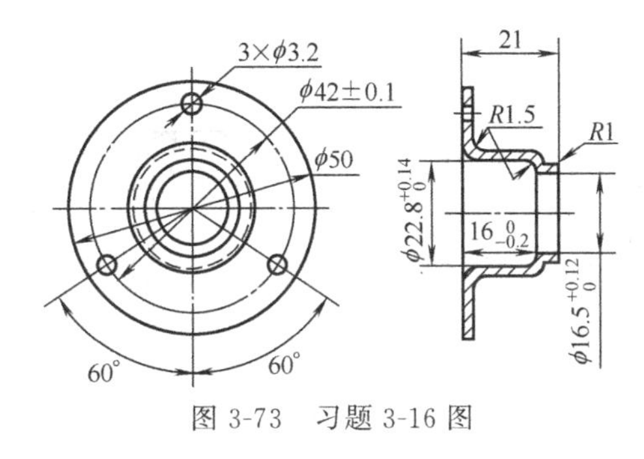

图 3-73 习题 3-16 图

3-17 如图 3-74 所示锻件，在大批量生产时，其结构是否适合于模锻的工艺要求？如有不当，请修改并简述理由。

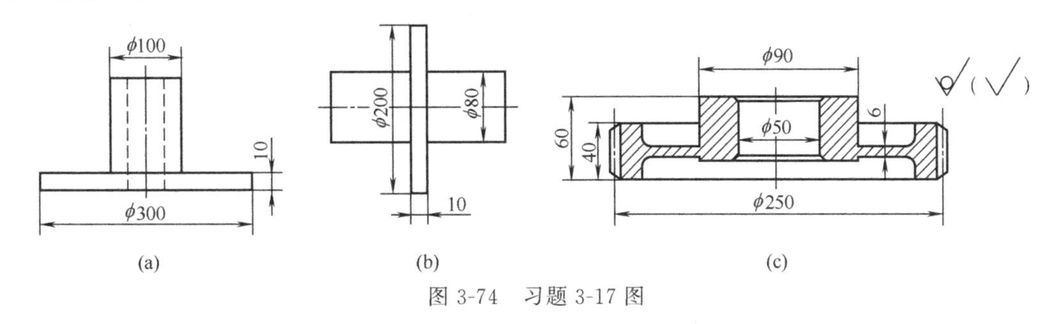

图 3-74 习题 3-17 图

3-18 如图 3-75 所示锻件，在单件、小批量生产时，其结构是否适合于自由锻的工艺要求？如有不当，请修改并简述理由。

3-19 分析图 3-76 所示冲压件结构是否合理，并提出改进建议。

3-20 查阅中国古代有关制钢技术的资料，以金属塑性成形知识解释“千锤百炼”和“百炼成钢”。

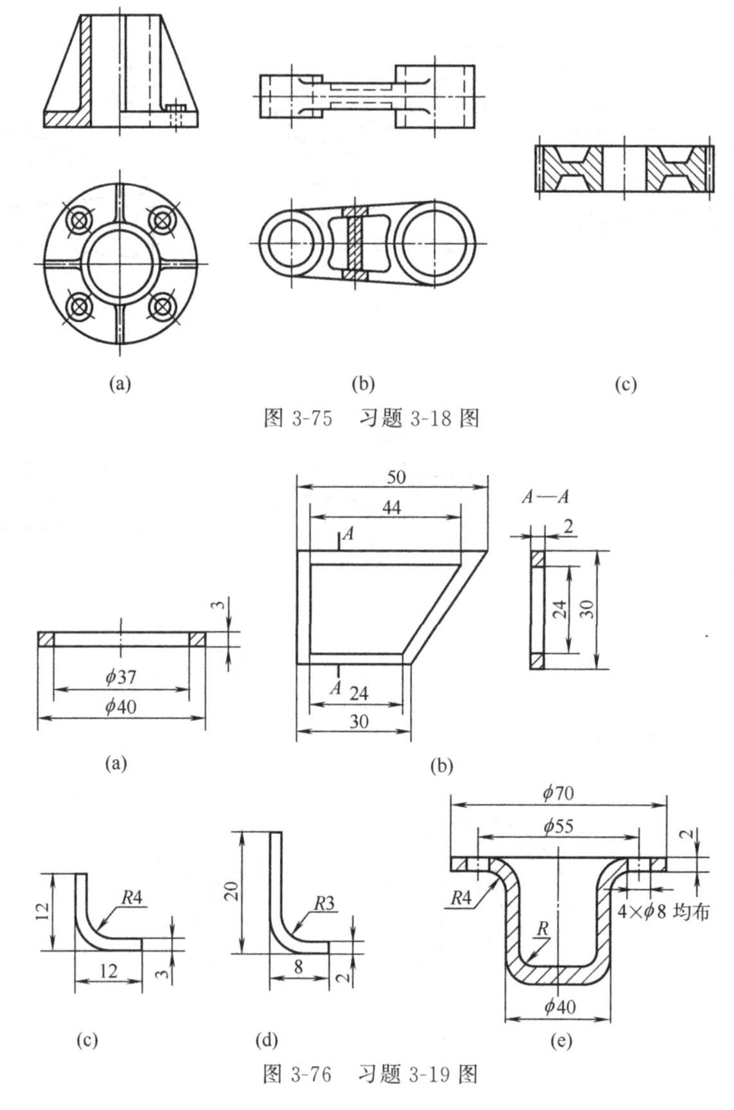

图 3-75 习题 3-18 图

图 3-76 习题 3-19 图

3-21 查阅中国古代瘊子甲制作工艺，分析其采用冷锻而非热锻的原因。其中所述的“比元厚三分减二乃成”蕴含着怎样的金属塑性成形理论？

3-22 中国新闻网有一则新闻标题为“中国二重自主研制 8 万吨大型模锻压机，造就国之重器”，试述你对大型模锻压机被称作国之重器的理解。

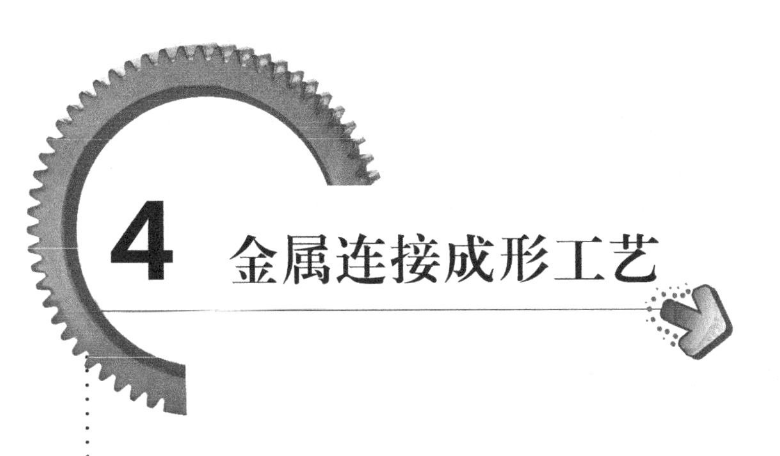

4 金属连接成形工艺

金属连接成形工艺，是将两个或两个以上的金属构件组合起来成为整体的成形工艺方法。常用的金属连接成形工艺有焊接、铆接、胶接以及螺纹连接、键连接、销连接等。这些连接成形工艺，按拆卸时被连接件是否损坏，可分为可拆连接和不可拆连接。螺纹连接、键连接、销连接属于可拆连接，也称机械连接；而焊接、铆接、胶接则属于不可拆连接，也称永久连接。习惯上，将机械连接归为机械制造工艺范畴，故这里仅介绍永久连接。在永久连接成形工艺中，焊接特别是熔化焊的应用最为广泛。

焊接是通过加热或加压或两者并用，并且用或不用填充材料，使金属材料达到原子结合的一种成形方法。根据焊接过程中加热程度和工艺特点的不同，焊接方法可以分为三大类。

① 熔焊　熔焊是将工件焊接处局部加热到熔化状态，形成熔池（通常还加入填充金属），冷却结晶后形成焊缝，被焊工件结合为不可分离整体的焊接方法。现代焊接技术中，常见的熔焊方法有电弧焊、气焊、电渣焊、等离子弧焊、电子束焊、激光焊等。

② 压焊　压焊是在焊接过程中无论加热与否，均需要加压的焊接方法。现代焊接技术中，常见的压焊有电阻焊、摩擦焊、冷压焊、扩散焊、爆炸焊等。

③ 钎焊　钎焊是熔点低于被焊金属的钎料（填充金属）熔化之后，填充接头间隙，并与被焊金属相互扩散实现连接的焊接方法。钎焊过程中被焊工件不熔化，且一般没有塑性变形。

焊接生产的特点主要表现在以下几个方面。

a. 焊接结构质量轻，节省金属材料，与铆接相比，可节省金属 10%～20%，与铸件相比可节省 30%～50%。另外，采用焊接方法可制造双金属结构，节省大量的贵重金属及合金。

b. 能以小拼大，化繁为简，简化大型或形状复杂结构的制造工艺，获得良好的技术经济性，如万吨水压机的立柱的制造、大型锅炉的制造、汽车车身的制造等。

c. 焊接接头具有良好的力学性能，能耐高温、高压，能耐低温，具有良好的密封性、导电性、耐腐蚀性、耐磨性。

焊接是随着铜、铁等金属的冶炼生产、各种热源的应用而出现的。古代的焊接技术主要集中在铸焊、钎焊和锻焊，使用的热源都是炉火，温度低、热量不集中。根据考古发现，我国是最早使用焊接技术的国家之一，无论是熔焊还是压焊以及钎焊。19 世纪初，戴维斯发现电弧和氧-乙炔焰两种能局部熔化金属的高温热源，别纳尔多斯发明了碳极电弧焊钳，电弧焊和气焊得到应用并成为重要的焊接方法，也成为现代焊接工艺的发展开端。20世纪早期，军用设备的需求量激增，各国都在积极研究新型的焊接技术。比如，英国采用电弧焊制造了第一艘全焊接船体的船舶，波兰建成了世界上第一座全焊接公路桥。之后，科学家及工程师们发明了多种新型焊接技术、焊接设备和焊接材料，气体保护焊、电子束焊、激光焊、搅拌摩擦焊等应运而生。当前，焊接技术已经成为国民经济中重要的高科技制造技术之一。

4.1 金属焊接成形理论基础

4.1.1 熔焊冶金过程

目前，在实际生产中应用最早、最广泛的熔焊方法是电弧焊。电弧焊也是焊接成形工艺最为成熟、最基本的焊接方法。下面，以电弧焊为例来分析熔焊冶金过程。

4.1.1.1 焊接电弧

电弧是一种强烈而持久的气体放电现象。一般情况下，气体是不导电的。电弧的形成条件是：需将两个电极之间的气体电离，亦即将中性气体分子分解为带电粒子，使两电极间的气体导电，并在两电极间施加一定的电压，使这些带电粒子在电场作用下做定向运动，从而使两个电极间连续不断地通过电流，形成连续燃烧的电弧。电极间的带电粒子可以通过阴极的电子发射与电极间气体的不断电离得到补充。电弧放电时，产生大量的热量，同时发出强烈的弧光。电弧具有电压低、电流大、温度高、能量密度大、移动性好等特点，所以是较理想的焊接热源。电弧焊，就是利用电弧的热量熔化母材、焊条或焊丝的。一般20～30V的电压即可维持电弧的稳定燃烧，而电弧中的电流可以从几十安培到几千安培，以满足不同工件的焊接要求，电弧的温度可达5000K以上，可以熔化各种金属。

焊接电弧由阴极区、阳极区、弧柱区三个部分组成，如图4-1所示。阴极区发射电子，因而要消耗一定的能量，所产生的热量占电弧热的36%左右；在阳极区，由于高速电子撞击阳极表面并进入阳极区进而释放能量，阳极区产生的热量较多，占电弧热的43%左右。用钢焊条焊接钢材时阴极区平均温度为2400K，阳极区平均温度为2600K。弧柱区的长度几乎等于电弧长度，热量仅占电弧热的21%，但弧柱区中心的温度可达6000～8000K。

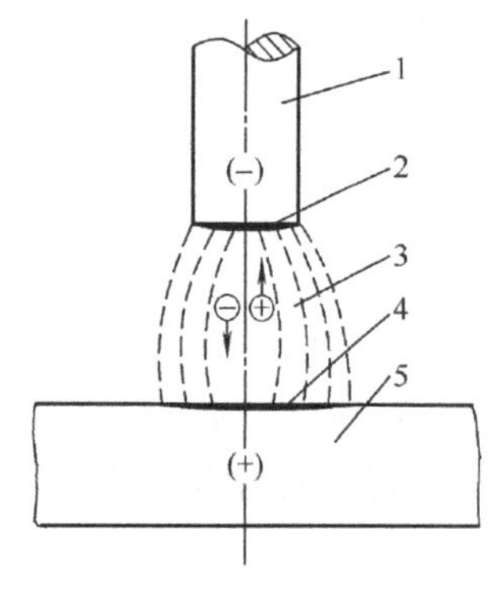

图4-1 电弧的组成
1—焊条；2—阴极区；3—弧柱区；4—阳极区；5—焊件

焊接电弧所使用的电源称为弧焊电源，是电弧焊机的重要组成部分。弧焊电源通常可分为四大类：交流弧焊电源、直流弧焊电源、脉冲弧焊电源和逆变弧焊电源。选择不同的弧焊电源可以获得不同的焊接电流。采用直流焊机进行电弧焊时，有两种极性接法：当工件接阳极、焊条接阴极时，称为直流正接，此时工件受热较大，适合焊接厚大工件；当工件接阴极、焊条接阳极时，称为直流反接，此时工件受热较小，适合焊接薄小工件。而采用交流焊机焊接时，因两极极性不断交替变化，故不存在正接或反接区别。

4.1.1.2　焊接冶金特点

在电弧焊过程中，焊接冶金过程的实质与普通冶金（炼钢）过程相同，都是液态金属、熔渣和气体三者相互作用，使金属再冶炼的过程。但是，由于焊接条件的特殊性，焊接冶金过程又有着与一般冶炼过程不同的特点。

① 焊接冶金温度高，相界大，反应速度快，当电弧中有空气侵入时，液态金属会发生强烈的氧化、氮化反应形成氧化物、氮化物等有害杂质，还有大量金属蒸发，而空气中的水分以及工件和焊接材料中的油、锈、水在电弧高温下分解出的氢原子可溶入液态金属中，导致接头塑性和韧度降低（氢脆），以至于产生裂纹。

② 焊接熔池小（约 2～3cm^3）、处于液态的时间短（10s 左右），冷却快，使各种冶金反应难以达到平衡状态，焊缝中化学成分不均匀，且熔池中气体、氧化物等来不及浮出，容易形成气孔、夹渣等缺陷，甚至产生裂纹。

为了使焊接冶金朝着有利的方向进行，保证焊缝的质量，在电弧焊过程中通常会采取以下措施。a. 在焊接过程中，对熔化金属进行机械保护，使之与空气隔开。保护方式有三种：气体保护、熔渣保护和气-渣联合保护。b. 对焊接熔池进行冶金处理，主要通过在焊接材料（焊条药皮、焊丝、焊剂）中加入一定量的脱氧剂（主要是锰铁和硅铁）和一定量的合金元素，在焊接过程中排除熔池中的 FeO，同时补偿合金元素的烧损。

4.1.1.3　焊接接头的组织与性能

以低碳钢为例，受焊接热循环的影响，焊缝附近的母材组织和性能发生变化的区域，称为焊接热影响区。熔焊焊缝和母材的交界线称为熔合线。熔合线两侧有一个很窄的焊缝与热影响区的过渡区，叫熔合区，也称半熔化区。因此，焊接接头常由焊缝金属、熔合区、焊接热影响区组成，如图 4-2 所示。

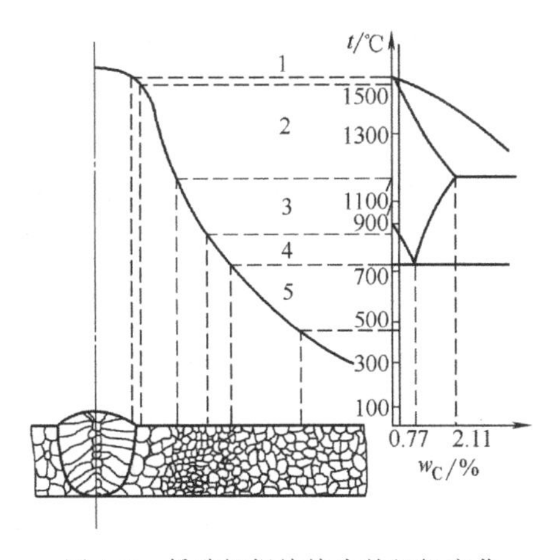

图 4-2　低碳钢焊接接头的组织变化

1—熔合区；2—过热区；3—正火区；4—部分相变区；5—再结晶区

（1）焊缝金属

焊缝金属是由母材和焊条（丝）熔化形成的熔池冷却结晶而成的。焊缝金属在结晶时，以熔池和母材金属的交界处的半熔化金属晶粒为晶核，沿着垂直于散热面方向反向生长为柱状晶，最后这些柱状晶在焊缝中心相接触而停止生长。由于焊缝组织是铸态组织，故晶粒粗大、成分偏析，组织不致密。但由于焊丝本身的杂质含量低及合金化作用，使焊缝化学成分优于母材，所以焊缝金属的力学性能一般不低于母材。

（2）熔合区

该区受热温度处于液相线与固相线之间，是焊缝金属到母材金属的过渡区域，宽度只有0.1～1mm。焊接时，该区内液态金属与未熔化的母材金属共存，冷却后，其组织为部分铸态组织和部分过热组织，化学成分和组织极不均匀，是焊接接头中力学性能最差的薄弱部位，往往成为裂纹的发源地，严重影响焊接接头质量。

（3）焊接热影响区

① 过热区　加热温度在固相线至1100℃之间，宽度约1～3mm。焊接时，该区域内奥氏体晶粒严重长大，冷却后得到晶粒粗大的过热组织，塑性和韧度明显下降。

② 正火区　加热温度为1100℃～A_{c3}，宽度约1.2～4.0mm。焊后空冷使该区内的金属相当于进行了正火处理，故其组织为均匀而细小的铁素体和珠光体，力学性能优于母材。

③ 部分相变区　也称部分正火区，加热温度为A_{c3}～A_{c1}。焊接时，只有部分组织转变为奥氏体；冷却后获得细小的铁素体和珠光体，其余部分仍为原始组织。因此晶粒大小不均匀，力学性能也较差。

④ 再结晶区　加热温度为A_{c1}～450℃。只有焊接前经过冷塑性变形（如冷轧、冷冲压等）的母材金属，才会在焊接过程中出现再结晶现象。该区域金属的力学性能变化不大，只是塑性有所增加。如果焊前未经冷塑性变形，则热影响区中就不存在再结晶区。

根据焊接热影响区的组织和宽度，可以间接判断焊缝的质量。一般焊接热影响区宽度愈小，焊接接头的力学性能愈好。热影响区的大小和组织性能变化的程度取决于焊接方法、焊接规范、接头形式等因素。在热源热量集中、焊接速度快时，热影响区就小。实际应用中，电子束焊的热影响区最小，总宽度不大于1.4mm。气焊的热影响区总宽度最大，可达27mm。由于接头的破坏常从热影响区开始，为减小热影响区的不良影响，焊前可先预热工件以减小焊件上的温差和冷却速度。对于容易淬硬的钢材，如中碳钢、高强度合金钢等，热影响区中最高加热温度在A_{c3}以上的区域，焊后易出现淬硬组织；最高加热温度在A_{c1}～A_{c3}，焊后易形成马氏体-铁素体混合组织。所以，易淬硬钢焊接热影响区的硬化、脆化更为严重，且随碳质量分数、合金元素质量分数的增加，其热影响区的硬化、脆化倾向愈趋于严重。

4.1.2 焊接应力与变形

焊接应力与变形是焊接后焊件内产生的应力和焊件产生的变形。

4.1.2.1 焊接应力和变形产生的原因

产生焊接应力和变形的根本原因，是在焊接过程中对焊件进行的不均匀加热和冷却。下面以低碳钢平板对焊为例，说明焊接应力和变形的形成过程，如图4-3所示。在焊接过程中，平板上各部位的温度是不均匀的。焊缝区温度最高，离焊缝愈远，温度愈低［图4-3(a)］。图中虚线表示接头横截面的温度分布，也表示金属若能自由膨胀的伸长量分布。实际上钢板已焊成一个整体，各处不可能都实现自由伸长，各部位伸长量必然相互协调补偿，最终平板整体只能平衡伸长量ΔL。于是，被加热到高温的焊缝区金属，因其自由伸长量受到两侧低温金属自由伸长量的限制而承受压应力（－）。当压应力超过屈服强度时产生压缩塑性变形，以使平板整体达到平衡，变形量为图4-3(a)中虚线包围的空白部分。同理，焊缝区以外的金属则需承受拉应力（＋）。所以，整个平板存在着相互平衡的压应力与拉应力。

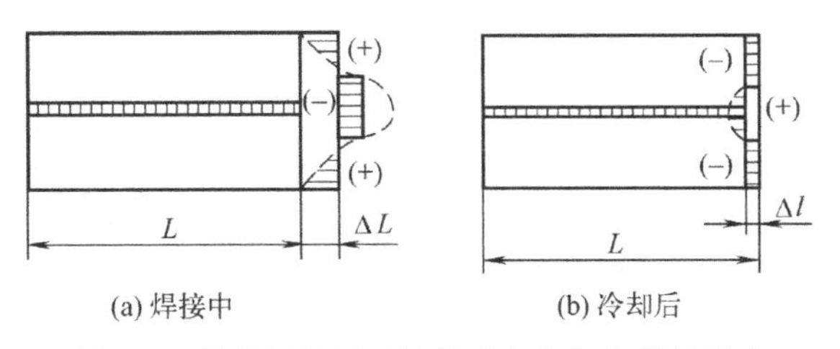

(a) 焊接中　　(b) 冷却后

图 4-3　低碳钢平板对接焊时应力和变形的形成

焊缝形成后，金属随之冷却，冷却使金属收缩，这种收缩若能自由进行，由于焊缝及邻近区域高温时已产生的压缩塑性变形会保留下来，不能再恢复，焊缝区将自由缩短至图4-3(b) 虚线位置，而焊缝区两侧的金属则缩短至焊前的长度。但实际上，因整体作用，各部位依然相互牵制，焊缝区两侧的金属同样会阻碍焊缝区的收缩，最终共同处于比原长短 Δl 的平衡位置上，于是，焊缝金属承受拉应力（＋），焊缝两侧承受压应力（－）。显然，两种应力相互平衡，一直保持到室温。保留至室温的应力与变形称为焊接残余应力和变形（简称焊接应力与变形）。

常见焊接变形的基本形式见表 4-1。

表 4-1　常见焊接变形的基本形式

变形形式	示意图	产生原因
收缩变形		由焊接后焊缝的纵向(沿焊缝长度方向)和横向(沿焊缝宽度方向)收缩引起
角变形		由于焊缝横截面形状上下不对称、焊缝横向收缩不均引起
弯曲变形		T 形梁焊接时，焊缝布置不对称，由焊缝纵向收缩引起
扭曲变形		工字梁焊接时，由于焊接顺序和焊接方向不合理引起结构上出现扭曲
波浪形变形		薄板焊接时，焊接应力使薄板局部失稳而引起

焊接应力和变形是同时存在的，焊接结构中不会只有应力或只有变形。当母材塑性较好且结构刚度较小时，则焊接结构在焊接应力的作用下会产生较大的变形而残余应力较小；反之则变形较小而残余应力较大。在焊接结构内部拉应力和压应力总是保持平衡的，当平衡被破坏时（如车削加工时），则结构内部的应力会重新分布，变形的情况也会发生变化，使得预想的加工精度不能实现。工件在焊接后产生焊接应力和变形，对结构的制造和使用会产生不利影响。焊接变形可能使焊接结构尺寸不合要求，焊装困难，间隙大小不一致等，直至影响焊件质量。矫正焊接变形不仅浪费工时，增加制造成本，而且会降低材料塑性和接头性能。同样焊接变形会使结构形状发生变化，出现内在附加应力，降低承载能力，甚至引起裂纹；应力的存在也有可能诱发应力腐蚀裂纹，甚至造成脆断。除此之外，残余应力使结构处于一种不稳定状态，在一定条件下应力会衰减而使结构产生变形，造成结构尺寸精度降低。所以，减小和防止焊接应力与变形是十分必要的。

4.1.2.2 减小和预防焊接应力的措施

(1) 选择合理的焊接顺序

合理的焊接顺序，可以使焊缝纵向横向收缩比较自由，从而减小焊接应力。具体应注意：先焊收缩量较大的焊缝，使焊缝一开始能够比较自由地收缩变形；先焊工作时受力较大的焊缝，使其预承受压应力；壁厚不均时，先焊较薄处，因为如果先焊厚大部分，焊件拘束度增加，较薄的部位焊接时应力较大；拼焊时，先焊错开的短焊缝，后焊直通的长焊缝，如图 4-4(a) 所示。图 4-4(b) 因先焊焊缝 1 使焊缝 2 拘束度增加，横向收缩不能自由进行，残余应力较大，甚至造成焊缝交叉处产生裂纹。

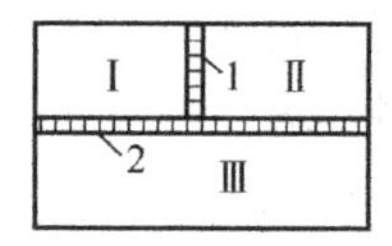

(a) 合理的焊接顺序

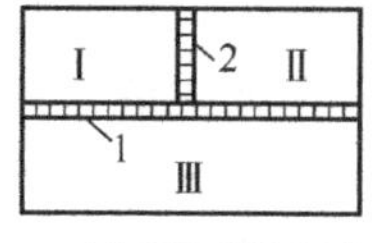

(b) 不合理的焊接顺序

图 4-4 拼焊顺序对焊接应力的影响

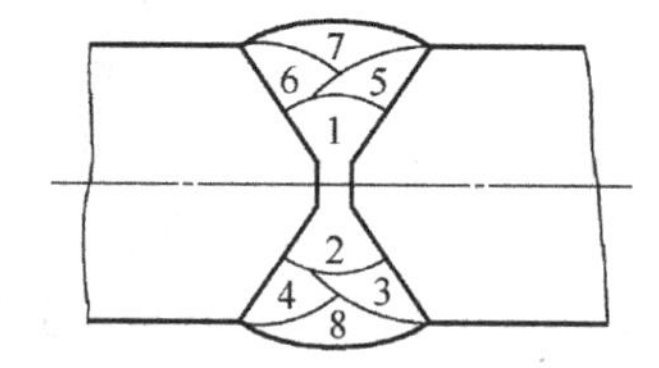

图 4-5 厚大焊件的多层多道对称焊
(1～8 为焊缝)

(2) 采用小电流，快速焊

采用小电流，快速焊，以减小热量输入，可减小残余应力。另外，对厚大焊件采用多层多道对称焊也可减小焊接应力，如图 4-5 所示。

(3) 焊前预热或焊后热处理

焊前预热是减小焊接应力最有效的措施。焊前将焊件预热到 A_{c1} 以下，然后进行焊接。预热的目的是减小焊缝区金属与周围金属的温差，使各部分膨胀与收缩量较均匀，从而减小焊接应力，同时还能使焊接变形减小。焊后进行去应力退火处理可以消除大部分焊接应力，方法是将焊件整体或局部加热至相变温度以下、再结晶温度以上（碳钢约为 600～650℃）保温一定时间，缓慢冷却。在去应力退火过程中，钢件组织不发生变化，主要通过金属高温时强度下降和蠕变现象松弛焊接应力。一般通过去应力退火可消除焊接应力的 80%～90%。

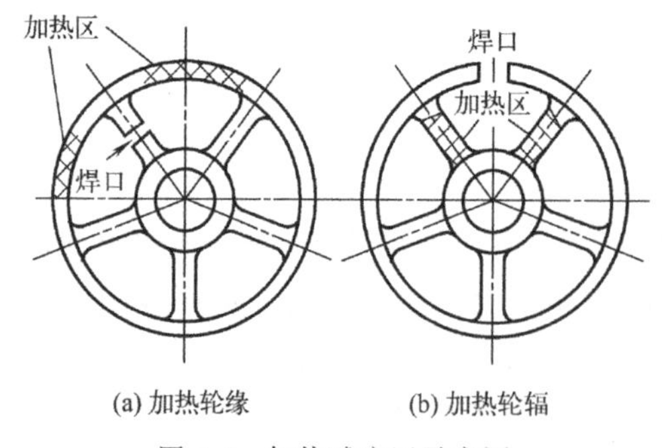

(a) 加热轮缘 (b) 加热轮辐

图 4-6 加热减应区示意图

(4) 加热减应区

加热减应区实际上是部分预热法，所谓减应区是妨碍焊缝变形的区域，减应区受热后伸长并带动焊接部位，冷却时，焊缝与减应区同时可以比较自由地收缩，使焊接应力降低。图 4-6 为修复断裂的手轮时，加热减应区示意图。

(5) 锤击或碾压焊缝

每焊一道焊缝后，当焊缝仍处于高温时，对焊缝进行均匀迅速的锤击，使缝焊金属在高温塑性较好时得以延伸，从而减小应力和变形。

(6) 焊后拉伸或振动工件

焊后拉伸工件可使焊缝伸长，彻底消除残余应力，适合于塑性好的材料，例如，压力容器在进行水压试验时，将试验压力加到工作压力的 1.2～1.5 倍，这时焊缝区发生微量塑性变形，应力被释放。振动工件是指使工件在一定频率下振动，可使内部应力得到释放，它适合于中小型焊件。

4.1.2.3 预防和矫正焊接变形的措施

(1) 预防焊接变形的措施

① 尽可能减少不必要的焊缝 结构设计时，尽量采用大尺寸板料及合适的型钢或冲压件，以减少焊缝数量，焊件所受的热量相应减少，因此变形减小。例如图4-7(a) 所示结构的焊缝多于图4-7(b) 所示结构，焊接变形较大。

② 合理安排焊缝位置 焊缝对称分布，收缩引起的变形可相互抵消，所以焊件整体不会产生挠曲变形。例如图4-8所示，图4-8(a) 结构会产生向下的弯曲变形，其中1为理想状态，2为变形状态。而改为图4-8(b) 的结构不会产生弯曲变形。

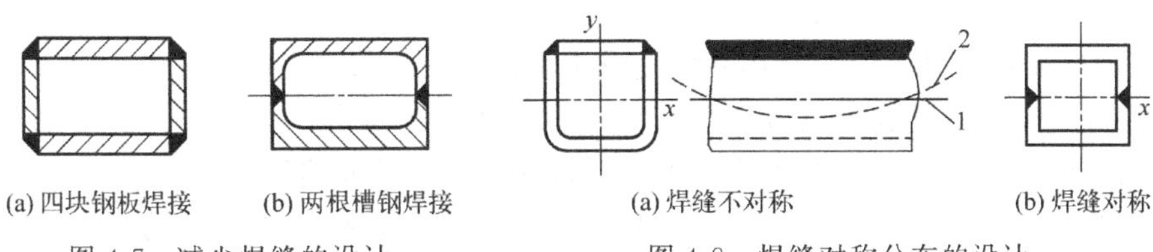

图4-7 减少焊缝的设计　　图4-8 焊缝对称分布的设计

③采用能量集中的热源、对称焊（图4-9）、分段焊（图4-10）和多层多道焊（图4-5）可减小焊接变形。如复兴号动车组全长25m的车体要求焊接变形不能超过5mm，为确保车体焊缝对称收缩，自动手臂焊接外部焊缝时车体内部有4名工人在同步焊接车体内部焊缝，且从中间向两边同时焊接，减小了焊接变形进而满足了车体30年使用寿命的要求。

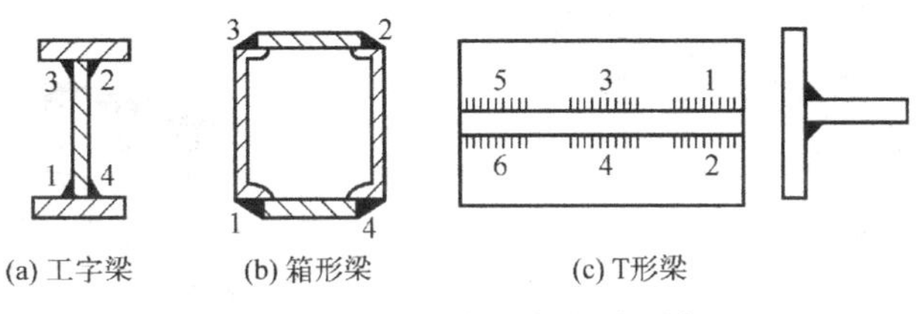

图4-9 对称焊（数字指焊接顺序）

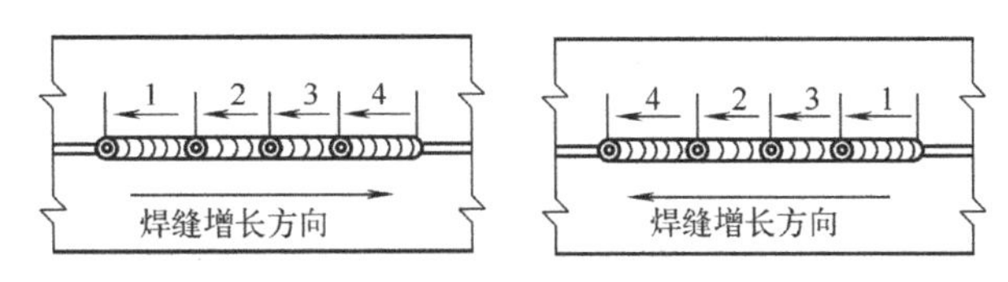

图4-10 分段焊

④ 合理地选择焊缝的尺寸和形式 在保证结构承载能力的前提下，应尽量设计较小尺寸的焊缝，可同时减小焊接变形和应力。对于受力较大的T形接头和十字形接头，可采用开坡口的焊缝。

⑤ 使用预先反变形法 预先反变形是在焊接前先判断结构焊后将产生的变形大小和方向，然后在装配或备料时预先给焊件一个相反方向的变形，抵消焊接变形，如图4-11所示。

⑥ 使用刚性固定法 是利用夹具、胎具等强制手段，以外力固定被焊工件来减小焊接变形，如图4-12所示。该法能有效地减小焊接变形，但会产生较大的焊接应力，所以一般只用于塑性较好的低碳钢结构。

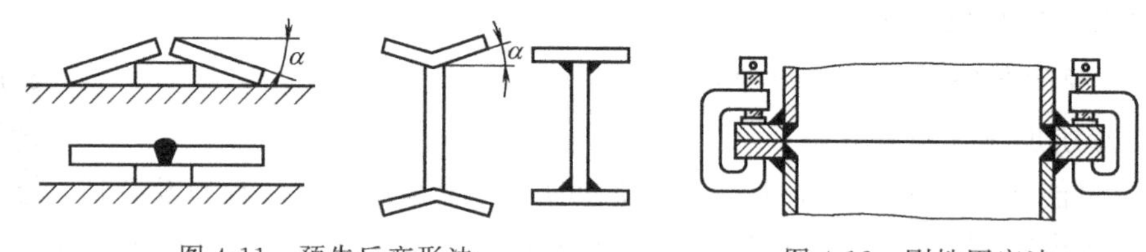

图 4-11　预先反变形法　　　　图 4-12　刚性固定法

对于一些大型的或结构较为复杂的焊件，也可以先组装后焊接，即先将焊件用点焊或分段焊定位后，再进行焊接。这样可以利用焊件整体结构之间的相互约束来减小焊接变形，但这样做也会产生较大的焊接应力。

(2) 矫正焊接变形的方法

矫正焊接变形的基本原理是用新的变形来抵消焊接变形。

① 机械矫正法　是利用机械作用，如压力机加压或锤击，产生塑性变形来矫正焊接变形，如图 4-13 所示。这种方法适用于塑性较好、厚度不大的焊件。

② 火焰矫正法　是利用金属局部受热后的冷却收缩来抵消已发生的焊接变形。这种方法主要用于低碳钢和低淬硬倾向的低合金钢。火焰矫正一般采用气焊焊炬，不需专门设备，其效果主要取决于火焰加热的位置和加热温度。通常以点状、线状或三角形加热变形伸长部分，使之冷却产生收缩变形，以达到矫正的目的，加热温度范围通常为 600～800℃。图 4-14 为 T 形梁上拱变形的火焰矫正法。

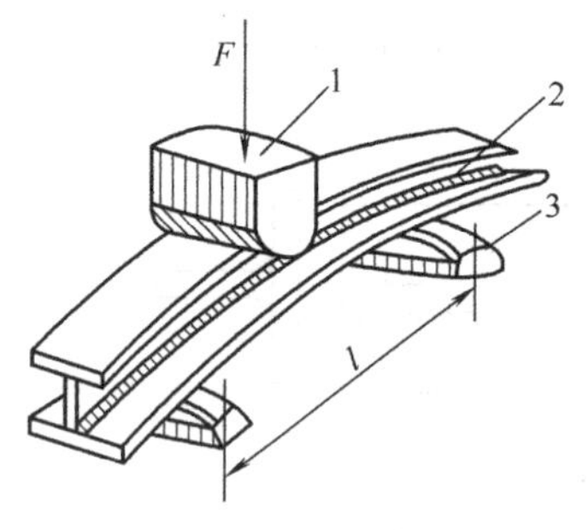

图 4-13　机械矫正法

1—压头；2—焊件；3—支承

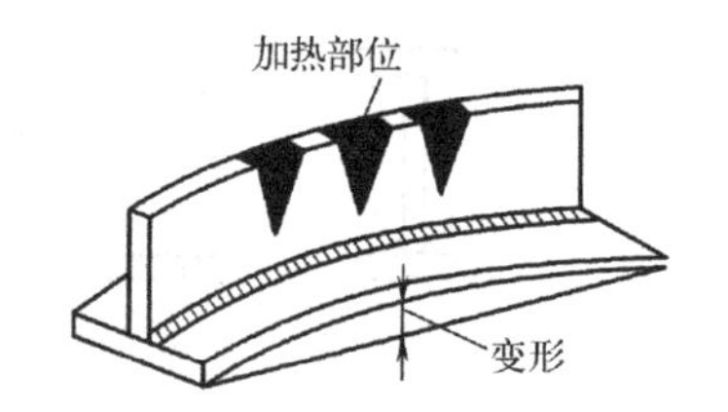

图 4-14　T 形梁上拱变形的火焰矫正法

4.1.3　金属的焊接性

4.1.3.1　焊接性的概念

金属材料的焊接性，是指材料在一定的焊接方法、焊接材料、焊接工艺参数和结构形式条件下获得具有所需性能焊接接头的难易程度。焊接性好，则容易获得合格的焊接接头。

焊接性包括两个方面：一是工艺焊接性，即在一定工艺条件下，材料形成焊接缺陷的可能性，尤其是指出现裂纹的可能性；二是使用性能，即在一定工艺条件下，焊接接头在使用中的可靠性，包括焊接接头的力学性能和其他特殊性能（如耐高温、耐腐蚀、抗疲劳等）。

焊接性是金属的工艺性能在焊接过程中的反映，了解及评价金属材料的焊接性，是焊接结构设计、确定焊接方法、制定焊接工艺的重要依据。

4.1.3.2　钢的焊接性评定方法

影响金属材料焊接性的因素很多，一般是通过焊前间接评估法或用直接焊接试验法来评定材料的焊接性。下面简单介绍两种常用的焊接性评定方法。

（1）碳当量法

钢是焊接结构中最常用的金属材料，因而评定钢的焊接性显得尤为重要。由于钢的裂纹倾向与其化学成分有密切关系，因此，可以根据钢的化学成分评定其焊接性的好坏。通常将影响最大的碳作为基础元素，把其他合金元素的质量分数对焊接性的影响折合成碳的相当质量分数，碳的质量分数和其他合金元素的相当质量分数之和称为碳当量，用符号 w_{CE} 表示，它是评定钢的焊接性的一个参考指标。

国际焊接学会推荐的碳钢和低合金结构钢的碳当量计算公式为：

$$w_{CE}=\left(w_C+\frac{w_{Mn}}{6}+\frac{w_{Cr}+w_{Mo}+w_V}{5}+\frac{w_{Ni}+w_{Cu}}{15}\right)\times 100\%$$

研究表明，碳当量越高，裂纹倾向越大，钢的焊接性越差。一般认为，$w_{CE}<0.4\%$ 时，钢的淬硬和冷裂倾向不大，焊接性良好；$w_{CE}=0.4\%\sim0.6\%$ 时，钢的淬硬和冷裂倾向逐渐增加，焊接性较差，焊接时需要采取一定的预热、缓冷等工艺措施，以防止产生裂纹；$w_{CE}>0.6\%$ 时，钢的淬硬和冷裂倾向严重，焊接性很差，一般不用于生产焊接结构。

由于碳当量法仅考虑了钢材的化学成分，忽略了焊件板厚、结构、焊缝氢含量、残余应力等其他影响焊接性的因素，所以评定结果较为粗略。

（2）冷裂纹敏感系数法

冷裂纹敏感系数法考虑了合金元素的含量、板厚及氢含量，计算出冷裂纹敏感系数（P_c）来判断产生冷裂纹的可能性，并确定预热温度。冷裂纹敏感系数越大，则产生冷裂纹的可能性越大，焊接性越差。冷裂纹敏感系数 P_c 和预热温度 T（℃）可用下式计算：

$$P_c=\left(w_C+\frac{w_{Si}}{30}+\frac{w_{Mn}}{20}+\frac{w_{Cu}}{20}+\frac{w_{Ni}}{60}+\frac{w_{Cr}}{20}+\frac{w_{Mo}}{15}+\frac{w_V}{10}+5w_B+\frac{h}{600}+\frac{H}{60}\right)\times 100\%$$

$$T=1440P_c-392$$

式中　h——板厚，mm；

　　H——焊缝金属扩散氢含量，mL/100g。

碳当量法和冷裂纹敏感系数法中的质量分数取成分范围的上限。

在实际生产中，金属材料的焊接性除了按碳当量法、冷裂纹敏感系数法等评定方法估算外，还可以通过直接试验，模拟实际情况下的结构、应力状况和施焊条件，在试件上焊接，观察试件的开裂情况，并配合必要的接头使用性能试验进行评定。

4.1.4　焊接质量检验

焊接质量检验是鉴定焊接产品质量优劣的重要手段，是焊接结构生产过程中必不可少的组成部分。

4.1.4.1　常见焊接缺陷

焊接接头的不完整性称为焊接缺陷。在焊接生产过程中，由于设计、工艺、操作中的多方面因素的影响，往往会产生各种焊接缺陷。焊接缺陷不仅会影响焊缝的美观，还可能影响焊接结构使用的可靠性。常见焊接缺陷及其产生原因见表 4-2。

表 4-2　常见焊接缺陷及其产生原因

缺陷名称		示意图	特征	产生原因
外观缺陷	焊缝外形尺寸不符合要求		① 焊缝高低不平 ② 焊缝宽度不均 ③ 焊缝余高过大或过小	焊条施焊角度不合适或运条速度不均匀；焊接电流过大或过小；坡口角度不当或装配间隙不均匀
	咬边		在焊缝和母材的交界处产生沟槽和凹陷	焊条角度和摆动不正确；焊接电流太大、电弧过长
	焊瘤		焊接时，熔化金属流淌到焊缝区之外的母材上形成金属瘤	焊接电流太大、电弧过长、焊接速度太慢；焊接位置和运条不当
	未焊透		焊接接头的根部未完全熔透	焊接电流太小、焊接速度太快；坡口角度太小、间隙过窄、钝边太厚
内部缺陷	气孔		焊接时，熔池中的过饱和氢、氮以及冶金反应产生的CO，在熔池凝固时未能逸出，在焊缝中形成空穴	焊接材料不清洁；电弧太长，保护效果差；焊接规范不恰当，冷速太快；焊前清理不当
	夹渣		焊后有残留在焊缝中的非金属夹杂物	焊道间的熔渣未清理干净；焊接电流太小、焊接速度太快；操作不当
	裂纹		热裂纹：沿晶开裂，具有氧化色泽，多在焊缝上，焊后立即开裂	热裂纹：母材硫、磷含量高；焊缝冷速太快，焊接应力大；焊接材料选择不当
			冷裂纹：穿晶开裂，具有金属光泽，多在热影响区，有延时性，可发生在焊后任何时刻	冷裂纹：母材淬硬倾向大；焊缝含氢量高；焊接残余应力较大

4.1.4.2　焊接质量检验过程

焊接质量检验包括焊前检验、焊接生产过程中的检验及焊后成品检验。

（1）焊前检验

焊前检验，是指焊接前对焊接原材料的检验，对设计图纸与技术文件的论证检查，以及焊前对焊接工人的培训考核等。焊前检验是防止焊接缺陷产生的必要条件，其中原材料的检验特别重要，应对原材料进行化学成分分析、力学性能试验和必要的焊接性试验。

（2）生产过程中的检验

生产过程中的检验是在焊接生产各工序间的检验。这种检验通常由每道工序的焊工在焊完后自己进行的检验，检验内容主要是外观检验。

（3）成品检验

成品检验是焊接产品制成后的最后质量评定检验。焊接产品只有经过相应的检验，证明已达到设计所要求的质量标准，保证以后的安全使用性能，成品才能投入使用。

4.1.4.3　焊接质量检验方法

焊接质量检验的方法可分为无损检验和破坏检验两大类。无损检验是不损坏被检查材料或成品的性能及完整性情况下检验焊接缺陷的方法。破坏检验是从焊件或试件上切取试样，或以产品（或模拟体）的整体做破坏试验，以检查其各种力学性能的试验方法。常用焊缝无损检验方法有以下几种。

（1）外观检验

外观检验是用肉眼或用低倍数（5～20倍）放大镜观察焊缝区内是否有表面气孔、咬边、焊接裂纹、未焊透等表面缺陷，同时检查焊缝的外形与尺寸是否符合要求。经过外观检验后合格的产品，才能进行下一步的检验。

（2）磁粉检验

磁粉检验是利用铁磁性材料在外加磁场中，表层缺陷产生的漏磁场吸附磁粉的现象而进行的无损检验方法。

磁粉检验原理如图4-15所示，将焊件放置在磁场中磁化，使其内部通过分布均匀的磁力线，并在焊缝表面撒上细磁铁粉。若焊缝表面无缺陷，则磁铁粉均匀分布；若表面有缺陷，则一部分磁力线会绕过缺陷，暴露在空气中，形成漏磁场，该处出现磁粉集聚现象。

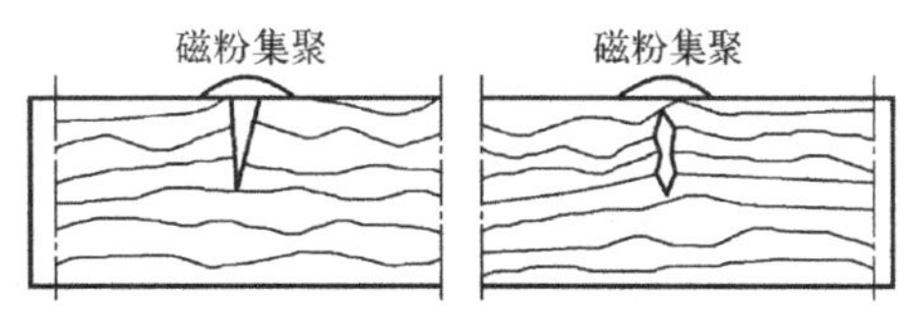

图4-15　磁粉检验的原理

因此，通过检查焊缝上铁粉的吸附情况，可以判断焊缝中缺陷的所在位置、大小和形貌，但不能确定缺陷的深度。

磁粉检验快速、简单，一般用于检验磁性材料焊件表面和深度不超过6mm的气孔、裂纹、未焊透等缺陷。

（3）着色检验

着色检验是借助毛细管吸附作用检验焊件表面缺陷的方法。检验时，首先将焊件表面用砂轮打磨到$Ra12.5\mu m$左右，用清洗剂除去杂质污垢，随后涂上具有强渗透能力的红色渗透剂（含有苏丹红染料、煤油、松节油等），渗透剂可通过工件表面渗入缺陷内部。隔10min以后，将表面渗透剂擦掉，再一次清洗，随后涂上白色显示剂。保持15～30min后，由于毛细管作用，渗进缺陷内部的红色渗透剂会在工件表面显示出来。借助4～10倍的放大镜便可形象地观察到缺陷位置和形状。

着色检验成本低，不受焊件形状、尺寸的限制，可检验磁性、非磁性材料表面微小的裂纹（0.005～0.01mm）、气孔、夹渣等缺陷，灵敏度高。

（4）超声波探伤

超声波探伤是利用超声波在不同介质的界面上发生反射的原理探测材料内部缺陷的无损检验法。超声波的频率在20000Hz以上，具有透入金属材料深处的特性。超声波探伤的原理如图4-16所示，当超声波由一种介质进入另一种介质时，在界面会产生反射波。检测焊件时，如果焊件中无缺陷，则在荧光屏上只存在始波和底波。如果焊件中存在缺陷，则在缺陷处另外发生脉冲反射波形，介于始波和底波之间。根据脉冲反射波形的相对位置及形状，即可判断出缺陷的位置和大小，但判断缺陷的种类较困难。

超声波探伤穿透能力强、效率高，对焊件无污染，主要用于检查表面光滑、形状简单的厚大焊件（厚度大于 8mm），能探出直径大于 1mm 的气孔、夹渣等缺陷，且常与射线探伤配合使用，先用超声波探伤确定有无缺陷，发现缺陷后用射线探伤确定其性质、形状和大小。

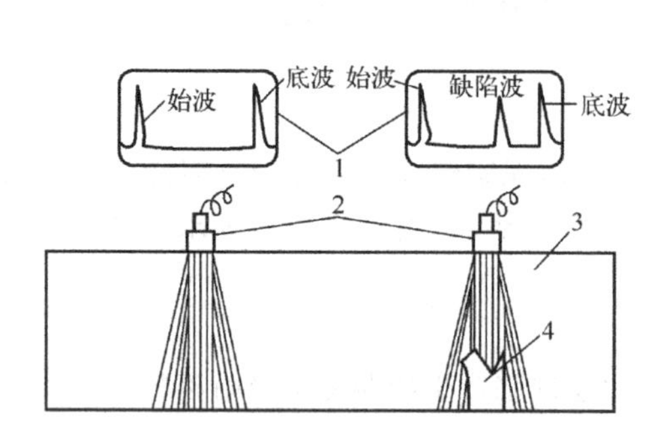

图 4-16　超声波探伤原理示意图

1—荧光屏；2—探头；3—焊件；4—缺陷

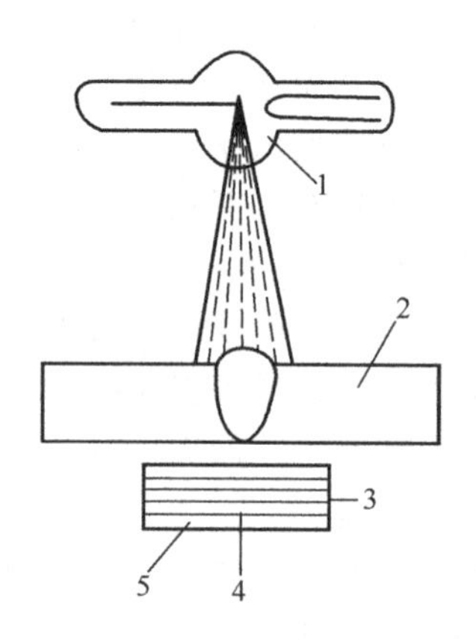

图 4-17　X 射线探伤原理

1—X 射线发生器；2—焊件；3—底片盒；4—底片；5—增感纸

（5）射线探伤

射线探伤是利用 X 射线或 γ 射线在不同介质中穿透能力的差异，检查内部缺陷的无损检验法。X 射线和 γ 射线都是电磁波，当经过不同物质时，其强度会有不同程度的衰减，从而使置于金属另一面的照相底片得到不同程度的感光。X 射线探伤原理如图 4-17 所示。

当焊缝中存在未焊透、裂纹、气孔和夹渣时，射线通过时衰减程度小，置于金属另一面的照相底片相应部位的感光较强，底片冲洗后，缺陷部位上则会显示出明显的黑色条纹和斑点，由底片可形象地判断出缺陷的位置、大小和种类。X 射线探伤宜用于厚度 50mm 以下的焊件，γ 射线探伤宜用于厚度 50～150mm 的焊件。

（6）致密性检验

对于储存气体、液体、液化气体的各种容器、反应器和管路系统，都需要对焊缝和密封面进行致密性试验。常用的致密性检验方法有以下几种。

① 水压试验　主要用于承受较高压力的容器和管道。这种试验不仅用于检查有无穿透性缺陷，同时也检验焊缝强度。试验时，先将容器中灌满水，然后将水压提高至工作压力的 1.2～1.5 倍，并保持 5min 以上，再降压至工作压力，并用圆头小锤沿焊缝轻轻敲击，检查焊缝的渗漏情况。

② 气压试验　用于检查低压容器、管道和船舶舱室等的密封性。试验时将压缩空气注入容器或管道，在焊缝表面涂抹肥皂水，以检查渗漏位置。也可将容器或管道放入水槽，然后向焊件中通入压缩空气，观察是否有气泡冒出。

③ 煤油试验　用于不受压的焊缝及容器的检漏。方法是在焊缝一侧涂上白垩粉水溶液，待干燥后，在另一侧涂刷煤油。若焊缝有穿透性缺陷，则会在涂有白垩粉水溶液的一侧出现明显的油斑，由此可确定缺陷的位置。如在 15～30min 内未出现油斑，即可认为合格。

4.2 金属焊接成形工艺方法

4.2.1 熔焊

4.2.1.1 焊条电弧焊

(1) 焊条电弧焊工艺过程

焊条电弧焊是焊条和工件分别作为两个电极，由焊工手工操作焊条进行焊接的方法，如图 4-18 所示，这是应用最为广泛的一种金属焊接方法。焊条和工件之间通过短路引燃电弧，电弧热使焊件和焊条端部同时熔化，熔滴与熔化的母材形成熔池，焊条药皮熔化形成熔渣覆盖于熔池表面并产生大量保护气体，实现气体-熔渣联合保护，同时在高温下熔渣与熔池液态金属之间发生冶金反应。随焊条的移动，熔池冷却、结晶，形成连续的焊缝，熔渣凝固成渣壳。

(2) 焊条电弧焊的特点与应用

焊条电弧焊设备简单，应用灵活方便，可以进行各种位置及各种不规则的单件、小批短焊缝的焊接；焊条系列完整，可以焊接大多数常用金属材料。但焊条载流能力有限(电流为 20～500A)，焊接厚度一般为 3～20mm，生产率较低，由于是手工操作，焊接质量很大程度上取决于焊工的操作技能，且焊工需要在高温、尘雾环境下工作，劳动条件差，强度大；另外，焊条电弧焊不适合焊接一些活泼金属、难熔金属及低熔点金属。

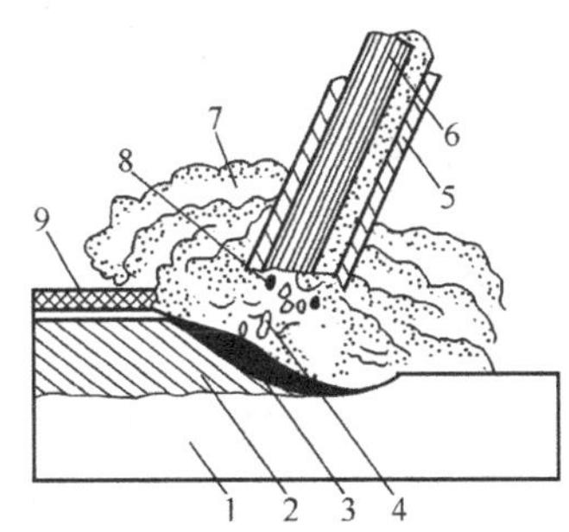

图 4-18 焊条电弧焊示意图

1—焊件；2—焊缝；3—熔池；4—金属熔滴；5—药皮；6—焊芯；7—保护气体；8—熔融熔渣；9—固态渣壳

4.2.1.2 埋弧自动焊

电弧埋在焊剂层下燃烧进行焊接的方法称埋弧焊，如其引弧、焊丝送进、移动电弧、收弧等动作由机械自动完成，则为埋弧自动焊。

(1) 埋弧自动焊的工艺过程

埋弧自动焊焊接过程如图 4-19 所示，焊接时，焊剂从漏斗中流出，均匀堆敷在焊件表面（一般厚为 30～50mm)，焊丝由送丝机构自动送进，经导电嘴进入电弧区，焊接电源分别接在导电嘴和焊件上以产生电弧，电弧在颗粒状的焊剂层下燃烧，电弧周围的焊剂熔化形成熔渣，工件金属与焊丝熔化成较大体积的熔池，熔池被熔渣覆盖，熔渣既能起到隔绝空气保护熔池的作用，又阻挡了弧光对外辐射和金属飞溅，焊机带着焊丝均匀向前移动（或焊机不动，工件匀速运动)，熔池金属被电弧气体排挤向后堆积形成焊缝。

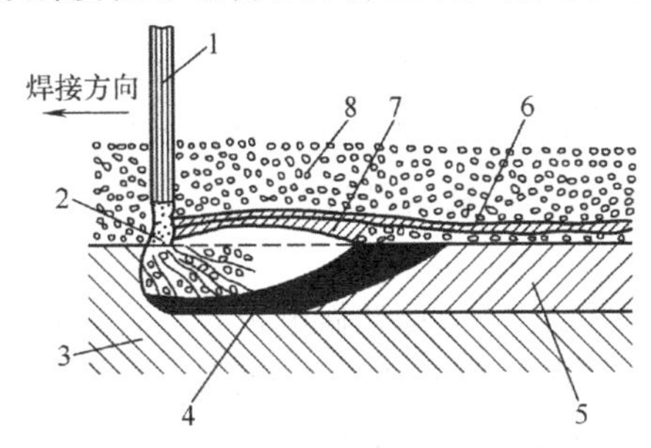

图 4-19 埋弧自动焊焊接过程纵截面图

1—焊丝；2—电弧；3—焊件；4—熔池；5—焊缝；6—渣壳；7—液态熔渣；8—焊剂

(2) 埋弧自动焊工艺

埋弧自动焊的焊前准备要求保证坡口间隙均匀一致，高低平整。对于厚度在 14mm 以下的板材，可以不开坡口一次焊成；双面焊时，不开坡口的可焊厚度达28mm；当厚度较大时，为保证焊透，最常采用的坡口形式为V形坡口和X形坡口。单面焊时，为防止烧穿、保证焊缝的反面成形，应采用反面衬垫，如图4-20所示。另外，由于埋弧焊在引弧和熄弧处电弧不稳定，为保证焊缝质量，焊前应在焊缝两端接上引弧板和熄弧板，焊后去除，如图4-21所示。进行大型环焊缝焊接时，焊丝位置不动，焊件旋转，并且电弧引燃位置向旋转反方向偏离焊件中心线一定距离 e（一般为20～40mm），如图4-22所示，以防止液态金属流失。

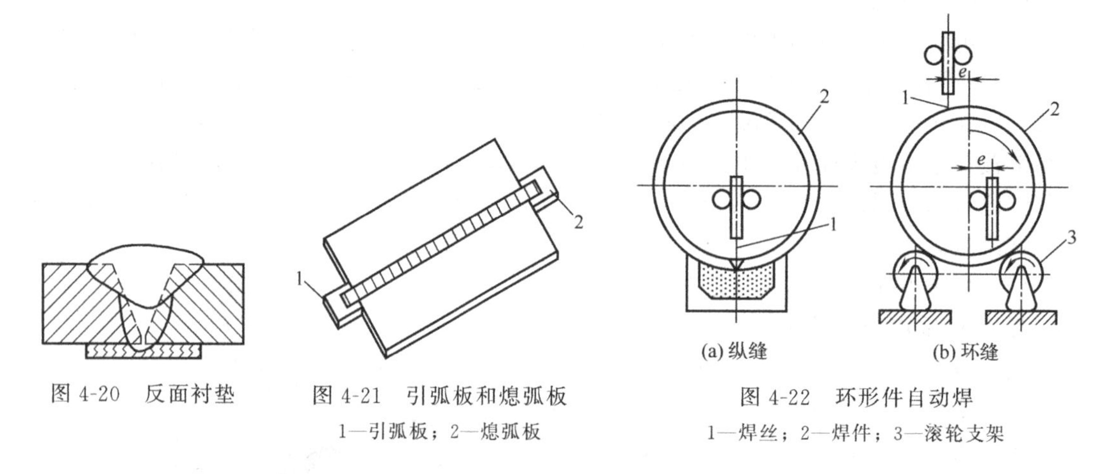

图4-20　反面衬垫

图4-21　引弧板和熄弧板
1—引弧板；2—熄弧板

图4-22　环形件自动焊
1—焊丝；2—焊件；3—滚轮支架

（3）埋弧自动焊的特点与应用

与焊条电弧焊相比，埋弧自动焊有以下优点。

① 生产率高　埋弧自动焊时，焊接电流比焊条电弧焊时大得多，可以高达1000A，一次熔深大，焊接速度大，且焊接过程可连续进行，无须频繁更换焊条，因此生产率比焊条电弧焊高5～20倍。

② 焊接质量好　熔渣对熔化金属的保护严密，冶金反应较彻底，且焊接工艺参数稳定，焊缝成形美观，焊接质量稳定。

③ 劳动条件好　埋弧自动焊时没有弧光辐射，焊接烟尘小，焊接过程自动进行。

埋弧焊通常用于碳钢、低合金结构钢、不锈钢和耐热钢，也可用来焊接特殊性能钢、镍基合金、非铁金属等。在压力容器、造船、车辆、桥梁等工业生产中得到广泛应用。但埋弧自动焊也有一定的局限性，一般只适用于批量生产的水平位置的长直焊缝和直径250mm以上的环形焊缝，焊接的钢板厚度一般为6～60mm，不能焊接铝、钛等活泼金属及其合金。

4.2.1.3　气体保护焊

用外加气体作为电弧介质并保护电弧和焊接区的电弧焊称为气体保护焊。保护气体主要有Ar、He、CO_2、N_2等。常用的有CO_2气体保护焊和氩弧焊两大类。

（1）CO_2气体保护焊

CO_2气体保护焊利用CO_2作为保护气体，以焊丝做电极，靠焊丝和焊件之间产生的电弧熔化金属与焊丝，以自动或半自动方式进行焊接。

① CO_2气体保护焊的工艺过程　如图4-23所示，焊丝由送丝机构通过软管经导电嘴自动送进，纯度超过99.8%的CO_2气体以一定流量从喷嘴中喷出。电弧引燃后，焊丝末端、电弧及熔池被CO_2气体所包围，从而使高温金属受到保护，避免空气造

成的有害影响。

② CO_2 保护焊的特点和应用

a. 成本低。CO_2 气体价格低廉，而且节省了熔焊剂或焊条药皮的电能。CO_2 气体保护焊的成本仅为焊条电弧焊和埋弧焊的 40%～50%。

b. 焊接时操作性能好。CO_2 气体保护焊是明弧焊，可以清楚地看到焊接过程，容易发现问题并及时处理，适于各种位置的焊接。

c. 焊接质量较好。由于焊接过程中有 CO_2 的保护，焊缝氢含量低，采用合金钢焊丝，脱氧、脱硫作用好，焊接接头的抗裂性好。同时 CO_2 气流冷却能力较强，焊接热影响区小，焊件变形小。

d. 生产率高。由于焊丝自动送进，焊接速度快，电流密度大，熔深大，焊后没有熔渣，节省清渣时间，因此其生产率比焊条电弧焊提高 1～4 倍。

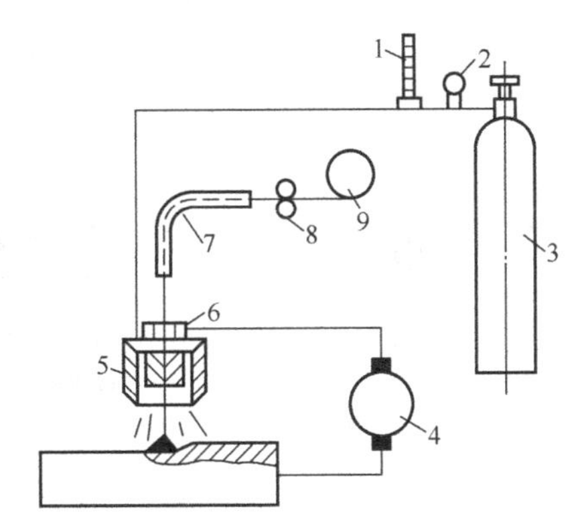

图 4-23 CO_2 气体保护焊示意图

1—流量计；2—减压器；3—CO_2 钢瓶；4—焊机；5—焊炬喷嘴；6—导电嘴；7—送丝软管；8—送丝机构；9—焊丝

CO_2 气体保护焊的不足是：CO_2 具有氧化作用，高温下能分解成 CO 和 O_2，使合金元素容易烧损，因此 CO_2 气体保护焊只适合焊接低碳钢和低合金结构钢，不宜焊接非铁金属和不锈钢。并且由于生成的 CO 密度小，体积急剧膨胀，导致熔滴飞溅较为严重，焊缝成形不够光滑。另外，焊接烟雾较大，弧光强烈，如果控制或操作不当，容易产生 CO 气孔。

CO_2 气体保护焊目前广泛应用于造船、机车车辆、汽车、农业机械等工业部门，主要用于焊接 1～30mm 厚的低碳钢和部分合金结构钢，一般采用直流反接法。焊接低碳钢时常用 H08MnSiA 焊丝，焊接低合金钢时常用 H08Mn2SiA 焊丝进行脱氧和合金化。

(2) 氩弧焊

氩弧焊是使用高纯度氩气作为保护气体的气体保护焊。按所用电极不同，氩弧焊分为不熔化极氩弧焊和熔化极氩弧焊。

① 不熔化极氩弧焊　以高熔点的钍钨棒或铈钨棒作电极，与焊件之间产生电弧，熔化金属。由于钨的熔点高达 3410℃，焊接时钨棒基本不熔化，只是作为电极起导电作用，填充金属需另外添加。在焊接过程中，氩气通过喷嘴进入电弧区，将电极、焊件、焊丝端部与空气隔绝开。自动钨极氩弧焊的焊接过程如图 4-24 所示。钨极氩弧焊焊接方式有手工焊和自动焊两种，它们的主要区别在于电弧移动和送丝方式不同，前者为手工完成，后者由机械自动完成。

在焊接钢、钛合金和铜合金时，应采用直流正接，这样可以使钨极处在温度较低的负极，减少其熔化烧损，同时也有利于焊件的熔化；在焊接铝镁合金时，通常采用交流电源，这主要是因为在焊件接负极时（即交流电的负半周），焊件表面接受正离子的撞击，使焊件表面的 Al_2O_3、MgO 等氧化膜被击碎，从而保证焊件的焊合，但这样会使钨极烧损严重，而交流电的正半周则可使钨极得到一定的冷却，从而减少其烧损。由于钨极的载流能力有限，为了减少钨极的烧损，焊接电流不宜过大，所以钨极氩弧焊通常只适用于 0.5～6mm 的薄板。

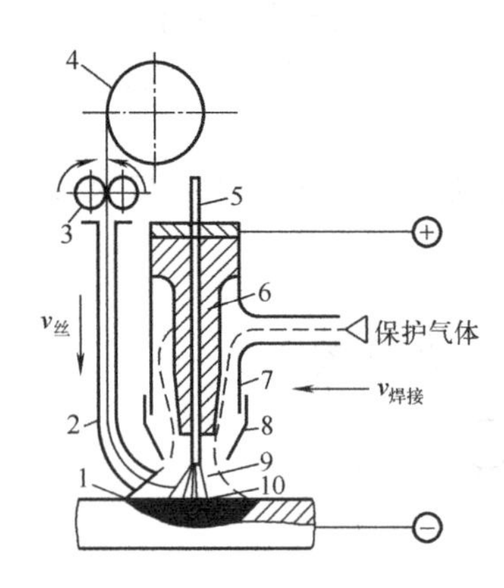

图 4-24　自动钨极氩弧焊示意图

1—熔池；2—焊丝；3—送丝滚轮；4—焊丝盘；5—钨极；6—导电嘴；7—焊炬；8—喷嘴；9—保护气体；10—电弧

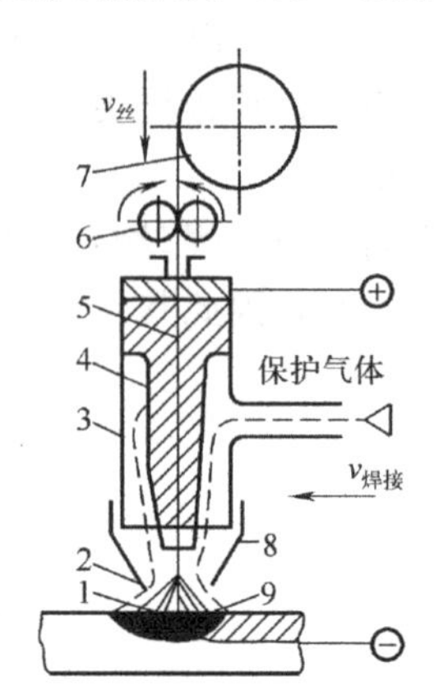

图 4-25　自动熔化极氩弧焊示意图

1—焊接电弧；2—保护气体；3—焊炬；4—导电嘴；5—焊丝；6—送丝滚轮；7—焊丝盘；8—喷嘴；9—熔池

② 熔化极氩弧焊　采用焊丝作电极并兼作填充金属，焊丝在送丝滚轮的输送下，进入到导电嘴，与焊件之间产生电弧，并不断熔化，形成很细小的熔滴，以喷射形式进入熔池，与熔化的母材一起形成焊缝。自动熔化极氩弧焊的焊接过程如图 4-25 所示。熔化极氩弧焊的焊接方式有半自动焊和自动焊两种，它们的区别在于：半自动焊时，手工移动电弧，送丝自动进行；而自动焊时全部焊接过程自动完成。

与钨极氩弧焊相比，熔化极氩弧焊均采用直流反接，以提高电弧的稳定性，没有电极烧损问题，焊接电流的范围大大增加，因此可以焊接中厚板，例如焊接铝镁合金时，当焊接电流为 450A 左右时，不开坡口可一次焊透 20mm，同样厚度用钨极氩弧焊时则要焊 6～7 层。

③ 脉冲氩弧焊　脉冲氩弧焊的电流为脉冲形式。利用高脉冲电流熔化焊件，形成焊点；低脉冲电流时焊点凝固，并维持电弧稳定燃烧。通过调整脉冲电流的大小和脉冲间歇时间的长短，可准确控制焊接规范和焊缝尺寸。

脉冲氩弧焊可降低热输入，避免薄板烧穿，实现单面焊双面成形，并能进行全位置焊接，适于焊接 0.1～5mm 的管材和薄板。

④ 氩弧焊的特点和应用

a. 氩气是一种惰性气体，焊接过程中对金属熔池的保护作用非常好，焊缝质量好。适于焊接各类合金钢，易氧化的非铁金属及稀有金属锆、钽、钼等。但是氩气没有冶金作用，所以焊前必须将接头表面清理干净，防止出现夹渣、气孔等。

b. 电弧稳定，飞溅小，焊缝致密，表面没有熔渣，成形美观。

c. 电弧在氩气流压缩下燃烧，热量集中，熔池较小，焊接热影响区小，焊件变形较小。

d. 操作性能好，可进行全位置焊接，并易实现机械化、自动化生产。

e. 氩气价格较高，一般要求纯度在99.9%左右，焊接成本较高。

目前，氩弧焊主要用于焊接铝、镁、铜、钛等化学性质活泼的金属及不锈钢、耐热钢等合金钢和锆、钽、钼等稀有金属。

(3) 药芯焊丝气体保护焊

药芯焊丝气体保护焊如图4-26所示，其基本原理与普通熔化极气体保护焊一样，采用纯 CO_2 或 CO_2 + Ar 混合气体作为保护气，区别在于其采用内部装有焊剂的药芯焊丝，药芯的成分和焊条药皮类似，可实现气体-熔渣联合保护。

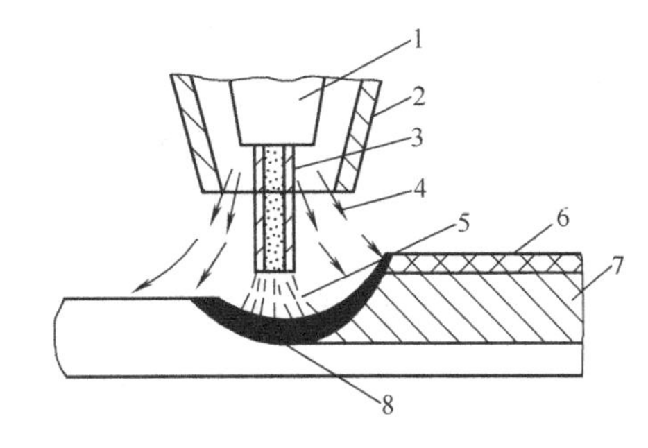

图4-26 药芯焊丝气体保护焊

1—导电嘴；2—喷嘴；3—药芯焊丝；4—保护气体；5—电弧；6—焊渣；7—焊缝；8—熔池

药芯焊丝气体保护焊的特点是：飞溅少，电弧稳定，焊缝成形美观；焊丝熔敷速度快，生产率比手工电弧焊高3～5倍；调整焊剂成分，可以焊接多种材料；抗气孔能力较强。但药芯焊丝制造较困难，且容易变潮，使用前应在250～300℃下烘烤。

药芯焊丝气体保护焊一般采用直流反接、半自动焊，可进行全位置焊接，通常用于焊接碳钢、低合金钢、不锈钢和铸铁等。

4.2.1.4 电渣焊

电渣焊是利用电流通过液态熔渣产生的电阻热进行焊接的熔焊方法。

(1) 电渣焊工艺过程

如图4-27所示，电渣焊焊接接头处于垂直位置，两侧装有冷却成形装置，在焊接的起始端和结束端装有引弧板和引出板。焊接时，先将颗粒状焊剂装入接头空间至一定高度，然后焊丝在引弧板上引燃电弧，将焊剂熔化形成渣池。当渣池达到一定深度时，电弧被淹没而熄灭，电流通过渣池产生电阻热，进入电渣焊过程。渣池温度可达1700～2000℃，可将焊丝和焊件边缘迅速熔化，形成熔池。随着熔池液面的升高，冷却滑块也向上移动，渣池则始终浮在熔池上面作为加热的前导，熔池底部结晶，形成焊缝。

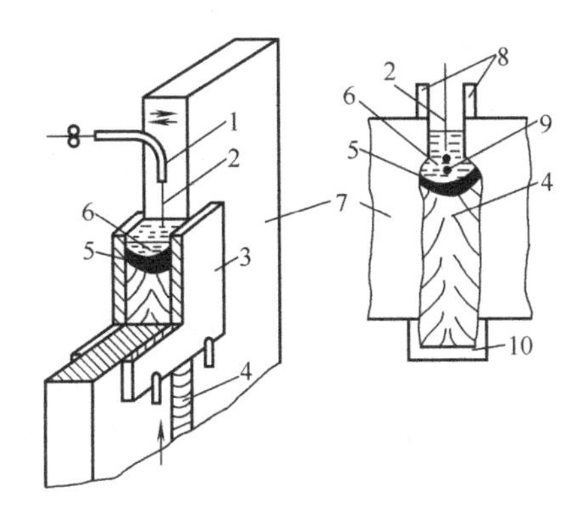

图4-27 电渣焊的基本过程

1—导电嘴；2—焊丝；3—冷却滑块；4—焊缝；5—熔池；6—渣池；7—焊件；8—引出板；9—熔滴；10—引弧板

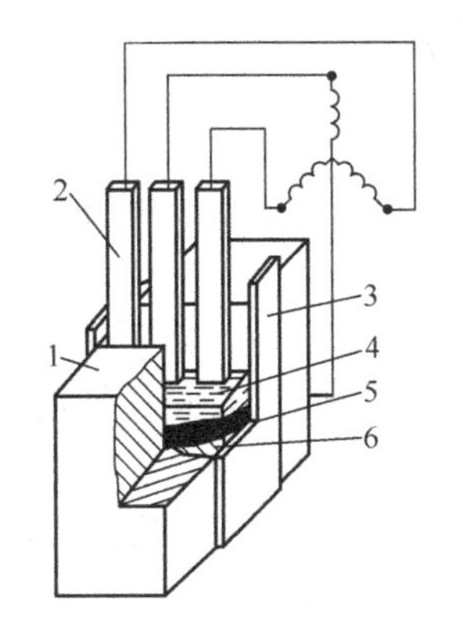

图4-28 板极电渣焊示意图

1—焊件；2—板极；3—冷却滑块；4—渣池；5—熔池；6—焊缝

(2) 电渣焊的分类

根据所采用的电极形式的不同，电渣焊可分为丝极电渣焊和板极电渣焊。

丝极电渣焊是最常用的电渣焊方法，它采用焊丝作电极，根据焊件厚度的不同，可采用一根或多根焊丝。单丝焊能够焊接的焊件厚度为40～60mm，当焊件厚度大于60mm时，焊丝要做横向摆动；三丝焊可以焊接450mm厚的焊件。丝极电渣焊主要用于焊接厚度为40～450mm的焊件及较长焊缝的焊件，也可用于大型焊件的环焊缝。

板极电渣焊如图4-28所示，它是用一条或数条金属板（可利用焊件的边角余料）作为熔化电极，成本低，生产率高，送进机构简单，但要求电源功率大；焊缝长度一般不能超过1.5m，否则过长的板极会给操作带来困难。这种方法适用于焊接大断面短焊缝。

(3) 电渣焊的特点及应用

在电渣焊的焊接过程中，除开始阶段有一电弧过程外，其余均为稳定的电渣过程，与埋弧焊有本质区别。

电渣焊的优点如下两个方面：其一，任何厚度的焊件都能一次焊成，因而在焊接厚大工件时，生产率高，成本低；其二，熔池保护严密，冷却缓慢，因此冶金过程完善，气体和熔渣能充分浮出，不易产生气孔、夹渣等缺陷。

电渣焊的局限性主要如下：

a. 由于焊接熔池大，加热和冷却缓慢，在焊缝及热影响区容易过热形成粗大组织，因此电渣焊通常焊后用正火处理消除接头中的粗晶；

b. 电渣焊总是以立焊方式进行，不能平焊，电渣焊不适于厚度在30mm以下的工件，焊缝也不宜过长。

电渣焊主要用于重型机械制造业中，制造锻-焊结构件和铸-焊结构件，如重型机床的机座、高压锅炉等，焊件厚度一般为40～450mm，材料为碳钢、低合金钢、不锈钢等。

4.2.1.5 高能束焊

高能束焊是利用高能量密度的束流，如等离子弧、电子束、激光束等作为焊接热源的熔焊方法的总称。

(1) 等离子弧焊接与切割

等离子弧是一种压缩的、能量更为集中的电弧。等离子弧焊是利用电弧压缩效应，获得较高能量密度的等离子弧进行焊接的方法，其过程如图4-29所示。等离子弧焊电极一般为钨极，保护气为氩气。

① 等离子弧的产生　等离子电弧的产生要经过以下三种压缩效应：

a. 机械压缩效应。电弧通过具有细小孔道的水冷喷嘴时，弧柱被强迫缩小，产生机械压缩效应。

b. 热压缩效应。由于喷嘴内壁的冷却作用，弧柱边缘气体电离度急剧降低，使弧柱外围受到强烈冷却，迫使带电粒子流向弧柱中心集中，电离度更大，导致弧柱被进一步压缩，产生热压缩效应。

c. 电磁压缩效应。定向运动的带电粒子流产生的磁场间的电磁力使弧柱进一步压缩，产生电磁压缩效应。

经以上压缩效应后，电弧弧柱中气体完全电离，即获得等离子弧。等离子弧温度高达24000K以上，能量密度达10^5～10^6W/cm^2，而一般钨极氩弧焊为10000～20000K，能量密度小于10^4W/cm^2。

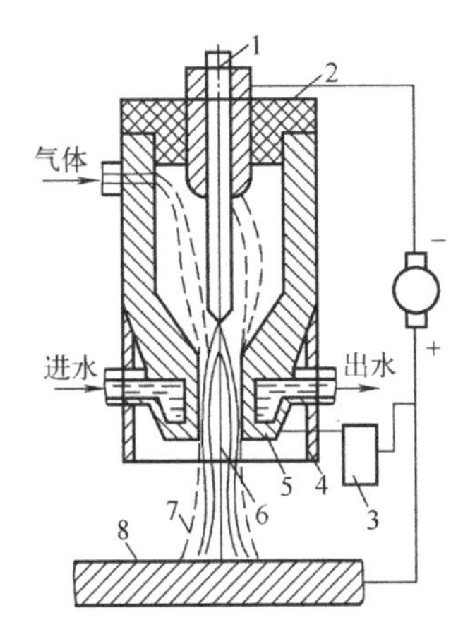

图 4-29　等离子弧焊示意图

1—钨极；2—陶瓷垫圈；3—高频振荡器；4—同轴喷嘴；5—水冷喷嘴；6—等离子弧；7—保护气；8—焊件

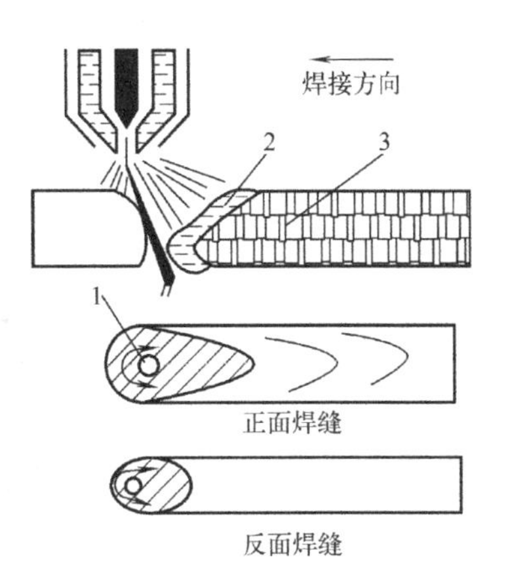

图 4-30　穿孔型等离子弧焊

1—小孔；2—熔池；3—焊缝

② 等离子弧焊工艺　等离子弧焊常用的工艺方法有穿孔型等离子弧焊和微束等离子弧焊。穿孔型等离子弧焊的焊接电流为100～300A，接头无须开坡口，无须留间隙。焊接时，等离子弧可以将焊件完全熔透并形成一个小通孔，熔化金属被挤压在小孔的周围，电弧移动，小孔随之移动，并在后方形成焊缝，从而实现单面焊双面一次成形，如图 4-30 所示。这种方法可以焊接的板厚上限为：碳钢 7mm，不锈钢 10mm。微束等离子弧焊接过程基本与钨极氩弧焊相似，它的焊接电流为 0.1～30A，目前已成为焊接金属薄箔的有效方法，焊接厚度为 0.025～2.5mm。除此以外，还有适用于铜及铜合金焊接的熔入型等离子弧焊，可用于厚板深熔焊或薄板高速焊以及堆焊的熔化极等离子弧焊。

等离子弧切割是利用等离子弧的高温高速弧流使切口的金属局部熔化进而蒸发，并借助高速气流或水流将熔化的材料吹离基体形成切口的切割方法。它具有切割速度快，生产率高，工件切口狭窄，边缘光滑平整，变形小等特点，主要用于不锈钢、非铁合金、铸铁等难以用氧-乙炔火焰切割的金属材料以及非金属材料的切割，切割厚度可达 200mm。目前，空气等离子弧切割的工业应用已扩展到碳钢和低合金钢，使等离子弧切割成为一种重要的切割方法。

③ 等离子弧焊的特点及应用

a. 等离子弧能量密度大，弧柱温度高，一次熔深大，热影响区小，焊接变形小，焊接质量高。

b. 电流小到 0.1A，电弧仍能稳定燃烧，并保持良好的挺直度和方向性，因而可以焊接金属薄箔，最小厚度可达 0.025mm。

但等离子弧焊存在设备复杂、投资高、气体消耗量大、只适于室内焊接等局限，目前生产上主要应用于国防工业及尖端技术中，焊接一些难熔、易氧化、热敏感性强的材料，如 Mo、W、Cr、Ti 及其合金，不锈钢等，也用于焊接质量要求较高的一般钢材和非铁合金。

（2）电子束焊

① 电子束焊过程　利用加速和聚焦的电子束轰击置于真空或非真空中的焊件所产生

的热能进行焊接的方法称为电子束焊。电子束焊过程如图 4-31 所示。主要由灯丝、阴极、阳极、聚焦线圈等组成的电子枪完成电子的产生、电子束的形成和会聚，灯丝通电升温并加热阴极，当阴极达到 2400K 左右时即发射电子，在阴极和阳极之间的高压电场作用下，电子被加速（约为 1/2 光速），穿过阳极孔射出，然后经聚焦线圈，会聚成直径为 0.8～3.2mm 的电子束射向焊件，并在焊件表面将动能转化为热能，使焊件连接处迅速熔化，经冷却结晶后形成焊缝。

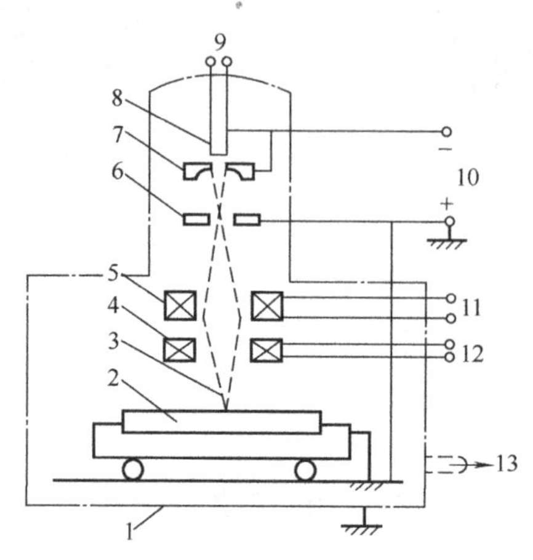

图 4-31　电子束焊示意图

1—真空室；2—焊件；3—电子束；4—磁性偏转装置；5—聚焦线圈；6—阳极；7—阴极；8—灯丝；9—交流电源；10—直流高压电源；11，12—直流电源；13—排气装置

② 电子束焊的种类　根据焊接工作室（焊件放置处）的真空度不同，电子束焊可分为以下三种。

a. 高真空电子束焊。工作室与电子枪同在一室，真空度为 10^{-2}～10^{-1}Pa，适用于难熔、活性、高纯金属及小零件的精密焊接。

b. 低真空电子束焊。工作室与电子枪被分为两个真空室，工作室的真空度为 10^{-1}～15Pa，适用于较大型的结构件和对氧、氮不太敏感的难熔金属。

c. 非真空电子束焊。不设真空工作室，但需另加惰性气体保护罩或喷嘴，焊件与电子束流出口的距离应控制在 10mm 左右，以减少电子束与气体分子碰撞造成的散射。非真空电子束焊适用于碳钢、低合金钢、不锈钢、难熔金属及铜合金、铝合金等的焊接，焊件尺寸不受限制。

③ 真空电子束焊的特点及应用

a. 电子束能量密度大，最高可达 5×10^{8}W/cm^{2}，约为普通电弧的 5000～10000 倍，热量集中，热效率高，热影响区小，仅为 0.05～0.75mm，焊缝窄而深，焊接变形极小，可对精加工后的零件进行焊接。

b. 在真空环境下焊接，金属不与气相作用，金属不会被氧化、氮化，接头强度高。

c. 焊接适应性强，电子束焊工艺参数可在较广范围内进行调节，且控制灵活，既可焊接 0.1mm 的薄板，又可焊 200～300mm 的厚板，还可焊形状复杂的焊件。能焊接一般金属材料，也可焊接难熔金属（如钛、钼等）、活性金属（除锡、锌等低沸点元素较多的合金外）、复合材料及异种金属构件。

真空电子束焊的主要不足是设备复杂，成本高，焊件尺寸受真空室限制，装配精度要求高，且易激发 X 射线，焊接辅助时间长，生产率低，这些都限制了电子束焊的广泛应用。

真空电子束焊特别适合焊接一些难熔金属、活性或高纯度金属以及热敏感性强的金属。主要用于焊接核能、航空航天部门中特殊的材料和结构。如微型电子线路组件、钼箔蜂窝结构、导弹外壳、核电站锅炉汽包等。在民用方面也有应用，如焊接精度较高的轴承、齿轮组合件等。

(3) 激光焊

激光焊，是利用激光束作为能源轰击焊件所产生的热量将焊件熔化进行焊接的方法。

① 激光焊过程 激光是波长、频率、方向完全相同的光束，具有单色性好、方向性好、能量密度高的特点。激光经透射或反射镜聚焦后，可获得直径小于 0.01mm、能量密度高达 10^{13} W/cm^2 的能束，可以作为焊接、切割、钻孔及表面处理的热源。产生激光的物质有固体、半导体、液体、气体等，其中用于焊接、切割等工业加工的主要是钇铝石榴石 (YAG) 固体激光和 CO_2 气体激光。激光焊示意图如图 4-32 所示，激光器产生激光束，通过聚焦系统聚焦在焊件上，光能转化为热能，使金属熔化形成焊接接头。激光焊有点焊和缝焊两种。点焊采用脉冲激光器，主要焊接 0.5mm 以下的金属薄板和金属丝，缝焊需用大功率 CO_2 连续激光器。

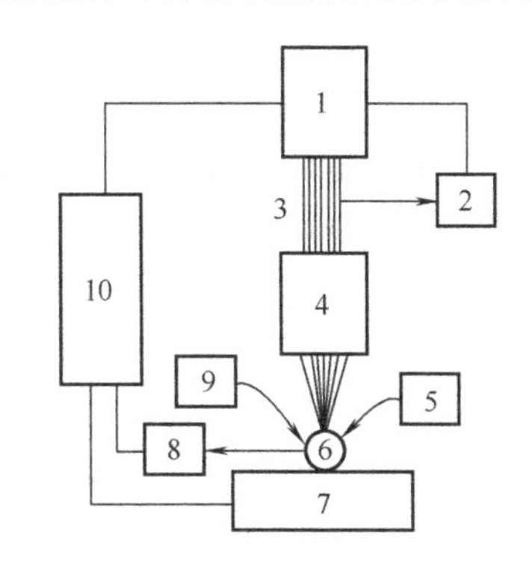

图 4-32 激光焊示意图

1—激光器；2，8—信号器；3—激光束；4—聚集系统；5—辅助能源；6—焊件；7—工作台；9—观测瞄准器；10—程控设备

② 激光焊的特点及应用

a. 激光束易于聚焦、易传导，可通过光学系统聚焦引导到其他焊接方法难以达到的焊接位置。

b. 能量密度高，可实现高速焊接，热影响区和焊接变形都很小，焊件尺寸精度高，特别适用于热敏感材料的焊接。

c. 激光不受电磁场的影响，不产生 X 射线，无须真空保护，可以用于大型结构的焊接。

d. 可直接焊接绝缘材料、异种金属材料、金属与非金属材料。

激光焊的主要不足是焊接设备复杂，价格昂贵，能量转化率低 (5%～20%)，输出功率较小，焊件厚度受到一定限制，并且对激光束吸收率低的材料和低沸点材料不宜采用。

目前，激光焊接已广泛用于电子工业和仪表工业中，主要用来焊接微型线路、集成电路、微电池上的引线等。激光焊还可用于焊接波纹管、小型电机转子、温度传感器等。

4.2.2 压焊

4.2.2.1 电阻焊

电阻焊是利用电流通过焊件及其接触处产生的电阻热，将连接处加热到塑性状态或局部熔化状态，再施加压力形成接头的焊接方法。

电阻焊的特点：焊接电压很低（几伏至十几伏），但焊接电流较大（几千至几万安培），因此焊接时间极短，一般为 0.01 秒至几十秒，生产率高，焊接变形小；不需用填充金属和焊剂，操作简单、易实现机械化和自动化；焊接过程中无弧光、烟尘，有害气体少，噪声小，操作环境好；设备复杂，价格昂贵。所以电阻焊适用于成批大量生产，在自动化生产线上应用较多。由于影响电阻大小和引起电流波动的因素均可导致电阻热的改变，因此电阻焊接头质量不稳定，限制了在受力较大的构件上的应用。

电阻焊根据接头形式特点分为点焊、缝焊和对焊三种。

（1）点焊

点焊示意图如图 4-33 所示，工件搭接后置于柱状电极间，通电加压，由于工件接触面处电阻较大，通电后迅速加热并局部熔化形成熔核，熔核周围为塑性状态，然后在压力的作用下熔核结晶形成焊点。焊点形成后，移动焊件，依次形成其他焊点。焊接第二点时，有一部分电流会流经已焊好的焊点，称点焊分流现象，分流使焊接区电流减小，影响焊点质量。工件厚度越大，导电性越好，相邻焊点间距越小，分流现象越严重。因此，在实际生产中对各种材料在不同厚度下的焊点最小间距有一定的规定。点焊接头考虑电极能接近焊件、施焊方便、加热可靠，一般采用搭接接头形式，图 4-34 为几种典型的点焊接头形式。在焊件搭接边宽度允许的条件下，焊点直径应尽量大一些，因为在焊点缺陷不超出允许范围时，焊点直径越大，点焊接头强度越高。

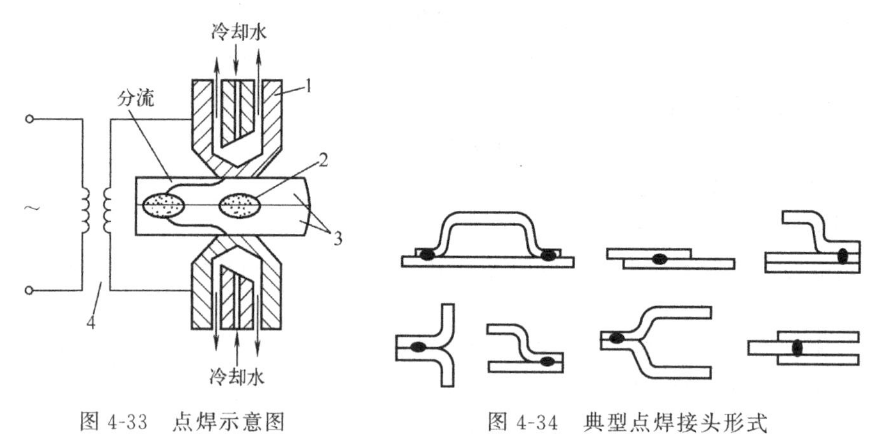

图 4-33　点焊示意图

1—电极；2—焊点；3—焊件；4—变压器

图 4-34　典型点焊接头形式

点焊主要适用于厚度小于 4mm 的冲压件、轧制薄板的大批量生产，如金属网、蒙皮、汽车驾驶室、车厢、电器、仪表、飞机的制造。可焊接低碳钢、合金钢、铜合金、铝镁合金等。但点焊接头不具有封闭性。

（2）缝焊

缝焊示意图如图 4-35 所示，其过程与点焊相似，只是用盘状电极代替柱状电极。工件装配成搭接接头置于两个盘状电极之间，盘状电极在工件上连续滚动，同时连续或断续送电，形成一条连续的焊缝。

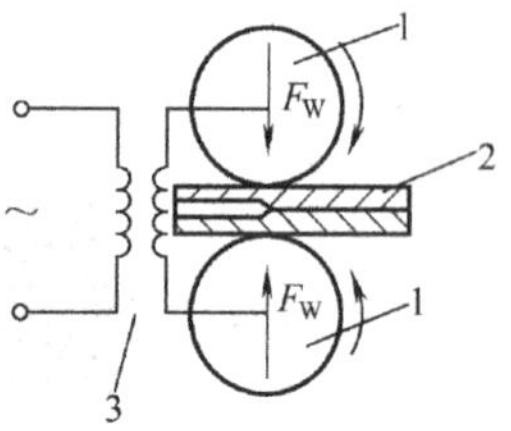

缝焊由于焊缝中的焊点相互重叠约 50%以上，因此密封性好，但缝焊分流现象严重，焊接电流比点焊大 1.5～2 倍。广泛应用于厚度为 0.1～2mm 的薄板结构的焊接。缝焊主要用于制造有密封要求的低压容器，如油箱、气体净化器和管道等。可焊接低碳钢、不锈钢、耐热钢、铝合金等。由于铜及铜合金电阻小，不适于缝焊。

图 4-35　缝焊示意图

1—电极；2—焊件；3—变压器

（3）对焊

对焊是将焊件分别置于两夹紧装置间，使其端面对准，在接触面处通电加热进行焊接的方法。根据焊接过程的不同，对焊可分为电阻对焊和闪光对焊。

① 电阻对焊　电阻对焊示意图如图4-36所示，先加预压，使两焊件的端面紧密接触，再通电加热，接触处升温至塑性状态，然后断电同时施加顶锻力，使接触处产生一定的塑性变形进而焊合。

电阻对焊焊接操作简便，生产率高，接头较光滑、毛刺少，但焊前对被焊工件的端面加工和清理要求较高，否则易造成加热不均，结合面易受空气侵袭，发生氧化、夹杂，焊接质量不易保证。因此，电阻对焊一般用于焊接接头强度和质量要求不太高、断面简单、直径小于20mm的棒料、管材，如钢筋、门窗等。可焊接碳钢、不锈钢、铜和铝等。

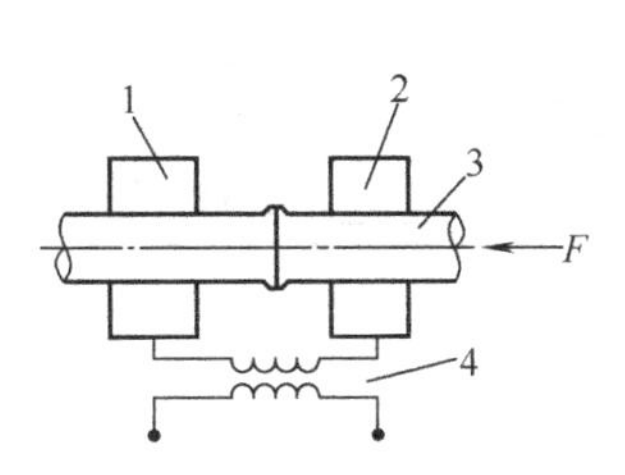

图4-36　电阻对焊示意图

1—固定电极；2—可移动电极；3—焊件；4—变压器

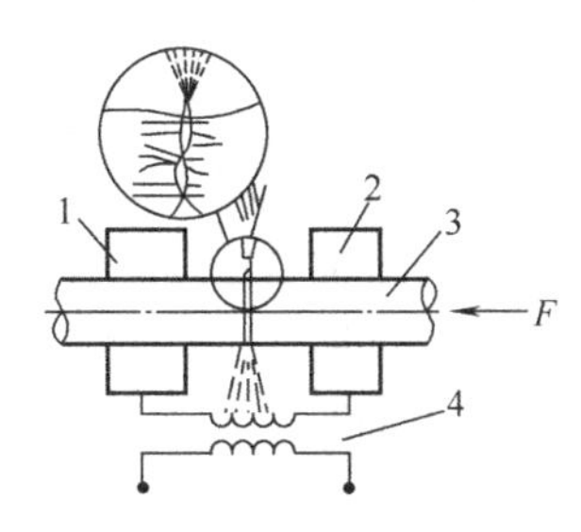

图4-37　闪光对焊示意图

1—固定电极；2—可移动电极；3—焊件；4—变压器

② 闪光对焊　闪光对焊示意图如图4-37所示，先接通电源，再使焊件靠拢接触，由于接触端面凹凸不平，所以在开始接触时为点接触，电流通过接触点产生很大的电阻热，使接触点迅速熔化，并在电磁力作用下爆破飞出，产生闪光。这一过程进行一定时间后，端面达到均匀半熔化状态，并在一定范围内形成一塑性层，而且多次闪光将端面的氧化物清除干净，于是断电并加压顶锻，挤出熔化层，并产生大量塑性变形而使焊件焊合。

闪光对焊过程中，工件端面氧化物与杂质会被闪光火花带出或随液体金属挤出，接头中夹杂少，质量高，且焊前对端面清理要求不高，常用于焊接重要件，如钢轨、锚链等。闪光对焊可焊接碳钢、合金钢、不锈钢、非铁金属、镍合金、钛合金等，也可用于焊接异种金属（如铝-铜、铜-钢、铝-钢等）。但闪光对焊时焊件烧损较多，且焊后有毛刺需要清理。闪光对焊焊接单位面积焊件所需的焊机功率较电阻对焊小，有利于焊接大截面的焊件，从直径0.01mm的金属丝到直径500mm的管材、截面20000mm^{2}的型材均可焊接。

闪光对焊主要用于杆状件对接，如刀具、管子、钢筋、钢轨、车圈等。

对焊接头形式：要求焊件的接触端面形状应尽量相同，圆棒直径、方棒边长和管子壁厚之差Δ不应超过15%。常用的对焊接头形式如图4-38所示。

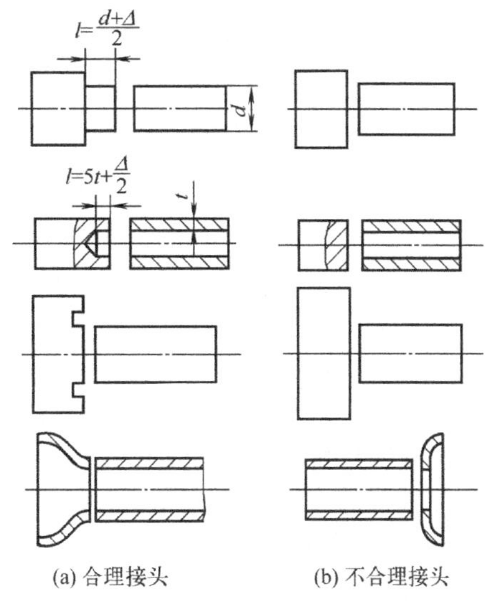

图4-38　对焊的接头形式

4.2.2.2 摩擦焊

摩擦焊是利用焊件接触端面相互摩擦所产生的热，使端面达到热塑性状态，然后迅速施加顶锻力，实现焊接的一种固相压焊方法。

(1) 摩擦焊过程

摩擦焊示意图如图 4-39 所示，先将两工件同心地安装在焊机夹紧装置中，回转夹具做高速旋转，非回转夹具做轴向移动，使两工件端面相互接触，并施加一定的轴向压力，依靠接触面强烈摩擦产生的热量把该接触面金属迅速加热到塑性状态。当达到要求的温度后，立即使焊件停止旋转，同时对接头施加较大的顶锻力，使两焊件产生塑性变形而焊接起来，整个过程只有 2～3s。

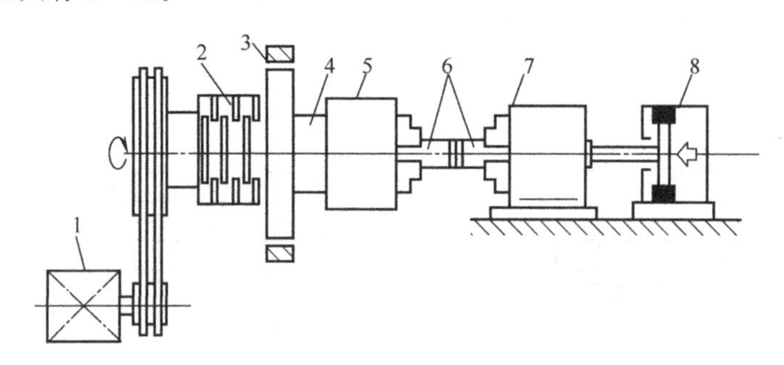

图 4-39 摩擦焊示意图

1—电动机；2—离合器；3—制动器；4—主轴；5—回转夹具；
6—焊件；7—非回转夹具；8—轴向加压液压缸

摩擦焊接头（图 4-40）一般是等截面的，也可以是不等截面的，但需要有一个焊件为圆形或筒形，并且要避免过大截面工件和薄壁管件，目前摩擦焊工件最大截面积不超过 2000mm^2。对非圆截面接头，可采用先焊接后锻造的方法实现。

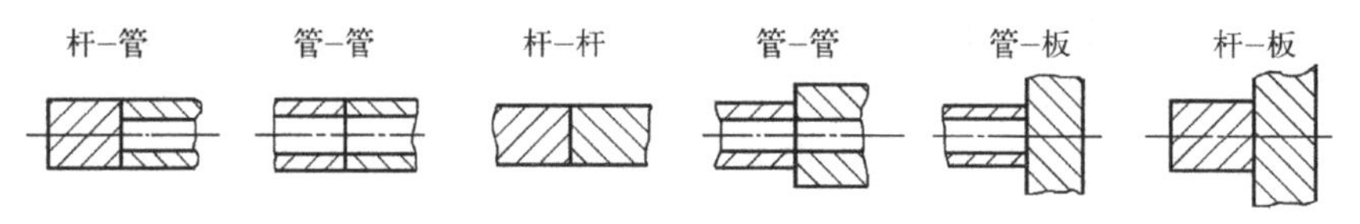

图 4-40 摩擦焊接头的形式

(2) 摩擦焊的特点及应用

摩擦焊具有以下优点。

a. 焊接质量稳定，焊件尺寸精度高，特别适合圆形截面工件的对接，接头废品率低于电阻对焊和闪光对焊，只有闪光对焊的 1%左右。

b. 焊接生产率高，比闪光对焊高 5～6 倍，适合于大批量生产。

c. 适于焊接异种金属，如碳素钢、低合金钢与不锈钢、高速钢之间的连接，铜-不锈钢、铜-铝、铝-钢、钢-锆等之间的连接。

d. 加工费用低，焊件无须特殊清理，省电，用电量比闪光对焊节约 80%～90%。

e. 易实现机械化和自动化，操作简单，焊接工作场地无火花、弧光及有害气体。

摩擦焊的应用现已遍及各工业领域。首先是一些异种金属和异种钢产品，如电力工业中的铜-铝过渡接头，金属切削用的高速钢-结构钢刀具等；其次是一些结构钢产品，如电站锅炉蛇形管、阀门、拖拉机轴瓦等。摩擦因数小的铸铁、黄铜不宜采用摩擦焊。

4.2.2.3 超声波焊

超声波焊是利用超声波的高频振荡使焊件局部接触处受热和变形，然后施加一定压力实现焊接的一种压焊方法。

(1) 超声波焊过程

超声波焊示意图如图 4-41 所示，超声波发生器产生的超声波通过换能器转化为上、下声极的高频振动，通过聚能器使振动增强。焊件局部接触处在一定压力下，高频、高速相对运动，产生强烈的摩擦、升温和变形，使接触面杂质被清理，纯净的金属原子充分靠近并扩散形成焊接接头。在焊接过程中，焊件没有受到外加热源和电流的作用，是一种摩擦、塑性变形、扩散综合作用的焊接过程。

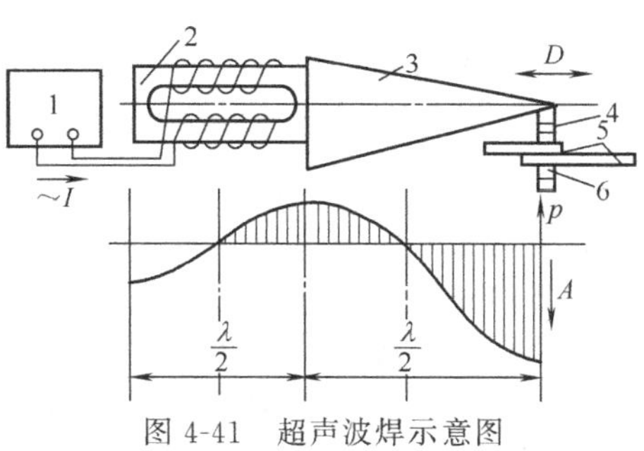

图 4-41 超声波焊示意图

1—超声波发生器；2—换能器；3—聚能器；4—上声极；5—焊件；6—下声极；D—振动方向；A—振幅；λ—波长

(2) 超声波焊的特点及应用

a. 接头中无铸态组织或脆性金属化合物，接头强度比电阻焊高 15%～20%。

b. 超声波焊的焊件温度低，焊接过程对焊点附近的金属组织性能影响极小，焊接应力与变形也很小，接头力学性能高于电阻焊。

c. 可焊接厚度差异很大和有多层箔片结构。

d. 适焊材料广泛，除可焊接常用金属材料外，特别适合焊接银、铜、铝等高导电性、高导热性材料，也可焊接铜-铝、铜-钨、铜-镍等物理性能相差很大的异种金属，以及云母、塑料等非金属材料。

e. 超声波焊对焊件表面清理质量要求不严，耗电较少，仅为电阻焊的 5%。

4.2.2.4 扩散焊

扩散焊是在真空或保护气氛中，在一定温度和压力下保持较长时间，使焊件接触面之间的原子相互扩散而形成接头的焊接方法。

(1) 扩散焊过程

图 4-42 是利用高压气体加压和高频感应加热对管子与衬套进行真空扩散焊的示意图。首先对管壁内表面和衬套进行清理、装配，管子两端用封头封固，然后放入真空室内。利用高频感应加热焊件，同时向封闭的管子内通入高压的惰性气体。在一定温度、压力下，保持较长时间，接触表面首先产生微小的塑性变形，管子与衬套紧密接触，因接触表面的原子处于高度激活状态，很快通过扩散形成金属键，并经过回复和再结晶使结合界面推移，最后经长时间保温，原子进一步扩散，界面消失，实现固态焊接。

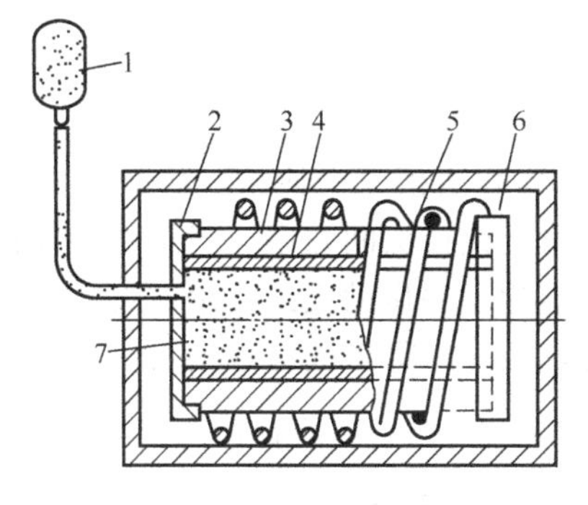

图 4-42 真空扩散焊示意图

1—高压气源；2—封头；3—管子；4—衬套；5—感应圈；6—真空室；7—惰性气体

(2) 扩散焊的特点及应用

a. 焊接温度低（约为母材熔点的 40%～70%），焊接过程靠原子在固态下扩散完成，焊接应力及变形小。同时，接头基本上无热影响区，母材性质也未改变，接头化学成分、组织性能与母材相同或接近，接头强度高。

b. 可焊接各种金属及合金，尤其是难熔的金属，如高温合金、复合材料。还能焊接许多物理化学性能差异很大的异种材料，如金属与陶瓷。

c. 可焊接厚度差别很大的焊件，也可将许多小件拼成形状复杂、力学性能均一的大件以代替整体锻造和机械加工。

扩散焊的主要不足是单件生产率较低，焊前对焊件表面的加工清理和装配精度要求十分严格，除了加热系统、加压系统外，还要有抽真空系统。

扩散焊主要用于焊接熔焊、钎焊难以满足质量要求的精密、复杂的小型焊件。近年来，扩散焊在核能、航天等尖端技术领域中解决了各种特殊材料的焊接问题。例如，在航天工业中，用扩散焊制成的钛制品可以代替多种制品。扩散焊在机械制造工业中也有广泛应用，例如将硬质合金刀片镶嵌到重型刀具上、火箭发动机喷嘴耐热合金与陶瓷的焊接等。

4.2.2.5　爆炸焊

爆炸焊是利用炸药爆炸时产生的冲击波使焊件迅速撞击，短时间内实现焊接的一种压焊方法。

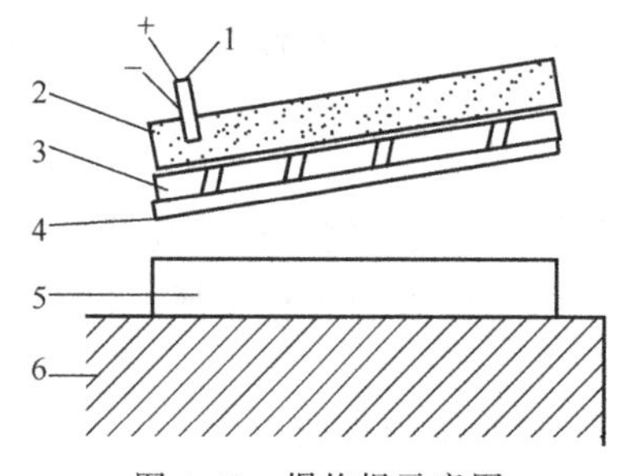

图 4-43　爆炸焊示意图

1—雷管；2—炸药；3—缓冲层；4—覆板；5—基板；6—基础

爆炸焊过程如图 4-43 所示，基板放在稳固的基础上，覆板上面安装缓冲层，再安放一定量的炸药。点燃雷管后，炸药爆炸瞬间产生高压（700MPa）、高温（3000℃）、高速（500～1000m/s）冲击波作用在覆板上，使覆板变形并加速向基板运动发生猛烈撞击，在接触处产生金属射流，从而清除表面氧化物等杂质，液态金属在高压下冷却，形成焊接接头，实现焊接。整个过程必须沿焊接接头逐步连续地完成才能获得性能良好的结合面呈波浪形的焊接接头。

爆炸焊是高速高能成形，适于焊接双金属构件，可节省大量的贵重金属。如钢-铜、钢-铝、钛-钢、锆-铌等复合板和复合管等。

4.2.3　钎焊

钎焊是采用比母材熔点低的金属材料作钎料，将焊件和钎料加热，只使钎料熔化而焊件不熔化，利用液态钎料填充间隙、浸润母材并与母材相互扩散实现连接的方法。

4.2.3.1　钎焊过程

如图 4-44 所示，钎焊过程可分为钎料的浸润、铺展和连接三个阶段。将表面清洗好的工件以搭接形式装配在一起，把钎料放在接头间隙附近或接头间隙中。当工件与钎料被加热到稍高于钎料的熔点后，钎料熔化（此时工件未熔化）并借助毛细作用被吸入和充满固态工件间隙中，液态钎料与工件金属相互扩散溶解，冷凝后即形成钎焊接头。

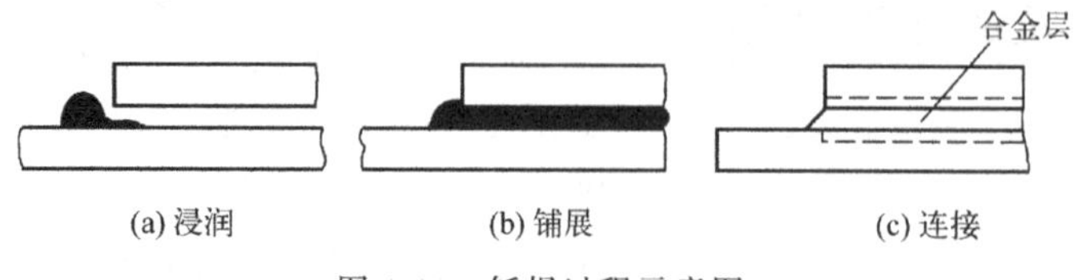

图 4-44　钎焊过程示意图

4.2.3.2 钎焊分类

钎料是形成钎焊接头的填充金属，钎焊接头的质量在很大程度上取决于钎料。钎料应该具有合适的熔点、良好的润湿性和填缝能力，能与母材相互扩散，还应具有一定的力学性能和物理化学性能，以满足接头的使用性能要求。

按钎料熔点的不同，钎焊分为两大类：硬钎焊与软钎焊。

① 硬钎焊　钎料熔点高于450℃的钎焊称为硬钎焊，常用钎料是黄铜钎料和银基钎料。用银基钎料的接头具有较高的强度、导电性和耐蚀性，钎料熔点较低、工艺性良好，但钎料价格较高，多用于要求较高的焊件，一般焊件多采用黄铜钎料。硬钎焊的接头强度为200～490MPa。硬钎焊多用于受力较大的钢和铜合金工件，以及工具的钎焊。

② 软钎焊　钎料熔点低于450℃的钎焊称为软钎焊，软钎焊的接头强度一般为60～140MPa。常用钎料是锡铅钎料，它具有良好的润湿性和导电性，广泛用于电子产品、电机电器和汽车配件。

钎焊时要求两母材的接触面很干净，因此要用钎剂。钎剂的作用是去除母材和钎料表面的氧化物和油污杂质，保护钎料和母材接触面不被氧化，增加钎料的润湿性和毛细流动性。钎剂的熔点应低于钎料，钎剂残渣对母材和接头的腐蚀性应较小。硬钎焊常用的钎剂是硼砂、硼酸和碱性氟化物的混合物，软钎焊常用的钎剂是松香或氯化锌溶液。

钎焊还可按加热方法的不同分为火焰钎焊、感应钎焊、浸沾钎焊、炉中钎焊以及烙铁钎焊、电阻钎焊、扩散钎焊、红外线钎焊、反应钎焊、电子束钎焊、激光钎焊等。

4.2.3.3 钎焊接头形式

钎焊一般采用如图4-45所示的板料搭接和套管嵌接的形式。这样可以通过增加焊件之间的结合面，来弥补钎料强度的不足，保证接头的承载能力。这种接头形式还便于控制接头的间隙，适当的间隙可以使钎料在接头中均匀分布，达到最佳的钎焊效果。钎焊接头的间隙范围一般是0.05～0.2mm。

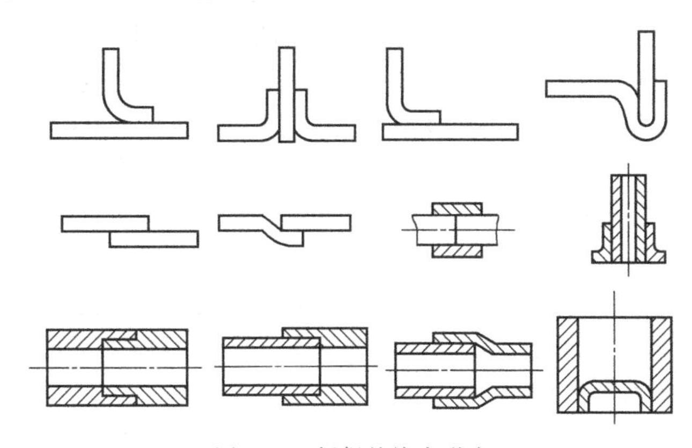

图4-45　钎焊的接头形式

4.2.3.4 钎焊的特点及应用

钎焊具有如下优点。

a.钎焊过程中，工件加热温度较低，因此，其组织和力学性能变化很小，变形也小。接头光滑平整，工件尺寸精确。

b.钎焊可以焊接性能差异很大的异种金属，对工件厚度差也没有严格限制。

c.对工件整体加热钎焊时，可同时钎焊由多条（甚至上千条）接缝组成的、形状复杂的构件，生产率很高。

d. 钎焊设备简单，生产投资费用少。

但是，钎焊的接头强度较低，尤其是动载强度低，耐热能力差，允许的工作温度不高，焊前清理要求严格，而且钎料价格较高。因此，钎焊不适于一般钢结构和重载动载机件的焊接，主要用来焊接精密仪表、电气零部件、异种金属构件以及某些复杂薄板结构，如夹层构件和汽车水箱散热器等，也常用来焊接各类导线与硬质合金刀具。

4.2.4 其他金属焊接方法及发展趋势

随着航空航天、核能、微电子等技术的不断发展，对焊接成形提出了更高的要求，新型焊接方法和焊接工艺层出不穷。这里主要介绍激光-电弧复合焊、搅拌摩擦焊及焊接机器人。

4.2.4.1 激光-电弧复合焊

激光-电弧复合焊，简单地说就是同时利用激光和电弧两种热源实现焊接的方法，如图 4-46 所示。

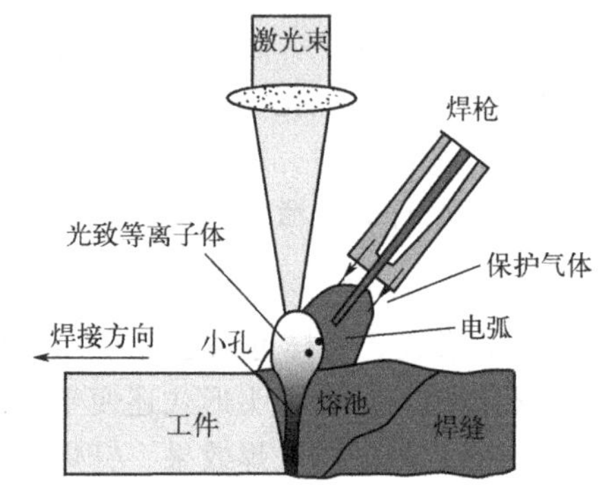

图 4-46 激光-电弧复合焊示意图

激光热源具有高的能量密度、极优的指向性及透明介质传导的特性，但也存在如金属材料对激光的高反射率造成的激光能量损失、高的激光设备成本、低的电-光转化效率等不足。电弧具有热-电转化效率高、设备成本低、技术成熟等优势，但电弧热源相对激光而言能量密度较低。如果将激光与电弧复合就可以充分发挥两种热源各自的优势，弥补不足，衍生出新的特点，如高能量密度、高能量利用率、高电弧稳定性等，从而在较小的激光功率条件下获得较大的熔深，降低了激光应用成本，实现了高效高质量的焊接。可以用于复合的激光有 CO_2 激光、YAG 激光、半导体激光等，可以用于复合的电弧热源有 TIG（非熔化极惰性气体保护电弧焊）、MIG（熔化极惰性气体保护焊）、MAG（熔化极活性气体保护电弧焊）热源、等离子弧等。在激光-电弧复合焊时，两个热源中激光主要形成匙孔影响焊接熔深，电弧主要影响焊缝熔宽，同时激光对电弧产生吸引并压缩电弧。

激光-电弧复合焊，可分为激光-电弧旁轴复合、激光-电弧同轴复合、激光-双电弧复合。激光-电弧同轴复合又分为激光-TIG 同轴复合、激光-等离子弧同轴复合。

激光-电弧复合焊有如下特点。

a. 激光与电弧复合可以显著增大焊接熔深。激光本身具有很高的能量密度，加上电弧本身的能量参与，而且电弧还可以对焊件产生预热效果，提高母材表面对激光的吸收率，从而显著增大焊接熔深，降低激光功率，降低激光设备成本。

b. 改善焊缝质量，减少焊接缺陷。激光作用使焊缝加热时间短，热影响区小，电弧的作用可以减缓焊后冷却速度，熔池相变充分，有利于气体的溢出，能有效减少或消除气孔、裂纹和咬边等焊接缺陷。

c. 采用不同能量的激光与电弧组合，可以获得深宽比不同的焊缝，提高焊接的适应性。

d. 电弧的作用使焊缝熔宽变大，降低了激光对对接头间隙的装配精度要求，降低劳动强度，提高了生产率。

e. 增加了焊接过程的稳定性。激光作用可在熔池中形成匙孔，匙孔对电弧有吸引作用，这样使得焊接的稳定性增加，同时匙孔会使电弧的根部压缩，提高了电弧能量的利用率。

激光-电弧复合焊主要应用于汽车、造船、石油化工等行业。如铝、铝镁等轻质合金汽车车身框架结构焊接，船用中厚钢及铝合金板焊接等。

4.2.4.2　搅拌摩擦焊

搅拌摩擦焊是利用搅拌摩擦产生的热量作为热源进行焊接的方法，其和常规的摩擦焊原理相同。搅拌摩擦焊的焊接过程如图 4-47 所示。焊接时工件刚性固定，高速旋转的焊具（搅拌针＋轴肩）与工件摩擦产生的热量使被焊材料局部塑性化，当焊具沿着焊接界面向前移动时，被塑性化的材料在焊具的转动摩擦力作用下由焊具的前部流向后部，并在焊具的挤压下形成致密的固相焊缝。

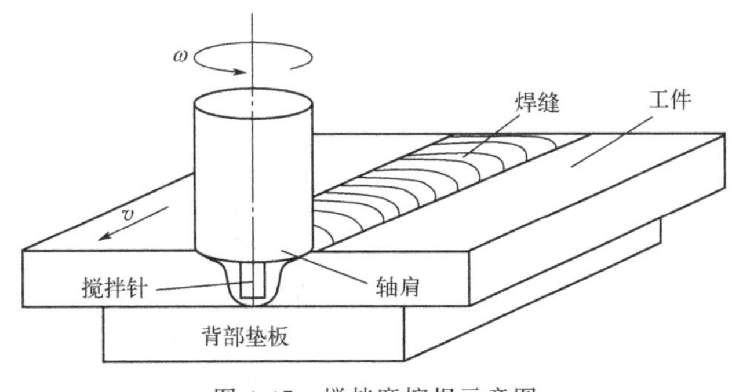

图 4-47　搅拌摩擦焊示意图

搅拌摩擦焊的主要优点如下：

a. 焊接接头组织致密，相对熔焊，焊接时温度较低，热影响区组织变化小，残余应力和焊接变形小；

b. 不需消耗焊接材料，如焊丝、焊剂、保护气体等；摩擦和搅拌可去除焊件氧化膜，焊前无须严格的表面清理；

c. 焊接过程无污染、无烟尘和飞溅，节能且易于自动化；

d. 可焊热裂纹敏感的材料，适合异种材料焊接。

2002 年，中国搅拌摩擦焊中心成立，标志着搅拌摩擦焊技术在我国市场的研发及工程应用正式开启。搅拌摩擦焊已应用于我国航空、航天、船舶、列车、汽车电力等工业领域，如航天筒体结构件、航空薄壁结构件、船舶宽幅带筋板、高速列车车体结构、大厚度雷达面板、汽车轮毂、集装箱型材壁板、各种结构散热器等的焊接。

4.2.4.3　焊接机器人

焊接技术进步的突出的表现就是焊接过程由机械化向自动化、信息化和智能化发展。智能焊接机器人的应用，是焊接过程高度自动化的重要标志。焊接机器人突破了焊接自动化的传统方式，使小批量自动化生产成为可能。

焊接机器人大多为固定位置的手臂式机械，有示教型和智能型两种。示教型机器人可以通过示教记忆焊接轨迹及焊接参数，并严格按照示教程序完成产品的焊接。这类焊接机器人的应用较为广泛，适于大批量生产，用于流水线的固定工位上，其功能主要是示教再现，对环境变化的应变能力较差。智能型机器人可以根据简单的控制指令自动确定焊缝的起点、空间轨迹及有关参数，并能根据实际情况自动跟踪焊缝轨迹，调整焊炬姿态，调整焊接参数，控制焊接质量，具有灵巧、轻便、容易移动等特点，能适应不同结构、不同地点的焊接任务，目前实际应用很少，尚处在研究开发阶段。焊接机器人中常用的有点焊机器人和弧焊机器人，其中点焊机器人占50%～60%，弧焊机器人主要应用于电弧焊和切割。

焊接机器人的主要优点是可以在危险、恶劣、特殊场合下焊接，如高温、高压、有毒、辐射、水下等；其次是可连续生产，质量好并稳定；此外，精度高，可以实现超小型焊件的精密焊接。目前，主要用于焊接机器人工作站和焊接机器人生产线。

4.2.4.4 金属焊接技术发展趋势

随着科学技术的飞速发展，焊接技术也在不断进步，可以说几乎所有的金属材料都能焊接，而且焊接质量也越来越好。未来的焊接技术，一方面要不断开发新的焊接方法、焊接设备和焊接材料，以进一步提高焊接质量和安全可靠性；另一方面要提高焊接机械化和自动化水平，改善焊接安全条件。因此，焊接技术的发展呈现出如下几个方面的趋势。

(1) 焊接生产率的提高是推动焊接技术发展的重要驱动力

首先是提高焊接熔敷率，例如采用三丝埋弧焊，50～60mm的钢板可一次焊透成形，焊接速度可达到0.4m/min以上，其熔敷率是焊条电弧焊的100倍以上；其次是减少坡口断面及金属熔敷，这方面最突出的就是窄间隙焊接，窄间隙焊是以气体保护焊为基础，用现有的弧焊方法，利用单丝、双丝、三丝来完成填充方式的熔化焊，无论接头厚度如何，均可采用对接形式，例如钢板厚度为50～300mm，间隙均可设计为13mm左右，因此窄间隙焊所需熔敷金属量成数倍、数十倍的地降低，具有极高的焊接生产率、更优良的接头力学性能、更小的焊接残余应力和残余变形、更低的焊接生产成本等，有显著技术与经济优势。

(2) 焊接过程自动化

智能化和信息化是提高焊接质量稳定性的重要方向。焊接机器人开发与应用，是焊接过程高度自动化的重要标志，但还需要开发更加灵巧和智能的焊接机器人。

(3) 焊接热源的研究与开发是推动焊接工艺发展的根本动力

目前，焊接工艺几乎运用了世界上一切可以利用的热源，其中包括火焰、电弧、电阻、超声波、摩擦、等离子弧、电子束、激光束、微波等等，历史上每一种热源的出现，都伴有新的焊接工艺的出现。但是，至今焊接热源的开发与研究并未终止。

(4) 焊接中的节能技术是普遍关注的问题

众所周知，焊接消耗能量非常大，不少新技术的出现除了保证焊接质量之外就是为了实现节能目标。在电阻点焊中，将交流点焊机改成次级整流点焊机，可以提高焊机的功率因素，减少焊机容量，而仍能达到同样的焊接效果。此外，受到全球广泛关注的搅拌摩擦焊，由于仅仅靠焊头旋转和移动逐步实现整条焊缝的焊接，所以相比熔化焊甚至常规摩擦焊更节省能源。

(5) 焊接过程的数值模拟技术的广泛应用

通过计算机和数值模拟软件对焊接热过程、冶金过程、应力和变形、焊接结构和接头的强度和性能等进行数值模拟，已成为优化焊接工艺、指导焊接实验和减少焊接试验次数、降低成本、缩短试制周期的必备手段。

此外，极限环境下的焊接已成为目前焊接技术发展的热点，如水下焊接、空间焊接等。

4.3 常用金属材料的焊接性能及焊接特点

4.3.1 碳素钢的焊接

4.3.1.1 低碳钢的焊接

低碳钢中碳质量分数一般不大于0.25%，塑性好，一般没有淬硬倾向，对焊接热过程不敏感，焊接性良好，故Q235、10、15、20等低碳钢成为应用最广泛的焊接结构材料。焊接时，不需要采取特殊的工艺措施，任何焊接方法和最普通的焊接工艺即可获得优质的焊接接头，除电渣焊外，在焊后通常也不需要进行热处理。但由于施焊条件、结构形式不同，焊接时还需注意以下问题。

a. 在低温环境下焊接厚度大、刚性大的结构时，由于焊件各部分温差较大，变形又受到限制，焊接过程容易产生大的内应力，可能导致构件开裂，因此应进行预热。

b. 重要结构焊后要进行去应力退火，以消除焊接应力。

低碳钢对焊接方法几乎没有限制，应用最多的是焊条电弧焊、埋弧焊、气体保护电弧焊和电阻焊。

采用熔焊法焊接低碳钢结构时，焊接材料及工艺的选择原则主要是保证焊接接头与母材的结合强度。用焊条电弧焊焊接一般低碳钢结构时，可选用E4303或J422焊条；当焊接承受动载的结构、复杂结构或厚板结构时，应选用E4316（J426）、E4315（J427）或E5015（J507）焊条。采用埋弧焊时，一般选用H08A或H08MnA焊丝配HJ431进行焊接。

4.3.1.2 中碳钢的焊接

由于中碳钢的碳质量分数为0.25%～0.60%，有一定的淬硬倾向，焊接接头容易产生低塑性的淬硬组织和冷裂纹，焊接性较差。这类钢存在的焊接性问题如下。

a. 热影响区易产生淬硬组织和冷裂纹。中碳钢属于易淬火钢，热影响区被加热到超过淬火温度的区段时，受工件低温部分迅速冷却的作用，将出现马氏体等淬硬组织。如焊件刚度较大或工艺不恰当，就会在淬火区产生冷裂纹，即焊接接头焊后冷却到相变温度以下或冷却到常温后产生裂纹。

b. 焊缝金属热裂纹倾向较大。焊接中碳钢时，因母材碳质量分数与硫、磷杂质质量分数远远高于焊条钢芯，母材熔化后进入熔池，使焊缝金属碳质量分数增加，塑性下降，加上硫、磷低熔点杂质的存在，焊缝及熔合区在相变前就可能因内应力而产生裂纹。

因此，应采取以下措施来保证焊接接头的质量。

a. 焊前预热，焊后缓冷，使焊接时工件各部分的温差减小，以减小焊接应力，同时减慢热影响区的冷却速度，避免产生淬硬组织，从而有效防止焊接裂纹的产生。如35钢和45钢要焊前预热150～250℃，厚大件或钢材碳质量分数更高时预热温度应更高些。进行多层焊时，层间温度不能过低。

b. 尽量选用碱性低氢型焊条，减少合金元素烧损，降低焊缝中的硫、磷等低熔点元素质量分数，使焊缝具有较强的抗裂能力，能有效防止焊接裂纹的产生。要求焊缝与母材等强度时，可根据钢材强度选用E5016（J506）、E5015（J507）或E6016

(J606)、E6015（J607）焊条；如不要求等强度，可选择E4315型强度低些的焊条，以提高焊缝的塑性。

c. 采用细焊丝、小电流、开坡口多层焊等措施可避免碳质量分数高的母材金属过多地熔入焊缝，使焊缝的碳当量低于母材，同时可减小热影响区宽度。

中碳钢的焊接结构多为锻件和铸钢件，或进行补焊，常用的焊接方法是焊条电弧焊。

4.3.1.3 高碳钢的焊接

高碳钢的碳质量分数大于0.60%，其焊接特点与中碳钢基本相同，但淬硬和裂纹倾向更大，焊接性更差。一般这类钢不用于制造焊接结构，大多是用焊条电弧焊或气焊来补焊修理一些损坏件。焊接时，应注意焊前预热和焊后缓冷。

4.3.2 低合金结构钢和奥氏体不锈钢的焊接

4.3.2.1 低合金结构钢的焊接

低合金结构钢是在低、中碳钢的基础上加入少量合金元素而得到的。低合金结构钢通常按其屈服强度的高低进行分级。不同级别的钢材的碳质量分数都较低，但其他元素种类和质量分数不同，性能差异较大，焊接性差别也比较明显。

低合金结构钢存在的主要焊接性问题如下。

① 热影响区的淬硬倾向　焊接时，热影响区可能形成高硬度的淬硬组织，强度等级越高，碳当量越大，焊后热影响区的淬硬倾向越大。淬硬组织的存在，将导致热影响区脆性增加，塑性、韧性下降。

② 接头产生冷裂纹的倾向　强度级别高的钢种，接头中的氢含量较高，同时热影响区易出现淬硬组织，焊接接头的应力较大，产生冷裂纹的倾向加剧。

因此，应根据低合金结构钢的焊接特点采取相应的措施来保证焊接接头的质量。

强度级别≤390MPa的低合金结构钢属热轧、正火钢，$w_{CE}<0.4\%$，焊接性良好，其焊接工艺和焊接材料的选择与低碳钢基本相同，一般不需采取特殊的工艺措施。只有焊件较厚、结构刚度较大和环境温度较低时，才进行焊前预热，以免产生裂纹。一般采用焊条电弧焊、埋弧焊、气体保护焊、电渣焊、压焊等。

强度级别≥420MPa的低合金结构钢，$w_{CE}\geq 0.4\%$，存在淬硬和冷裂问题，其焊接性与中碳钢相当，焊接时需要采取一些工艺措施，如焊前预热（预热温度150℃左右）可以降低冷却速度，避免出现淬硬组织；适当调节焊接工艺参数，可以控制热影响区的冷却速度，保证焊接接头获得优良性能；焊后热处理能消除残余应力，避免冷裂。一般采用焊条电弧焊、埋弧焊、气体保护焊。

强度级别更高的低合金结构钢，$w_{CE}>0.45\%$，焊接性较差，焊缝容易淬硬，产生冷、热裂纹。焊前预热温度较高，适当加大焊接电流，减小焊速，以减缓冷却速度，并采用低氢焊条，防止冷裂纹的产生。焊接后及时进行消除应力热处理，如果生产中不能立即进行焊后热处理，则应先进行消氢处理，即将焊件加热至200～350℃，保温2～6h，加速氢的逸出，减少冷裂纹产生的可能性。一般采用焊条电弧焊、埋弧焊、气体保护焊、压焊，厚大件可采用电渣焊。

低合金结构钢的焊接材料和预热温度选择见表4-3。通常从等强度原则出发，为了提高抗裂性，尽量选用碱性焊条和碱性焊剂，对于不要求焊缝和母材等强度的焊件，亦可选择强度级别略低的焊接材料，以提高塑性，避免冷裂。

表 4-3 常用低合金结构钢的焊接材料和预热温度

钢号			碳当量 w_{CE}/%	焊条电弧焊焊条	埋弧焊		预热温度
GB/T 1591—2018	GB/T 1591—2008	GB 1591—1988			焊丝	焊剂	
Q355	Q345(A～E)	16Mn	0.39	E5003(J502) E5016(J506)	H08A H08MnA, H10Mn2	HJ431	
Q390	Q390(A～E)	15MnV 15MnTi	0.40 0.38	E5015(J507) E5515-G(J557)	H08MnA H10MnSi, H10Mn2	HJ431	≥100℃ (对于厚板)
Q420	Q420(A～E)	15MnVN	0.43	E5515-G(J557) E6015-D1(J607)	H08MnMoA H10Mn2	HJ431 HJ350	≥150℃
Q460	Q460(C、D、E)	18MnMoNb 14MnMoV	0.55 0.50	E6015-D1(J607) E7015-D2(J707)	H08Mn2MoA H08Mn2MoVA	HJ250 HJ350	≥200℃

4.3.2.2 奥氏体不锈钢的焊接

奥氏体不锈钢是生产中广泛使用的耐腐蚀钢，常见牌号有 12Cr18Ni9、07Cr19Ni11Ti、06Cr19Ni10 等，广泛用于石油、化工、动力、航空、医药、仪表等部门的焊接结构中。

(1) 奥氏体不锈钢的焊接性问题

① 晶间腐蚀　这是奥氏体不锈钢的一种危险的破坏形式。它发生在晶粒边界，腐蚀沿晶间深入金属的内部，具有穿透性。晶间腐蚀的根本原因是焊接时，在 450～850℃温度范围停留一定时间的接头部位，在晶界处析出高铬碳化物（$Cr_{23}C_6$），引起晶粒表层含铬量降低，形成贫铬区，在腐蚀介质的作用下，晶粒表层的贫铬区受到腐蚀而形成晶间腐蚀。这时被腐蚀的焊接接头表面无明显变化，受力时则会沿晶界断裂，几乎完全失去强度。为防止和减少焊接接头处的晶间腐蚀，应严格控制焊缝金属的碳质量分数，采用超低碳的焊接材料和母材。采用含有能优先与碳形成稳定化合物的元素如 Ti、Nb 等，也可防止贫铬现象的产生。

② 热裂纹　产生的主要原因是焊缝中的树枝晶方向性强，有利于 S、P 等元素的低熔点共晶产物的形成和聚集。另外，此类钢的热导率小（约为低碳钢的 1/3），线胀系数大（比低碳钢大 50%），所以焊接应力也大。防止的办法是选用碳质量分数很低的母材和焊接材料，采用含适量 Mo、Si 等铁素体形成元素的焊接材料，使焊缝形成奥氏体加铁素体的双相组织，减少偏析。

(2) 奥氏体不锈钢的焊接工艺

一般熔焊方法均能用于奥氏体不锈钢的焊接，目前生产上常用的方法是焊条电弧焊、氩弧焊和埋弧焊。在焊接工艺上，主要应注意以下问题。

a. 采用小电流、快速焊，可有效地防止晶间腐蚀和热裂纹等缺陷的产生。一般焊接电流应比焊接低碳钢时低 20%。

b. 焊接电弧要短，且不做横向摆动，以减少加热范围。避免随处引弧，焊缝尽量一次焊完，以保证耐腐蚀性。

c. 多层焊时，应等前面一层冷至 60℃以下，再焊后一层。双面焊时先焊非工作面，后焊与腐蚀介质接触的工作面。

d. 对于晶间腐蚀，在条件许可时，可采用强制冷却。必要时可进行稳定化处理，消除产生晶间腐蚀的可能性。

4.3.3 铸铁的焊接

铸铁的碳质量分数大于2.11%，并且含有多种低熔点元素，组织不均匀，塑性很低，因此属于焊接性非常差的金属材料，一般不用来制造焊接结构，工程上遇到的多为补焊。但由于铸铁具有成本低，铸造性能、减振性能、耐磨性能及切削加工性能优良等特点而成为机械制造业中应用最广泛的金属材料之一。铸件在制造和使用中容易出现各种缺陷和损坏，铸铁补焊是对有缺陷的铸铁件进行修复的重要手段，在实际生产中具有很大的经济意义。

(1) 铸铁的焊接性问题

① 熔合区易产生白口组织　铸铁焊接时，由于碳、硅等石墨化元素的烧损，再加上铸铁补焊属局部加热，焊后冷却速度比铸造时的冷却速度快得多，因此不利于石墨的析出，以至于补焊熔合区极易产生硬脆的白口组织和淬硬组织，硬度很高，造成焊后难以进行机械加工。

② 焊缝易产生裂纹　铸铁抗拉强度低、塑性差，因此焊接应力极容易超过其抗拉强度而产生冷裂纹，特别是接头存在白口组织时，裂纹产生的倾向更严重，甚至沿焊缝整个开裂。此外，因铸铁碳及硫、磷杂质元素质量分数高，如母材过多熔入焊缝中，则容易产生热裂纹。

③ 易产生气孔　由于铸铁碳质量分数高，焊接时易生成CO与CO_2，但铸铁凝固时间短，熔池中的气体往往来不及逸出，导致在焊缝中出现气孔。

④ 熔池金属容易流失　铸铁的流动性好，焊接时熔池金属很容易流失，因此，铸铁焊补时不宜立焊，只适于平焊。

(2) 铸铁补焊方法

铸铁的补焊工艺根据焊前是否预热，可分为热焊法与冷焊法两大类。补焊方法主要根据对焊后的要求（如焊缝的强度、颜色、致密性、焊后是否进行机加工等）、铸件的结构情况（大小、壁厚、复杂程度、刚度等）及缺陷情况来选择。

① 热焊法　热焊法是在焊前将焊件整体或局部预热到600～700℃，补焊过程中温度不低于400℃，焊后缓慢冷却的补焊方法。热焊可防止焊件产生白口组织和裂纹，补焊质量较好，焊后可进行机械加工。但其工艺复杂，生产率低，成本高，劳动条件差。热焊法一般用于形状复杂、焊后要求切削加工的重要铸件，如气缸、机床导轨、主轴箱等。

② 冷焊法　冷焊是焊前不预热或采用预热温度较低（400℃以下）的补焊方法。冷焊常采用焊条电弧焊，主要依靠铸铁焊条来调整焊缝化学成分以提高塑性，防止或减少白口组织及避免裂纹。冷焊时常采用小电流、分段焊（每段小于50mm）、短弧焊，以及焊后轻捶焊缝以松弛应力等工艺措施防止焊后开裂。冷焊法生产率高、成本低、劳动条件好，但焊接处切削加工困难。冷焊法多用于补焊后不要求切削加工的铸件或高温预热易引起变形的铸件。

铸铁的焊接一般采用焊条电弧焊和气焊，厚大件可采用电渣焊。

4.3.4 非铁金属的焊接

4.3.4.1 铜及铜合金

工业上用于焊接的有纯铜、黄铜和青铜。与低碳钢相比，焊接性较差。

(1) 铜及铜合金的焊接性问题

① 难熔合　铜及铜合金的导热性很强，焊接时热量很快从加热区传导出去，导致焊

件温度难以升高，金属难以熔化，填充金属与母材不能良好熔合。另外，流动性好，造成焊缝成形能力差。

② 变形开裂倾向大　铜及铜合金的线胀系数及收缩率都较大，并且由于导热性好，焊接热影响区变宽，导致焊件易产生较大的变形。另外，铜及铜合金在高温液态下极易氧化，生成的氧化铜与铜形成低熔点共晶体沿晶界分布，使焊缝的塑性和韧性显著下降，易引起热裂纹。

③ 易形成气孔和产生氢脆现象　铜在液态时能溶解大量氢，而凝固时，溶解度急剧下降，氢气来不及析出，在焊缝中形成氢气孔并会造成氢脆。

④ 铜合金中存在易氧化元素　如锌、镍、锰等，焊接中氧化严重，使焊接更加困难，接头力学性能和耐蚀能力下降。

此外，焊接黄铜时，会产生锌蒸发（锌的沸点仅907℃）现象，一方面使合金元素损失，造成焊缝的强度、耐蚀性降低，另一方面，锌蒸气有毒，会对焊工的身体造成伤害。

（2）焊接工艺措施

a. 选择热源能量密度大的焊接方法，并在焊前进行150～550℃预热。

b. 选择适当的焊接顺序，并在焊后锤击焊缝，以减小应力，防止变形、开裂。

c. 焊前彻底清除氧化物、水分、油污，以减少铜的氧化和吸氢。

d. 焊接过程中使用熔剂对熔池脱氢，在电焊条药皮中加入适量萤石，以增强去氢作用。降低熔池冷却速度，以利于氢的析出。

e. 在焊接材料中加入脱氧剂，如采用磷青铜焊丝，即可利用磷进行脱氧，防止Cu_2O的产生。

f. 焊后进行退火处理，以细化晶粒并减小晶界上低熔点共晶的不利影响。

（3）焊接方法

铜和铜合金的焊接可用焊条电弧焊、气焊、埋弧焊、气体保护焊、等离子弧焊、电子束焊等方法进行。由于铜的电阻很小，不宜采用电阻焊方法。

焊接纯铜和青铜时，采用氩弧焊能有效地保证质量。因为氩弧焊能保护熔池不被氧化，而且热源热量集中，能减少变形，并保证焊透。焊接时，可用特制的含硅、锰等脱氧元素的纯铜焊丝进行焊接，也可用一般的纯铜丝或从焊件上剪料作焊丝，但此时必须使用熔剂来溶解铜的氧化物，以保证焊接质量。焊接纯铜和锡青铜所用熔剂主要成分为硼砂和硼酸，焊接铝青铜时所用熔剂主要成分是氯化物和氟化物。气焊时应采用严格的中性焰，防止氧化或吸氢。

黄铜焊接最常用的方法是气焊，因为气焊火焰温度较低，焊接过程中锌的蒸发较少。一般用轻微氧化焰，使熔池表面生成高熔点的氧化锌薄膜，以防止锌的进一步蒸发，或选用含硅焊丝，使焊接时在熔池表面形成一层致密的氧化硅薄膜，以阻碍锌的蒸发和防止氢的融入。

4.3.4.2　铝及铝合金的焊接

铝具有密度小、耐腐蚀性好、塑性高和导电性优良、导热性以及焊接性良好等优点，因而铝及铝合金在航空、汽车、机械制造、电工及化学工业中得到了广泛应用。

（1）铝及铝合金焊接的焊接性问题

① 易氧化　铝及铝合金表面极易生成一层致密的氧化膜（Al_2O_3），其熔点远远高于

纯铝的熔点，在焊接时阻碍金属的熔合，且由于密度大，容易形成夹杂。

② 易形成气孔　液态铝可以大量溶解氢，铝的高导热性又使金属迅速凝固，因此液态时吸收的氢气来不及析出，极易在焊缝中形成气孔。

③易变形、开裂　铝及铝合金的线胀系数和结晶收缩率很大，导热性很好，因而焊接应力很大，对于厚度大或刚性较大的结构，焊接接头容易产生裂纹。

④ 操作困难　铝及铝合金高温时强度和塑性极低，很容易产生变形，且高温液态无显著的颜色变化，操作时难以掌握加热温度，容易出现烧穿、焊瘤等缺陷。

(2) 焊接工艺措施

① 焊前清理　去除焊件表面的氧化膜、油污、水分，便于焊接时的熔合，防止气孔、夹渣等缺陷。清理方法有化学清理——酸洗或碱洗，机械清理——用钢丝刷或刮刀清除表面氧化膜及油污。

② 预热　对厚度超过 8mm 的焊件，预热至 100～300℃，以减小焊接应力，避免裂纹，且有利于氢的逸出，防止气孔的产生。

③ 焊后清理残留在接头处的焊剂和焊渣　防止其与空气、水分作用，腐蚀焊件。可用 10%的硝酸溶液浸洗，然后用清水冲洗、烘干。

(3) 焊接方法

焊接铝及铝合金常用的方法有氩弧焊、电阻焊、气焊，其中氩弧焊应用最广，电阻焊应用也较多，气焊在薄件生产中仍在采用。

氩弧焊电弧热量集中，保护效果好，且在采用适当的电源极性时具有阴极破碎作用，能自动清除焊件表面的氧化膜，所以焊缝质量高、成形性好，焊接变形小，接头耐腐蚀性好。氩弧焊多用于焊接质量要求较高的结构，焊丝选用与母材成分相近的铝基焊丝。厚度小于 8mm 的焊件采用钨极氩弧焊，大于 8mm 的采用熔化极氩弧焊。

电阻焊适合于焊接厚度在 4mm 以下的焊件。焊接时，应采用大电流、短时间通电，焊前必须清除焊件表面的氧化膜。

气焊主要用于焊接质量要求不高的纯铝和不能热处理强化的铝合金构件。气焊经济、方便，但生产率低，焊件变形大，焊接接头耐蚀性差，一般用于焊接小而薄的构件（0.5～2mm）。气焊时一般采用中性焰，焊接过程中要用含氯化物和氟化物的专用铝焊剂去除氧化膜和杂质。

4.3.4.3　钛及钛合金的焊接

钛及钛合金易出现以下焊接性问题。

① 易氧化、脆化　钛及钛合金化学性质非常活泼，极易氧化，并且在 250℃开始吸氢，在 400℃开始吸氧，在 600℃开始吸氮，使接头塑性严重下降并形成气孔。钛及钛合金导热性差，热输入过大时，过热区晶粒粗大，塑性下降；热输入过小时，冷却速度快，会出现钛马氏体，也会使塑性下降进而脆化。

②容易出现裂纹　焊接接头脆化后，在焊接应力和氢的作用下容易出现冷裂纹。

因此，焊接时应加强保护，不仅要严格清理焊件表面，保护好电弧区和熔池金属，还要保护好已呈固态但仍处于高温的焊缝金属。一般可根据接头金属的颜色大致判断保护效果：银白色表明保护效果良好；黄色表明出现 TiO，有轻微氧化；蓝色表明出现 Ti_2O_3，氧化较为严重；灰白色表明出现 TiO_2，氧化严重。

钛及钛合金的焊接一般采用钨极氩弧焊，或采用等离子弧焊、真空电子束焊、点焊等，不能用氧-乙炔气焊、焊条电弧焊和 CO_2 气体保护焊。

4.3.5 异种金属的焊接

在实际生产中，为满足使用要求，节省贵重金属，往往需要进行异种金属材料的焊接。由于物理化学性能的差异，异种金属材料的焊接比同种金属的焊接困难。

（1）异种金属焊接存在的焊接性问题

① 不同金属的晶体结构、原子半径和原子的外层电子结构不同　影响了金属在液态和固态下互溶或形成化合物。例如，铅与铜、铁与镁等，由于不相溶，在凝固过程中极易产生分离而不能实现焊接。所以异种金属的焊接首先要满足材料间的互溶性。

② 材料熔点、膨胀系数、热导率、电阻率等的差异使焊接困难　熔点的差异使金属的熔化、凝固不同步。当焊接熔点相差很大的异种金属焊接时，熔点低的金属首先达到熔化状态，而熔点高的金属仍处于固态，已熔化的金属容易渗入过热区的晶界，使过热区的组织性能变差。当熔点高的金属熔化时，势必造成熔点低的金属流失，使焊接困难；膨胀系数等差异使焊接应力增大，产生裂纹；热导率的差异易使焊缝结晶条件恶化。

③ 异种金属间易形成脆性大的金属间化合物　焊缝容易产生裂纹，甚至脆断。还会出现更多的金属氧化物，使焊缝产生夹杂或裂纹甚至脆断。如钢与铝焊接会生成 FeAl、Fe_2Al_3、Fe_2Al_7，钢与钛焊接会生成 FeTi、Fe_2Ti 等。

④ 焊缝的成分、组织结构和力学性能与被焊接的异种金属存在差异　这主要是因为焊缝的化学成分、组织结构不同于母材，如奥氏体不锈钢 07Cr19Ni11Ti 与低碳钢焊接，如果采用焊接 07Cr19Ni11Ti 用的焊条，或采用碳钢焊条，焊缝金属因低碳钢的熔入，合金元素质量分数低于不锈钢焊件，冷却时生成马氏体，易出现冷裂纹。

（2）焊接工艺措施

主要有以下几种。

a. 尽量缩短被焊金属在液态下相互接触的时间，或增加抑制金属间化合物产生和长大的合金元素，防止或减少生成金属间化合物。

b. 熔焊时要有效地保护被焊金属，防止金属与周围空气的相互作用。

c. 采用与两种被焊金属的焊接性都很好的中间层或堆焊中间过渡层，防止生成金属间化合物。

d. 在焊缝中加入某些合金元素，阻止金属间化合物相的产生和增长。

（3）焊接方法

目前，异种金属的焊接采用较多的是熔焊和压焊，接头性能要求不高的接头可采用钎焊。

① 熔焊　熔焊时重点考虑的问题是异种金属间的互溶性和异种金属不同的熔化量会影响焊缝的成分和性能。对于互溶性很差的异种金属的焊接，普遍存在的问题是焊缝成分不均匀和容易生成金属间化合物。熔焊一般通过增加过渡层金属提高焊缝质量。

② 压焊　与熔焊相比，具有一定的优越性，因为金属熔化少或不熔化，并且焊接时间短，可防止金属间化合物的生成，而且被焊材料对焊缝成分影响很小。但压焊对焊接接头类型有一定要求，限制了压焊的应用范围。

③ 熔焊-钎焊　该方法是对低熔点金属采用熔焊，对高熔点金属采用钎焊，钎料一般是与低熔点金属相同的金属。该方法首先要求熔化的钎料应与高熔点的金属有良好的浸润

与扩散性能，并保证焊接温度控制在所需的范围内。

④ 液相过渡焊　液相过渡焊是利用扩散焊原理，在接头中间加入可熔化的中间夹层进行焊接。焊接时，在 0～0.98MPa 压力下加热，夹层熔化，形成少量液相充满接头间隙，通过扩散和等温凝固形成焊接接头。然后再经过一定时间的扩散处理，达到与被焊金属完全均匀化，使接头彻底消除铸造组织，获得与焊件金属性能相同的焊接接头。这是一种较新的异种金属焊接方法，它介于熔焊和压焊之间，不需要很大压力和严格的表面加工，接头性能远远超过一般的钎焊。

4.4　金属焊接成形工艺及焊件结构设计

焊接工艺设计的主要内容是根据焊接结构工作时的负荷大小和种类、工作环境、工作温度等使用要求，合理选择焊接材料、焊件结构材料和焊接方法，正确设计焊接接头、制定工艺和焊接技术条件等。

4.4.1　焊接材料及焊件结构材料的选择

不同的焊接方法，其焊接材料是不同的。这里主要介绍常用的焊条电弧焊的焊条和埋弧焊的焊接材料。同时，前面已较为详细地讨论过常用合金的焊接性能和焊接特点，故这里仅介绍焊件结构材料选择的一般原则。

4.4.1.1　焊条电弧焊的焊条

（1）焊条的组成及作用

焊条由焊芯和药皮组成。焊芯在焊接时，一是起电极作用产生电弧，二是作为填充金属与熔化的母材一起形成焊缝，故焊芯的质量将直接影响焊缝的质量。焊条的规格用焊芯的直径表示，常用的直径为 3.2～6mm，长度为 350～450mm。药皮是涂在焊条表面的涂料层，由各种矿物质、有机物、铁合金和黏结剂配制而成。其作用是使电弧容易引燃并稳定燃烧，保护熔池金属不被氧化，去除熔池金属中的杂质并添加有益的合金元素。

（2）焊条的种类及型号

根据熔渣化学性质的不同，焊条可分为酸性焊条和碱性焊条。酸性焊条熔渣中以酸性氧化物为主，氧化性强，合金元素烧损大，故焊缝的塑性和韧度不高，且焊缝中氢含量高，抗裂性差，但酸性焊条具有良好的工艺性，对油、水、锈不敏感，交直流电源均可用，广泛用于一般结构件的焊接。碱性焊条（又称低氢焊条）的药皮中以碱性氧化物与萤石为主，并含较多铁合金，脱氧、除氢、渗金属作用强，与酸性焊条相比，其焊缝金属的含氢量较低，有益元素较多，有害元素较少，因此焊缝力学性能与抗裂性好，但碱性焊条工艺性较差，电弧稳定性差，对油、水、锈较敏感，抗气孔性能差，一般要求采用直流焊接电源，主要用于焊接重要的钢结构或合金钢结构。

表 4-4 列出了两种焊条分类的对应关系。

焊条型号是国家标准中的焊条代号。非合金钢及细晶粒钢焊条型号见国家标准 GB/T 5117—2012，如 E4303、E5015、E5016 等，其编制方法是：“E”表示焊条，前两位数字表示熔敷金属的最小抗拉强度（R_m）的代号；第三位数字表示焊条使用的焊接位置，“0”“1”均表示适用于全位置焊接，“2”表示适用于平焊和平角焊，“4”表示适用于向下立焊；第三、第四位数字组合表示焊接电流的种类和焊条药皮类型，如“03”表示交直流电源均可用、钛型药皮。

表 4-4　两种焊条分类的对应关系

焊条按用途分类(行业标准)			焊条按成分分类(国家标准)		
类　别	名　　称	代　号	国家标准编号	名　称	代　号
一	结构钢焊条	J(结)	GB/T 5117—2012	非合金钢及细晶粒钢焊条	E
一	结构钢焊条	J(结)	GB/T 5118—2012	热强钢焊条	
二	钼和铬钼耐热钢焊条	R(热)			
三	低温钢焊条	W(温)			
四	不锈钢焊条	G(铬)A(奥)	GB/T 983—2012	不锈钢焊条	
五	堆焊焊条	D(堆)	GB/T 984—2001	堆焊焊条	ED
六	铸铁焊条	Z(铸)	GB/T 10044—2022	铸铁焊条及焊丝	EC
七	镍及镍合金焊条	Ni(镍)	GB/T 13814—2008	镍及镍合金焊条	ENi
八	铜及铜合金焊条	T(铜)	GB/T 3670—2021	铜及铜合金焊条	ECu
九	铝及铝合金焊条	L(铝)	GB/T 3669—2001	铝及铝合金焊条	E
十	特殊用途焊条	TS(特)	—	—	—

焊条牌号是焊条行业统一的焊条代号，由于其发布较早目前仍有使用。其表示方法为：以大写拼音字母或汉字表示焊条的类别，后面跟三位数字，前两位表示焊缝金属的性能，如强度、化学成分、工作温度等；第三位数字表示焊条药皮的类型和焊接电源。焊条牌号举例如下。

J422："J"表示结构钢焊条，"42"表示熔敷金属的抗拉强度不低于430MPa，"2"表示氧化钛钙型药皮，交流、直流电源均可使用。

Z248："Z"表示铸铁焊条，"2"表示熔敷金属主要化学成分的组成类型（铸铁），"4"是牌号编号，"8"表示石墨型药皮，交流、直流电源均可使用。

焊条药皮类型及焊接电源种类，见表4-5。

表 4-5　焊条药皮类型及焊接电源种类

编号	0	1	2	3	4	5	6	7	8	9
药皮类型	不规定酸性	氧化钛型酸性	氧化钛钙型酸性	钛铁矿型酸性	氧化铁型酸性	纤维素型酸性	低氢钾型碱性	低氢钠型碱性	石墨型	盐基型
电源种类	—	交直流	交直流	交直流	交直流	交直流	交流/直流反接	直流反接	交直流	直流反接

（3）焊条的选用

焊条种类很多，各有其应用范围，选用是否恰当，对焊接质量、生产率、生产成本均有直接影响。选择焊条时，应遵循以下原则。

① 考虑母材的力学性能和化学成分　焊接低碳钢和低合金结构钢时，应根据焊件的抗拉强度选择相应强度等级的焊条，即等强度原则；焊接耐热钢、不锈钢等材料时，则应选择与焊接件化学成分相同或相近的焊条，即同成分原则。

② 考虑结构的使用条件和特点　对于承受动载荷或冲击载荷的焊件，或结构复杂、大厚度的焊件，为保证焊缝具有较高的塑性和韧度，应选择碱性焊条。

③ 考虑焊条的工艺性　对于焊前清理困难且容易产生气孔的焊件，应当选择酸性焊条；如果母材中含碳、硫、磷量较高，则应选择抗裂性较好的碱性焊条。

④ 考虑焊接设备条件　如果没有直流焊机，则只能选择交直流两用的焊条。

4.4.1.2　埋弧焊焊接材料

埋弧焊使用的焊接材料包括焊剂和焊丝。埋弧焊焊剂有熔炼焊剂和非熔炼焊剂两大类。熔炼焊剂主要起保护作用，非熔炼焊剂除了保护作用外，还可以起脱氧、去硫、渗合金等冶金处理作用。我国目前使用的绝大多数焊剂是熔炼焊剂。熔炼焊剂牌号为“焊剂”或拼音首字母大写“HJ”和三个数字表示，如“焊剂431”或“HJ431”，第一位数字表示焊剂中锰含量，第二位数字表示 SiO_2、CaF_2 的含量，第三位数字表示同一类型焊剂的不同牌号，按0，1，2，…，9顺序排列。埋弧焊的焊丝是直径为1.6～6mm的实芯焊丝，它除了作为电极和填充金属外，还可以有脱氧、去硫、渗合金等冶金处理作用。焊丝牌号用大写的拼音首字母“H”（焊）和钢材牌号表示，如H08。

4.4.1.3　焊件结构材料的选择

焊接选材一般应遵循以下原则。

① 在满足使用性能的前提下，选用焊接性好的材料，这是焊接选材的总原则。碳质量分数小于0.25%的碳钢和碳当量小于0.4%的低合金高强度钢焊接性良好，应优先选择，可简化焊接工艺；尽量选用镇静钢，可减少气孔和裂纹的产生。

② 对于不同部位选用不同强度和性能的钢材拼焊而成的复合构件，应按低强度金属选择焊接材料，按高强度金属制定焊接工艺（如预热、缓冷、焊后热处理等）。

③ 焊接结构中需采用焊接性不确定的新材料时，则必须预先进行焊接性试验，以便保证设计方案及工艺措施的正确性。

④ 焊接结构应尽量采用工字钢、槽钢、角钢和钢管等型材，这样，可以减少焊缝数量，简化焊接工艺，增加结构件的强度和刚度。对于形状比较复杂或大型的结构，可采用铸钢件、锻件或冲压件焊接而成。

4.4.2　焊接方法和焊接工艺参数的选择

4.4.2.1　焊接方法的选择

焊接方法的选择，应根据材料的焊接性、工件厚度、生产率要求、各种焊接方法的适用范围和现场设备条件等综合考虑决定。

低碳钢和低合金高强度结构钢的焊接性良好，一般用各种焊接方法焊接都是适用的。如工件板厚为中等厚度（10～20mm），则采用焊条电弧焊、埋弧焊、气体保护焊均可施焊，但氩弧焊成本较高，一般情况下不采用氩弧焊；若工件为长直焊缝或圆周焊缝，生产批量也较大时，可选用埋弧焊；若工件为单件生产或焊缝短而处于不同空间位置，则采用焊条电弧焊最为方便；若工件是薄板轻型结构无密封要求，则采用点焊生产率较高；若要求密封性，可考虑采用缝焊；若工件为35mm以上厚板重要结构，条件允许时应采用电渣焊。

焊接合金钢、不锈钢等重要工件时，应采用氩弧焊以保证焊接质量。不熔化极氩弧焊，因电极所能通过的电流有限，故只适于焊接6mm以下的工件。熔化极氩弧焊以连续送进的焊丝作为电极，可以用较大的电流焊接25mm以下的工件。

焊接铝合金构件时，由于铝合金焊接性不好，最好采用氩弧焊以保证接头质量；若铝合金焊接为单件生产，现场又无氩弧焊设备，可以考虑采用气焊。

焊接稀有金属或高熔点金属的特殊构件时，需要采用等离子弧焊、真空电子束焊或脉冲氩弧焊；如果是微型箔件，则应选用微束等离子弧焊或脉冲激光点焊。

4.4.2.2 焊接工艺参数的选择

焊接工艺参数是为保证焊接质量而选定的物理量的总称。焊条电弧焊的工艺参数主要包括焊条直径、焊接电流、焊接速度、电弧长度等。

焊条直径主要取决于焊件的厚度，一般可按表 4-6 选择。

表 4-6 焊条直径的选择 mm

焊件厚度	2	3	4～7	8～12	>12
焊条直径	1.6,2.0	2.5,3.2	3.2,4.0	4.0,5.0	4.0,5.8

焊接电流根据焊条直径选取，平焊低碳钢时可根据焊条直径 d(mm)，按式 $I=(30\sim60)\ d$，初步确定焊接电流 I(A) 后试焊调整。

焊接速度是指单位时间内完成的焊缝长度，一般在保证焊透的前提下尽可能增大焊接速度。

电弧长度是指焊芯端部与熔池之间的距离。电弧过长，燃烧不稳定且易产生缺陷。因此，操作时应尽量采用短弧，一般电弧长度不能超过所选焊条直径。

4.4.3 焊件结构设计

4.4.3.1 焊接接头和坡口形式的设计

焊接接头形式应根据结构形状、强度要求、工件厚度、焊后变形大小、焊条消耗量、坡口加工难易程度等各方面因素综合考虑决定。根据 GB/T 3375—1994 规定，焊接碳钢和低合金高强度结构钢焊件的基本接头形式可分为对接接头、角接接头、T 形接头和搭接接头四种。焊条电弧焊常用接头与坡口形式的基本尺寸如图 4-48 所示。

对接接头受力比较均匀，是用得最多的接头形式，但对下料尺寸精度要求高，重要的受力焊缝（如锅炉、压力容器等结构的焊缝）应尽量选用。搭接接头因两工件不在同一平面，受力时将产生附加弯矩，且金属消耗量较大，一般应避免采用。但搭接接头不需开坡口，装配时对下料尺寸要求不高，对某些受力不大的平面连接与空间架构（如厂房屋架、桥梁、起重机吊臂等桁架结构），采用搭接接头可节省工时。角接接头与 T 形接头受力情况较对接接头更复杂些，但接头成直角或一定角度连接时，必须采用这类接头形式。

为保证厚度较大的焊件能够焊透，常将焊件接头边缘加工成一定形状的坡口。坡口除保证焊透外，还能起到调节母材金属和填充金属比例的作用，由此可以调整焊缝的性能。坡口形式的选择主要根据板厚和采用的焊接方法确定，同时兼顾焊接工作量大小、焊接材料消耗、坡口加工成本和焊接施工条件等，以提高生产率和降低成本。根据 GB/T 985.1—2008 规定，焊条电弧焊常采用的坡口形式有不开坡口（I 形坡口)、V 形坡口、X 形坡口、U 形坡口等，如图 4-48 所示。

焊条电弧焊板厚 6mm 以上对接时，一般应开设坡口，对于重要结构，板厚超过 3mm 就应开设坡口。厚度相同的工件常有几种坡口形式可供选择。V 形和 U 形坡口只需一面焊，可焊接性较好，但焊后角变形大，焊条消耗量也大些。X 形和双面 U 形坡口两面施焊，受热均匀，变形较小，焊条消耗量较小。在板厚相同的情况下，X 形坡口比 V 形坡口节省焊接材料 1/2 左右，但必须两面都可焊到，所以有时受到结构形状限制。U 形和双面 U 形坡口根部较宽，容易焊透，且焊条消耗量也较小，但坡口制备成本较高，一般只

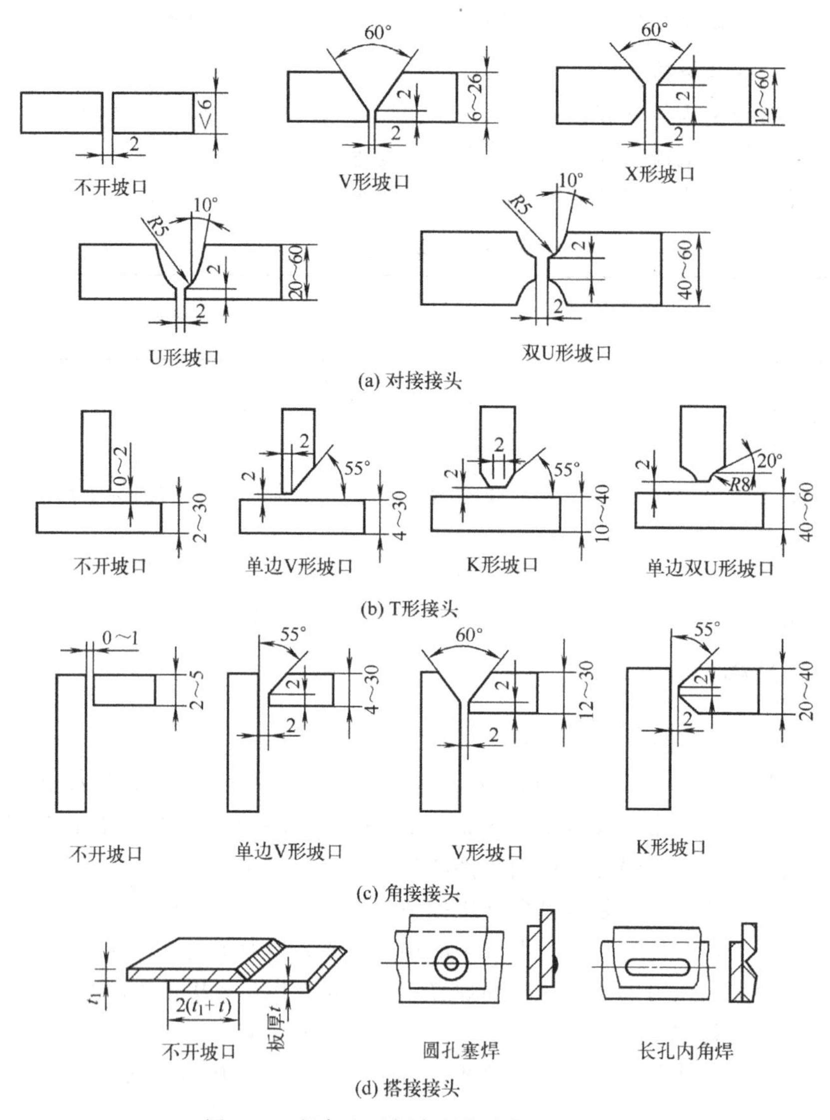

图 4-48　焊条电弧焊常用接头与坡口形式

在重要的受动载的厚板结构中采用。

埋弧焊的接头形式与焊条电弧焊基本相同，但由于埋弧焊选用的电流大，熔深大，所以板厚小于 14mm 时可不开坡口，采用单面焊接双面成形工艺；板厚小于 32mm 时，采用留间隙双面焊的焊接工艺；板厚小于 30mm 时，也可采用开坡口双面焊的焊接工艺；焊更厚的工件时需开坡口，坡口角度应比焊条电弧焊小些，一般为 45°～60°，钝边应比焊条电弧焊大些，一般取 7～10mm。

设计焊接结构最好采用相等厚度的金属材料，以便获得优质的焊接接头。如果采用两块厚度相差较大的金属材料进行焊接，则接头处会造成应力集中，而且接头两边受热不匀易产生焊不透等缺陷。国家标准中规定，对于不同厚度钢板对接的承载接头，当两板厚度差（$t-t_1$）不超过表 4-7 的规定时，焊接接头的基本形式和尺寸按厚度较大的板确定，反之则应在厚板上做出单面或双面斜度，有斜度部分的长度 $L\geqslant 5(t-t_1)$，不同厚度钢板接头的过渡形式如图 4-49 所示。

表 4-7　不同厚度钢板对接时允许的厚度差　　mm

较薄板的厚度 t_1	≥2～5	>5～9	>9～12	>12
允许厚度差($t-t_1$)	1	2	3	4

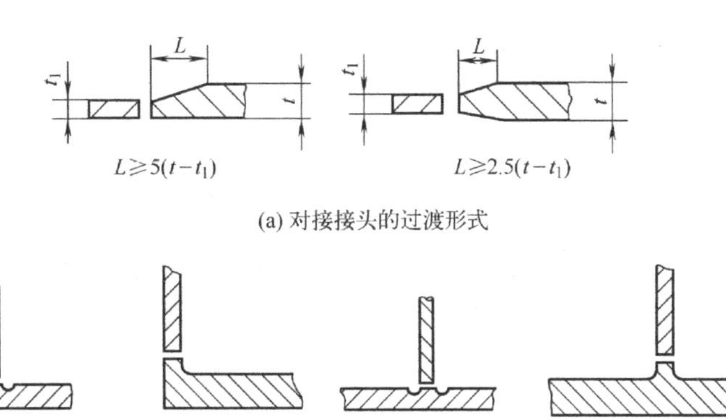

图 4-49　不同厚度钢板接头的过渡形式

4.4.3.2　焊缝布置

① 焊缝位置应便于施焊，有利于保证焊缝质量　按施焊时焊缝所处的位置不同，焊缝可分为平焊缝、立焊缝、横焊缝和仰焊缝四种形式，如图 4-50 所示。其中平焊缝施焊操作最方便、焊接质量最容易保证，因此在布置焊缝时应尽量使焊缝能在水平位置进行焊接。

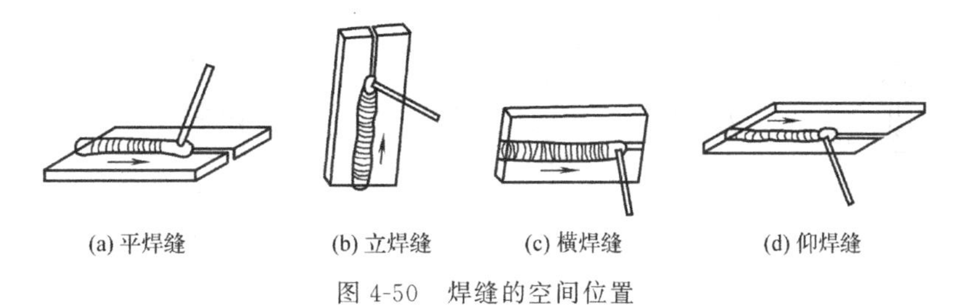

图 4-50　焊缝的空间位置

焊缝位置还应考虑各种焊接方法所需要的施焊操作空间和焊接过程中对熔化金属的保护。例如：焊条电弧焊时需考虑留有一定的焊接空间，以保证焊条的运行自如；气体保护焊时应考虑气体的保护效果；埋弧焊时应考虑接头处容易存放焊剂、保持熔融合金和熔渣；点焊与缝焊时应考虑电极安放。图 4-51 至图 4-54 为几种焊接方法设计焊缝位置时是否合理的设计方案示意图。

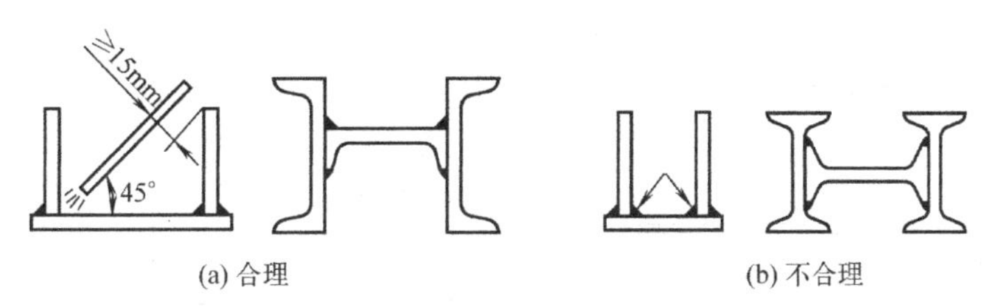

图 4-51　焊条电弧焊时的焊缝布置

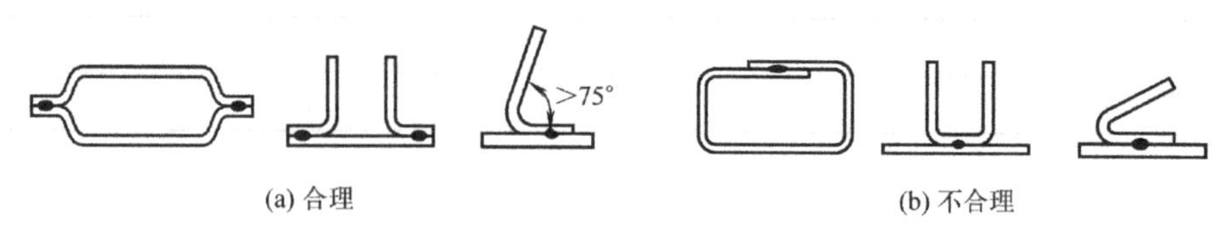

图 4-52 点焊和缝焊时的焊缝布置

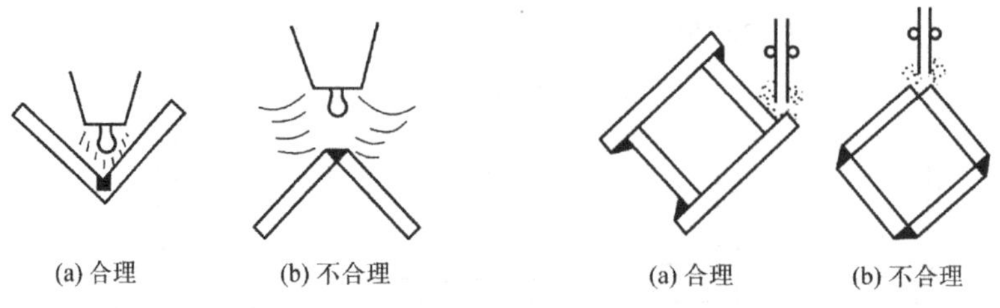

图 4-53 气体保护焊时的焊缝布置　　图 4-54 埋弧焊时的焊缝布置

② 焊缝尽可能分散布置，避免密集交叉　焊缝集中分布容易使接头过热，力学性能降低，甚至出现裂纹。一般焊缝间距要大于 3 倍或 5 倍的板厚且不小于 100mm，如图 4-55 所示。

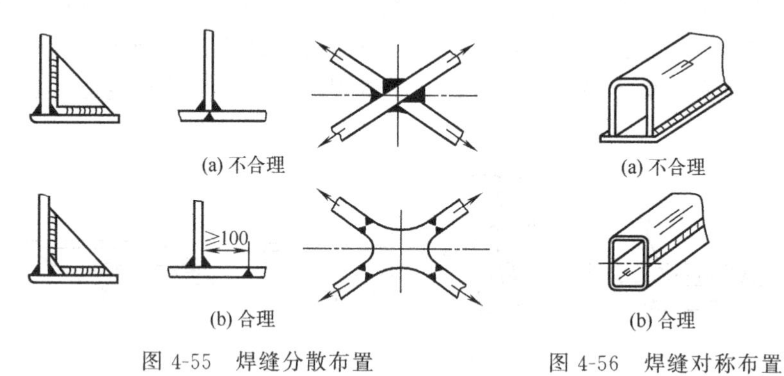

图 4-55 焊缝分散布置　　图 4-56 焊缝对称布置

③ 尽可能对称布置焊缝　如图 4-56 所示。焊缝的对称布置可以使各条焊缝的焊接变形相抵消，对减小梁柱结构的焊接变形有明显的效果。

④ 焊缝应尽量避开最大应力和应力集中部位　如图 4-57 所示。以防止焊接应力与外加应力相互叠加，造成过大的应力而开裂。不可避免时，应附加刚性支承，以减小焊缝承受的应力。

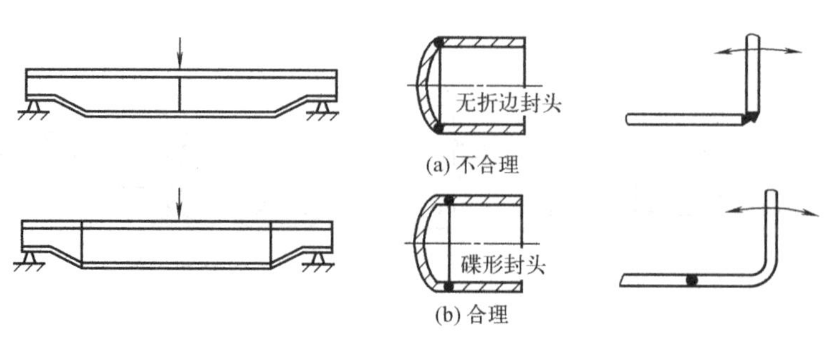

图 4-57 焊缝避开最大应力和应力集中的设计

⑤ 焊缝应尽量避开机械加工面　一般情况下，焊接工序应在机械加工工序之前完成，以防止焊接损坏机械加工表面。此时焊缝的布置也应尽量避开需要加工的表面，因为焊缝的机械加工性能不好，且焊接残余应力会影响加工精度。如果焊接结构上某一部位的加工精度要求较高，又必须在机械加工完成之后进行焊接工序时，应将焊缝布置在远离加工面处，以避免焊接应力和变形对已加工表面精度的影响，如图 4-58 所示。

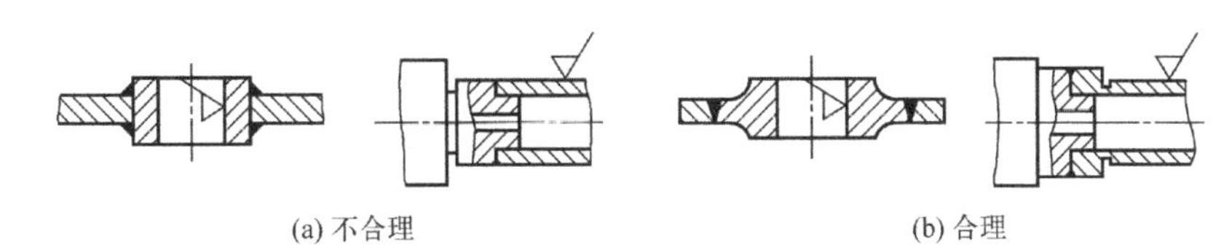

图 4-58　焊缝远离机械加工表面的设计

⑥ 焊缝转角处应平缓过渡　焊缝转角易产生应力集中，尖角处应力集中更为严重，所以应平缓过渡，如图 4-59 所示。

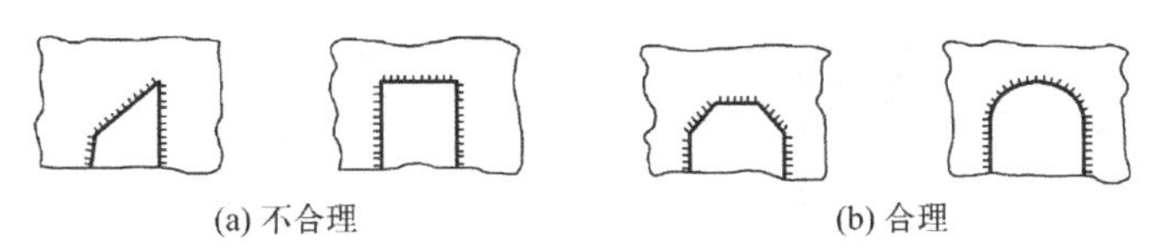

图 4-59　焊缝转角处应平缓过渡

4.4.4　典型焊件的工艺设计

焊接结构广泛应用于国民经济的各个生产领域。各行各业所使用的焊接结构因功能要求不同，其构造形式各异，繁简程度不一，因而焊接结构种类很多。但不管焊接结构的构造繁简与否，它都是由一个或若干个不同的基本构件组成，如梁、柱、箱体、容器、框架等。这些基本构件在构造形式和工作特性上都有自己的特点，掌握这些构件的焊接特点，是进行更复杂的焊接构件焊接工艺设计的基础。

4.4.4.1　组合工字梁

图 4-60 所示的是组合工字梁。梁的长为 5000mm，高为 800mm，是一较大的组合工字梁，是采用 Q345C 钢板焊接组合成形的实腹受弯构件。它既可在一个主平面内受弯，也可在两个主平面内受弯，有时还可承受弯扭的联合作用。此组合工字梁采用上下翼板与腹板构成，为加强腹板的稳定性而用 12 块纵向刚性加强筋，布置在腹板的两侧位置。为节省钢材，将梁截面设计成随弯矩的变化而加以变化的变截面梁。变截面处应力较大。

由图 4-60 可知，梁由翼板、腹板、筋板组成，它们的下料尺寸分别为

上翼板：2000mm（1 块）＋1500mm（2 块）　　（共 3 块）

下翼板：2500mm（1 块）＋1500mm（1 块）＋520mm（2 块）（共 4 块）

腹板：2500mm（1 块）＋1250mm（2 块）　　（共 3 块）

筋板：789mm×146mm（厚 6mm）　　（共 8 块）

　　　757mm×146mm　　（共 4 块）

（1）焊缝布置

由于材料最长为 2500mm，又因考虑工字梁的受力情况，故上翼板、腹板需 3 块对接，下翼板需 4 块对接，筋板与腹板，筋板与上翼板、下翼板，腹板与上翼板、下翼板均采用角接焊缝，如图 4-61 所示。

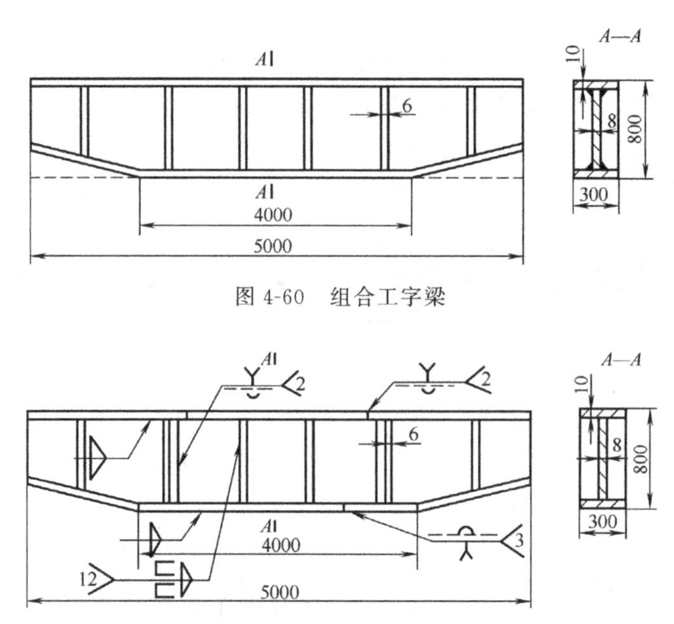

图 4-60　组合工字梁

图 4-61　工字梁的焊缝位置

① 梁的翼缘与腹板的连接　翼缘与腹板的连接是采用连续的角焊缝，称为翼缘焊缝，起着承受梁弯曲时翼缘和腹板的剪力。工字梁从两面施焊，做成连续焊缝。翼缘焊缝受弯曲正应力、局部压应力和切应力的作用。没有集中载荷作用的梁，主要承受切应力的作用。

翼缘焊缝沿梁长等厚，焊脚尺寸 K 一般不小于 6mm，角焊缝表面应是平面或凹面状。

② 加强筋与腹板、翼板的连接　加强筋必须有足够的刚性才能有效地保持板的稳定，因此在一般结构中，多采用刚性加强筋。工字梁的加强筋宜在腹板的两侧布置。

加强筋宜用连续焊缝焊在腹板上，当加强筋的连接焊缝较长时，允许采用断续焊缝，焊缝厚度一般为 5～6mm，加强筋的焊缝可以与腹板的拼接焊缝相交叉，但应与其平行的腹板对接，焊缝间距不小于 200mm。

横向加强筋与受压翼缘板顶紧焊接，应双面施焊。

(2) 焊条的选择

工字梁要求高强度、高塑性、重负荷，是一重要的焊接结构。要求焊缝金属的力学性能不低于焊件。因此，可按钢的抗拉强度指标来选用相匹配的焊条。由于母材选用 Q345C 钢，当其厚度≤16mm 时，其 $R_{eL}\geqslant 345$MPa，$R_m=470\sim630$MPa，由于工字梁本身结构复杂、刚性较大，焊接时焊件本身不易变形，故冷却收缩时产生的焊接应力将作用于焊接接头处，容易产生裂纹。针对上述情况，应选用抗裂性较好、伸长率较高的低氢型焊条。强度等级为 500MPa 的焊条 E5015 (J507) 比较合适。又因焊件厚度为 6mm、8mm、10mm，故查阅相关手册，可选用直径为 3.2mm 或 4mm 的焊条，焊接电流为 100～130A 或 160～210A。

工字梁在制造时，由于受到钢材规格的限制，需接长或拼宽，若大跨度、大吨位的焊接梁的梁高、梁长超过钢板供货规格，则需进行工厂拼接。

拼接焊时应注意以下方面。

a. 翼缘板和腹板的横向对接焊缝应与梁横向加强筋焊缝错开 150mm。

b. 焊缝的坡口设计应保证焊透，板厚≤14mm 时，可采用不开坡口的双面深熔埋弧焊。但需用无损探伤来检测焊缝根部是否熔透。

(3) 焊接接头及坡口

焊接梁的材料厚度大于 6mm，需开坡口。焊缝由对接、T 形、角接三种焊接接头组成。组合梁的上翼缘板有 2 处接头，下翼缘板有 3 处接头，腹板有 2 处接头，均采用对接接头。采用 V 形坡口带钝边（Y 形）两面焊接（另一侧为封底焊缝）的全焊透方式，以满足强度、刚度的需要。

筋板的焊接：每块筋板有 3 处角接接头，共计 12 块筋板，焊缝共 36 处，腹板与上、下翼板的连接也是角焊缝，双面焊 4 条焊缝。由于下翼板两端向上弯曲，故两端的筋板与下翼板焊接时，筋板的下面必须切割下一部分，形成斜面。

由于工字梁为单件生产，故采用焊条电弧焊，对接焊缝接头的 V 形坡口（带钝边）和尺寸，如图 4-48 所示。

(4) 焊件的热处理

工字梁采用 Q345C 低合金高强度结构钢，其碳当量 $w_{CE}=0.50\%$，焊接性能较好，焊后不需进行热处理。因为焊件较大，形状较复杂，刚性较大，焊接内应力较大，所以，为防止工件变形或产生焊接裂纹，焊前需采取 100～200℃预热。

4.4.4.2 液化石油气钢瓶

图 4-62 所示的是家用液化石油气钢瓶主体，由钢瓶瓶体和瓶嘴组成。瓶体长度 522mm，直径 314mm，壁厚为 3mm。液化石油气钢瓶的材料，一般选择焊接性能良好的 20 钢，或选择焊接性能好的 Q345C。生产批量为大批大量生产。液化石油气钢瓶是用来盛装液化石油气的，而液化石油气的主要成分是丙烷、丁烷等烷系或烯类等，具有易燃、易爆、有毒等危险特性，液化石油气灌装时要使用专用灌装机具，按规定的灌装量将液化石油气灌装到钢瓶里，瓶内气相、液相共存，具有一定压力。因此，液化石油气钢瓶是一种薄壁压力容器，瓶体要耐压且不能泄漏，使用中才能保证安全。瓶体、瓶体和瓶嘴均采用焊接结构。

(1) 焊缝布置

瓶体的焊缝布置有两种方案可供选择。第一种方案如图 4-62(a) 所示，共有三条焊缝，瓶身和封头之间的焊缝为两条环形焊缝，瓶身一条焊缝为轴向焊缝。第二种方案如图 4-62(b) 所示，只有瓶身的一条环形焊缝。

第一种方案的优点在于封头成形，在采用拉深成形时拉深变形小，容易成形，但缺点是封头与瓶体之间的焊缝正好处在拐角位置，此处是容易产生应力集中的位置，同时此方案焊缝数量多。第二种方案，根据钢瓶的尺寸，可把瓶体分为两半成形，也采用拉深成形，成形后只需要布置一条环形焊缝就可以完成瓶体的焊接，可以避免方案一焊缝多的缺点，缺点是拉深成形变形量较大，成形相对方案一困难，但根据瓶体的尺寸，可以进行拉深成形。根据上述分析，第二种方案较第一种方案合理。

(2) 焊接接头设计

焊接瓶体与瓶嘴的焊缝，采用角接接头，不开坡口；瓶体环焊缝的接头采用对接接头，便于上下封头定位和装配。尽管瓶体厚度仅为 3mm，为了保证焊透需要开 V 形坡口。

(3) 焊接方法和焊接材料的选择

由于生产类型是大批大量生产，并且瓶体直径大于 250mm，故瓶体的环形焊缝可采用生产率高、焊接质量稳定的埋弧自动焊，焊接材料采用 H08、H08MnA 或 H10Mn2A，配合 J431。瓶嘴与瓶体的焊接，因焊缝直径小，采用灵活的焊条电弧焊。焊接材料为 20

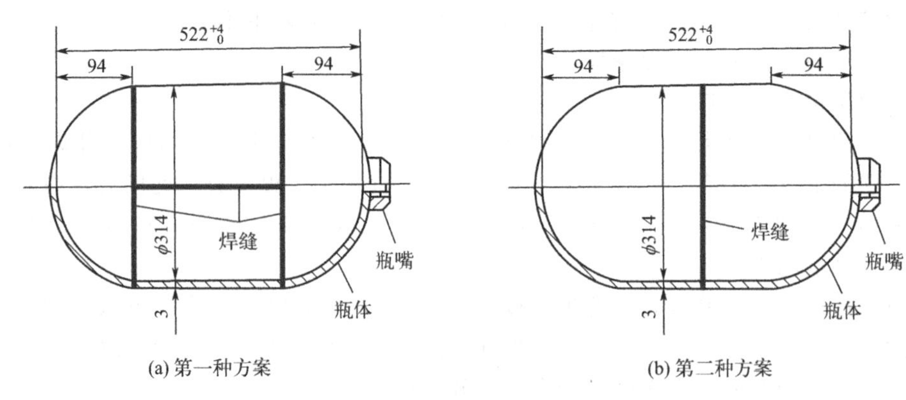

图 4-62　液化石油气钢瓶的焊缝布置

钢时，焊条采用酸性焊条 E4303（J422）；焊接材料为 Q345C 钢时，焊条采用碱性焊条 E5015（J507）。

（4）焊接工艺及措施

上下封头拉深变形后，冷变形强化严重，拉深后应进行再结晶退火。

为减少焊接缺陷的产生，焊前对焊接处进行严格的清理，清除焊接处铁锈和油污。

为减少焊接残余应力，改善焊接接头的组织和性能，焊接后还应进行整体正火处理或去应力退火处理。

液化石油气钢瓶主要工艺过程为：落料→封头拉深成形→对封头进行再结晶退火→在封头一端冲孔→除锈除油→装配焊接衬环、瓶嘴→装配上、下封头→进行除锈除油→采用埋弧自动焊焊接瓶体环焊缝→焊件正火热处理→水压试验及气密性试验。

4.5　其他金属连接成形工艺

4.5.1　铆接成形工艺

利用铆钉把两个或两个以上的被连接件（通常是板材或型材）连接在一起的不可拆连接称为铆钉连接，简称铆接。铆接具有在承受严重冲击和剧烈振动载荷时工作比较可靠，接头质量易于检查，简单等优点，曾广泛应用于桥梁、船舶和压力容器等工程结构中。但铆接结构比较笨重，被连接件由于需要打出钉孔而被削弱了强度，且铆接时劳动强度大、噪声大、劳动条件差，所以铆接的应用范围受到限制。近年来，随着焊接和高强度螺栓连接的发展，铆钉连接逐渐被焊接或螺栓连接所代替。但在铁路桥梁、某些起重机的构架以及轻合金金属结构（如飞机结构）中，由于焊接技术的限制，或者不便采用焊接结构等原因仍使用铆接。铆接至今仍是主要的连接工艺之一。

4.5.1.1　铆钉的主要类型

铆钉有空心和实心两种。空心铆钉用于受力较小的薄板或非金属零件的连接上。钢制实心铆钉钉头形状有多种类型，并已标准化。铆钉所用材料应具有高的塑性和不可淬性，钢铆钉常用 Q215、Q235 等低碳钢制成。在要求高强度时，也可使用低碳合金钢。铆钉也可用其他塑性金属制成，如铜、铝等。但铆钉材料应和被铆接件材料相同，以避免由于线胀系数不同而使铆缝恶化，并避免产生电化学腐蚀。图 4-63 是常见铆钉铆接后的形式。

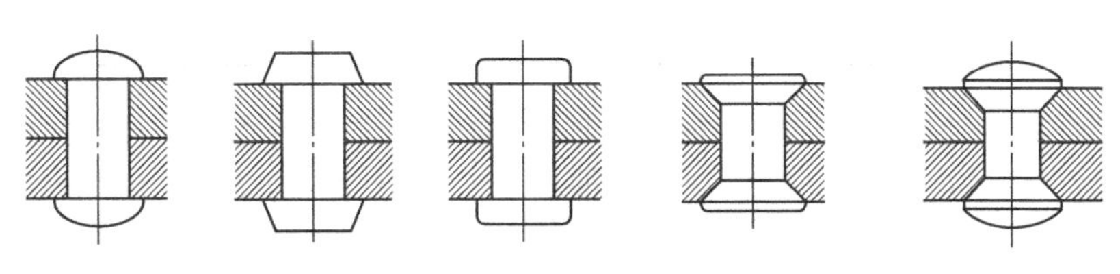

图 4-63　常见铆钉铆接后的形式

4.5.1.2　铆缝的基本形式

铆钉与被连接件，有时还与辅助连接件（搭板）一起形成铆缝。根据工作要求，铆缝可分为三种：以强度为基本要求的铆缝称为强固铆缝，如起重设备的机架、建筑物金属桁架中的铆缝；既要求有足够的强度，还要求具有良好紧密性的铆缝称为强密铆缝，如锅炉、高压容器中的铆缝；仅以紧密性为基本要求的铆缝称为紧密铆缝，如水箱及一般低压容器中的铆缝。这里仅讨论强固铆缝。根据接头形式，铆缝有搭接、单搭板对接、双搭板对接三种类型；根据铆钉排数，又有单排、双排与多排之分，如图 4-64 所示。实践证明，铆钉排数超过三排，再增加排类只能稍微改善铆缝的强度。因此，在实用上，平行于载荷方向上的铆钉个数不超过 6 个。多排铆钉通常交错排列，以使铆缝加载较为均匀并便于铆接操作。

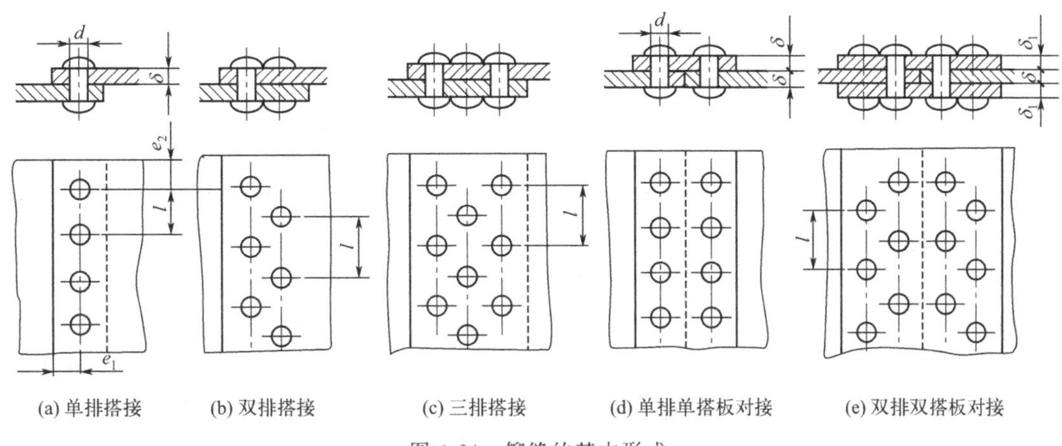

(a) 单排搭接　(b) 双排搭接　(c) 三排搭接　(d) 单排单搭板对接　(e) 双排双搭板对接

图 4-64　铆缝的基本形式

4.5.1.3　铆接结构设计中注意问题

铆接结构设计中需注意的问题如表 4-8 所示。

表 4-8　铆接结构设计中需注意问题

序号	注意事项	不合理	合理	说明
1	应使铆缝主要承受剪切力而减小弯矩的作用			
			l	底部变形越小，l 越小，则弯矩也就越小

续表

序号	注意事项	不合理	合理	说明
2	应便于铆接操作		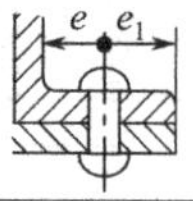	应有足够的 e 和 e_1 值
		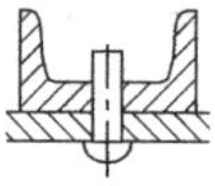	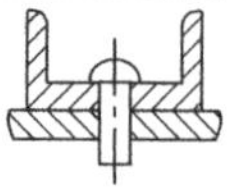	
		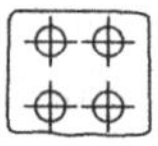	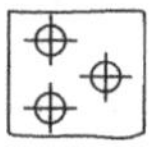	交错安排
		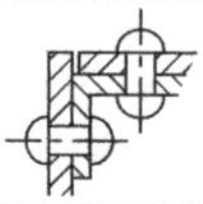	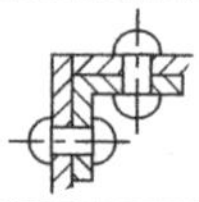	
		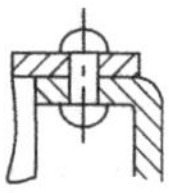	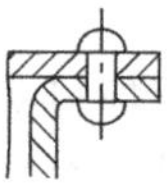	
3	需要在斜面部位铆接时，应将铆面处加工成平面或采用沉头或半沉头的钉头结构	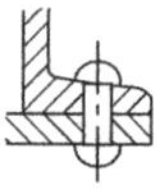	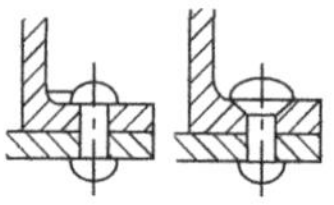	

4.5.2 胶接成形工艺

胶接，也称黏接，是利用胶黏剂将两种或两种以上的材料（同种或异种），借助胶黏剂的物理特性、化学特性所形成的分子间力或化学键，形成永久性接头的工艺。我国是世界上应用胶黏剂和胶接技术最早的国家之一。我国在4000年前就开始烧制石灰，以此黏固土石，建造房舍与桥梁。以糯米灰浆为代表的传统灰浆是中国古代的重大发明之一，在古代建筑中随处可见，如台州国清寺塔、南京的明城墙、镇江焦山古炮台等。

与机械连接和焊接方法相比，其主要特点如下：

a. 对材料的适应性强，能连接材质、形状、厚度、大小等相同或不同的材料，特别适用于连接异型、薄壁、复杂、微小、硬脆或热敏制件；

b. 用胶黏剂代替螺钉、螺栓或焊缝金属，可以使结构自重减轻25%～30%，可以获得刚度好、质量轻的结构，而且表面光滑，外表美观；

c. 胶接接头避免了因焊接热影响区相变、焊接残余应力和变形等对接头的不良影响，应力分布均匀，疲劳强度较高；

d. 具有连接、密封、绝缘、防腐、防潮、减振、隔热、消声等多重功能，连接不同金属时，不产生电化学腐蚀；

e. 工艺操作容易，效率高、设备简单，成本低廉，节约能源。

胶接的局限性主要是胶接接头的强度不够高，例如对金属材料的黏接强度仅能达母材强度的10%～50%；大多数胶黏剂耐热性不高，一般长期工作温度只能在150℃以下；易老化，且对胶接接头的质量尚无可靠的检测方法。因此，它并不能完全代替其他连接方式。

胶接目前主要应用于如下场合。

① 在机械工业中的应用　修复有缺陷的铸件和被磨损的轴、孔、导轨等；胶接各种刀具（如车刀、铣刀、铰刀、金刚石工具等），代替沿用已久的焊接，避免热变形和应力，提高刀具的使用寿命；节省刀具材料，高速钢的消耗量可降低60%～85%，硬质合金消耗量可降低30%～40%。

② 在电子工业中的应用　电子工业中，从集成电路到大型电机，从电子元件到家用电器，都广泛地应用胶接技术。例如，微型线圈成形固定、电机转子导线特殊成形、电冰箱体的连接、电视机显像管胶接、音响设备中扬声器的胶接等。

③ 在汽车制造中的应用　汽车是典型的多种材料组合的机器，其构成材料除钢材、铝材外，还有玻璃、塑料、橡胶等非金属，胶接技术有明显的优势。一般每辆汽车有40多处需要20多种不同性能的胶黏剂，其质量（包括密封剂、底涂层）约占汽车质量的1/25。

④ 在飞机制造中的应用　飞机上的蜂窝结构很多（如升降舵、水平安定面、挡板等），一架大型客机蜂窝状结构有一二千平方米。用胶接技术连接制造的蜂窝结构具有较高的比强度和比刚度，而且表面平滑、密封、隔热，其耐疲劳强度比铆接提高5～10倍。

4.5.2.1 胶接接头设计

根据零部件的结构、受力特征和使用的环境条件进行胶接接头的形式、尺寸的设计。

（1）接头设计应遵循的原则

a. 尽量使胶层承受剪切力和拉伸力，避免剥离和不均匀扯离。

b. 在可能和允许的条件下适当增加胶接面积。

c. 采用混合连接方式，如胶接加点焊、铆接、螺栓连接、销接等，可以取长补短，增加胶接接头的牢固耐久性。

d. 注意不同材料的合理配置，如材料线胀系数相差很大的圆管套接时，应将线胀系数小的套在外面，而线胀系数大的套在里面，以防止加热引起的热应力造成接头开裂。

e. 接头结构应便于加工、装配、胶接操作和以后的维修。

（2）胶接接头的基本类型

① 平板胶接的接头形式　如图4-65所示。其中，单面搭接可用于许多结构连接的情况中，它的优点是制造方便，但其抗拉性能比斜面搭接稍差；斜面搭接可以减小弯曲应力，有较高的强度，但加工过程复杂。嵌接、盖板搭接也具有较好的强度，两者连用强度会更好。

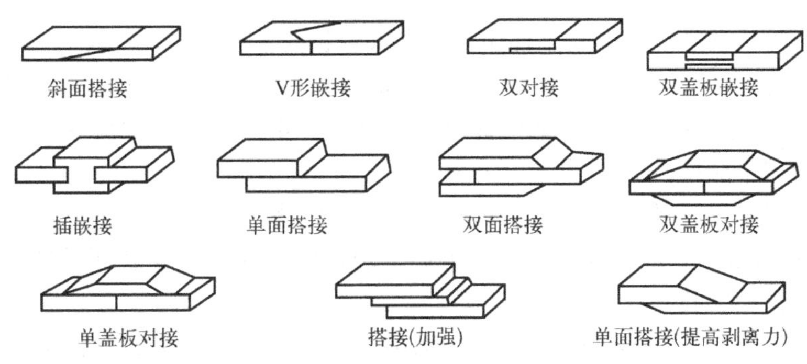

图4-65　平板胶接的接头形式

② 平板与型材胶接的接头形式　如图 4-66 所示，主要有 T 形、L 形和 Π 形。

③ 管材、棒材胶接的接头形式　这类材料的接头形式主要是套接，如图 4-67 所示。

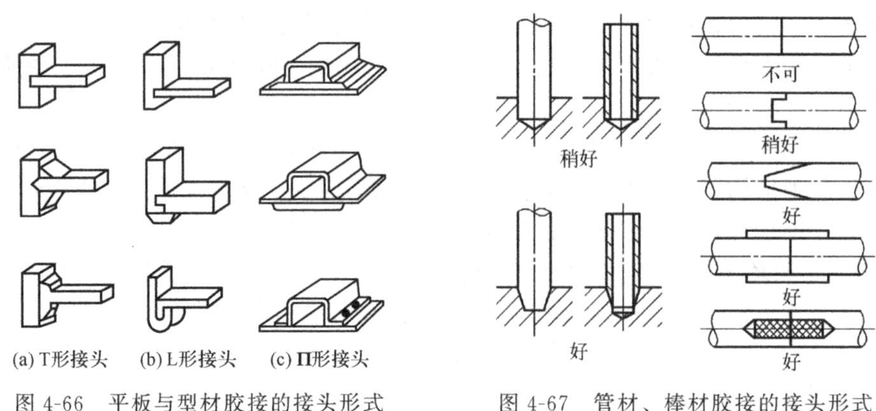

图 4-66　平板与型材胶接的接头形式

图 4-67　管材、棒材胶接的接头形式

4.5.2.2　胶黏剂的选择

胶黏剂的作用是将经过处理的被胶结物牢固地连接起来，选用胶黏剂的一般原则如下。

① 根据被胶结物的材料种类、性质和受力情况进行选择　大多数胶黏剂对金属材料间的胶接有较好的适应性，对不同材料间的胶接应考虑它们的热胀系数和固化温度，应选择两种材料都适用的胶黏剂。对受力大的零部件，应选择胶接强度高的胶黏剂，如环氧结构胶、聚氨酯等。

② 根据被胶结物的形状、结构和施工条件等情况进行选择　热塑性塑料、橡胶制品和电器零件等不能经受高温；大型零件移动搬运困难，加热不便，应避免选用高温固化胶。一些薄而脆的零件，一般不能施加压力，不应选用加压固化胶。在流水生产线上应选用室温快干胶。在多道不同温度的加工过程中，前道胶接工序应采用耐温性高的胶黏剂，后道胶接工序采用耐温性低的胶黏剂。绝对不能在前道工序采用耐温性低于后道工序加热温度的胶黏剂。

③ 选用胶黏剂时还应考虑经济性和安全性　在其他条件许可的前提下，应尽量选择成本低、施工方便、低毒或无毒性的胶黏剂。

4.5.2.3　表面处理

对于胶接接头强度要求较高、使用寿命要求较长的被胶结物，应对其表面进行胶接前的处理。常用的表面处理方法有溶剂清洗法、机械处理法、化学处理法和电化学酸洗除锈处理等。表面处理后的工件一般要在烘干箱内烘干，烘干后的工件应在几小时内进行胶接，并且不能用手触摸。

① 溶剂清洗法　主要是胶接表面的除油及其他污物。

② 机械处理法　对被胶接表面进行机械处理，既可除掉金属表面锈蚀层、油污，也是为了使表面粗糙以利于胶接。

③ 化学处理法　化学处理法是用配好的酸、碱溶液或某些无机盐溶液将被胶接材料表面的一切油污杂质清除掉。

④ 电化学酸洗除锈处理　是将被处理工件浸在酸或金属盐处理液中作电极，通以直

流电而使工件上的覆盖物通过侵蚀而去除。

4.5.2.4 配胶

将组成胶黏剂的黏料、固化剂和其他助剂按照所需比例均匀搅拌混合，有时还需将它们在烘箱或红外线灯下预热至40～50℃，以降低黏度，利于浸润，增加黏附力。

4.5.2.5 装配与涂（注）胶

将被胶结物按所需位置进行正确装配或涂胶（有的涂胶在装配前），涂胶的方法有涂刷、辊涂、刀刮、注入等。胶黏剂应力求涂匀，胶层厚度要适中，一般无机胶的胶层厚度控制在0.1～0.2mm，有机胶胶层厚度控制在0.05～0.1mm为宜。当涂有胶黏剂的表面发黏时，应立即进行胶接，胶接时可施以适当的压力，直至两胶接面牢固结合，在去除压力后也不会分离为止。

4.5.2.6 固化

固化是胶黏剂通过溶剂挥发、乳液凝聚的物理作用或缩聚、加聚的化学作用，变为固体并具有一定强度的过程，是获得良好胶黏性能的关键过程。胶层固化应控制温度、时间、压力三个参数。

本章习题与思考题

4-1 什么是焊接热影响区？低碳钢焊接热影响区内各主要区域的组织和性能如何？从焊接方法和工艺上考虑，能否减小或消灭热影响区？

4-2 产生焊接应力与变形的主要原因是什么？试定性说明焊接残余应力分布的一般规律。消除和减小焊接应力有哪些措施？

4-3 何谓金属的焊接性？如何衡量金属的焊接性？简述金属焊接性的实用意义。

4-4 焊条的作用是什么？焊条药皮有何功用？按药皮性质的不同，焊条可分为哪几种类型？比较各不同类型间的差异及其适用性。

4-5 直流电弧的极性指的是什么？在哪些情况下，需要注意电弧的极性和接法。

4-6 试比较气焊、埋弧焊、CO_2气体保护焊、氩弧焊、电阻焊和钎焊的特点及应用范围。

4-7 说明电弧焊、气焊、电阻焊、电渣焊和摩擦焊所用热源，并分析它们的加热特点。

4-8 为什么在焊接薄板件时，焊缝处可以不开坡口，而在焊接厚板时，焊缝处要开坡口？坡口形式有哪些？各适用什么场合？

4-9 设计焊接结构时，焊缝的布置应考虑哪些因素？

4-10 制造下列焊件，应分别采用哪种焊接方法、焊接材料？应采取哪些工艺措施？

（1）壁厚50mm，材料为16MnR的压力容器。

（2）壁厚20mm，材料为ZG 270-500的大型柴油机缸体。

（3）壁厚10mm，材料为12Cr18Ni9的管道。

（4）壁厚1mm，材料为20钢的容器。

4-11 为下列结构选择最佳的焊接方法：

（1）壁厚小于30mm的Q345C锅炉筒体的批量生产；

（2）采用低碳钢的厂房屋架；

（3）丝锥柄部接一45钢钢杆以增加柄长；

（4）对接ϕ30mm的45钢轴；

（5）自行车轮钢圈；

（6）自行车车架；

（7）汽车油箱；

（8）减速器箱体的单件小批生产。

4-12　有直径为 500mm 的齿轮和铸铁带轮各一件，铸造后出现图 4-68 所示的断裂现象，曾先后用 E4301 焊条和钢心铸铁焊条进行电弧焊焊补，但焊后再次断裂，试分析再次断裂原因。用什么方法能保证焊补后不再裂，并可进行机械加工？

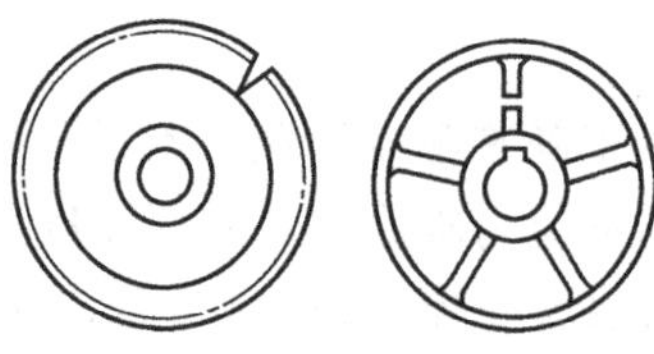

图 4-68　习题 4-12 图

4-13　比较图 4-69 所示的工字形焊接件采用不同的焊接顺序对焊接变形的影响。

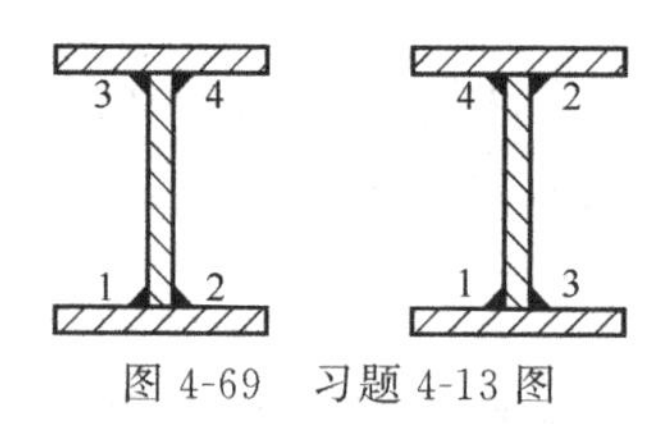

图 4-69　习题 4-13 图

4-14　图 4-70 所示焊件的焊缝布置是否合理？如有不合理处，请加以改正并简述理由。

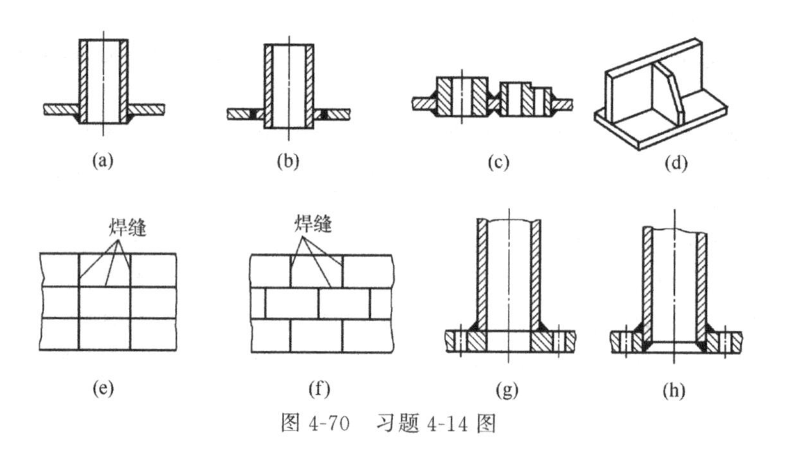

图 4-70　习题 4-14 图

4-15　分析图 4-71 所示焊件结构是否合理。

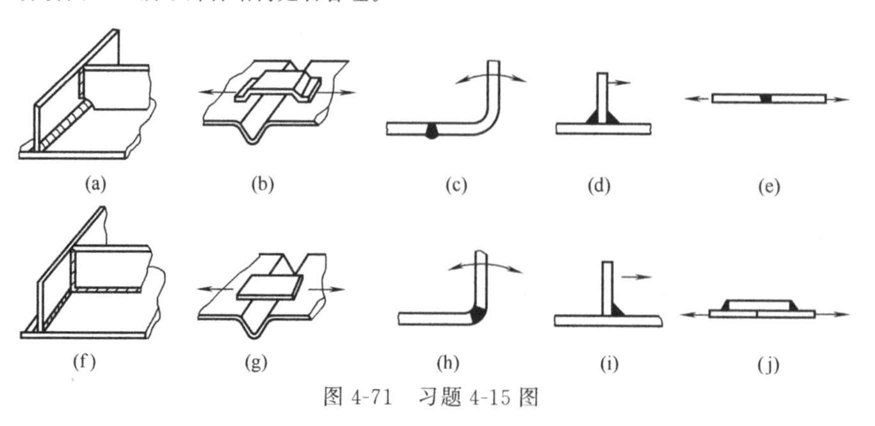

图 4-71　习题 4-15 图

4-16　电阻点焊接头如图 4-72 所示，讨论其结构工艺性。

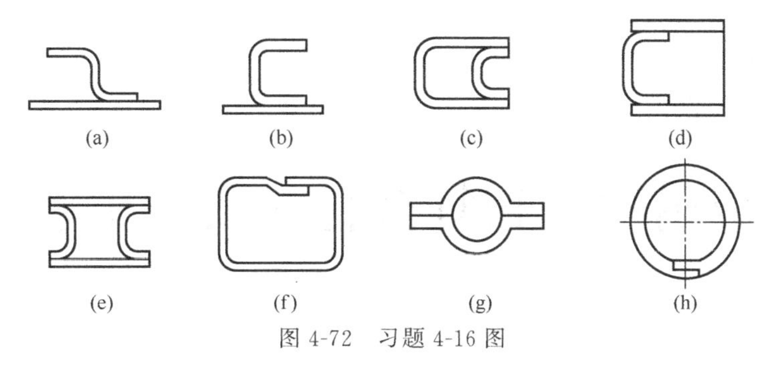

图 4-72　习题 4-16 图

4-17　用尺寸为 16mm×1500mm×6000mm 的 Q345C 钢板制造图 4-73 所示的储油罐 5 台，试确定焊缝位置，并确定焊缝的焊接方法、接头形式。

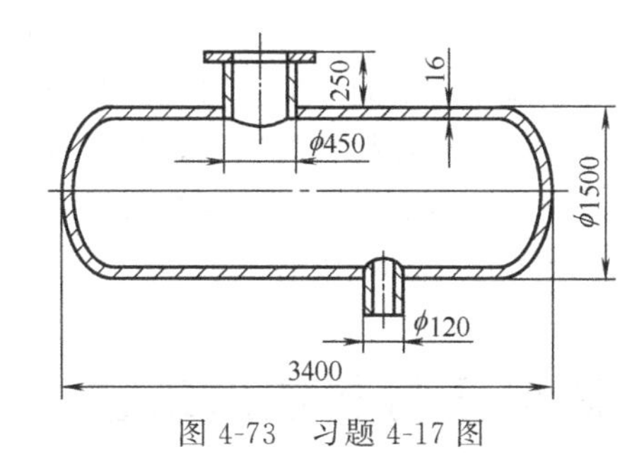

图 4-73　习题 4-17 图

4-18　图 4-74 所示为低碳钢支架，小批量生产，采用焊接工艺，试选择焊接方法、接头形式、焊件材料、焊条牌号与型号，并提出工艺要求。

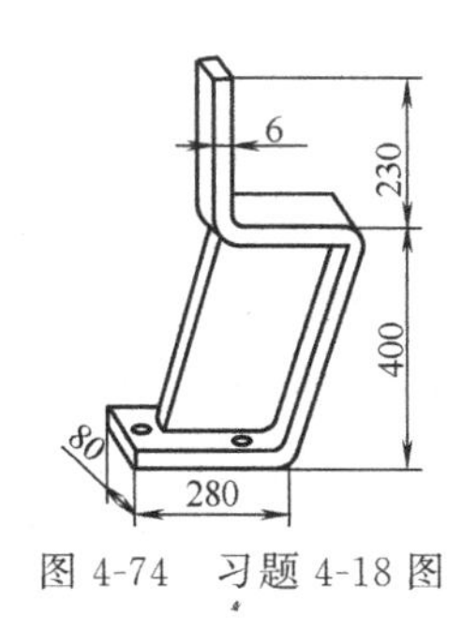

图 4-74　习题 4-18 图

4-19　为什么工程上平行于载荷方向上的铆钉个数不超过 6 个？

4-20　胶接工艺有何特点？胶接时为什么要对工件进行表面处理？胶接过程中有哪些重要参数需要控制？

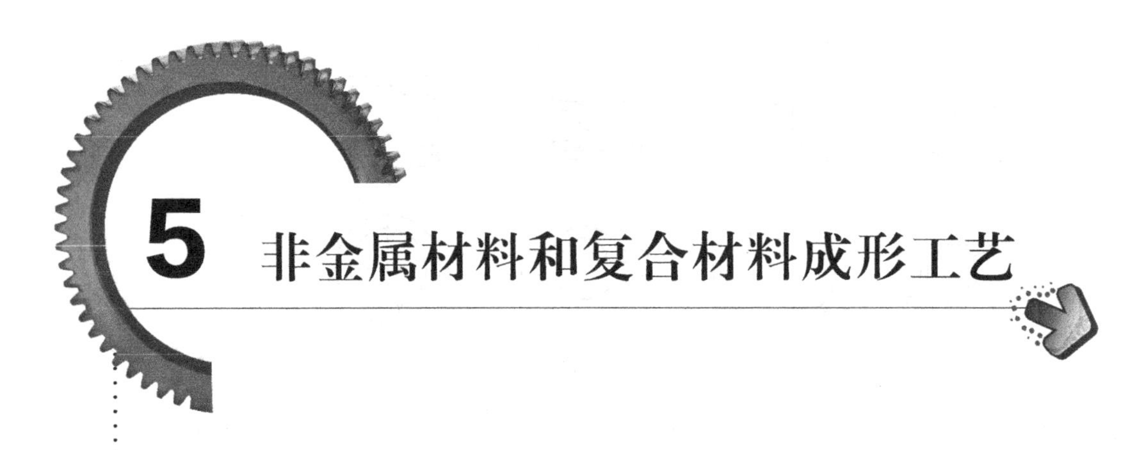

5 非金属材料和复合材料成形工艺

非金属材料一般可分为高分子材料和陶瓷材料两大类，其中高分子材料在工程上常用的主要有塑料和橡胶。复合材料则是人们运用先进的材料制备技术将不同性质的材料组分优化组合而成的新材料，其按照基体的不同一般又可分为树脂基复合材料、金属基复合材料和陶瓷基复合材料。非金属材料和复合材料的应用在我国有着悠久的历史，相应其成形工艺也处于当时极高的水平。目前，非金属材料和复合材料已越来越多地应用在国民经济各个领域，相应地它们的成形技术也得到较快的发展。

5.1 高分子材料成形工艺

5.1.1 工程塑料成形工艺

5.1.1.1 工程塑料成形工艺基础

(1) 塑料的力学状态及其加工性

塑料为高分子聚合物，其成分、结构复杂，在不同温度下的力学性能有较大差别，可加工工艺性也大不相同。如图 5-1 所示，塑料随着温度的不同，呈现出玻璃态、高弹态和黏流态三种状态。塑料在玻璃态时为较硬的固体，服从胡克定律，此时可进行机械加工。非结晶塑料在高弹态时形变能力增强，此时可进行压延、弯曲等，由于变形是可逆的，应迅速降低温度至玻璃态。当温度升高，塑料到达黏流态时，弹性模量很小，此时塑料具有流动性，较小的外力就可使熔体变形。因此，塑料一般在黏流态进行成形加工。成形后，随温度的降低，塑料会冷却硬化。

(2) 塑料的成形性能

塑料的成形性能，一般包括流动性、收缩性、结晶性、吸湿性与黏水性等。

① 流动性　塑料在一定的温度与压力下填充模腔的能力称为流动性。热塑性塑料流动性的大小，通常可以从树脂分子量及其分布、熔体流动指数（MFI）、表观黏度以及阿基米德螺旋线长度等一系列参数进行预测。分子量小、分子量分布宽，熔体流动指数高，表观黏度小，阿基米德螺旋线长度长，表明其流动性好；反之，其流动性差。热固性塑料的流动性，通常以拉西格流动性（以毫米计）来表示。

② 收缩性　塑料制品自模腔中取出冷却至室温后，其尺寸发生缩小的性能称为收缩性。塑料制品尺寸收缩不仅是树脂本身热胀冷缩的结果，而且还与各种成形因素有关。所以，准确地说成形后塑料制品的收缩应称为成形收缩。塑料的收缩率是塑料成形加工和塑

料模具设计的重要工艺参数，它影响塑料件尺寸精度及质量。

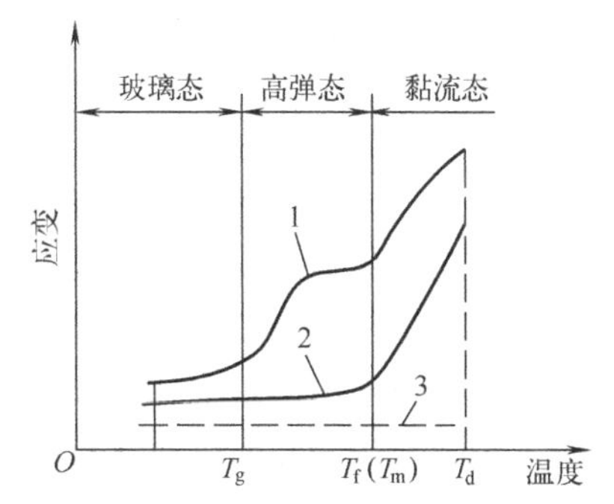

图 5-1　塑料的力学状态与温度的关系

1—非结晶型塑料；2—结晶型塑料；3—金属

③ 结晶性　在塑料成形过程中，根据塑料冷却时是否具有结晶特性，可将塑料分为结晶型塑料和非结晶型塑料两种。结晶型塑料具有结晶现象的性质叫结晶性。

④ 吸湿性与黏水性　塑料中因有各种添加剂，使其对水分的亲疏程度各有不同。所以，塑料吸湿性大致可分为两类。一类是具有吸湿或黏附水分倾向的塑料，如 ABS（丙烯腈-丁二烯-苯乙烯）、聚酰胺、聚甲基丙烯酸甲酯等；另一类是既不吸湿也不易黏附水分的塑料，如聚乙烯、聚丙烯等。对于具有吸湿或黏附水分倾向的塑料，在成形过程中由于水分在高温料筒中变为气体并促使塑料发生水解，导致塑料起泡和流动性下降，增加成形难度。因此，在成形之前应进行干燥，以除去水分。

5.1.1.2　工程塑料成形方法

根据成形工艺的不同，有注塑成形、挤出成形、压制成形、压注成形、吹塑成形、压延成形等。

(1) 注塑成形

注塑成形，是一种重要的热塑性塑料成形方法。目前，大约 60%～70%的塑料制件是用注塑成形方法生产的。

如图 5-2 所示，首先从注射机料斗中将颗粒状或粉状塑料送进加热的料筒中，经加热熔化呈流动状态；然后柱塞或螺杆压缩并推动塑料熔体向前移动，通过料筒前端的喷嘴以很快的速度注入温度较低的模具闭合型腔中；充满型腔的熔体经过一段时间保压冷却固

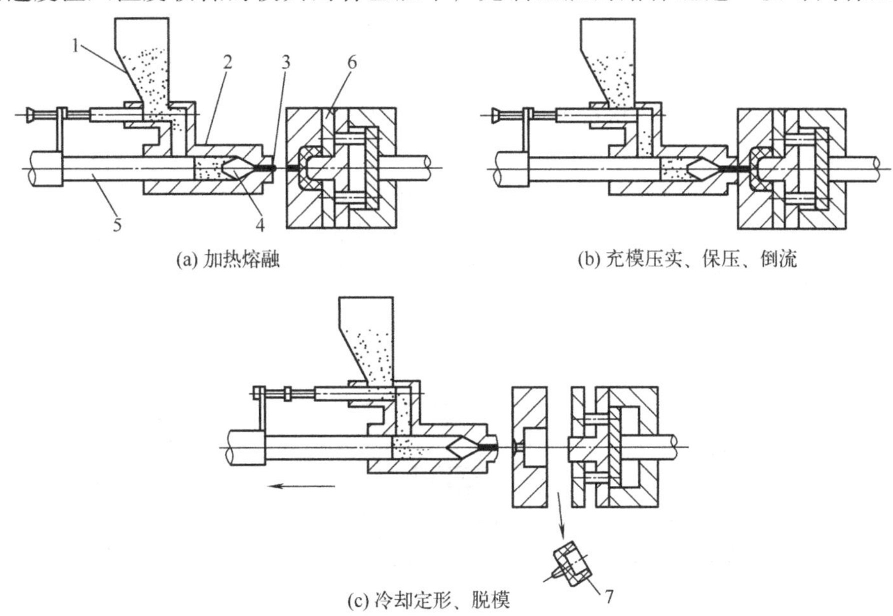

(a) 加热熔融　(b) 充模压实、保压、倒流

(c) 冷却定形、脱模

图 5-2　注塑成形原理示意图

1—料斗；2—机筒；3—喷嘴；4—分流锥；5—柱塞；6—模具；7—塑料制品

化，保持模具型腔所赋予的形状；最后开模分型获得一定形状和尺寸的成形制件。可见，注塑成形过程包括熔融塑化、注射、保压、冷却定形。

（2）挤出成形

挤出成形，是指借助于螺杆或柱塞的挤压作用，使塑化均匀的塑料强行通过模口而成为具有恒定截面的连续制品的成形方法，是热塑性塑料的重要生产方法之一。

热塑性塑料的挤出成形（以管材的挤出为例）原理如图 5-3 所示，粒状或粉状塑料通过料斗（图中未示出），在旋转的螺杆的推动下，塑料沿螺杆的螺槽向前方输送，在此过程中，不断地接受外加热和物料与物料之间的剪切摩擦热，逐渐熔融呈黏流态，然后在螺杆的推动下，塑料熔体通过具有一定形状的挤出模具（机头）口模以及一系列辅助装置（定型、冷却、牵引、切割等装置），从而获得所需截面形状的塑料型材。可见，挤出过程实际上可划分为两个阶段：第一阶段是成形材料的塑化（变为黏流态）和赋形阶段（在压力作用下通过口模并获得和口模形状及尺寸相似的制品）；第二阶段是挤出的连续体的定型阶段（通过各种途径使挤出的黏流态成为可以使用的玻璃态或结晶体制品）。

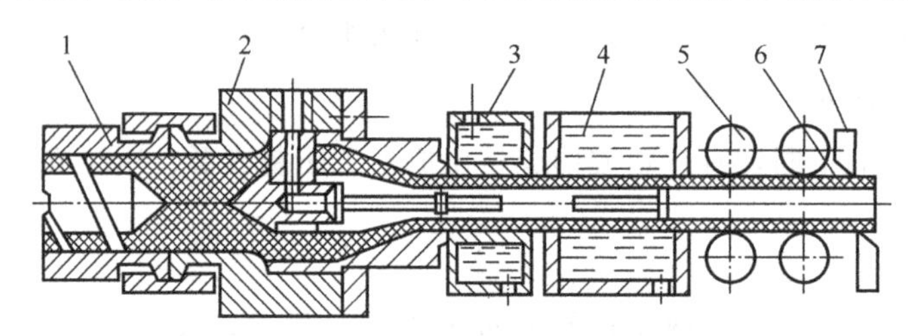

图 5-3　挤出成形原理

1—挤出机料筒；2—机头；3—定型装置；4—冷却装置；
5—牵引装置；6—塑料管；7—切割装置

目前，挤出成形所采用的挤出机绝大多数是螺杆式挤出机。挤出成形主要用于生产棒、管等型材和薄膜等，也是中空成形的主要制坯方法。

（3）压制成形

压制成形又称压缩成形、模压成形，是塑料成形加工中较传统的工艺方法。目前主要用于热固性塑料的加工。

压制成形工艺原理如图 5-4 所示。将粉状、粒状或纤维状的热固性塑料放入成形温度下的模具型腔中，然后闭模加压，在温度和压力作用下，热固性塑料转为熔融的黏流态，并在这种状态下充满型腔而取得型腔所赋予的形状，随后发生交联反应，分子结构由原来线型分子结构转变为网状分子结构，塑料也由黏流态转化为玻璃态，即硬化定型成塑料制

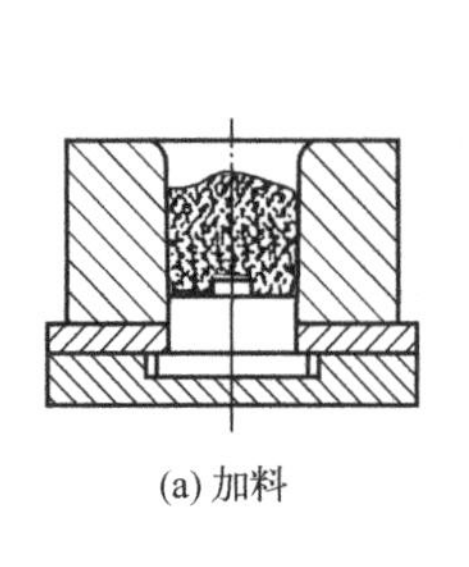

(a) 加料

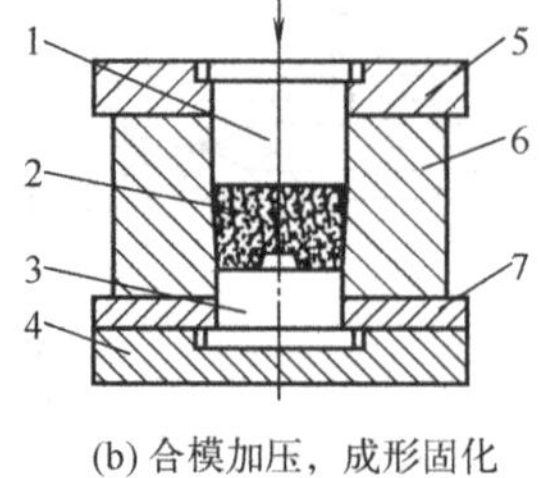

(b) 合模加压，成形固化

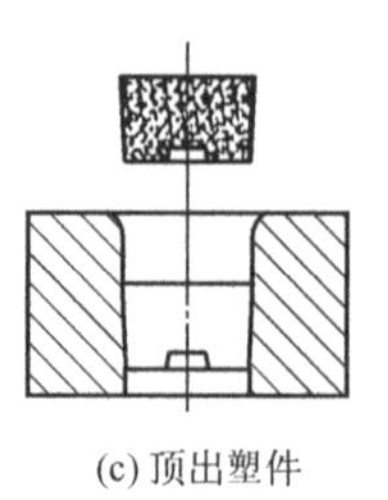

(c) 顶出塑件

图 5-4　压制成形工艺原理

1—上凸模；2—塑料制品；3—下凸模；4—垫板；5—凸模固定板；6—凹模；7—凹模固定板

品，最后脱模取出制品。压制成形的主要特点是：设备和模具结构简单，投资少，可以生产大型制品，尤其是有较大平面的平板类制品，也可以利用多槽模大量生产中小型制品，制品的强度高。但压制成形的生产周期长，效率低，劳动强度大，难以实现自动化。

（4）压注成形

压注成形又称传递模塑，是热固性塑料重要的成形方法之一。它是在压制成形的基础上发展起来的热固性塑料成形方法，其工艺类似于注塑成形工艺，所不同的是压注成形时塑料在模具的加料室内塑化，再经过浇注系统进入型腔，而注塑成形是在注射机料筒内塑化。

压注成形原理及成形过程如图 5-5 所示，将热固性材料［最好经预压或（和）预热］加入闭合模具的加料室 2 内加热，使物料熔融获得足够的流动性，然后在压力作用下使熔料经模具流道、浇口进入加热的模腔，固化定型后即可脱模取出制品。

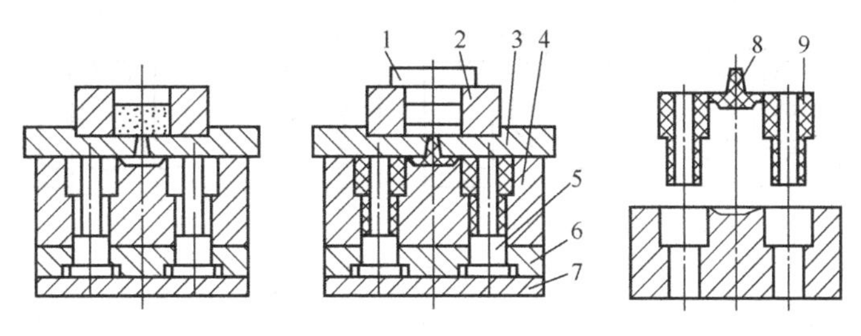

图 5-5　压注成形过程示意图

1—柱塞；2—加料室；3—上模座；4—凹模；5—凸模；6—凸模固定板；7—下模座；8—浇注系统凝料；9—制品

压注成形可以成形深腔薄壁塑料制品或带有深孔的塑料制品，也可成形形状较复杂以及带精细或易碎嵌件的塑料制品，还可成形难以用压缩法成形的塑料制品。

（5）吹塑成形

吹塑成形是将处于塑性状态的塑料型坯置于模具型腔内，使压缩空气注入型坯中使其吹胀，紧贴于模腔壁上，冷却定型得到一定形状的中空制品的加工方法。其又可分为挤出吹塑成形和注射吹塑成形。

① 挤出吹塑成形　挤出吹塑成形工艺过程如图 5-6 所示。挤出机挤出图 5-6(a) 所示的管状型坯；然后，截取一段型坯趁热将其放于模具中，闭合模具（对开式模具，同时夹紧型坯上下两端），如图 5-6(b) 所示；接着，用吹管通入压缩空气，使型坯吹胀并贴于型腔内壁成形［图 5-6(c)］，最后保压和冷却定型，排出压缩空气并开模取出塑料制品

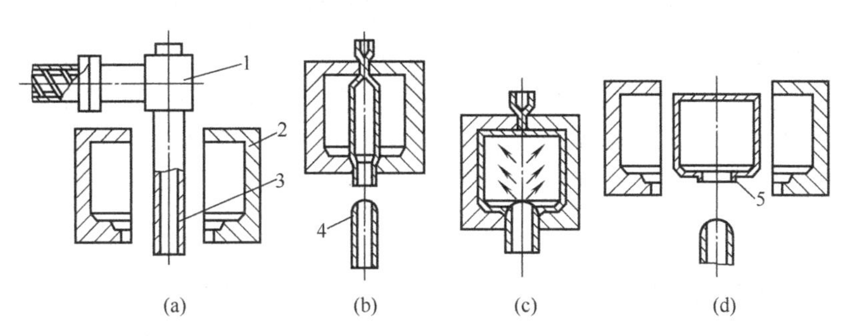

图 5-6　挤出吹塑成形工艺过程

1—挤出机头；2—吹塑模；3—管状型坯；4—压缩空气吹管；5—塑料制品

[图 5-6(d)]。挤出吹塑成形模具结构简单，投资少，操作容易，适合多种塑料的中空吹塑成形，缺点是塑料制品需后加工以去除飞边，壁厚不易均匀。

② 注射吹塑成形 注射吹塑成形的工艺过程如图 5-7 所示。首先，用注射机将熔融塑料注入注射模内，形成注射型坯，注射型坯包在周壁带有微孔的空心凸模上，如图 5-7(a) 所示；然后，趁热将空心凸模和包着的注射型坯移至吹塑模内，如图 5-7(b) 所示；接着，向空心凸模的管道内通入压缩空气，使注射型坯紧贴于吹塑模的内表面，如图 5-7(c) 所示；最后，经过保压、冷却定型后排出压缩空气，开模取出塑料制品，如图 5-7(d) 所示。

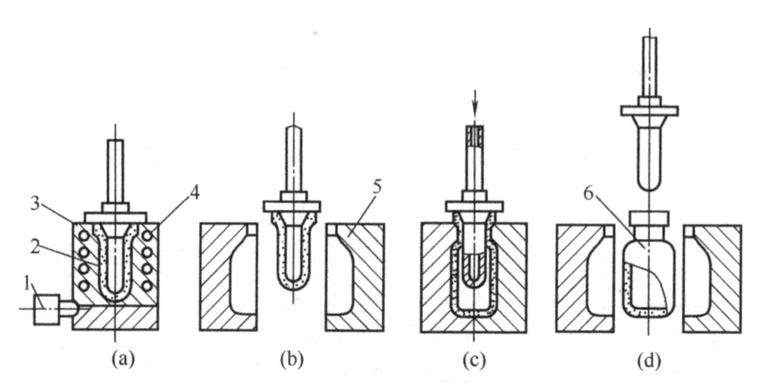

图 5-7 注射吹塑成形的工艺过程

1—注射机喷嘴；2—注射型坯；3—空心凸模；4—微孔；5—吹塑模；6—塑料制品

注射吹塑成形的优点是壁厚均匀无飞边，不需后加工；由于注射型坯是整体式的，故塑料制品底部没有拼合缝，强度高，生产率高。但设备与模具的投资较大，多用于小型塑料制品的大批量生产，如各种饮料瓶的生产。

(6) 压延成形

压延成形是将加热塑化的热塑性塑料通过两个或两个以上相向旋转的辊筒间隙，使其成为规定尺寸的连续薄膜或片材的一种成形方法。可用于压延成形的塑料种类有聚氯乙烯、ABS、聚乙烯醇、纤维素类以及橡胶改性的聚苯乙烯等，其中聚氯乙烯制品占据了压延产品的主导地位。

压延成形的产品种类有薄膜、片材、人造革以及其他涂层制品。薄膜与片材通常以 0.30mm 作为两者厚度的分界线。根据配方中增塑剂含量的不同，PVC 薄膜和片材可区分为硬质、半硬质和软质。通常含增塑剂在 5%以下的称为硬质制品，含增塑剂在 5%～25%的称为半硬质制品，含增塑剂 25%以上的称为软质制品。压延成形可生产的软质 PVC 薄膜和片材厚度范围为 0.05～0.5mm，硬质片材厚度范围为 0.30～0.70mm。薄膜幅宽多为 1800～2750mm，如果经过扩幅，幅宽可达 5000～6000mm。在压延软质塑料薄膜时，如果使布、纸等基材随同塑料一起通过压延机的最后一道辊隙，则薄膜将与基材紧密贴合在一起，所得制品称为涂层布或涂层纸，又称人造革，这种方法称为压延涂层法。

5.1.2 橡胶成形工艺

橡胶成形加工是用生胶（天然胶、合成胶、再生胶）和各种配合剂（硫化剂、防老化剂、填充剂等）用炼胶机混炼而成混炼胶（又称胶料），再根据需要加入能保持制品形状和提高其强度的各种骨架材料（如天然纤维、化学纤维、玻璃纤维、钢丝等），经混合均匀后放入一定形状的模具中，经加热、加压（即硫化处理），获得所需形状和性能的橡胶制品。

橡胶制品的成形方法与塑料成形方法相似，主要有压制成形、注射成形、挤出成形和压注成形等。

(1) 压制成形

压制成形是橡胶制品生产中应用最早而又最多的方法。它是将经过塑炼和混炼预先压延好的橡胶坯料，按一定规格和形状下料后，加入压制模中，合模后在液压机上按规定的工艺条件进行压制，使胶料在受热受压下以塑性流动充满型腔，经过一定时间完成硫化，再进行脱模、清理毛边，最后检验得到所需制品的方法。

(2) 注射成形

注射成形是利用注射机或注压机的压力，将预加热成塑性状态的胶料经注压模的浇注系统注入模具型腔中硫化定型的方法。注射成形时常采用自动进料、自动控制计时、自动脱模。因此，注射成形的硫化时间、成形时间短，生产率高，还能减少生产的准备工作，大大减轻工人的劳动强度，制品质量稳定，可以生产大型、厚壁、薄壁及复杂几何形状的制品。

(3) 挤出成形

挤出成形是橡胶制品生产中的一种基本的成形方法。挤出成形的生产过程是在挤出机中对胶料加热与塑化，通过螺杆的旋转，使胶料在螺杆和机筒筒壁之间受到强大的挤压力并被不断地向前移送，通过安装在机头的成形模具（口模）而制成各种截面形状的橡胶型材半成品，以达到初步造型的目的，而后经过冷却定型输送到硫化罐内进行硫化或用作压制成形所需的预成形半成品胶料。

(4) 压注成形

压注成形是将混炼过的、形状简单而且限量的胶条或胶块半成品置于压铸模的型腔中，通过压注塞的压力挤压胶料，并使胶料通过浇注系统进入模具型腔中硫化定型的方法。压注成形过程中，可以增强橡胶与金属嵌件的结合黏附力，模具在工作过程中由于先合模后加料，致使模具不易损坏。因此，该方法在橡胶制品生产中逐渐被广泛应用。

5.2 陶瓷材料成形工艺

目前，陶瓷材料成形的一般步骤是先制备粉体，然后将粉体成型为坯体，最后是坯体的烧结，得到高质量的陶瓷制品，采用粉体成形法还能提高材料利用率，降低能耗。

5.2.1 粉体加工

粉体的质量对陶瓷件的质量影响很大，高质量的粉体应具备的特征有：粒度均匀，平均粒度小；颗粒外形圆整；颗粒聚集倾向小；纯度高，成分均匀。组成粉体的固体颗粒的粒径大小对粉体系统的各种性质有很大影响，其中最敏感的有粉体的比表面积、可压缩性和流动性。粒度的大小基本上决定了陶瓷制品的应用范围，民用、建筑等行业用的粉体粒径大于1mm，冶金、军工等行业为1～40μm。纳米材料颗粒的粉体粒径在几纳米到几十纳米之间。陶瓷的粉体，其组成颗粒的粒径一般为0.05～40μm。常用粉体制备方法见表5-1。

表 5-1　常用粉体制备方法

类别	制备方法	原　　理	特　　点
机械法	粉碎法	利用球磨机带动球磨罐中磨球高速撞击原料，使原料粉碎	颗粒形状不规则，易发生聚集成团混入杂质，粒径大于 1μm
物理法	雾化法	利用超声速气流带动原料高速运动，原料相互撞击、摩擦而粉化	粒径为 0.1～0.5μm，粒度分布均匀，速度快，杂质少
化学法	固相法	热分解法：如[$Al_2(NH_4)_2(SO_4)_4 \cdot 24H_2O$]在空气中加热分解可得到 Al_2O_3 粉末 还原法：如 $SiO_2+C \longrightarrow SiC+CO_2\uparrow$ 可得到 SiC 粉末 合成法：如 $BaCO_3+TiO_2 \longrightarrow BaTiO_3+CO_2\uparrow$	粒度分布均匀，粒度、纯度可控，粒度在 1μm 左右
	液相法	沉淀法：使金属盐溶液发生沉淀反应生成盐或氢氧化物，再加热分解得到氧化物粉末 蒸发法：将溶液以雾状喷射到热风中，使溶剂快速蒸发干燥而分解	粒径小于 1μm，成分均匀，生产量大
	气相法	气相反应法：将挥发性物质加热到一定温度后分解或化合，得到单一或复合氧化物、碳化物	粒度可控，粒径为 5～500nm，纯度高

5.2.2　工程陶瓷成形方法

工程陶瓷制品的生产过程主要包括配料与坯料制备、生坯成型、烧结及后续加工等工序。

① 配料　制作陶瓷制品，首先要按瓷料的组成，将所需各种原料进行称量配料，这是陶瓷工艺中最基本的一环。

② 坯料制备　配料后应根据不同的生坯成型方法，混合制备成不同形式的坯料，如：用于注浆成型的水悬浮液；用于热压注成型的热塑性浆料；用于挤压、注射、轧膜和流延成型的含有机塑化剂的塑性料；用于干压或等静压成型的造粒粉料。

③ 生坯成型　是将坯料制成具有一定形状和规格的坯体。生坯成型技术与方法对陶瓷制品的性能具有重要意义。由于陶瓷制品品种繁多，性能要求、形状规格、大小、厚薄不一，产量不同，所用坯料性能各异，因此采用的生坯成型方法各种各样，应经综合分析后确定。

④ 烧结　是对成型坯体进行低于熔点的高温加热，使其内的粉体间产生颗粒黏结，经过物质迁移导致致密化和高强度的过程。只有经过烧结，成型坯体才能成为坚硬的具有某种显微结构的陶瓷制品（多晶烧结体），烧结对陶瓷制品的显微组织及性能有着直接的影响。

⑤ 后续加工　陶瓷经生坯成型、烧结后，还可根据需要进行后续精密加工，使之符合表面粗糙度、形状和尺寸精度等要求，如磨削加工、研磨与抛光、超声波加工、激光加工等。

工程陶瓷常用的生坯成型方法有注浆成型、可塑成型和压制成型等。

（1）注浆成型

注浆成型是将陶瓷悬浮浆料注入多孔质模型内，借助模型的吸水能力将浆料中的水吸出，从而在模型内形成坯体。其工艺过程包括悬浮浆料制备、模型制备、浆料浇注、脱模取件、干燥等阶段。

注浆方法有实心注浆和空心注浆等。

① 实心注浆　实心注浆过程如图 5-8 所示，浆料注入模型后，浆料中的水分同时被模样的两个工作面吸收，注件在两模之间形成，没有多余浆料排出。坯体的外形与厚度由两模工作面构成的型腔决定。当坯体较厚时，靠近工作面处的坯层较致密，远离工作面的中心部分较疏松，坯体结构的均匀程度会受到一定影响。

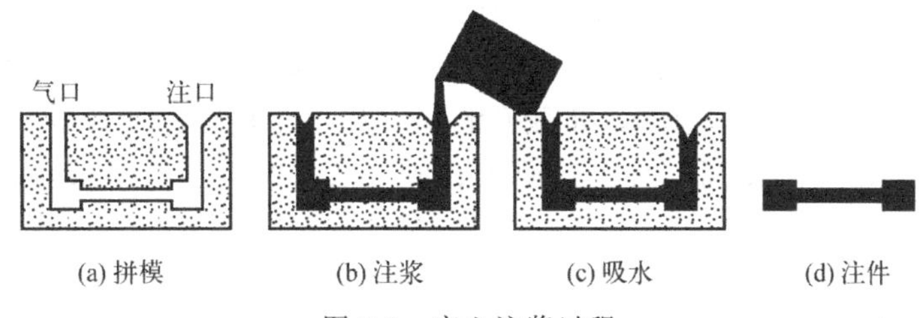

图 5-8　实心注浆过程

② 空心注浆　空心注浆过程如图 5-9 所示，浆料注入模样后，由模样单面吸浆，当注件达到要求的厚度时，排出多余浆料而形成空心注件。坯体外形由模样工作面决定，坯体的厚度则取决于浆料在模样中的停留时间。

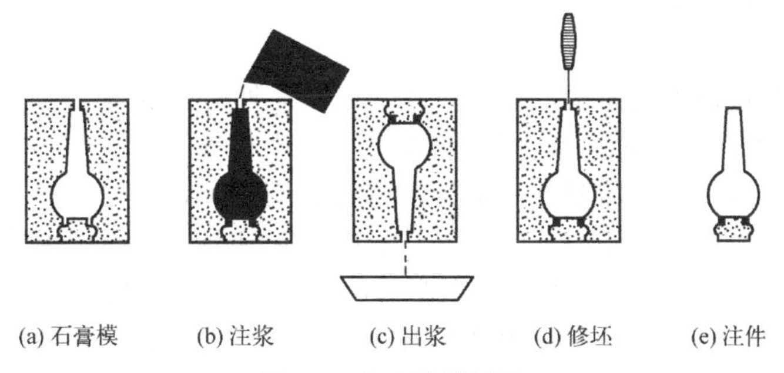

图 5-9　空心注浆过程

注浆成型适于制造大型厚胎、薄壁、形状复杂不规则的制品。其成型工艺简单，但劳动强度大，不易实现自动化，且坯体烧结后的密度较小，强度较差，收缩、变形较大，所得制品的外观尺寸精度较低，因此性能要求较高的陶瓷一般不采用此法生产。

(2) 可塑成型

可塑成型是利用可塑性坯料在外力作用下发生塑性变形而制成坯体的方法。可塑成型方法有挤压成型、轧膜成型、注射成型等。

① 挤压成型　挤压成型是将经真空炼制的可塑泥料置于挤制机（挤坯机，如图 5-10 所示）内，用挤制机的螺旋或活塞挤压向前，通过机嘴成为所要求的形状，只需更换挤制机模具的机嘴与型芯，便可由其形成的挤出口挤压出各种形状、尺寸的坯体。

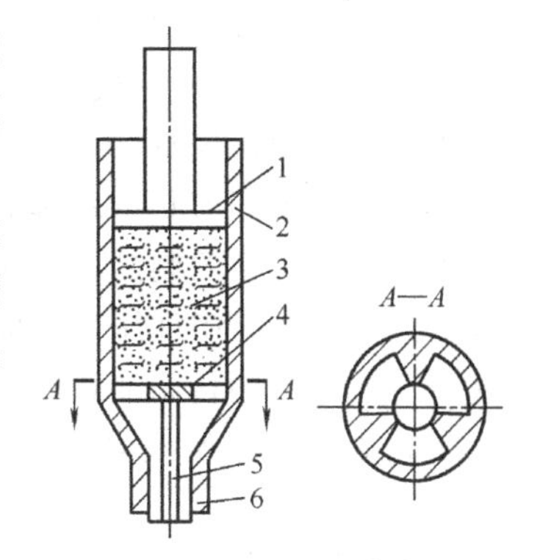

图 5-10　立式挤制机示意图
1—活塞；2—挤压筒；3—泥料；4—型环；5—型芯；6—机嘴

挤压成型适于挤制长尺寸细棒、薄壁管、薄片制品，其管棒直径约 1～30mm，管壁与薄片厚度可小至 0.2mm，污染少，操作易于自动化，可连续批量生产，生产效率高，坯体表面光滑、规整度好。但模具制作成本高，且溶剂和黏结剂较多，导致烧结收缩大，制品性能受影响。

② 轧膜成型　轧膜成型是将陶瓷粉料与一定量的有机黏结剂和溶剂混合拌匀后，通过两个相向旋转、表面光洁的轧辊间隙，反复混炼粗轧、精轧，形成光滑、致密而均匀的膜层，称为轧坯带。轧好的坯带需在冲片机上冲切形成一定形状的坯件。轧膜成型用于制造批量较大的厚度在1mm以下的薄片状制品，如薄膜、厚膜电路基片、圆片电容器等。

③ 注射成型　注射成型是将陶瓷粉和有机黏结剂混合后，加热混炼并制成粒状粉料，经注射机在130～300℃温度下注射到金属模腔内，冷却后黏结剂固化成型，脱模取出坯体。注射成型适于形状复杂、壁薄、带侧孔制品（如汽轮机陶瓷叶片等）的大批量生产，坯体密度均匀，烧结体精度高，且工艺简单、成本低。但生产周期长，金属模具设计困难，费用昂贵。

（3）压制成型

压制成型是将经过造粒的粒状陶瓷粉料，装入模具内使其直接受压力而成型的方法。压制方法主要有干压成型和等静压成型等。

① 干压成型　干压成型又称模压成型，是将造粒制备的团粒（水的质量分数＜6%）松散装入模具内，在压机柱塞施加的外压力作用下，团粒产生移动、变形、粉碎而逐渐靠拢，所含气体同时被挤压排出，形成较致密的具有一定形状、尺寸的压坯，然后卸模脱出坯体。

干压成型的特点是工艺简单，操作方便，生产周期短，效率高，易于实现自动化生产，适合大批量生产的形状简单（圆形截面、薄片状等）、尺寸较小（高度为0.3～60mm、直径为5～50mm）的制品。由于坯体含水或其他有机物较少，因此坯体致密度较高，尺寸较精确，烧结收缩小，瓷件力学强度高。但干压成型坯体具有明显的各向异性，也不适于尺寸大、形状复杂制品的生产，且所需的设备、模具费用较高。

② 等静压成型　等静压成型是利用液体或气体介质均匀传递压力的性能，把陶瓷粒状粉料置于有弹性的软模中，使其受到液体或气体介质传递的均衡压力而被压实成型的一种新型压制成型方法。

等静压成型可分为冷等静压成型与热等静压成型两种。

冷等静压成型是在室温下，采用高压液体传递压力的等静压成型，根据使用模具不同又分为湿式等静压成型和干式等静压成型两种。湿式等静压成型，是将配好的粒状粉料装入塑料或橡胶做成的弹性模具内，密封后置于高压容器内，注入高压液体介质（压力通常在100MPa以上），此时模具与高压液体直接接触，压力传递至弹性模具对坯料加压成型，然后释放压力取出模具，并从模具中取出成型好的坯体。湿式等静压容器内可同时放入几个模具，压制不同形状的坯体，该法生产效率不高，主要适用于成型多品种、形状较复杂、产量小和大型的制品。干式等静压成型是在高压容器内封紧一个加压橡胶袋，加料后的模具送入橡胶袋中加压，压成后又从橡胶袋中退出脱模；也可将模具直接固定在容器橡胶袋中。此法的坯料添加和坯件取出都在干态下进行，模具也不与高压液体直接接触；而且，干式等静压成型模具的两头（垂直方向）并不加压，适于压制长形、薄壁、管状制品。

热等静压成型是在高温下，采用惰性气体代替液体作压力传递介质的等静压成型，是在冷等静压成型与热压烧结的工艺基础上发展起来的，又称热等静压烧结。它用金属箔代替橡胶膜，用惰性气体向密封容器内的粉末同时施加各向均匀的高压高温，使成型与烧结同时完成。与热压烧结相比，该法烧结制品致密均匀，但所用设备复杂，生产效率低、成本高。

等静压成型的坯体密度高且均匀，烧结收缩小，不易变形，制品强度高、质量好，适于形状复杂、较大且细长制品的制造，但等静压成型设备成本高。

5.3 复合材料成形工艺

5.3.1 树脂基复合材料成形工艺

5.3.1.1 手糊成形与喷射成形

（1）手糊成形

手糊成形工艺过程，如图 5-11 所示。先在涂有脱模剂的模具上均匀涂上一层树脂混合液，再将裁剪成一定形状和尺寸的纤维增强织物按制品要求铺设到模具上，用刮刀、毛刷或压棍使其平整并均匀浸透树脂，排除气泡。多次重复以上步骤，层层铺贴，直至所需层数，然后固化成形，脱模修整获得坯件或制品。

手糊成形不需专用设备，操作技术简单，适于多品种、小批量生产，且不受制品尺寸和形状的限制，可根据设计要求手糊成形不同厚度、不同形状的制品。但这种成形方法生产效率低，劳动条件差且劳动强度大；制品的质量、尺寸精度不易控制，性能稳定性差，强度较其他成形方法低。手糊成形可用于制造船体、储罐、储槽、大口径管道、风机叶片、汽车壳体、飞机蒙皮、机翼、火箭外壳等大中型制件。

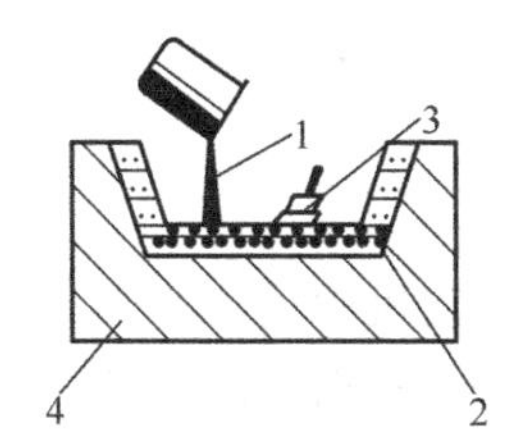

图 5-11　手糊成形示意图

1—树脂混合液；2—玻璃纤维；3—复合毛刷；4—模具

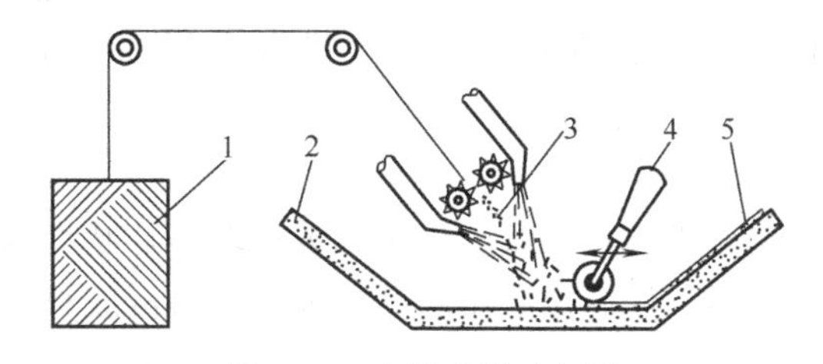

图 5-12　喷射成形示意图

1—纤维；2—模具；3—喷枪；4—辊子；5—制品

（2）喷射成形

将手糊成形中的糊制工序改用喷枪来完成，则称为喷射成形。喷射成形示意图如图 5-12 所示，将调配好的树脂胶液（多采用不饱和聚酯树脂）与短切纤维（长度 25～50mm）通过喷射机的喷枪（喷嘴直径为 1.2～3.5mm，喷射量为 8～60g/s）均匀喷射到模具上沉积，每喷一层（厚度应小于 10mm），即用辊子滚压，使之压实、浸渍并排出气泡，继续喷射，直至完成坯件制作，最后固化成制品。

与手糊成形相比，喷射成形属于半机械化操作，生产效率较手糊成形提高 2～4 倍，劳动强度降低，适于批量生产大尺寸制品，制品无搭接缝，飞边少，整体性好。但场地污染大，制品树脂含量高（质量分数约 65%）。喷射法可用于成形船体、容器、汽车车身、机器外罩、大型板等制品。

5.3.1.2 缠绕成形

缠绕成形是将预浸纱带、预浸布带等预浸料，或将连续纤维、布带浸渍树脂后，在适当的缠绕张力下按一定规律缠绕到一定形状的芯模上至一定厚度，经固化脱模获得制品的一种成形方法。缠绕成形示意图，如图 5-13 所示。

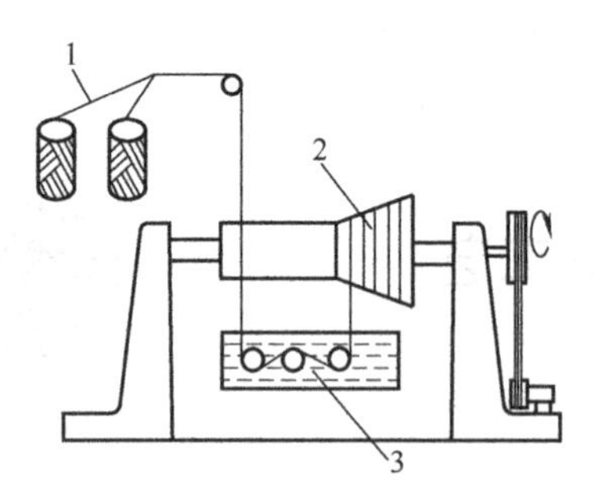

图5-13 缠绕成形示意图
1—纤维；2—模具；3—树脂浴槽

与其他成形方法相比，缠绕成形的特点是可以保证按照承力要求确定纤维排布的方向、层次，充分发挥纤维的承载能力，体现了复合材料强度的可设计性及各向异性，因而制品结构合理、比强度高；纤维按规定方向排列整齐，制品精度高、质量好；易实现自动化生产，生产效率高；但缠绕成形需缠绕机、高质量的芯模和专用的固化加热炉等，投资较大。

缠绕成形主要用于大批量成形需承受一定内压的中空容器，如固体火箭发动机壳体、压力容器、管道、火箭尾喷管、导弹防热壳体、槽车等。制品外形除圆柱形、球形外，也可成形矩形、鼓形及其他不规则形状的外凸形及某些复杂形状的回转形。

5.3.1.3 其他成形方法

(1) 模压成形

模压成形工艺是指将置于金属模具中的模压料，在一定的温度和压力作用下，压制成各种形状制品的过程。模压成形制品的尺寸精确、重复性好，表面粗糙度小、外观好，材料质量均匀、强度高，生产效率高，适于大批量生产。结构复杂制品可一次成形，无须有损制品性能的辅助机械加工，适于异形制品的成形。其主要缺点是模具设计制造复杂，一次投资费用高，制件尺寸受压机规格的限制，一般限于中小型制品的批量生产。

(2) 层压成形

层压成形是将纸、棉布、玻璃布等片状增强材料，在浸胶机中浸渍树脂，经干燥制成浸胶材料，然后按层压制品的大小，对浸胶材料进行裁剪，并根据制品要求的厚度（或质量）计算所需浸胶材料的张数，逐层叠放在多层压机上，进行加热层压固化，脱模获得层压制品。为使层压制品表面光洁美观，叠放时可于最上和最下两面放置2～4张含树脂量较高的面层用浸胶材料。层压成形可生产层压板、玻璃钢卷管等。

(3) 挤拉成形

挤拉成形是指利用树脂的热熔黏流性和玻璃纤维的连续性松弛压缩的特点，将浸渍过树脂胶液的连续纤维，通过具有一定截面形状的成形模具，并在模腔内固化成形或凝胶，出模后加热固化，在牵引机构拉力作用下，连续引拔出无限长的型材制品的一种复合材料的加工方法。此法适用于制造各种不同截面形状的管、杆、工字形、角形、槽形等型材或板材。

5.3.2 金属基复合材料成形工艺

(1) 纤维增强金属基复合材料成形工艺

纤维增强金属基复合材料常用的方法是熔融金属浸透法，即将基体金属加热熔化后与增强纤维复合。根据复合工艺的不同，可分为毛细管上升法、压铸法和真空铸造法，如图5-14所示。毛细管上升方法适合于制造碳纤维增强镁、铝等低熔点金属复合材料，但纤维容易偏聚，纤维含量一般不足30%。压铸法可使增强纤维分布均匀，并且含量高，可显著提高金属基体的强度和高温性能，如用陶瓷纤维增强铝合金已成功制造出高质量的发动机活塞。

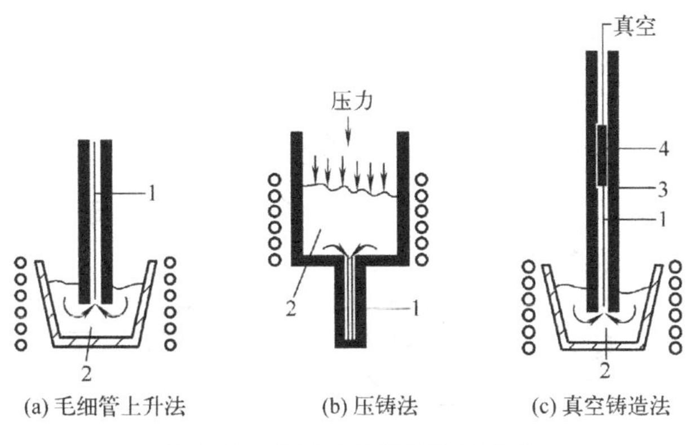

图 5-14　熔融金属浸透法示意图

1—纤维；2—熔融金属；3—复合钢管；4—冷却块

(2) 颗粒增强金属基复合材料成形工艺

利用颗粒增强成形时，最主要的是应使高熔点、高硬度的颗粒均匀分布。常用的方法有液态搅拌铸造成形、半固态复合铸造成形、喷射复合铸造成形和原位反应增强颗粒成形等。液态搅拌铸造成形是将金属熔化后高速搅拌，然后逐步加入增强颗粒，当分散均匀后浇入金属模具铸造成形。半固态复合铸造成形的特点是金属加热的温度控制在液相线和固相线之间，金属处于液、固两相混合状态。增强颗粒不易沉浮，分散均匀，并且由于温度低，含气量少，产品质量优于液态搅拌铸造成形。喷射复合铸造成形是在浇注液态金属的同时，以惰性气体为载体，把增强颗粒喷射于金属流上，随液体的流动而分散，冷却后铸造成形。该方法由于颗粒与液态金属接触时间短，可生产高熔点合金。原位反应增强颗粒成形是利用在高温的液态金属中发生化学反应生成增强颗粒，然后铸造成形。该方法避免了外加颗粒，纯度高，并且基体相容性好，分布均匀，提高了强化效果。如生产复合铝合金时，向铝液中加入钛，并通入甲烷、氨气，发生反应后生成了 TiC、AlN、TiN 颗粒增强铝合金。

5.3.3　陶瓷基复合材料成形工艺

(1) 浆料浸渍成形工艺

浆料浸渍成形示意图如图 5-15 所示，长纤维经过浸渍浆料与陶瓷混合，然后根据需要预成形，最后经过烧结得到复合材料。为防止烧结温度过高导致纤维性能下降，浆料浸渍成形主要用于形状简单的低熔点陶瓷基长纤维复合材料。该法的优点是不损伤增强体，工艺较简单，无须模具。缺点是增强体在陶瓷基体中的分布不太均匀。

(2) 熔体浸渗法

熔体浸渗法是将短纤维浸渗入熔融的陶瓷，然后在一定压力下冷却成形。由于成形时温度高，容易使纤维性能下降，并且由于陶瓷熔体黏度大，浸渗速度缓慢。该方法一般用于制造碳化硅等晶须或颗粒增强的陶瓷基复合材料。其优点是组织致密，尺寸精度高，可制造形状复杂的制品。

(3) 化学反应法

化学反应法是利用混合气体之间发生化学反应生成陶瓷粉末，并在纤维预制件上沉积成形。其优点是成形时温度、压力较低，制品密度高，并且成分均匀，可以用于制造形状复杂的产品。但其沉积速度慢，生产效率低。

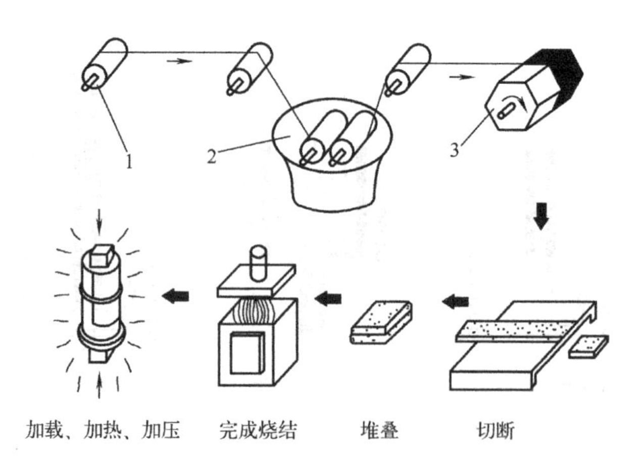

图 5-15　浆料浸渍成形示意图

1—供料滚筒；2—浆料；3—卷丝滚筒

本章习题与思考题

5-1　分析工程塑料注塑成形、挤出成形、压制成形工艺的主要异同点。

5-2　冰箱内的塑料内胆、矿泉水塑料瓶、塑料脸盆、塑料积木玩具等制品，应采用什么成形方法？

5-3　橡胶的注射成形与压制成形各有何特点？

5-4　在复合材料成形时，手糊成形为什么被广泛采用？它适合于哪些制品的成形？

5-5　查阅资料，了解我国在废旧橡塑产品回收利用方面的现状及发展。

5-6　查阅资料，了解我国古代复合材料技术。

6 增材制造工艺

增材制造技术是一种与传统的材料去除成形截然相反的加工方法，基于数字化三维CAD模型数据，通常采用逐层制造增加材料的方式，直接制造与相应数字模型相同的三维物理实体的制造方法，是20世纪80年代中期发展起来的一种先进成形技术。尽管问世时间不长，但其发展却异常迅猛，受到人们的广泛重视。增材制造技术，开辟了不需要使用模具、附加夹具和切削工具等传统工具而制作各类零部件的新途径，并为目前尚不能制作或难以制作的零件提供了一种新的成形手段。增材制造技术，可为计算机辅助设计制造系统提供极具实用价值的技术支持，使通过CAD获得的几何图形实体化。这一具有革命性的制造技术的出现和发展，为科学研究、医疗、机械制造、模具制造等领域的技术创新带来了突破性的进展。

6.1 增材制造的原理与特点

6.1.1 增材制造的原理

增材制造，不同于传统的在型腔内成形毛坯后切削加工获得零件的方法，而是在计算机控制下，基于离散/堆积原理采用得到不同点、面的几何信息，再与成形工艺参数信息结合，控制材料有规律、精确地由点到面，由面到体地堆积零件。

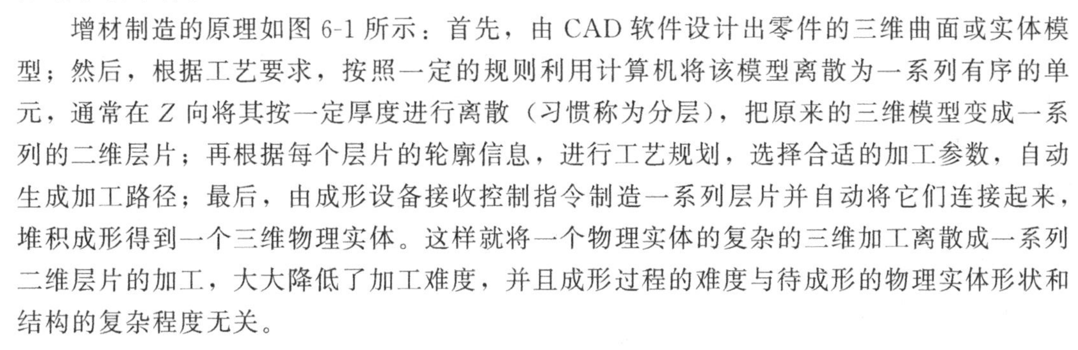

增材制造的原理如图6-1所示：首先，由CAD软件设计出零件的三维曲面或实体模型；然后，根据工艺要求，按照一定的规则利用计算机将该模型离散为一系列有序的单元，通常在 Z 向将其按一定厚度进行离散（习惯称为分层），把原来的三维模型变成一系列的二维层片；再根据每个层片的轮廓信息，进行工艺规划，选择合适的加工参数，自动生成加工路径；最后，由成形设备接收控制指令制造一系列层片并自动将它们连接起来，堆积成形得到一个三维物理实体。这样就将一个物理实体的复杂的三维加工离散成一系列二维层片的加工，大大降低了加工难度，并且成形过程的难度与待成形的物理实体形状和结构的复杂程度无关。

增材制造技术从传统制造技术向多学科交叉融合发展，同时物理、化学、生物和材料等新技术的发展给增材制造技术注入了新的动力，增材制造技术的发展给制造领域带来了巨大的变革。

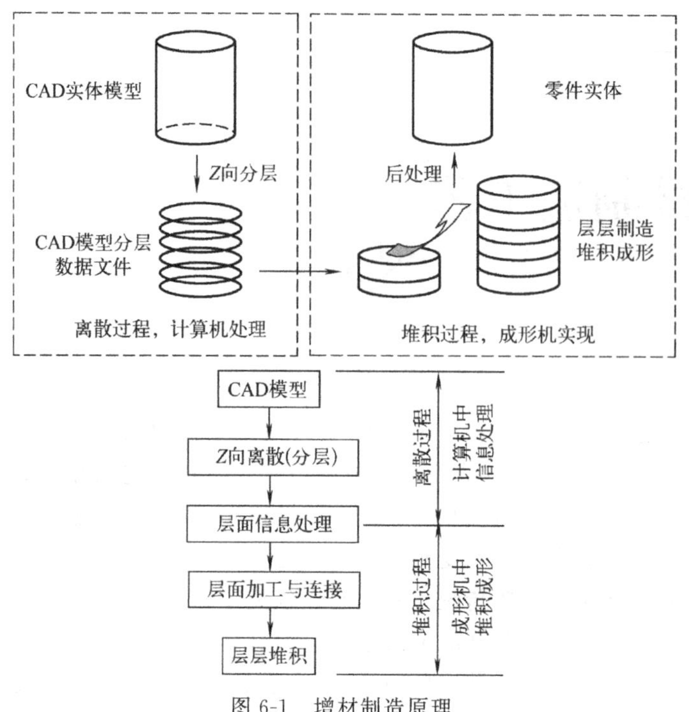

图 6-1　增材制造原理

6.1.2　增材制造的特点

（1）适合复杂结构的自由成形

与传统制造中的机加工和模具成形等工艺相比较，增材制造将三维实体制造变为简单的二维平面加工，很大程度上降低了制造的复杂程度。也就是，应用增材制造可以在无须刀具、工装模具和复杂工艺条件下快速自由成形，将设计变为现实，节约了零件制造中不同工序加工和组装消耗的时间，缩短了制造周期。无模具快速自由成形，制造周期短，尤其在进行单件小批量零件生产中，增材制造成本相对较低。应用增材制造可以制造出传统加工难加工甚至无法加工的不规则结构零件，可以实现零件结构的复杂化、整体化和轻量化制造，尤其在航空航天、生物医疗和模具制造等领域具有广阔的应用前景。

（2）适合近净成形，材料利用率高

增材制造技术，采用自下而上、分层制造、逐层叠加的成形过程，机加工余量较小，材料的损耗大部分用于对模型成形的支承方面，而绝大部分材料是应用于模型的成形上，因而材料的利用率较高。

（3）适合一体化成形和轻量化制造

增材制造采用的是一体化制造成形技术，相比由零件间组装成的整体部件具有更强的刚度和稳定性；同时，其可以优化复杂零部件的结构，甚至将实体结构变为多孔结构，从而起到减轻重量的效果。

（4）可实现难加工材料和异种材料的成形

增材制造所使用热源多为高能量束如激光、电子束等，能够在很短的时间将温度升高到数千摄氏度，在此温度下绝大部分的金属都能够被融化加工成形。增材制造，可制造涡轮叶片、叶轮、贮箱等传统工艺难以加工的零件，还可以实现异种材料的梯度制造。由此可见，尽管目前的大多数增材制造工艺还受到零件加工尺寸、材料种类和技术成熟度等方面的限制，但其在快速生产和制造灵活性方面极具优势。

增材制造是一项以三维CAD模型为加工数据并由计算机控制，集数字化设计和数字化制造于一体的先进制造技术。但截至目前，增材制造比传统机加工、铸、锻、焊以及模具工艺的技术成熟度低，与大范围应用尚有一定差距。材料的适用范围比较少，制件的精度相对较低。目前来看，短时间内增材制造难以替代传统制造工艺，而是传统技术的一个发展和补充。增材制造的应用还面临着稳定性差、成本高等问题，而这些问题会随着研究和工程应用的深入而不断得到解决。

6.2 增材制造工艺方法

增材制造，综合了材料、机械、自动化、计算机等多学科知识，属于一种多学科交叉的先进成形技术。增材制造按照成形材料种类，可以分为金属成形制造工艺和非金属成形制造工艺两大类，而每一大类又可以按照材料堆积方式分为多种工艺方法。每一种工艺方法都有特定的应用范围，大多数工艺可用于模型制造，部分工艺可用于高性能塑料、金属零部件的直接制造以及受损部位的修复。

6.2.1 金属增材制造工艺方法

(1) 激光选区熔化工艺

激光选区熔化（selective laser melting，SLM）工艺，利用高强度激光熔化金属粉末，可以快速成形出致密且力学性能良好的金属零件。如图6-2所示，首先在高能量密度激光作用下使金属粉末完全熔化，然后经冷却凝固层层累积成形出三维实体，达到冶金结合成形。

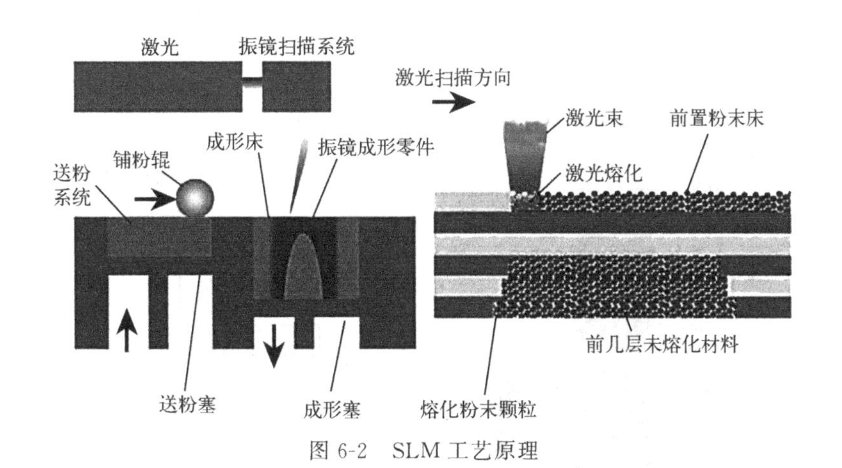

图6-2 SLM工艺原理

在工件制备前，需要先在计算机中利用三维绘图软件如CAD绘制工件的立体图形，接着利用配套的“切片”软件将立体图形沿Z轴按照固定图层厚度进行“切割”，离散转换成二维平面图形并得到每一层截面的轮廓数据。所有数据输入加工系统后，计算机控制系统会根据二维切片信息控制成形腔和送粉腔的移动距离、激光的扫描路径、扫描速度和输出功率等加工参数，在成形腔中，提前烘干并加热的金属粉末被放置于送粉腔内，加工基板预先调平，为避免在加工过程中出现高温氧化现象和相关的缺陷，腔体内需要保持真空或者通入保护气体。加工开始后，送粉腔会上升一定厚度，铺粉辊均匀地将粉末铺于加工基板上，并扫去多余粉末，激光沿预定的路径进行扫描。一层扫描完成后，基板会下降一个图层厚度的距离，同时送粉腔上升，铺粉辊重新铺粉，接着进行下一层的扫描加工。一般情况下，为保证基板上的粉末均匀涂布，送粉腔上升距离需大于成形腔下降距离，如此循环往复，熔化并重新凝固的金属粉末层层累积形成三维实体。全部截面扫描完成后，加工过程结束，将基板和成形件取出、扫去成形件表面附着的金属粉末，并与基体分离。加工过程中未熔化的粉末经过筛分后可以重复使用。

SLM 工艺的特点：激光光斑直径可以非常小，能量密度高，零件成形尺寸精度高；在成形过程中，金属粉末被完全熔化而达到一个液态平衡，能最大限度地排除气孔、夹杂等缺陷，大大提高了金属零件的致密性。该工艺的缺点是加工制造工艺相对复杂，涉及参数众多，成形过程中需要使用高功率密度的激光器，使其设备成本较高。目前，SLM 工艺成形零件的尺寸有限，对于大尺寸零件成形工艺还不成熟。

（2）电子束选区熔化工艺

电子束选区熔化工艺，利用高能电子束作为热源，在真空条件下将金属粉末完全熔化后快速冷却并凝固成形。该过程是利用电子束与粉体之间的相互作用形成的，包括能量传递、物态变化等一系列物理化学过程。

电子束选区熔化工艺的工作原理，如图 6-3 所示。首先将加工件的三维实体图形水平切割分层、得到截面轮廓，然后在计算机系统的控制下，电子束在真空箱中进行扫描，聚焦线圈和偏转线圈控制电子束的扫描路径。在扫描开始前，金属粉末在铺粉辊的作用下压实覆于成形箱内，电子束每扫描完成一个截面，升降台控制基板下降一个图层厚度。铺粉辊再次铺粉压实，接着进行下一层的扫描。如此重复，直至加工件全部加工完成。最后，用高压气体吹去多余粉末，将加工件从成形腔中取出，整个加工过程结束。

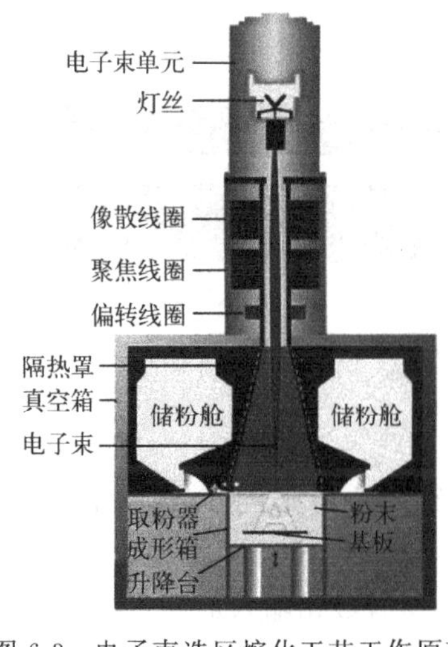

图 6-3 电子束选区熔化工艺工作原理

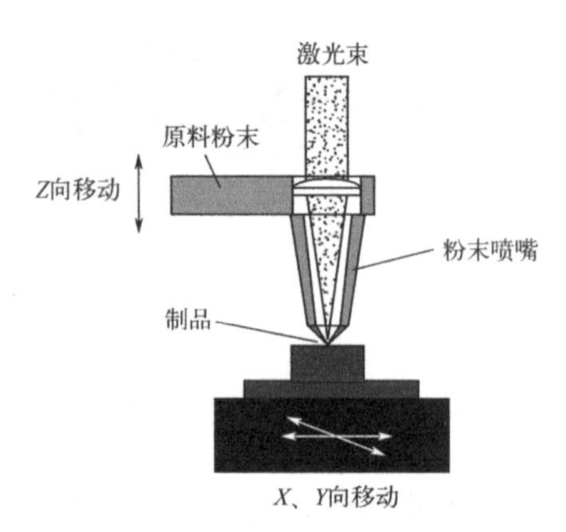

图 6-4 激光近净成形工艺原理

电子束选区熔化工艺的特点：成形制件的致密度要比 SLM 加工得高；电子束的能量利用率高，可成形难熔材料；高真空保护使产品成分更加纯净，性能有保证；电磁扫描偏转无惯性，可通过高速扫描预热，零件热应力小；可实现多束加工，成形效率高。但是，该工艺由于需要严格的真空环境，电子束成本较高；电子束聚斑效果较激光略差，导致零件的加工精度和表面质量略差。

(3) 激光近净成形工艺

激光近净成形工艺是在激光熔覆工艺基础上产生的一种增材制造工艺，可以用来制造具有复杂结构的金属零件或模具，并且可以实现异种材料的加工制造，尤其可以应用于航空航天大型金属结构件的制造。

激光近净成形工艺原理，如图 6-4 所示。首先将需要加工的零件进行 CAD 建模，然后在水平方向上对模型进行切片处理并生成截面数据。将数据信息输入控制系统，即可控制喷头和基板的移动。待熔融的粉末由惰性气体送入喷头，当粉末落入喷嘴附近时，经激光的加热作用熔化落入熔池并在基板上堆积。一层扫描结束后，喷头上升一个图层的高度，接着进行下一层的扫描。如此反复，直至全部零件扫描加工结束。

激光近净成形工艺的特点：可以直接制造机构复杂的金属功能零件或模具，特别适用于成形垂直或接近垂直的薄壁类零件；可加工的金属或合金材料范围广泛，并能实现异质材料零件的制造；可方便加工熔点高、难加工的材料；制件的力学性能好，几乎可达完全致密；可对零件进行修复和再制造。但是，该工艺大部分采用开环控制系统，在保证金属零件的尺寸精度和形状精度方面存在一定缺陷；成形零件体积收缩过大和粉末爆炸迸进；成形形状和结构受到一定限制。

(4) 电子束熔丝沉积工艺

电子束熔丝沉积工艺又称为电子束自由成形工艺，是在真空环境下（1.33×10^{-2} Pa 以下）使用电子束作为热源的一种增材制造工艺。

电子束熔丝沉积工艺的原理，如图 6-5 所示。电子束熔丝沉积利用真空环境下的高能电子束流作为热源，电子束轰击金属表面形成熔池。送丝系统将金属丝材从侧面送入，丝材被电子束加热熔化，形成熔滴。随着工作台的移动，熔滴沿着一定的路径逐滴沉积进入熔池，熔滴之间紧密相连，熔池金属逐层凝固，从而形成新一层的增材。层层堆积，直至零件完全按照设计的形状成形，达到致密的冶金结合，从而制造出金属毛坯件。最后进行表面精加工和热处理。

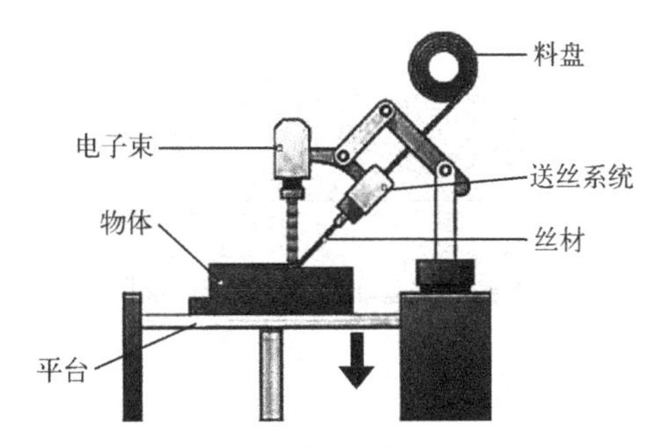

图 6-5　电子束熔丝沉积工艺原理

电子束熔丝沉积工艺，可以实现超高速的金属沉积速率，可以制造大部分熔点很高且难加工的合金材料，其制件力学性能接近或等效于锻件性能；而且，丝材成本低，材料利用率高，在制造大型非标零部件方面具有一定优势。但该工艺对成形后的零件一般会因为最终的要求而需要进行相应的后处理，如数控精加工和表面抛光；同时，由于该工艺需要专用的电子束设备和真空系统，设备价格较高。

(5) 丝材电弧增材制造工艺

丝材电弧增材制造工艺，是在惰性气体保护焊技术基础上发展起来的一种以电弧作为热源的增材制造工艺。

丝材电弧增材制造工艺原理如图 6-6 所示，首先将需要加工的零件进行数字建模，然后在水平方向上分层处理以得到截面轮廓数据，再以电弧作为热源，将送丝机构送入的丝材熔化，一般采用控制机器人来按照设定的成形路径堆积一层材料，进而采用逐层堆积的方法形成所需的三维实体零件。

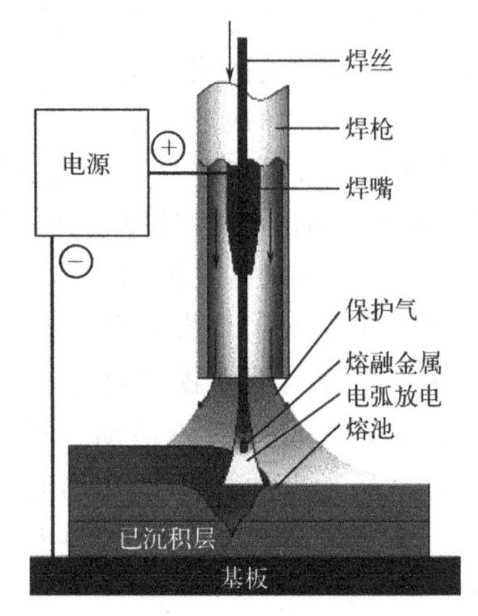

图 6-6　丝材电弧增材制造工艺原理

丝材电弧增材制造工艺具有相对较高的沉积速率、高能量密度和应用电弧实现微观机构的控制，可以经济、快速地制造形状复杂的大型零件，一般需要机加工后处理以提高零件表面精度；适用于大部分能够焊接的金属合金，其丝材利用率接近百分之百，尤其对于比较贵重的合金材料非常适合，可以节约成本。

6.2.2　非金属增材制造工艺方法

(1) 光固化工艺

光固化工艺是基于液态光敏树脂的光聚合原理工作的，这种液态材料在一定波长 (325nm 或 355nm) 和强度 ($10\sim400mW/cm^2$) 的紫外光的照射下能迅速发生光聚合反应，分子量急剧增大，材料也就从液态转变成固态。

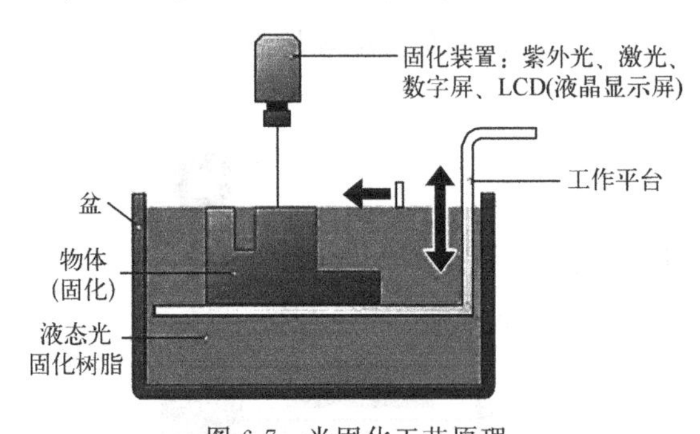

图 6-7　光固化工艺原理

光固化工艺原理如图 6-7 所示，液槽中盛满液态光固化树脂，激光束在偏转镜作用下，能在液态表面上扫描，扫描的轨迹及激光的有无均由计算机控制，光点扫描到的地方，液体就固化。成形开始时，工作平台在液面下一个确定的深度，液面始终处于激光的焦平面，聚焦后的光斑在液面上按计算机的指令逐点扫描，即逐点固化。当一层扫描完成后，未被照射的地方仍是液态树脂。然后升降台带动平台下降一层高度，已成形的层面上又布满一层树脂，刮平器将黏度较大的树脂液面刮平，然后再进行下一层的扫描，新固化的一层牢固地粘在前一层上，如此重复直到整个零件制造完毕，得到一个三维实体模型。

光固化工艺是目前增材制造技术中最为成熟的一种工艺方法，具有以下特点。

① 精度高　光固化工艺的紫外激光束在焦平面上聚焦的光斑最小可达 $\phi0.075mm$、最小层厚在 $20\mu m$ 以下，材料单元离散得如此细小，很好地保证了成形件的精度和表面质量。光固化工艺成形件的精度一般可保证在 0.05～0.1mm。

② 成形速度较快　光固化工艺在快速成形过程中，离散与堆积是矛盾的统一，离散

得越细小，精度越高，但成形速度会越慢，可见在减小光斑直径和层厚的同时，必须极大地提高激光光斑的扫描速度。目前光固化成形机的最大扫描速度可达 10m/s 以上，如此大的扫描速度所完成的平面扫描轨迹已呈现出一种面投影图案，使各点固化极其均匀和同步。

③ 扫描质量好　高精度的焦距补偿系统可以实时地根据平面扫描光程差来调整焦距，保证在较大的成形扫描平面（600mm×600mm）内，任何一点的光斑直径均限制在要求的范围内，较好地保证了扫描质量。

光固化工艺方法也具有一定的局限性，主要在于成形过程中需要支承、树脂收缩导致精度下降，光固化树脂有一定的毒性，等等。

（2）熔丝沉积成形工艺

熔丝沉积成形（fused deposition modeling，FDM）工艺原理，如图 6-8 所示。FDM 工艺的材料一般是热塑性材料，如蜡、ABS、PC（聚碳酸酯）、尼龙（聚酰胺，PA）等，以丝状供料。材料在喷头被加热熔化，喷头沿零件截面轮廓和填充轨迹运动，同时将熔化的材料挤出，材料迅速固化，并与周围的材料黏结。

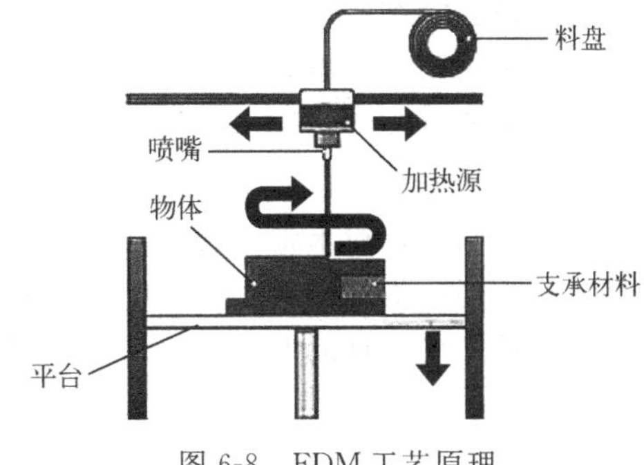

图 6-8　FDM 工艺原理

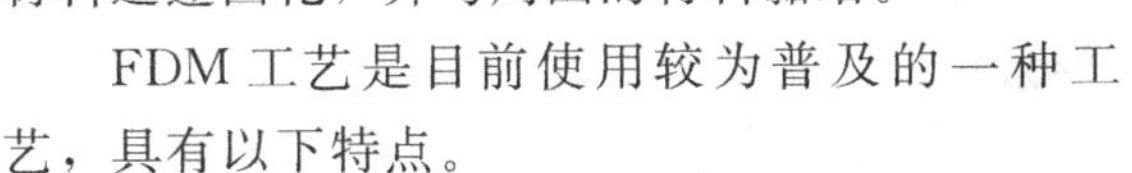

FDM 工艺是目前使用较为普及的一种工艺，具有以下特点。

① 成形材料种类多　由于 FDM 工艺的喷嘴直径一般为 0.1～1mm，所以，一般的热塑性材料如塑料、蜡、尼龙、橡胶等，适当改性后都可用于熔融堆积成形工艺，同一种材料可以有不同的颜色，用于制造彩色零件。该工艺也可以堆积多种复合材料零件，如把低熔点的蜡或塑料熔融，与高熔点的金属粉末、陶瓷粉末、玻璃纤维、碳纤维等混合成为多相成形材料。可成形材料的种类最大限度地满足了用户对可成形材料多样性的要求，这也成为熔融堆积成形工艺快速发展的根本原因。

② 成形设备简单、成本低　FDM 工艺是靠材料熔融实现连接成形，不依赖于激光的作用来进行成形。没有激光器及其电源，大大简化了设备，降低了成本，设备的运行、维护也相对容易，工作可靠。

③ 成形过程对环境无污染　FDM 工艺所用的材料一般为无毒、无味的热塑性材料，对环境不会造成污染。设备运行时噪声也很小。

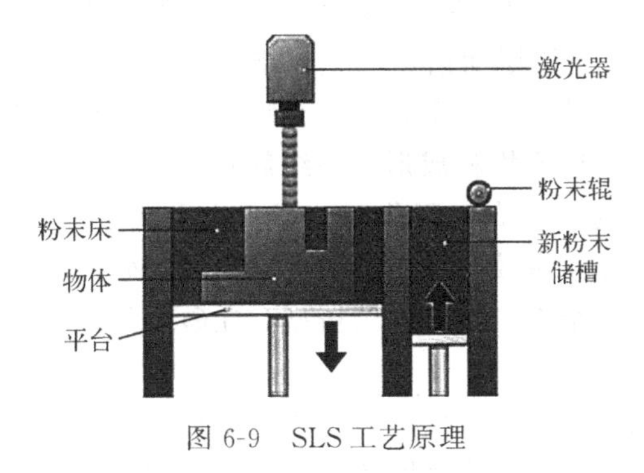

图 6-9　SLS 工艺原理

（3）激光选区烧结工艺

激光选区烧结（selective laser sintering，SLS）工艺原理，如图 6-9 所示。将材料粉末铺撒在已成形部分的上表面并刮平，用高强度的 CO_2 激光器在刚铺的新层上扫描出零件截面；材料粉末在高强度的激光照射下被烧结在一起，得到零件的截面并与下面已成形的部分黏接；当一层截面烧结完后，铺上一层新的粉末，选择性地烧结下层截面。

SLS 工艺最大的优点在于选材较为广泛，如尼龙、蜡、ABS、树脂裹覆砂（覆膜砂)、聚碳酸酯、金属和陶瓷粉末等都可以作为烧结对象，粉床上未被烧结部分成为烧结部分的支承结构，因而无须考虑支承系统。SLS工艺与铸造工艺的关系极为密切，如烧结的陶瓷型可作为铸造的型壳、型芯，蜡型可做蜡模，热塑性材料烧结的模型可做消失模等。

（4）三维印刷工艺

三维印刷工艺与SLS工艺类似，采用粉末材料成形，如石膏粉末、陶瓷粉末、金属粉末。所不同的是，材料粉末不是通过烧结连接起来的，而是通过喷头用黏结剂（如胶水）将零件的截面“印刷”在材料粉末上面，用黏结剂黏接的零件强度较低，还需后处理。先烧掉黏结剂，然后在高温下渗入金属，使零件致密化，提高强度。

三维印刷工艺原理如图6-10所示，其工艺过程为：上一层黏接完毕后，成形缸下降一个层厚距离（0.013～0.1mm)，供粉缸上升一高度，推出若干粉末，并被粉末辊推到成形缸，铺平并被压实。喷头在计算机控制下，按下一建造截面的成形数据有选择地喷射黏结剂建造层面，粉末辊铺粉时多余的粉末被集粉装置收集。如此周而复始地送粉、铺粉和喷射黏结剂，最终完成一个三维粉体的黏接。未被喷射黏结剂的地方为干粉，在成形过程中起支承作用，且成形结束后，比较容易去除。

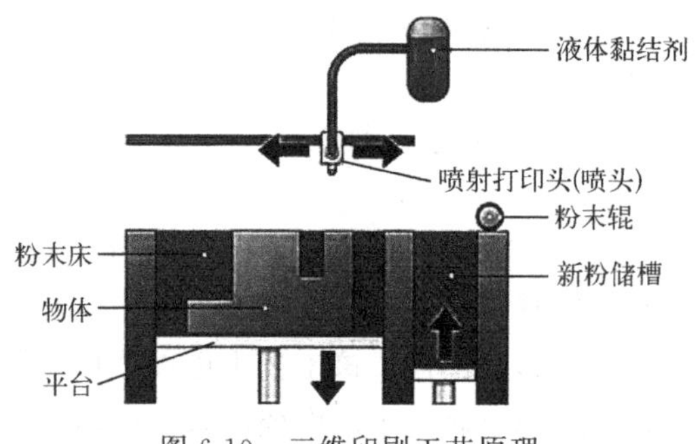

图6-10　三维印刷工艺原理

三维印刷工艺的特点是成形速度快，成形材料价格低，非常适合作桌面型的快速成形设备，并且可以在黏结剂中添加颜料，可以制作彩色原型，这是该工艺最具竞争力的特点之一，有限元分析模型和多部件装配体非常适合用该工艺制造。缺点是成形件的强度较低，只能作为概念型模型使用，而不能做功能性试验。

（5）无模铸型制造工艺

无模铸型制造工艺，是将增材制造技术应用到传统的树脂砂铸造工艺中一种新技术，该工艺的基本原理如图6-11所示。首先，从零件CAD模型得到铸型CAD模型。由铸型CAD模型的STL文件分层，得到截面轮廓信息，再以层面信息产生控制信息，造型时第一个喷头在每层铺好的型砂上由计算机控制精确地喷射黏结剂，第二个喷头再沿同样的路径喷射催化剂，两者发生交联反应，一层层固化型砂面堆积成形。黏结剂和催化剂共同作用地方的型砂被固化在一起，其他地方的型砂仍为颗粒态。固化完一层后再黏接下一层，所有的层黏接完之后就得到一个空间实体，原砂在没有喷射黏结剂的地方仍是干砂，比较容易清除，清理出中间未固化的干砂就可以得到一个有一定壁厚的铸型，在砂型的内表面涂敷或浸渍涂料之后就可浇注金属。

和传统铸型制造相比，采用增材制造工艺制造砂型不仅使铸造过程高度自动化、敏捷化，降低工人劳动强度，而且在技术上突破了传统工艺的许多障碍，使设计、制造的约束条件大大减少。

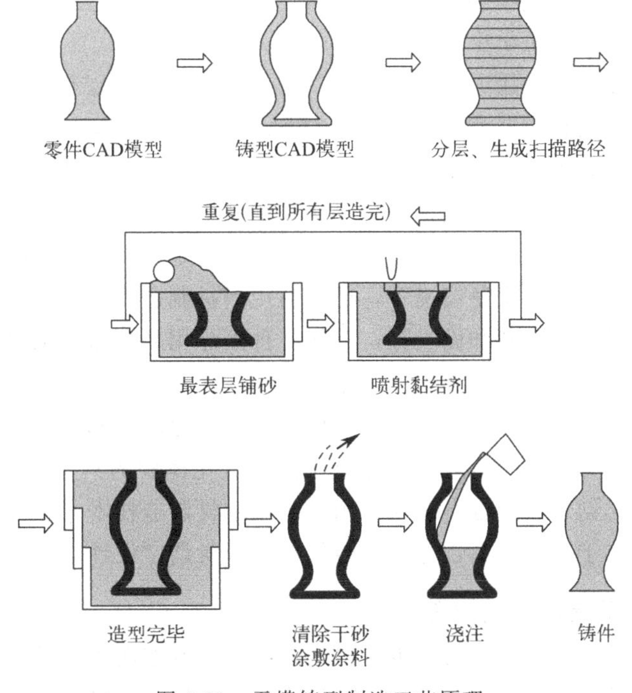

图 6-11　无模铸型制造工艺原理

6.3　增材制造的应用及发展趋势

6.3.1　增材制造的应用

随着增材制造成形工艺发展日渐成熟，其应用范围已覆盖航空航天工业、汽车工业、生物医学和文化创意等各个领域。据中国增材制造产业联盟统计，我国增材制造产业规模在持续增长，年增速约为25%。

（1）增材制造在航空航天工业中的应用

航空航天技术是当今世界最具有影响力的高新科技之一，而航空航天制造技术是航空航天领域极为重要的一部分。结构复杂、重量轻、零部件加工精度高、表面粗糙度要求高、工作环境恶劣和可靠性要求高是航空航天产品的共同特点，因此需要利用先进的制造技术才可能有效地满足要求。而且，航空航天产品的研制准备周期较长，品种较多，更新换代较快，生产批量小，故其制造技术还需要适应多品种、小批量生产的特点。这使得增材制造在航空航天产品的成形制造中极具优势。例如，波音公司的波音787飞机，至少有32种部件采用增材制造技术。增材制造技术凭借其独特优势和特点给产品设计和制造带来了翻天覆地的变化，为航空航天产品设计、原型或零件制造、零件生产和产品测试等都带来了新的研发思路和技术路径。

（2）增材制造在汽车工业中的应用

汽车制造业对增材制造的需求最为显著，几乎所有的著名汽车厂商都已经开始应用增材制造技术，并取得了较为显著的经济和时间效益。目前，增材制造技术在汽车行业的应用主要集中在概念模型的设计、功能验证原型的制造、样机的评审及小批量定制型成品四个方面。增材制造技术在汽车制造领域的使用，在设计前期可以制作样件进行验证，可降低设计风险，减少研发成本和研发周期。

(3) 增材制造在生物医学中的应用

增材制造技术在医学应用方面成效显著。首先，可用以规划和模拟复杂手术，可以利用增材制造技术打印出相应器官或部位的3D模型，用于外科医生模拟复杂的手术，从而制定最佳的手术方案，提高复杂手术的成功率。其次，随着生物材料的发展，人类3D生物打印速度提高到较高水平，所支持的材料能更加精细全面，且打印制造出的组织器官具有免遭人体自身排斥的情况时，实现复杂的组织器官的定制将成为可能。最后，当增材制造设备逐步升级后，在一些紧急情况下，还可利用增材制造设备制作医疗器械用品，如导管、手术工具、药物输送设备和面具等，可使各种医疗用品更适合患者。

(4) 增材制造在文化创意产业中的应用

文化创意产业是以创作、创造、创新为根本，以文化内容和创意成果为核心价值，以知识产权实现或消费为交易特征，为社会公众提供文化体验的具有内在联系的行业集群。增材制造技术在文化创意领域也有重要作用。利用增材制造技术，设计师可以不考虑产品的复杂程度，仅专注于产品形态创意和功能创新，即所谓“设计即生产”。

6.3.2 增材制造发展面临的挑战

虽然增材制造已经取得长足的进步，但是无论是技术方面还是经济方面，它都还面临着许多挑战，这些挑战也就成为今后一段时间该技术的发展趋势。

① 成形速度慢　目前，许多工业增材制造设备在速度和效率方面仍然落后于传统机械化设备。这成为增材制造被广泛应用的障碍，尤其是在汽车和消费品等由大规模批量生产驱动的行业中。在这些行业中，需要在尽可能短的时间内制造和交付产品，以保持生产效率。

② 成本高　多年来，传统制造已成为一种精致且极其高效的工艺。目前增材制造由于流程不够完善和精简，所以成本一般相对昂贵。例如，大公司所需的金属打印机需要花费数十万至数百万人民币。由于增材制造所需的时间取决于需要成形的层数以及打印机本身的速度，因此成形速度慢意味着成本高。

③ 有限的材料和材料特性的不一致　与经历了数百年材料开发的传统成形工艺相比，增材制造自身的材料开发才刚刚开始，当前并非所有金属或塑料都可以控制到足以进行增材制造的温度。此外，由于目前该行业缺乏具有经过验证的成形参数和定义规格的可靠材料数据库，因此实现一致且可重复的增材制造过程变得具有挑战性。

④ 缺乏行业标准　增材制造的主要问题之一是缺乏机器的标准化，以及产品质量的标准化。增材制造技术缺乏通用标准，使得许多制造商担心他们通过增材制造生产的产品在质量、强度和可靠性方面没法与其他制造方法相当。因此，他们仍然对增材制造技术持观望态度，认为所涉及的风险太大从而无法获得足够收益。可见，只有制定出增材制造的行业标准才能结束这种不确定性。

⑤ 软件的挑战　设计和数据准备仍然是增材制造发展的瓶颈。目前增材制造设备仍然需要通过多个软件解决方案来分别传输增材制造设计数据，这导致设计过程耗时且容易出错。尽管在增材制造设计和数据准备方面取得了很大进展，但仍有发展空间。设计人员能够在CAD环境中修改3D模型并快速迭代它们而无须烦琐的数据转换，是解决问题的关键。

⑥ 需要后期处理　大多数增材制造件需要某种形式的后期处理或清理，以从构件中去除支承材料并平滑表面以达到所需的表面质量。所需的后期处理量至少取决于以下因素：生产零件的尺寸、预期的应用和用于生产的增材制造技术的类型。

本章习题与思考题

6-1　简述增材制造的原理和特点。

6-2　分析常用金属增材制造成形工艺方法的主要异同点。

6-3　对比分析激光选区烧结工艺和三维印刷工艺这两种增材制造技术有何不同。

6-4　简述增材制造与传统制造（如数控加工等）的关系。

6-5　你认为增材制造技术可以与哪些其他的技术相结合进而使其可以应用到更多领域？

6-6　查阅资料，了解增材制造技术在如下文物保护活动中所起作用。

(1) 龙门石窟佛首回归；

(2) 三星堆青铜树修复和3号坑青铜器提取。

7 材料成形工艺选择

绝大多数的机械零件，都是先由原材料通过铸造、锻压和焊接等成形方法得到毛坯，再经切削加工而制成的。切削加工的作用，重在提高毛坯件的精度，降低表面粗糙度，而不改变（或基本上不改变）毛坯件的物理、化学及力学性能。可见，毛坯成形方法的选择是否合理，直接影响到零件的质量、使用性能、成本和生产率。现阶段材料成形工艺的选择一般主要指毛坯成形工艺的选择，本章也仅重点讨论毛坯成形工艺的选择。

7.1 毛坯成形工艺选择的原则

由于机械零件毛坯的材料、形状、尺寸、结构、精度以及生产批量各不相同，故其成形的方法也不相同。选择毛坯件类型及成形方法，应在满足使用要求和可成形性的前提下，使生产成本最低。即适用性最强，既经济又安全可靠，且保障环境不被污染，符合可持续性发展要求。材料成形工艺的选择一般应遵循以下三条基本要求。

7.1.1 成形方法应满足适用性要求

适用性原则是指要满足零件的使用要求及适应成形加工工艺性要求。

（1）满足零件的使用要求

零件使用要求包括对零件几何精度、尺寸精度、表面质量、化学成分和金属组织等的要求，以及工作条件对零件力学性能、物理性能、化学性能的要求。工作条件一般指零件的受力情况、工作温度与压力、接触的气态或液态介质等。只有满足使用要求的毛坯才有价值，故保证毛坯的使用要求是选择毛坯成形方法的首要原则。例如，机床的主轴和手柄，它们同属于轴杆类零件，但其承载及工作情况不同。主轴是机床的关键零件，其尺寸、形状和加工精度要求很高，受力复杂，应选用45钢或40Cr钢等具有良好综合力学性能的材料，经锻造成形和热处理及切削加工制成；而机床手柄则可以采用低碳钢圆棒料或普通灰铸铁件为毛坯，经简单的切削加工即可制成。又如，燃气轮机叶片与风扇叶片，虽然同样具有空间几何曲面形状，但前者应采用优质合金钢经精密锻造后成形，而后者则可采用低碳钢薄板冲压成形。

（2）适应成形加工工艺性要求

各种成形方法都要求零件的结构与材料具有相应的成形工艺性，成形工艺性的好坏对零件加工的难易程度、生产效率、生产成本等有重要的影响。因此，选择成形方法时，必须注意零件结构与材料所能适应的成形工艺性。例如，当零件形状比较复杂、尺寸较大时，用锻造成形往往难以实现，宜采用铸造成形或焊接成形。采用铸造成形时，应尽量选用铸造性能较好的材料，如灰铸铁、球墨铸铁等。采用焊接成形时，应尽量选用焊接性较好的材料，如低碳钢、低合金结构钢等。

7.1.2 成形方法应满足经济性要求

经济性合理原则是指在满足使用性能要求的前提下，以最少的投入，生产出最多的产品，或按时完成预期的各项生产任务，最终取得最大的经济效益。在选择毛坯的类型及其具体的成形方法时，应在保证零件使用要求和成形加工工艺性的前提下，对可供选择的方案从经济上进行分析比较，从中选择成本低廉的成形方法。例如生产一个小齿轮，可以从圆棒料切削而成，也可以采用小余量锻造齿坯，还可用粉末冶金制造，至于最终选择何种成形方法，应该在比较全部成本的基础上确定。

首先，应把满足使用要求与降低成本统一起来。若脱离使用要求，选取性能过高、价格昂贵的材料和成本过高的成形方法，则会造成浪费，增加零件的制造成本；然而，若片面追求降低制造成本，选用价格虽低但性能差、不符合使用要求的材料及成形方法，则会降低零件的质量和使用寿命，甚至造成意外事故，反而会加大制造成本，同样是不经济的。因此，为了能有效降低零件制造成本，应合理选择零件材料与成形方法。例如，汽车、拖拉机发动机曲轴，承受交变、弯曲与冲击载荷，设计时主要考虑强度和韧度的要求。曲轴形状复杂，具有空间弯曲轴线，多年来选用调质钢（如 40、45、40Cr、30CrMo 等）模锻成形，现在普遍改用疲劳强度与耐磨性较高的球墨铸铁（如 QT600-3、QT700-2 等）砂型铸造成形，不仅可满足使用要求，而且成本降低了 50%～80%，加工工时减少了 30%～50%，还提高了耐磨性。

其次，应兼顾零件的各项制造成本。在毛坯选择时，不仅要考虑到材料价格和毛坯成本，还要考虑到切削加工费用和材料损耗等各项制造成本。因此，单件、小批生产时应尽量选用投资小、加工费用低的成形方法，如砂型铸造（手工造型）、自由锻和手工焊等；成批大量生产时，则应尽量选用生产效率和制品精度高的成形方法，如砂型铸造（机器造型）、精密铸造、模锻、自动焊等。例如，螺钉的制造，在单件小批量生产时，可选用自由锻或圆钢切削，但在大批量制造标准螺钉时，考虑到加工费用在零件总成本中占很大的比例，应采用冷镦、搓丝方法，这会使总成本大大下降。

7.1.3 成形方法应满足环保性要求

全球变暖、臭氧层破坏、酸雨、固体垃圾、资源和能源的枯竭等环境问题，已成为全球关注的大问题。环境恶化阻碍生产发展，甚至危及人类的生存。因此，人们在发展工业生产的同时，必须考虑环境保护问题，“绿水青山就是金山银山”。

① 能量耗费少，CO_2 等气体产生少　材料经各种成形加工工艺成为制品时，生产系统中的能耗将由加工工艺流程来确定。因此，在选择制品的成形加工方法时，应考虑选择能耗少的成形加工方法，并选择适用于低能耗成形加工方法的材料。合理地进行工艺设计，尽量采用少无切削加工的新工艺。少用或不用煤、石油等直接作为加热燃料，避免大量排出 CO_2 气体，减少温室效应。

② 贵重资源用量少　在满足制品使用要求的前提下，尽量采用普通原材料。

③ 不使用、不产生对环境有害的物质　采用加工废弃物少、容易再生处理、能够实现回收利用的材料。要考虑从原料制成材料，然后经成形加工成制品，经使用至损坏而废弃，以及回收、再生、再使用整个过程中所消耗的全部能量，CO_2 气体排出量，以及在各阶段产生的废弃物、有毒气体、废水等情况。

7.2　毛坯成形工艺选择的方法

7.2.1　毛坯成形方法选择的依据

毛坯成形方法选择的依据，主要包括零件类别、功能、使用要求及其结构、形状、尺寸、技术要求，零件的生产批量，现有生产条件，等等。

(1) 零件类别、功能、使用要求及其结构、形状、尺寸、技术要求等

根据零件类别、用途、功能、使用性能要求、结构形状与复杂程度、尺寸大小、技术要求等，可基本确定零件应选用的材料与成形方法。而且，通常是根据材料来选择成形方法。例如，机床床身是非运动零件，它主要用于支承和连接机床的各个部件，工作时承受压应力和弯曲应力，应有较好的刚度和减振性，以保证工作的稳定性。机床床身是形状复杂并带有空腔的零件。为满足要求，机床床身一般选用灰铸铁件为毛坯，其成形工艺一般采用砂型铸造。再例如，汽车和拖拉机曲轴都是具有空间弯曲轴线的形状复杂的轴类零件，在常温下工作，承受交变的弯曲和冲击载荷，应具有良好的综合力学性能，可选用40、45 等中碳钢或 40Cr、35CrMn 等中碳低合金钢的锻件或 QT600-3、QT700-2 等球墨铸铁件做毛坯。

(2) 零件的生产批量

零件的生产批量是选定成形方法应考虑的一个重要因素。一般规律是：单件、小批量生产时，选用通用设备和工具及低精度、低生产效率的成形方法。虽然单件产品消耗的材料及工时多，但是毛坯生产周期短，能节省生产准备时间和工艺装备的设计制造费用，总成本较低。例如，铸件选用手工砂型铸造方法，锻件采用自由锻或胎模锻方法，焊接件以手工焊接为主，薄板零件则采用钣金钳工成形方法等。大批量生产时，应选用专用设备和工具，以及高精度、高生产效率的成形方法。虽然专用工艺装置增加了费用，但是毛坯生产效率高、精度高，材料的总消耗量和切削加工工时会大幅降低，总的成本也降低，如采用机器造型、模锻、埋弧自动焊、自动或半自动气体保护焊以及板料冲压等成形方法。特别是大批量、生产材料成本占比较大的制品，采用高精度、近净成形新工艺生产的优越性尤为显著。例如，同一规格的齿轮，从棒材切削制造 100 个的经济效益应是有利的，而当数量增加至 10000 个以上时使用锻造齿坯方能获得显著的经济效益。对大齿轮，如仅需要 500 个则使用盘状毛坯和钻孔是比较经济的；如数量增达 5000 个，则利用毂筒状锻件最有利，随着齿轮数量的增加，逐渐降低了最初模锻的成本，并可节约金属和切削成本。

在一定条件下，生产批量还会影响毛坯材料和成形工艺的选择。如机床床身，大多数情况下采用灰铸铁件为毛坯，但在单件生产条件下，由于其形状复杂，制造模样、造型、造芯等工序耗费材料和工时较多，经济上往往不合算。若采用焊接件，则可以大大缩短生产周期，降低生产成本，但焊接件的减振、减摩性不如灰铸铁件，需采取相应措施。

（3）现有生产条件

在选择成形方法时，必须考虑企业的实际生产条件，如设备条件、技术水平、管理水平等。一般情况下，应在满足零件使用要求的前提下，充分利用现有本企业的生产条件。当现有条件不能满足产品生产要求时，也可考虑调整毛坯种类、成形方法，对设备进行适当的技术改造，或扩建厂房、更新设备、提高技术水平，或通过与其他企业进行协作解决。究竟采取何种方式，需要结合生产任务的要求、产品的市场需求状况及远景、本企业的发展规划和其他企业的协作条件等，进行综合的技术经济分析，从中选定经济合理的方案。

单件生产大、重型零件时，一般工厂往往不具备重型与专用设备，此时可采用板料、型材焊接；或将大件分成几小块，经铸造、锻造或冲压，再采用铸-焊、锻-焊、冲-焊联合成形工艺拼成大件，这样不仅成本较低，而且一般工厂也可以生产。再如生产某筒形件，拟用薄钢板拉深成形，需较大吨位的压力机，但本企业无此设备，此时可考虑多种方案。若数量不大，可采用价廉的旋压机进行旋压成形；若数量较大，可购置压力机使钢板拉深成形；力学性能要求较低时，也可改用灰铸铁材料铸造成形，但零件壁厚需相应增大；短期生产时，可采用钢板卷圆后焊接成形，也可组织外协或外购。

（4）密切注意新工艺、新技术、新材料的利用

随着现代工业的发展和市场的繁荣，人们已不再满足于规格化的制品，而要求多变的、个性化的制品。这就要求产品的生产由少品种大批量转变成多品种小批量，要求产品的类型更新快、生产周期短，要求产品的质量优、成本低。因此选择成形方法就不应只局限于传统工艺，而应扩大对新工艺、新技术、新材料的应用，如精密铸造、精密锻造、精密冲裁、冷挤压、特种轧制、超塑性成形、粉末冶金、注射成形、等静压成形、复合材料成形以及增材制造成形等，采用少无切削成形方法，以显著提高产品质量、经济效益与生产效率。

新材料的使用会从根本上改变成形方法，并显著提高制品的使用性能。例如，在酸、碱介质下工作的各种阀、泵体、叶轮、轴承等零件，均有抗蚀、耐磨的要求，最早采用铸铁制造，其性能差、寿命很短。采用不锈钢铸造成形，成本较高；采用塑料注射成形，耐磨性不够理想。随着陶瓷工业的发展，又改用陶瓷注射成形或等静压成形制造。

7.2.2 常用成形方法的比较

常用的毛坯成形方法有铸造、锻造、冲压、焊接和利用现有型材等。铸造材料利用率较高，适用于制造各种尺寸且形状较复杂尤其是具有复杂内腔的零件，如箱体、壳体、机床床身、支座等。锻造时，自由锻的锻件形状简单，且是大型锻件的唯一锻造方法；模锻的锻件形状较复杂，材料利用率和生产率远高于自由锻，但只能锻造中小型件。锻造方法适于制造受力较大或较复杂的零件，如转轴、齿轮、曲轴和叉杆等。冲压可获得各种尺寸且形状较复杂的零件，材料的利用率较高，生产率高，适于制造质量轻而刚性好的零件及形状较复杂的壳体，如箱体、壳体、仪表板和容器等。焊接可获得各种尺寸且形状较复杂的零件，材料利用率较高，可达到很高的生产率，适于制造形状复杂件或大型构件的连接成形，也可用于异种材料的连接和零件的修补。

常用的毛坯成形方法比较见表 7-1。

表 7-1 常用的毛坯成形方法比较

项目	铸造	锻造	冲压	焊接	型材
成形特点	液态成形	固态下塑性变形	固态下塑性变形	借助金属原子间的扩散和结合成形	固态下切削
对原材料工艺性能要求	流动性好，收缩率小	塑性好，变形抗力小	塑性好，变形抗力小	强度好，塑性好，液态下化学稳定性好	
适用材料	铸铁、铸钢、非铁金属	低、中碳钢，合金结构钢	低碳钢和非铁金属薄板	低碳钢、低合金结构钢、不锈钢、非铁金属	碳钢、合金钢、非铁金属
适宜的形状	形状不受限制，可相当复杂，尤其是内腔形状	自由锻件简单；模锻件可较复杂，但有一定限制	形状可以较复杂	尺寸、形状一般不受限制	形状简单，一般为圆形或平面
适宜的尺寸与质量	砂型铸造不受限制，特种铸造受限制	自由锻不受限制；模锻件受限制，一般＜150kg	冷冲压板厚一般小于 10mm；热冲压时最大板厚可达 16～20mm	不受限制	中小型零件
毛坯的组织和性能	砂型铸件晶粒粗大，缺陷多，杂质排列无方向性。铸铁件力学性能差，耐磨性、减振性好。铸钢力学性能较好	晶粒细小、均匀、致密，可利用流线改善性能，力学性能好	组织致密，可产生纤维组织。利用冷变形强化可提高强度和硬度，结构刚性好	焊缝区为铸态组织，熔合区及过热区有粗大晶粒，内应力大；接头力学性能达到或接近母材	取决于型材的原始组织和性能
毛坯精度和表面质量	砂型铸造件精度低和表面粗糙，特种铸造较好	自由锻件精度较低，表面较粗糙；模锻件精度中等，表面质量较好	精度高，表面质量好	精度较低，接头处表面粗糙	取决于切削方法
适宜的生产批量	砂型铸造不受限制	自由锻适于单件小批量，模锻适于大批量	大批量	单件、小批、成批	单件、小批、成批
材料利用率	高	自由锻件较低，模锻件较高	较高	较高	较低
生产成本	低	自由锻件较高，模锻件较低	批量越大，成本越低	中	较低
生产周期	砂型铸造较短	自由锻短，模锻长	长	短	短
生产率	砂型铸造低	自由锻低，模锻较高	高	中、低	中、低
适用范围	铸铁件用于受力不大或承压为主的零件，或要求耐磨、减振的零件；铸钢件用于承受重载而形状复杂的零件	用于对力学性能，尤其是强度和韧性要求较高的传动零件和工具、模具	用于以板料成形的零件	用于制造金属结构件，或组合件和零件的修补	一般用于中小型简单件
应用举例	机架、床身、底座、工作台、导轨、变速箱、泵体、阀体、带轮、轴承座、曲轴、凸轮轴、齿轮等	机床主轴、传动轴、齿轮、连杆、凸轮、螺栓、弹簧、曲轴、锻模、冲模等	汽车车身覆盖件、仪器仪表与电器的外壳及零件、液压箱、水箱等	锅炉、压力容器、化工容器、管道、厂房构架、吊车构架、桥梁、车身、船体、非结构件、重型机械的机架、立柱、工作台等	光轴、丝杠、螺栓、螺母、销等

7.3 典型机械零件成形方法的选择

常用的机械零件按其形状特征和用途不同，一般可分为轴杆类、盘套类和箱体类三大类。由于各类零件形状结构的差异和材料、生产批量及用途的不同，其毛坯的成形方法也不同。下面分别介绍各类零件毛坯选择的一般方法。

7.3.1 轴杆类零件

轴杆类零件的结构特点是其轴向尺寸远大于径向尺寸，见图 7-1。在机械装置中，该类零件主要用来支承传动零件和传递转矩，同时还承受一定的交变、弯曲应力，大多数还承受一定的过载或冲击载荷。轴杆类零件大多要求具有高的力学性能，除光滑轴、直径变化较小的轴、力学性能要求不高的轴杆类零件的毛坯一般采用轧制圆钢经切削加工制造外，几乎都采用锻件为毛坯。各台阶直径相差越大，采用锻件越有利，且单件小批量采用自由锻，成批大量生产采用模锻。对于某些大型、结构复杂、受力不大的轴（异型断面或弯曲轴线的轴），如凸轮轴、曲轴等，在满足使用要求的前提下采用球墨铸铁的铸造毛坯，可降低制造成本。某些情况下，可选用铸-焊或锻-焊结合方式制造轴杆类毛坯，例如汽车的排气阀（图 7-2），将锻造的合金耐热钢阀帽与轧制的碳素结构钢阀杆焊成一体，节约了耐热钢材料。图 7-3 所示的 1.2×10^{5} kN 水压机支柱，长 18m，净重 80t，采用整体铸造或整体锻造都不易实现，采用 ZG 270-500 分 6 段铸造，粗加工后采用电渣焊拼焊成整体毛坯。

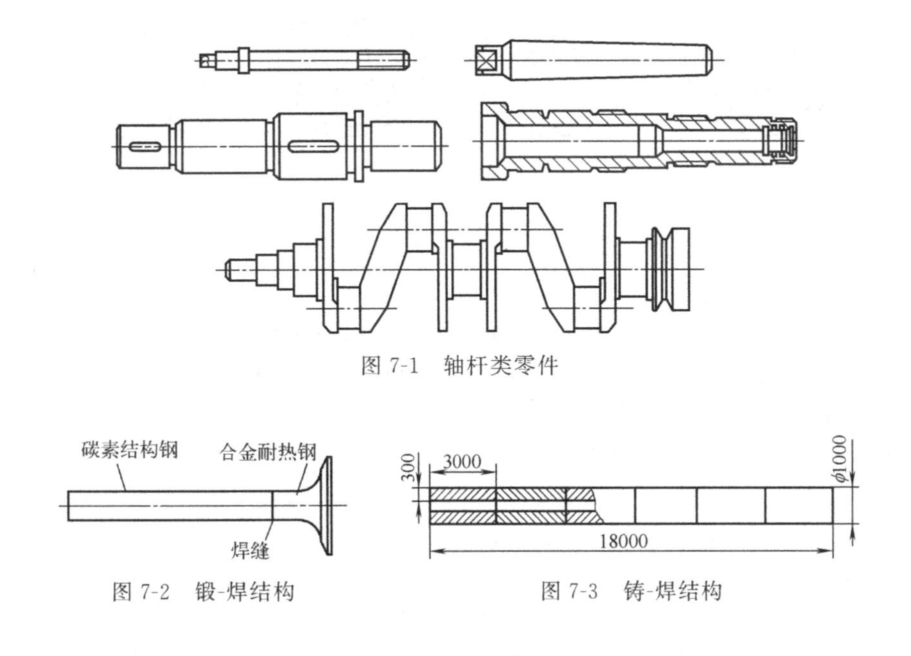

图 7-1　轴杆类零件

图 7-2　锻-焊结构

图 7-3　铸-焊结构

7.3.2 盘套类零件

除部分套类零件的轴向尺寸大于径向尺寸外，其余盘套类零件的轴向尺寸一般小于径向尺寸，或两个方向尺寸相差不大。属于这一类的零件有齿轮、带轮、飞轮、模具、法兰、联轴节、套环、轴承环以及螺母、垫圈等，如图 7-4 所示。这类零件在机械中的使用要求和工作条件差异很大，故材料和成形方法也有很大差别。

(1) 齿轮

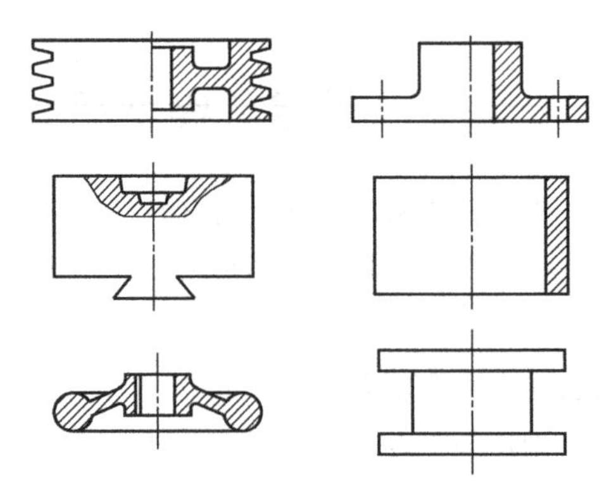

图 7-4　盘套类零件

齿轮作为重要的机械传动零件，工作时齿面承受很大的接触应力和摩擦力，齿根承受交变的弯曲应力，有时还承受冲击力，整个轮齿易产生磨损、折断和因局部塑性变形而失效。故要求齿轮具有良好的强度、硬度、韧性、耐磨、耐腐蚀等综合力学性能。中小齿轮一般选用锻钢做毛坯［图 7-5(a)］，大批量生产时可采用热轧或精密模锻的方法生产齿轮毛坯，以提高齿轮的力学性能。在单件或小批量生产的条件下，直径 100mm 以下的小齿轮也可用圆钢棒制造毛坯［图 7-5(b)］。直径大于 400～500mm 的大型齿轮，锻造比较困难，可用铸钢或球墨铸铁件做毛坯，铸造齿轮一般以辐条结构代替模锻齿轮的辐板结构［图 7-5(c)］。大型齿轮在单件小批生产时，也可采用焊接方式制造毛坯［图 7-5(d)］。在低速运转且受力不大或者在多粉尘的环境下开式运转的齿轮，可用灰铸铁铸造成形。受力小的仪表仪器齿轮在大量生产时，可采用板材冲压和非铁合金压力铸造成形，也可用塑料（如尼龙）注射成形。

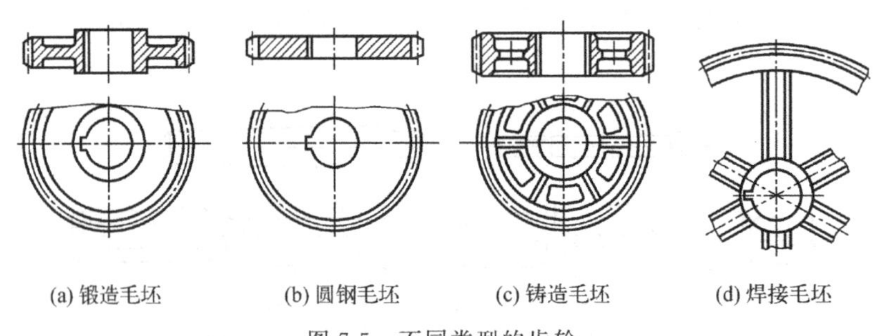

图 7-5　不同类型的齿轮

(2) 法兰、垫圈、套环、联轴节等

根据其形状、尺寸和受力情况等因素的不同，可分别采用铸铁件、锻钢件或圆钢棒制造毛坯。厚度较小、单件和小批量生产时，也可以钢板为坯料；厚度较小、大批量生产时，一般采用冲压成形，如垫圈、套环等。

(3) 带轮、飞轮、手轮和垫块

这些受力不大、结构复杂或以承受压力为主的零件，通常采用灰铸铁、球墨铸铁等材料铸造成形；单件生产时，也可采用低碳钢焊接件。

(4) 套类零件

钻套、导向套、滑动轴承、液压缸、螺母这些套类零件主要起支承或导向作用，在工作中承受径向力或轴向力和摩擦力。套类零件材料一般为钢、铸铁、青铜和黄铜。当孔径小于 20mm 时，毛坯常选用轧材、冷拉棒料或实心圆棒料铸件制造毛坯；孔径大于 20mm 时，采用无缝钢管或带孔的铸件和锻件制造毛坯。大批量生产时，可采用冷挤压、粉末冶金法和轧制法制坯。某些套类零件也可用工程塑料件。

7.3.3 箱体类零件

该类零件包括各种机械的机身、底座、支架、横梁、工作台，以及齿轮箱、轴承座、阀体等，如图 7-6 所示。其特点是结构通常比较复杂，有不规则的外形和内腔，壁厚不均匀，质量从几千克直至数十吨，它们的工作条件相差很大。一般的基础零件，如机身、底座等，主要起支承和连接作用，属于非运动的零件，以承受压应力和弯曲力为主，为保证工作的稳定性，应有较好的刚度和减振性；有些机身、支架、横梁同时受压、拉和弯曲应力的联合作用，甚至有冲击载荷；工作台和导轨等零件，要求硬度均匀，有较好的耐磨性；齿轮箱、阀体等箱体类零件，一般受力不大，要求有较大的刚度和密封性。

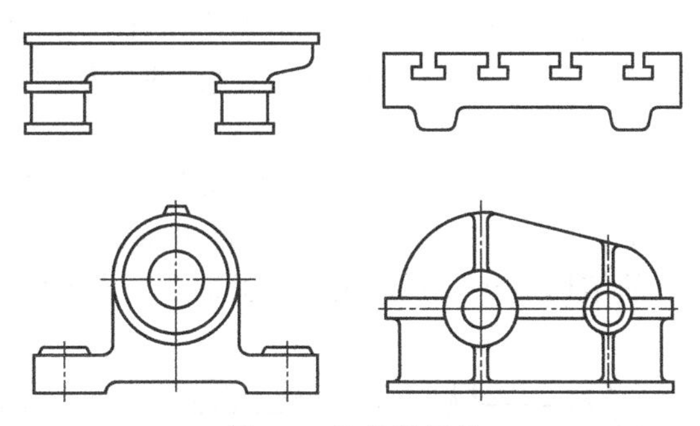

图 7-6 箱体类零件

根据这类零件的结构特点和使用要求，通常都以铸件为毛坯，成形工艺采用砂型铸造，且以铸造性能良好、价格便宜，并有良好耐压、减摩、减振性能的灰铸铁为主；少数受力复杂或受较大冲击载荷的机架类零件，如轧钢机、大型锻压机等重型机械的机架，可选用铸钢件毛坯；不易整体成形的特大型机架可采用铸钢-焊接联合结构。对于要求减轻自重的箱体零件，如航空发动机中的箱体零件，通常采用铝合金铸件。单件小批量生产时，可采用型材焊接而成，以降低生产成本、缩短生产周期，但焊接件的减振性、耐磨性和刚度都不如铸件。

7.3.4 毛坯成形方法选择实例

下面以承压油缸和齿轮减速器作为示例来介绍零件毛坯成形方法的选择。

(1) 承压油缸

承压油缸的形状及尺寸如图 7-7 所示，材料为 45 钢，批量为 200 件，工作压力为 1.5MPa，要求水压试验的压力为 3MPa。图纸规定内孔及两端法兰结合面要加工，其余外圆部分不加工。下面比较承压油缸毛坯的选择方案。

① 圆钢切削加工　直接选用 ϕ150mm 的圆钢进行切削加工。该方案的优点是能全部通过水压试验；缺点是材料利用率低，切削加工量大，从而提高了产品的生产成本。

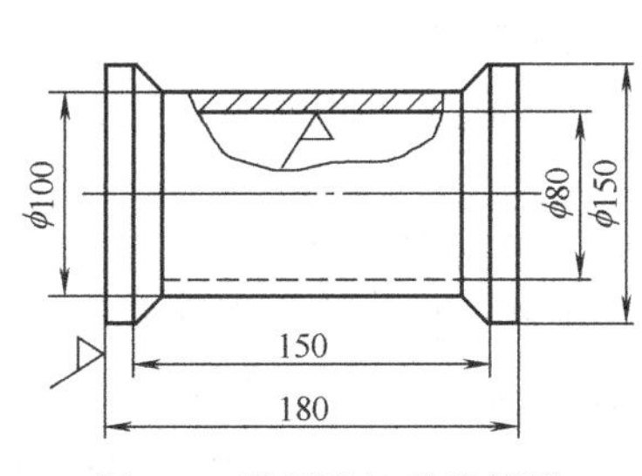

图 7-7 承压油缸零件简图

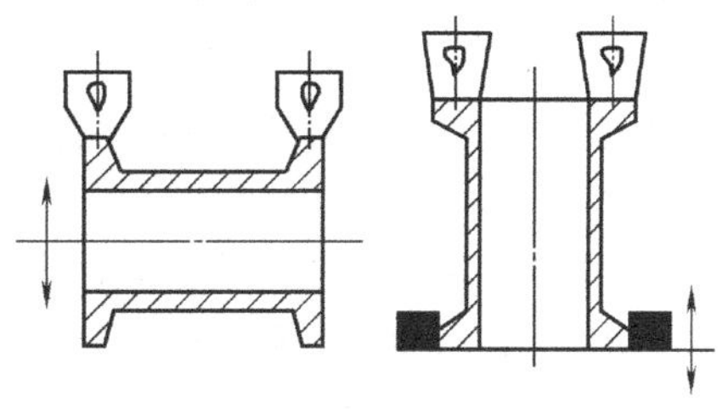

图 7-8 承压油缸的浇注

② 铸造毛坯　选用 ZG 340-610 材料砂型铸造成形，浇注位置可以采用水平浇注，也可以采用垂直浇注（图 7-8）。水平浇注时，在法兰顶部安装冒口。该方案的主要优点是工艺较简单，铸出内孔方便，节约金属材料，切削加工量小，缺点是法兰与缸壁的交接处可能补缩不好，冒口消耗大量钢水，内表面质量较差，水压试验的合格率较低。垂直浇注时，可在上部法兰处设置冒口，下部法兰四周安置冷铁，以实现顺序凝固。该方案的主要优点是内孔表面质量较水平浇注高，补缩问题有所改善，缺点是工艺较复杂，冒口消耗大量钢液，仍不能全部通过水压试验。

③ 模锻毛坯　选用 45 钢模锻成形。模锻时，工件在模膛内可以立放［图 7-9(a)］，也可以卧放［图 7-9(b)］。工件立放的主要优点是能锻出孔（有冲孔连皮），缺点是不能锻出法兰；工件卧放可锻出法兰，不能锻出孔，而内孔的切削加工量较大。模锻设备昂贵，模具费用高。

④ 胎模锻毛坯　截取 45 钢坯料，加热后在空气锤上镦粗、冲孔、芯轴拔长，并在胎模内带芯轴锻出法兰［图 7-9(c)］。该毛坯能全部通过水压试验。与模锻相比，该方案的主要优点是毛坯接近零件的结构形状尺寸，切削加工量小，成本低，但生产率也较低。

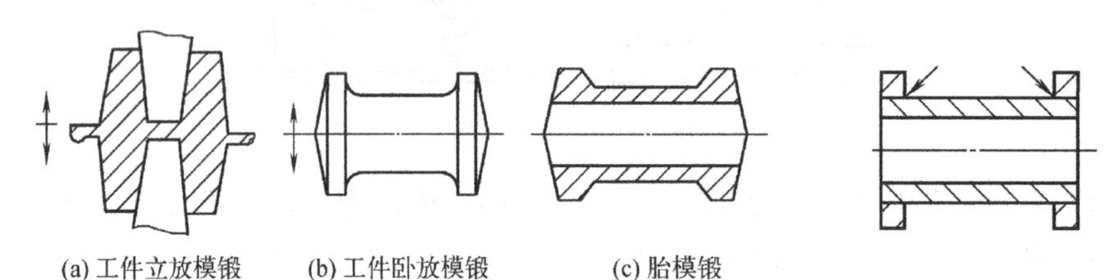

(a) 工件立放模锻　(b) 工件卧放模锻　(c) 胎模锻

图 7-9　承压油缸锻造毛坯　　图 7-10　承压油缸焊接毛坯

⑤ 焊接结构毛坯　选用 45 钢无缝钢管，在其两端焊上 45 钢法兰（图 7-10）。该方案的主要优点是节省材料，工艺准备时间短，无须特殊设备，能全部通过水压试验。缺点是不易获得规格合适的无缝钢管。

综上所述，从生产批量、生产可行性及经济性考虑，胎模锻毛坯的方案较为合理，但若有合适的无缝钢管，也可采用焊接结构。

(2) 齿轮减速器

图 7-11 所示为齿轮减速器，传递功率 4kW，其主要零件毛坯选择如下。

① 箱体和箱盖　是传动零件的支承件和包容件，结构复杂，其中的箱体承受压力，要求有较好的刚度和减振性。通常采用灰铸铁（HT150、HT200）铸造成形，单件小批生产时也可采用碳素结构钢（如 Q235A）型材和板料焊接成形。

② 齿轮和轴　齿轮和轴均为较重要的传动零件，工作时承受弯矩和扭矩，要求具有较好的综合力学性能。轮齿部分承受较大的弯曲应力、接触应力和摩擦应力，应具有良好的耐磨性和较高的强度、韧性。单件生产时，可采用中碳优质碳素结构钢（45 钢）自由锻件或胎模锻件毛坯，也可采用相应钢的圆棒车削而成。大批量生产时，可采用模锻成形。

③ 孔盖　用于观察箱内情况及加油，力学性能要求不高。单件小批量生产时，采用碳素结构钢（Q235A）钢板焊接，或手工造型生产铸铁（HT150）件毛坯。大批量生产时，采用优质碳素结构钢（08 钢）冲压而成，或采用机器造型生产铸铁件毛坯。

④ 螺栓和螺母　起固定箱盖和箱体的作用。螺栓工作时，栓杆承受轴向拉应力，螺纹牙承受弯曲应力和剪切应力。螺栓与螺母组成成对使用的螺纹副，均为标准件，通常采

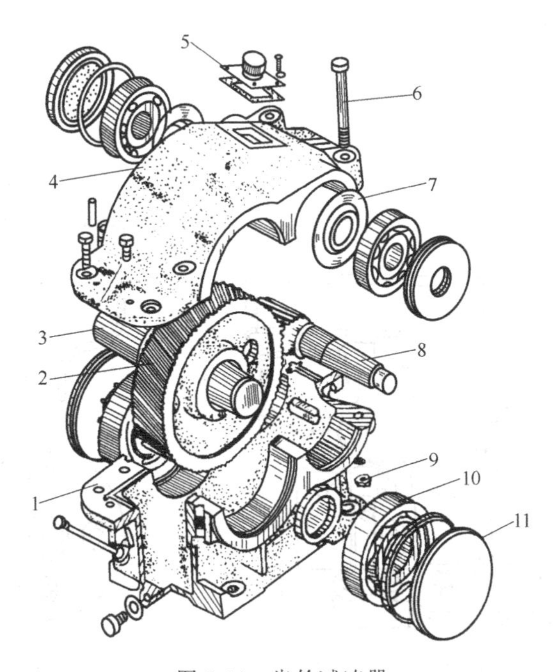

图 7-11 齿轮减速器

1—箱体；2—齿轮；3—轴；4—箱盖；5—孔盖；6—螺栓；
7—挡油盘；8—齿轮轴；9—螺母；10—滚动轴承；11—端盖

用碳素结构钢（如 Q235A）经镦、挤而成，螺纹常采用搓丝或攻螺纹成形。

⑤ 挡油盘　其用途是防止箱内机油进入轴承。单件生产时，采用碳素结构钢（Q235A）圆棒经下料切削而成。大批量生产时，采用优质碳素结构钢（08 钢）冲压件。

⑥ 滚动轴承　滚动轴承是重要的支承件，承受较大的交变应力和压应力，并承受摩擦，要求有较高的强度、硬度和耐磨性。滚动轴承由内套圈、外套圈、滚珠和保持架组成，系标准件。其内、外套圈通常采用滚动轴承钢（如 GCr15 钢），经扩孔或辗环轧制制成。滚珠也采用滚动轴承钢，经螺旋斜轧制成。保持架一般采用低碳钢（如 08 钢）薄板冲压成形。

⑦ 端盖　用于轴承定位。单件、小批量生产时，采用手工造型铸铁（HT150）件或采用碳素结构钢（Q235A）圆钢经下料车削而成。大批量生产时，采用机器造型铸铁件。

本章习题与思考题

7-1　选择毛坯的原则与依据是什么？试举例加以说明。

7-2　各类齿轮应采用哪些材料成形方法？为什么？

7-3　各类轴采用的材料成形方法有何不同？请说明理由。

7-4　试为下列齿轮选择合适的材料成形方法。

(1) 无冲击的低速中载齿轮，直径 250mm，数量 50 件。

(2) 卷扬机大型人字齿轮，直径 1500mm，数量 5 件。

(3) 承受冲击的高速重载齿轮，直径 200mm，数量 20000 件。

(4) 小模数仪表用无润滑齿轮，直径 30mm，数量 3000 件。

(5) 钟表中用的小模数传动齿轮，直径 15mm，数量 100000 件。

7-5　图 7-12 为台式钻床。该钻床由底座、立柱、工作台、主轴、传动带、带轮、进给手柄和电动机等组成。某工厂批量生产，试对上述零件的选材、成形方法进行分析。

7-6　图 7-13 为空调器中的冷却水管接头，底部 ϕ7mm 孔为进水孔，另一端为出水孔，要求壁薄、质量轻、散热快，能承受自来水的水压，请选择材料成形方法。

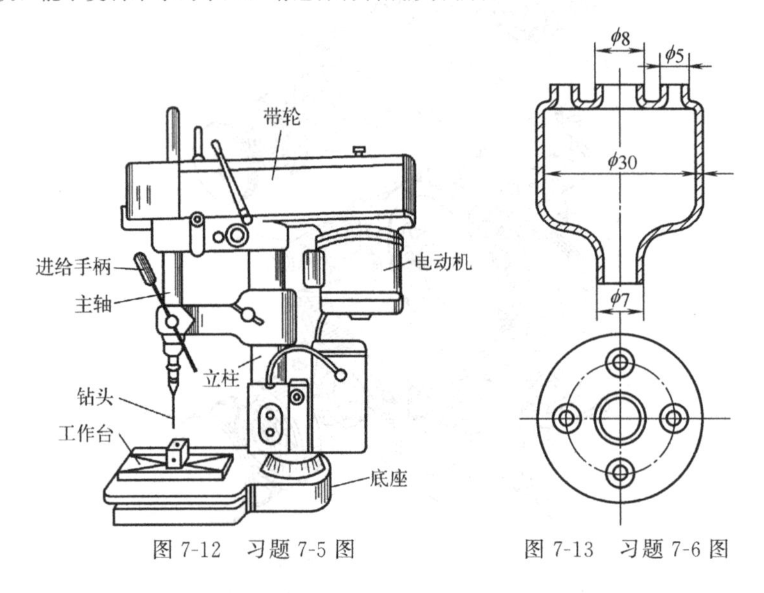

图 7-12　习题 7-5 图　　　　图 7-13　习题 7-6 图

参考文献

[1] 刘新佳，姜银方，蔡郭生. 材料成形工艺基础 [M]. 2 版. 北京：化学工业出版社，2013.
[2] 樊自田，等. 先进材料成形技术与理论 [M]. 北京：化学工业出版社，2006.
[3] 邓文英. 金属工艺学 [M]. 4 版. 北京：高等教育出版社，2002.
[4] 夏巨谌. 材料成形技工艺 [M]. 2 版. 北京：机械工业出版社，2010.
[5] 刘雅政. 成形理论基础 [M]. 北京：国防工业出版社，2004.
[6] 李新城. 材料成形学 [M]. 北京：机械工业出版社，2004.
[7] 中国机械工程学会铸造分会. 铸造手册 [M]. 2 版. 北京：机械工业出版社，2000.
[8] 中国机械工程学会锻压学会. 锻压手册 [M]. 2 版. 北京：机械工业出版社，2006.
[9] 中国机械工程学会焊接学会. 焊接手册 [M]. 2 版. 北京：机械工业出版社，2001.
[10] 童幸生. 材料成形工艺基础 [M]. 2 版. 武汉：华中科技大学出版社，2010.
[11] 王爱珍. 金属成形工艺设计 [M]，北京：北京航空航天大学出版社，2009.
[12] 中国铸造协会. 熔模铸造手册 [M]. 北京：机械工业出版社，2000.
[13] 田君，张翠华，杨文敏，等. 机械设计 [M]. 西安：西北工业大学出版社，2015.
[14] 严绍华. 材料成形工艺基础 [M]. 北京：清华大学出版社，2001.
[15] 施江澜. 材料成形技术基础 [M]. 北京：机械工业出版社，2001.
[16] 王文清. 铸造工艺学 [M]. 北京：机械工业出版社，2004.
[17] 张策. 机械工程简史 [M]. 北京：清华大学出版社，2015.
[18] 王德拥，王丽娟. 追溯中国古代的锻造 [M]. 塑性工程学报，2006，13 (3)：115-117.
[19] 李英民，崔宝侠，苏仕方. 计算机在材料热加工领域中的应用 [M]. 北京：机械工业出版社，2001.
[20] 柳百成，沈厚发. 21 世纪的材料成形加工技术与科学 [M]. 北京：机械工业出版社，2004.
[21] 董湘怀. 材料成形计算机模拟 [M]. 北京：机械工业出版社，2001.
[22] 谢建新，等. 材料加工新技术与新工艺 [M]. 北京：冶金工业出版社，2004.
[23] 何堂坤. 中国古代金属冶炼和加工工程技术史 [M]. 太原：山西教育出版社，2009.
[24] 孙康宁，张景德. 工程材料与机械制造基础 [M]. 3 版. 北京：高等教育出版社，2019.
[25] 黄家康，岳红军，董永祺. 复合材料成型技术 [M]. 北京：化学工业出版社，1999.
[26] 王先逵. 制造工程与技术-热加工（英文版. 原书第 6 版）[M]. 北京：机械工业出版社，2012.
[27] 吴超群，孙琴. 增材制造技术 [M]. 北京：机械工业出版社，2020.
[28] 顾波. 增材制造技术国内外应用与发展趋势 [J]. 金属加工（热加工），2022 (3)：1-16.